R 기반 네트워크 분석

ERGM과 SIENA

백영민 지음

R기반 네트워크 분석
ERGM과 SIENA

2023년 10월 10일 1판 1쇄 박음
2023년 10월 20일 1판 1쇄 펴냄

지은이 | 백영민
펴낸이 | 한기철·조광재

펴낸곳 | (주)한나래플러스
등록 | 1991. 2. 25. 제22-80호
주소 | 서울시 마포구 토정로 222, 한국출판콘텐츠센터 309호
전화 | 02) 738-5637·팩스 | 02) 363-5637·e-mail | hannarae91@naver.com
www.hannarae.net

ISBN 978-89-5566-307-5 93310

* 이 책은 2020년 대한민국 교육부와 한국연구재단의 지원을 받아 집필되었습니다(NRF-2020S1A5C2A03093177).

현대인에게 '네트워크'라는 말은 너무 친숙한 용어입니다. 카카오톡 메신저, 페이스북, 트위터 등과 같은 '소셜미디어(social media; social network site)'의 사용은 일상이 되었습니다. 현대문명의 기반인 수도, 전기, 인터넷(정보통신 인프라), 도로망, 철도 및 지하철 노선 등의 사회간접자본 시설 역시 네트워크 개념을 토대로 설계되고 운용되고 있습니다. 국가 간의 수출입, 산업생태계 등 경제구조 역시 네트워크를 토대로 이루어집니다. 이 밖에도 유기체 내부의 신경계도 뉴런(neuron) 사이의 네트워크로 구성되어 있으며, 생태의 먹이사슬 역시 네트워크 개념이 없이는 이해하기 어렵습니다. 특히 최근에는 코로나19 바이러스가 사회적 접촉 네트워크를 통해 전파된다는 사실이 널리 알려지면서, 감염병의 전파경로를 파악하고 예방하는 데에도 네트워크 개념이 매우 중요하다는 것이 알려졌습니다.

그러나 이러한 네트워크 데이터를 분석하는 방법은 생각보다 까다롭습니다. 통상적인 데이터 분석방법과 달리 네트워크 데이터는 개념적으로 복잡하며, '관계(relation)'를 다루기 때문에 전통적인 독립성 가정(independence assumption)에 부합하지 않습니다. 이러한 점들이 네트워크 데이터 분석과 해석 과정을 매우 까다롭게 만듭니다. 네트워크 데이터 분석과 모델링 과정에서 당면하는 여러 가지 문제들로 인해 적지 않은 연구자들이 네트워크 개념을 다루면서도 네트워크 분석이나 모델링을 외면하기도 합니다.

본서는 R을 이용하여 네트워크 데이터를 분석하는 방법을 소개하고, 연구가설 테스트를 위해 모형을 추정하고 해석하는 방법을 설명하고자 합니다. 본서에서는 네트워크 데이터에 대한 전통적 기술통계 분석기법들과 함께 비교적 최근 각광받고 있는 네트워크 모델링 기법으로 ① '지수족 랜덤그래프 모형(ERGM, exponential random graph model)'과 ② '확률적 행위자중심 모형(SAOM, stochastic actor-oriented model)' 중 가장 널리 사용되는 '시뮬레이션 기반 네트워크 분석(SIENA, simulation investigation for empirical network analysis) 모형'을 다루었습니다.

본서에서 다루는 내용은 구체적으로 다음과 같습니다. 먼저 1부에서는 '네트워크'가 어떤 특성을 갖는지, 어떤 배경에서 등장한 것인지 소개하였습니다. 그리고 네트워크 데이터 분석을 위해 필요한 기초용어와 R 패키지들을 다루었습니다. 이때 가급적 쉬운 용어를 사용해 설명하고, 수식은 꼭 필요한 경우에만 최소한으로 사용하였습니다. 이후 본서에서 소개할 네트워크 데이터와 해당 데이터 분석을 위해 필요한 R 패키지들은 무엇이며, 각 패키지를 어떻게 활용할 수 있는지 소개하였습니다.

2부에서는 네트워크 데이터를 대상으로 한 전통적인 기술통계분석 기법들을 소개하였습니다. 먼저 통상적인 형태의 데이터와 네트워크 데이터의 차이를 예시를 통해 설명하고, 네트워크를 구성하는 노드(점, 행위자) 데이터와 링크(선, 연결, 유대) 데이터가 전체네트워크 데이터를 어떻게 구성하는지 설명하였습니다. 이후 노드수준과 링크수준, 그래프 수준에서 계산할 수 있는 네트워크 통계치들이 무엇인지 알아보고, R을 이용한 네트워크 분석에서 많이 활용되는 네트워크 statnet 패키지와 igraph 패키지로 해당 네트워크 통계치들을 계산하는 방법을 실습하였습니다. 아울러 네트워크를 시각화하는 방법과 전체네트워크를 여러 개의 하위네트워크로 나누는 기법들[파벌(cliques), 핵심집단(k-core), 콤포넌트(component) 분석, 위상분석(position analysis), 노드집단 탐색 알고리즘(community-detection algorithm) 등]에 대해서도 소개하였습니다.

3부에서는 시뮬레이션이나 순열(permutation)을 토대로 네트워크 데이터에 적용할 수 있는 전통적 추리통계분석 기법들로 '조건부 단일 그래프(CUG, conditional uniform graph) 테스트'와 '이차순열할당과정(QAP, quadratic assignment procedure) 테스트' 2가지를 소개하였습니다.

4부에서는 최근 인기를 얻고 있는 네트워크 모델링 기법인 '지수족 랜덤그래프 모형(ERGM)'과 '확률적 행위자중심 모형(SAOM)' 중 가장 널리 사용되는 '시뮬레이션 기반 네트워크 분석(SIENA) 모형'을 소개하였습니다. 네트워크 현상을 배경으로 연구가설을 수립하고 테스트하고자 하는 연구자라면 4부에서 소개한 ERGM이나 SIENA를 통해 좋은 성과를 얻을 수 있을 것입니다.

5부에서는 네트워크 분석 및 모델링과 관련하여 앞에서 다루지 않은 부분들을 간략히 소개하고, 관련 참고문헌들을 제시하였습니다. 본서에서 다룬 내용을 넘어서는 연구를 수행하고자 하는 연구자들에게는 5부에서 제시한 참고문헌들이 많은 도움이 될 것입니다. 아울러 네트워크 분석과정에서 유의할 점을 정리하여 네트워크 분석 및 모델링 작업을 실시할 때 살펴볼 수 있도록 하였습니다.

R을 이용한 네트워크 분석과 모델링 작업을 위해 이 책을 활용하고자 하는 독자께 다음과 같은 부분을 부탁드립니다. 첫째, 먼저 기초적인 R 활용법을 숙지한 후에 본서를 활용하기를 권합니다. 본서는 R을 처음 접하는 분을 위한 입문서가 아닙니다. 본서는 R을 활용하여 네트워크 데이터를 분석하는 방법과 네트워크 데이터를 대상으로 연구가설을 테스트하는 모델링 기법에 대해 설명하고, 그 방법을 소개하는 책으로, R이 무엇이며 어떻게 설치하고 사용하는지에 대한 기초지식을 충분히 갖춘 독자들을 대상으로 집필되었습니다. 만약 R 활용법을 모른다면 먼저 다른 R 입문서들을 살펴보기 바랍니다(관련하여 필자 역시 R 베이스와 R 타이디버스를 소개한 입문서들을 출간한 바 있습니다).

둘째, 행렬(matrix)에 대한 기초지식과 다양한 형태의 R 오브젝트에 대한 이해가 필요합니다. 네트워크 데이터 분석의 경우 일반적인 데이터 분석과 여러 면에서 다릅니다. 네트워크 분석 및 모델링 과정에서 등장하는 개념과 용어들이 낯설게 느껴질 수도 있습니다. 다른 데이터 분석에서도 마찬가지이지만, 네트워크 분석 및 모델링에서는 행렬에 대한 지식이 반드시 필요하며, 아울러 벡터(vector), 행렬(matrix), 데이터프레임(data.frame), 리스트(list), 어레이(array) 등 다양한 형태의 R 오브젝트가 어떤 특징을 갖는지에 대해서 숙지하고 있어야 합니다.

셋째, 효과적인 시각화 결과물을 얻기 위해 R 베이스와 R 타이디버스 2가지 방식을 모두 이해할 필요가 있습니다. 최근 R 타이디버스가 R 이용자 집단에서 다수를 차지하게 되면서 R 베이스 시각화 방법은 인기를 잃어가는 것처럼 보입니다. 그러나 적어도 본서가 출간되는 시점을 기준으로 판단할 때, 네트워크 시각화 방법에서는 아직도 R 베이스 접근방법이 주류입니다. 물론 타이디버스를 이용한 네트워크 시각화 방법이 최근 다양하게 진행되고 있으며, 본서에서도 일부 사례들을 소개하였습니다. 그러나 아직까지 네트워크 시각화 방법은 대체로 R 베이스 접근방법입니다. 네트워크 분석에서 네트워크 시각화는 매우 중요한 위치를 차지하는 만큼, R 베이스에서의 기초적 시각화 방식에 대한 일정 수준 이상의 지식과 경험을 갖추길 부탁드립니다.

마지막으로, 본서에서 소개한 네트워크 분석 및 모델링 실습을 진행하면서 다른 교재나 학술논문들을 추가로 살펴보기 바랍니다. 본서의 목적은 네트워크 데이터 분석방법 및 모델링 방법에 대해 소개하는 것인 만큼, 논리적인 증명보다는 예시를 통한 설명을 제시하는 데 주력하였습니다. 아울러 실습에 사용된 예시 데이터는 매우 단순하여 최근의 대용량 네트워크 데이터와는 다소 거리가 있습니다. 최근 소개되는 심도 있는 기법이나 분석방법에 관심 있는 독자라면 본서에 제시된 참고문헌들을 통해 보다 심화된 학습을 진행해야 할 것입니다.

머리말을 마무리하며 출간에 도움을 주신 분들께 감사의 말씀을 전하고 싶습니다. R 활용과 관련하여 언제나 많은 도움을 주시는 가톨릭대학교 심장내과 문건웅 교수님께 감사드립니다. 또한 어려운 출판시장에서도 전문도서 출간에 애써주시는 한나래출판사의 한기철 대표님과 조광재 대표님, 원고 편집 과정에서 힘써주신 편집부에도 감사드립니다(물론 본서에 등장하는 모든 오류들은 온전히 저의 무지와 부족함 때문입니다). 그리고 지금은 스탠퍼드대학교에서 박사과정을 밟고 있기에 같이 작업하지는 못했지만, 지구 반대편에서도 책의 내용과 구성에 대해 아낌없이 조언해준 박인서 선생에게도 감사의 마음을 전합니다. 본서에 소개된 R 코드들과 예시용 데이터는 모두 한나래출판사 홈페이지(www.hannarae.net) 자료실과 저자 홈페이지(https://sites.google.com/site/ymbaek/)에서 다운로드할 수 있습니다. 부디 본서를 이해하고 유용하게 사용하는 데 활용하기 바랍니다.

2023년 8월 11일
연세대학교 아펜젤러관에서
백영민

차례

1부 네트워크 분석의 소개와 실습준비

01장 네트워크 분석의 이론적 배경

02장 네트워크 분석 용어 정리

03장 네트워크 분석을 위한 R 패키지 및 예시 데이터 소개

2부 네트워크 데이터 기술통계분석

3부 네트워크 데이터 추리통계분석

5부 마무리

14장 네트워크 분석 시 고려사항

네트워크 분석은 언론학과 같은 사회과학 분과는 물론 수학, 통계학, 물리학, 생물학 등 다양한 분야에서 활용되고 있습니다. 1부에서는 사회과학 분야를 중심으로 다른 학문분야에서 네트워크 분석이 어떻게 시작되고 어떠한 이론적 관심 속에서 활용되었는지를 소개하였습니다. 또한 본서에서 네트워크 분석의 기본 개념들과 용어를 어떻게 정의하고 표기하는지 설명하였습니다.

1장은 '네트워크'라는 개념이 등장한 배경과 발전과정을 다루므로 분석기법에만 관심이 있는 독자는 읽지 않고 넘어가도 무방합니다. 그러나 다른 모든 기법과 마찬가지로 네트워크 분석기법 역시 현실의 문제를 해결하기 위해 노력하는 과정에서 탄생했다는 측면에서 볼 때, 네트워크 통계치가 어떤 개념을 측정하고자 하며 어떤 의미를 가지는지를 이해하기 위해 등장배경과 발전과정을 살펴보는 일은 의미가 있습니다. 따라서 네트워크 개념에 대하여 이러한 지식을 갖고 있지 않다면 좀 더 주의 깊게 읽어보기 바랍니다. 2장에서는 네트워크 분석 관련 용어를 정리하고, 본서에서는 어떤 용어를 사용했는지 서술하였습니다. 끝으로 3장에서는 네트워크 데이터 분석에 필요한 R 패키지들과 예시 데이터들을 구체적으로 소개하였습니다.

1부

네트워크 분석의 소개와 실습준비

01장

네트워크 분석의 이론적 배경

네트워크 분석에 익숙하지 않더라도 현대인에게 '네트워크'라는 말은 전혀 낯설지 않습니다. 카카오톡 메신저, 페이스북, 트위터 등과 같은 '소셜미디어(social media; social network site)'는 일상적으로 사용되고 있으며, 현대생활의 필수품인 '수도'와 '전기', '인터넷' 등의 사회간접자본 시설 역시 네트워크 개념을 토대로 설계되고 운용되고 있습니다. 유기체 내부의 신경계가 뉴런(neuron) 사이의 네트워크로 구성되었다는 점이나, 코로나19 바이러스가 사회적 접촉 네트워크를 통해 전파된다는 점 등에서 잘 알 수 있듯이 '네트워크' 개념을 통해 다양한 사회현상과 자연현상을 설명할 수 있습니다.

여기서 소개하는 네트워크 기법들은 사회현상은 물론 물리학이나 생물학, 의학 등의 자연현상에도 얼마든지 적용할 수 있습니다. 본서에서는 사회과학 연구 맥락에서 '사회네트워크 분석'(SNA, social network analysis)을 주로 소개하였지만, SNA 기법들은 물리학이나 생물학처럼 자연과학 영역에서 진행된 연구에도 활용되고 있습니다. 꼭 사회과학 관련 분야가 아니더라도 R을 이용한 네트워크 분석에 관심이 있다면 여기 제시된 내용들이 많은 도움이 될 것입니다. 1장에 제시된 연구들을 익히 알고 있는 독자들은 1장을 건너뛰고 2장으로 넘어가도 무방합니다.

① 사회과학

사회네트워크분석(SNA) 연구자로 유명한 존 스콧(John Scott)은 SNA의 등장과정을 다음의 3가지 학문분야를 통해 소개하고 있습니다(Scott, 2017, p. 12; 아울러 다음도 참조,

Freeman, 2004; Monge & Contractor, 2003). ① 사회심리학의 소집단 변화과정(small group dynamics) 연구, ② 사회학의 대인관계 패턴 및 파벌(clique)의 등장·형성 연구, ③ 인류학의 원시부족 혹은 마을공동체 구조(structure) 연구. 본서에서는 스콧의 분류를 따르되 사회학과 인류학을 구분하지 않고 묶어서 제시하였습니다. 왜냐하면 초창기 연구자들의 경우 상호교류가 매우 활발하였고, 이에 따라 어느 분과에 속한다고 단정하기가 어렵기 때문입니다. 고전적 사회과학 연구결과들을 설명한 후, 이들 연구가 본서에서 소개할 네트워크 분석에 어떤 방식으로 영향을 미쳤는지 간략히 이야기하겠습니다.

본격적인 소개에 앞서 당부하고 싶은 점이 있습니다. 제시된 연구분과, 즉 사회심리학, 사회학, 인류학을 제도화되거나 고정된 영역으로 받아들이기보다는 연구지향으로 받아들이길 바랍니다. 예를 들어 심리학자가 심리학 개념을 통해 사회구조를 밝히는 연구를 수행했다면, 그 연구는 사회학 연구로 분류하였습니다. 개념과 연구에 담긴 아이디어만 잘 전달된다면 영역을 어떻게 구분하는가는 그다지 중요하지 않다고 생각합니다.

1-1 사회심리학의 소집단 연구

사회심리학 연구의 중심 주제는 '인식(cognition)'과 '태도(attitude)'입니다. 사람들이 집단 속에서 자신과 타인의 관계를 어떻게 인식하는지, 그리고 타인에 대해 어떤 태도를 취하는지에 따라 사회집단이 형성되기도 하고, 내부의 하위집단들로 분리되어 갈등하기도 하며, 심지어는 집단이 해체되기도 합니다. 규모가 작은 소집단에서 나타나는 '자신-타인', '타인-타인' 사이의 인간관계 인식에 대한 소집단 변화 연구가 바로 여기에 해당됩니다. SNA와 관련하여 주목할 만한 고전적인 연구자로는 제이콥 모레노(Jacob Moreno)와 쿠르트 레빈(Kurt Lewin)을 꼽을 수 있습니다.

먼저 초창기 SNA의 주요 이론가인 모레노는 '소시오그램(sociogram)'이라는 이름의 시각화 결과물을 이용하여 소집단 구성원들 사이에서 누가 누구에게 영향력을 행사하며, 시간변화에 따라 구성원들 사이의 관계가 어떻게 형성·정착·변동하는지 분석한 바 있습니다. 모레노의 이 연구(Moreno, 1934)는 90년이 지난 지금도 충분히 읽어볼 가치가 있다고 생각합니다. 현재 사용되는 용어는 아니지만, 모레노는 소시오그램을 통해 '심리지리학(psychogeography)'이라는 새로운 분과를 제안하였으며, 사회네트워크를 '지도(map)'에 비유하였습니다. 아울러 타인과 자신을 차별화(differentiation)하려는 경향과 타인에게 자신의 영향력을 발산(transmission)하려는 경향이 서로 갈등하면서 사회집단이 변동(dynamics)한다고 주장합니다. 모레노는 1930년대 서구사회를 휩쓸었던 2가지 사상인 '우생학(우수한 형질의 개인을 산출하는 것에 중점)'과 '기술만능주의(기계처럼 움직이는 사회구조를 구축하는 것에 초점)'의 한계를 지적하면서, 사회집단을 '네트워크'로 개념화하여 2가지 극단을 극복할 수 있다고 제안한 바 있습니다.

컴퓨팅이 불가능했던 1930년대였지만, 모레노의 연구는 다음과 같은 방식으로 후대 네트워크 분석에 큰 영향을 미칩니다. 첫째, 개인과 개인의 관계맺음을 통해 사회집단이 어떻게 형성되고 변화하는지를 살펴보았습니다. 즉 시간변화에 따른 네트워크 변화과정을 추적하는 모레노의 연구는 '네트워크 동학(動學, network dynamics)'에 큰 영향을 미쳤으며, 13장에서 본격적으로 소개할 **확률적 행위자중심 모형(SAOM, stochastic actor-oriented model)**의 개념적 기초를 형성하였습니다.

둘째, 사회집단에서 어떤 사람이 가장 인기 있는지, 다시 말해 주요 인물은 누구인지를 개인과 개인의 관계맺음을 통해 개념화하고 있습니다. 소셜미디어의 '인플루언서(influencer)'라는 용어처럼 영향력을 발산할수록, 타인에게 매력적인 대상으로 인식될수록(이를테면, 팬들의 사랑을 받는 '아이돌'과 같이) 집단을 주도하는 주요 인물일 것입니다. 모레노는 네트워크의 링크유형에 따라 어떤 아이가 또래 집단에서 리더 역할을 하는지를 소시오그램을 통해 잘 보여줍니다. 모레노의 이러한 접근방식은 5장에서 소개할 **노드수준 중심성(centrality) 통계치들**과 12장에서 소개할 **k-스타** 및 **삼자관계(triad)** 등과 같은 네트워크의 구조적 특성 개념으로 연결됩니다.

셋째, 모레노는 사회집단 내부의 하위집단이 존재하며, 사람과 사람의 상호작용을 '하위집단 내부(within-group)'와 '하위집단 간(between-group)' 상호작용으로 구분하고 있습니다. 전체 사회집단은 여러 개의 하위집단으로 구분되고, 각각의 하위집단은 개인들로 구성됩니다. 모레노는 각 하위집단 내부에는 구조적으로 유사한 기능을 수행하는 개인이 존재한다는 것을 밝혔는데, 이는 9장에서 다룰 위상분석(position analysis)으로 보다 구체화됩니다. 아울러 하나의 전체네트워크가 느슨하게 연결된 여러 개의 **하위네트워크(subgraph, subnetwork)**들로 구성된다는 점은 하위네트워크를 지정하고 추출하는 여러 기법들로 보다 구체화됩니다(9장 참조).

넷째, 모레노는 학급 내 소년과 소녀들을 대상으로 실시한 연구를 통해 '동종선호(homophily)' 현상에 대한 실증적 연구결과를 제시하였습니다. 유아들은 나이를 먹어감에 따라 소년은 소년들끼리, 소녀는 소녀들끼리 뭉치는 경향이 강하게 나타납니다. 성별에 따른 아이들의 개별 집단 형성 및 성별집단 간 상호작용 현상이 어떻게 변하는지 소시오그램을 통해 매우 효과적으로 보여줍니다. 노드특성이 유사할수록 서로 더욱 밀접한 관계를 맺는 현상을 의미하는 '동종선호'는 8장에서 소개할 **'그래프 동류성 지수 (assortativity or clustering coefficient)'** 및 11장-13장에서 소개할 **'네트워크 데이터 대상 추리통계분석'**의 주요 검토대상입니다.

모레노와 함께 SNA 분야에 큰 족적을 남긴 연구자는 나치의 유대인 박해를 피해 미국으로 건너온 쿠르트 레빈(Kurt Lewin)과 동료들입니다. 레빈은 '게슈탈트 심리학 (Gestaltpsychologie)' 전통에서 '부분(part)'보다 '전체(whole)'의 중요성을 강조한 사회심리학자로 유명합니다. 레빈과 동료들이 수행한 연구들은 집단 속 개인이 어떻게 의사결정 (decision-making)을 내리는지, 집단의 특성(집단 규모, 집단의 조직방식, 집단의 응집성 등) 이 개인의 인성(personality)에 어떤 영향을 미치며 어떻게 행동을 제약할 수 있는지 등을 살펴보았습니다. 즉 SNA 관점에서 다르게 표현하자면, 네트워크의 특성에 따라 개별 노드의 태도나 행동이 어떻게 달라지는지를 연구한 것입니다. 몇몇 관련 연구들을 간략하게 소개하겠습니다. 레빈의 지도학생이었던 바벨라스(Bavelas, 1951)와 리빗(Leavitt, 1952)이 진행했던 일련의 실험(Katz & Lazarsfeld, 1955, 159-161쪽 재인용)은 소집단의 구조가 소집단 구성원의 행동에 어떤 영향을 미칠 수 있는지 잘 보여줍니다. 바벨라스와 리빗의 실험에서는 5인 규모의 소집단 구성원을 바퀴살 형태의 좌석에 배치할 때와 원형 형태의 좌석에 배치할 때 집단의사결정 과정이 어떻게 달라지는지를 보여준 바 있습니다. 즉 5명의 소집단 구성원들이 원형 형태의 좌석에 배치될 경우 뚜렷한 영향력을 갖는 행위자가 나타나지 않는 반면, 바퀴살 형태의 좌석에 배치될 경우 중심수에 위치한 행위자가 다른 행위자에 비해 의사결정 과정에서 더 큰 영향력을 행사하는 것으로 나타났습니다. 바벨라스와 리빗의 실험은 좌석 배치라는 물리적 네트워크 형태가 집단적 의사결정 및 의사결정 결과에 대한 개별 행위자의 평가에 어떤 영향을 미치는지를 잘 보여줍니다.

집단의 영향을 보여주는 레빈 연구팀의 또 다른 사례는 집단 커뮤니케이션(group discussion) 경험이 개인의 행동에 미치는 변화 연구입니다. 2차 세계대전을 배경으로 진행된 일련의 실험연구들은 매우 흥미로운 결과를 보여줍니다. 유명한 연구로는 권위주의적 커뮤니케이션 방식이 적용된 집단의 생산성은 권위주의적 지도자가 자리를 비운 순간

급격히 하락하지만, 민주주의적 방식의 커뮤니케이션 방식이 적용된 집단의 경우 지도자가 자리를 비워도 별다른 변화를 겪지 않았다는 민주주의 리더십의 우월성을 보여주는 실험결과입니다(Katz & Lazarsfeld, 1955, pp. 138-140 재인용). 또한 알코올 중독이나 도박 중독을 치료할 때 흔히 사용되는 집단 내 커뮤니케이션 방법(즉, 같은 경험을 하고 있는 다른 구성원들과 주기적으로 만나서 자신이 어떻게 지내고 있는지에 대한 이야기를 나누면서 개인의 행동을 제어하는 관리법) 역시 레빈과 동료들의 소집단 역학 연구에서 비롯한 것입니다. 이러한 연구들은 개별 행위자의 행동이 집단의 문화나 구성방식, 의사결정 체계 등에 제약을 받는다는 것을 잘 보여줍니다.

레빈과 동료들의 소집단 연구는 당시의 시대적 제약(컴퓨팅 자원 부족)으로 인해 엄밀한 실험설계와 정량적 데이터 분석과는 거리가 멀었지만, 개인의 행동이 집단(즉, 네트워크)에 따라 어떻게 달라지는지를 보여줌으로써 **'네트워크'가 개인 행동변화와 행동유지에 중요한 역할을 한다**는 것을 잘 보여주었습니다. 이들 연구는 13장에서 소개할 네트워크 변화와 개별 구성원의 행동변화를 동시에 추정하는 **'네트워크-개인행동 공진화 (coevolution) 모형'**으로 이어집니다. 네트워크-개인행동 공진화 모형은 시간에 따라 네트워크 변화가 개인행동에 미치는 효과와 개인행동 변화가 네트워크 변화에 미치는 효과를 동시에 추정하는 모형입니다.

끝으로 사회심리학 관점의 중요 네트워크 연구로 소개할 수 있는 것은 자신과 타자, 혹은 타자들 사이의 상호관계에 대한 인식(perception) 연구입니다. 이와 관련하여 가장 유명한 사회심리학자는 프리츠 하이더(Fritz Heider)입니다. 하이더의 '균형이론(balance theory)'에 따르면 사람들은 '자아(P)', '타자(O)', '대상(X)'의 세 요소 사이의 '심리적 균형(psychological balance)'을 유지하려는 경향이 있습니다(Heider, 1958). 예를 들어, 'P가 O교수를 존경하고', 'O교수가 X학설을 지지하고', 'P가 X학설을 지지하는' 경우라면 P의 심리적 균형이 달성된 경우입니다. 그러나 'P가 O교수를 존경하고', 'O교수가 X학설을 지지하지만', 'P가 X학설을 거부하는' 경우라면 P의 심리적 균형이 깨진 경우입니다. 사람들은 심리적 균형이 깨질 때, 심리적 균형을 회복하려 하며, 이로 인해 태도가 변한다(이를테면 'P가 더 이상 O교수를 존경하지 않는다'거나 'P가 X학설을 수용'하는 방식으로 변화)는 것이 하이더의 균형이론입니다.

P의 심리적 태도 혹은 태도변화를 설명하는 데 초점을 맞추는 하이더의 균형이론은

네트워크 연구에도 매우 깊은 영향을 미칩니다. 앞서 소개한 모레노의 연구와의 접합을 통해 카트라이트와 하라리(Cartwright & Harary, 1956)는 인간관계 네트워크의 변화를 하이더의 균형이론으로 설명합니다. 예를 들어 A, B, C, 3명으로 구성된 인간관계 네트워크를 상상해봅시다. 만약 특정 시점에서 3명의 관계가 호의적인 경우, 시간이 지나도 3명의 관계는 안정적으로 유지될 것으로 예상할 수 있습니다. 반면 특정 시점에서 A와 B, B와 C의 관계가 호의적이지만, A와 C가 호의적이지 않은 상황일 때, 향후 세 사람의 관계는 어떻게 바뀔까요? 몇 가지 상황을 생각해볼 수 있습니다. 첫째, A와 C가 화해하는 경우. 둘째, C로 인해 A와 B의 관계가 악화되어 단절되는 경우. 셋째, A와 B의 관계가 굳건히 유지되고 B와 C의 관계가 악화되어 단절되는 경우. 즉 특정 시점에서 인간관계 네트워크가 안정적이지 않을 경우, 시간이 지나면 균형점을 달성하는 방식으로 네트워크가 변화할 것이라고 예상할 수 있습니다. 심리적 균형 개념은 네트워크 연구에서 '대인 간 균형(interpersonal balance)' 개념으로 변용되면서 13장에서 본격적으로 소개할 **확률적 행위자중심 모형**'에서 매우 빈번하게 활용됩니다.

1-2 사회학과 인류학[1]의 대인관계 및 집단구조 연구

사회학의 핵심개념 중 하나는 '구조(structure)'입니다. 사회현상을 언급할 때 구조라는 용어는 매우 빈번하게 등장하지만, 사실 개인을 기반으로 수집된 데이터를 통해 구조를 측정하고 설명하는 것은 쉽지 않은 일입니다. 네트워크 개념으로 '구조'를 정의하고, 네트워크 속에서의 인간의 행동을 설명하려는 관점을 사회학적 관점이라고 정의할 수 있습니다.

사회학적 관점에서 진행된 네트워크 연구 중 가장 유명한 고전적 연구는 '호손 연구(Hawthorne Studies)'입니다. 호손 연구는 하버드대학교의 심리학자였던 앨튼 메이요(Alton Mayo)의 주도로 시카고 근교에 위치한 웨스턴 전자 회사(Western Electric

---

1 필자의 능력 부족으로 자세한 설명을 하지 못한 인류학 연구 몇 가지를 소개합니다. 맨체스터 대학교의 인류학과를 중심으로 한 현장연구자들인 존 바네스(John Barnes), 엘리자베스 보트(Elizabeth Bott), 클라이트 미첼(Clyde Mitchell) 등은 모레노의 소시오그램 연구를 마을공동체 내의 친족관계 및 인간관계 연구에 적용한 바 있습니다. 아울러 막스 글룩만(Max Gluckman) 역시 네트워크 관점을 토대로 인류학 연구를 수행한 유명한 학자입니다. 인류학에 대한 지식 부족으로 자세히 설명하기 어렵습니다만, 관심 있는 독자들은 프리먼(Freeman, 2004), 스콧(Scott, 2017), 몬지와 컨트랙터(Monge & Contractor, 2003)의 서술을 토대로 이들이 수행한 연구를 직접 살펴보기를 권장합니다.

Company)의 호손 공장을 배경으로 진행된 일련의 실험적 연구를 의미합니다. 일반적으로 호손 연구는 이른바 연구대상자가 연구목적을 인지하였을 때 연구의 내적 타당도(internal validity)가 훼손될 수 있다는 의미의 '호손 효과(Hawthorne effect)', 혹은 경영학 이론에서 인간관계의 중요성을 강조한 연구사례로 알려져 있습니다. 그러나 방법론적 관점에서의 호손 효과나 경영학 이론에서 주목하는 인간관계의 중요성에 대한 주장의 바탕에는 모두 네트워크, 보다 구체적으로는 '공장 노동자들 사이의 네트워크'가 매우 중요하게 작동하고 있습니다.

호손 연구팀(Dickson & Roethlisberger, 1939/2003)에 따르면 공장 노동자들은 경영진이 규정한 공식적(formal) 조직구성과는 별도로 노동자들 사이의 비공식적 네트워크가 존재하였습니다. 호손 연구팀에서는 앞서 소개한 모레노의 '소시오그램'을 토대로 노동자 집단 내부의 상호토론, 선임자-후임자의 도제식 훈련, 그리고 노동자 사이의 집단(파벌) 내부의 유대와 상대 집단과의 적대감 등을 생생하게 묘사한 바 있습니다. 이를 토대로 기업조직의 생산성이 조직 내부의 비공식 인간관계와 밀접한 관련을 맺고 있다는 것을 잘 보여주었습니다. 호손 연구에서 나타난 비공식적 인간관계 네트워크는 본서 9장에서 소개할 **파벌(clique)**, **핵심집단(core)** 등의 개념들로 발전되었습니다. 아울러 호손 연구에서는 사회조직이 공식적 인간관계(즉 조직도)와 함께 다양한 비공식적 인간관계들로 구성되어 있다는 점을 밝힘으로써 집단을 구성하는 개인들의 연결관계가 상황에 따라 다르게 구현된다(realize)는 것을 보여주었고, 이는 복합링크(multiplex tie) 혹은 복합네트워크(multiplex network) 개념을 탄생시키는 데 기여하였습니다. 또한 이는 8장부터 13장까지 집중적으로 소개한 **네트워크수준 통계치**와 **네트워크 모델링 기법들**에도 적용되고 있습니다.

초창기 호손 연구에서 나타난 묘사와 (비록 소규모이지만) 네트워크 데이터는 이후 네트워크 분석기법들의 발전에도 크게 기여합니다. 관련하여 가장 주목할 가치가 있는 연구기법은 바로 '행렬 재배치(matrix re-arrangement)'입니다(Festinger, 1949; Homans, 1951/2017). 행렬 재배치 기법은 인간관계 네트워크를 행렬(matrix)로 구현한 후, 행(row)과 열(column)을 재배치하는 방식을 통해 복잡한 네트워크를 간단한 네트워크로 축약하는 것입니다. 즉 복잡한 행렬을 간단한 행렬로 축약하는 것이 바로 행렬 재배치 기법의 핵심 아이디어입니다. 초창기에는 연구자가 직접 '행렬 재배치'를 진행했지만, 컴퓨터의 도

입으로 관련 기법들이 비약적으로 발전하게 됩니다. 본서 9장에서 소개할 '**블록모델링(block-modeling)**' 및 유관 기법들은 기본적으로 행렬 재배치 기법에 내재한 아이디어를 토대로 개발되었습니다.

호손 연구와 비슷한 시기에 진행된 인류학자들의 문명사회의 하부구조 연구들도 네트워크 분석기법에서 매우 중요합니다. 호손 연구에 직간접적으로 참여했던 인류학자 및 이들과 관련된 도시 사회학자들(urban sociologists)은 도심의 이민자 공동체 혹은 시골지역의 공동체 연구를 진행하였습니다. 이와 관련된 가장 유명한 연구로는 '양키시티(Yankee City) 연구'(Warner & Lunt, 1941; Scott, 2017, pp. 23-25 재인용)와 '골목 모퉁이 불량배 집단(Street Corner Society) 연구'(Whyte, 1943/1993)를 언급할 수 있습니다. 이들 연구에서는 조직 내부의 위계관계를 다루고 있습니다.

먼저 골목 모퉁이 불량배 집단 연구에서는 초기 미국 도시의 불량배 집단의 구성원들이 어떻게 자신들 내부에서 위계성을 창출하며, 경쟁하는 불량배 집단들이 어떻게 교섭하는지를 보여줍니다. 다른 집단들과 마찬가지로 불량배 집단 내부에도 지도자(즉, 두목)와 조직원들이 존재하지만, 집단의 지도자는 일반조직원들과 직접적으로 접촉하기 보다는 '부두목(lieutenant)'을 통해 조직원들에게 의사를 전달합니다. 즉 조직 내부의 구성원들은 1명의 두목이 2명의 부두목들에게 영향력을 행사하며, 각 부두목은 자신이 거느리는 구성원들에게 영향력을 행사하는 방식으로 위계적 네트워크를 구성한다는 것입니다. 이들 연구에서는 전체 조직과 하위조직들의 관계, 그리고 조직 내부 구성원들이 어떠한 위계질서를 보이는지를 '정성적 연구방법'을 통해 묘사하고 있습니다.

다음으로 양키시티 연구는 미국 매사추세츠(Massachusetts) 주의 뉴버리포트(Newburyport)라는 이름의 작은 도시를 연구한 것으로, 전체 사회를 상·중·하층으로 구분한 후, 각 층을 다시 고·저(upper, lower)로 나눈 시발점이 된 연구로 유명합니다. 그러나 네트워크 분석 관점에서 이 연구는 도시라는 거대 네트워크는 인종이나 종교 등을 매개로 한 사회적 관계망으로 구성된 하위집단들[즉, 파벌들(cliques)]로 구성되며, 각각의 하위집단들이 어떻게 중첩되는지를 밝힌 연구로도 볼 수 있습니다. 양키시티 연구진이 인터뷰한 사람들은 '우리 조직(our circle)', '우리 집단(our group)' 등과 같은 단어를 사용했는데, 이를 통해 연구진은 개별 시민들의 하위집단을 재구성하는 방법을 사용했습니다. 이는 인터뷰를 통해 재구성한 31개의 소집단(파벌, clique)을 '사회적 권력'이라는 위계성(3×2 = 6개의 서열)에 따라 재배열하는 방식으로, 총 73개의 집단으로 세분하였습니다.

양키시티 연구에서 흥미로운 점은 바로 6단계의 위계성에 따라 배열된 31개 소집단들이 '73개'에 불과하다는 것입니다(연구자들의 소집단 구분이 완전히 타당하다고 가정할 때). 왜냐하면 단순계산을 적용할 경우, 총 186개(=6×31)의 조합(combination)이 가능한데, 현실적으로는 연구자가 추출한 소집단들 중 상당수가 특정한 위계에 치우쳐 있습니다(즉 특정 인종집단 혹은 특정 종교집단이 상위층 혹은 하위층에 집중적으로 배치됨). 다시 말해 전체 사회를 구성하는 하위집단들이 사회적 권력 관점에서 위계적으로 구성되어 있다는 것을 알 수 있습니다.

앞서 소개한 사회심리학적 관점에서의 소집단 연구의 경우, 조직 내부의 위계성이 비교적 두드러지지 않습니다. 반면, 사회학적 관점에서 진행된 사회구조 연구에서는 조직 내부의 하위조직들 사이 혹은 조직원들 사이의 권력관계를 밝히는 데 주력하는 모습을 보입니다. 비록 정량적 분석을 시도하지는 않았지만 골목 모퉁이 불량배 연구와 양키시티 연구는 9장에서 소개할 '**위상분석(positional analysis)**'의 개념과 매우 밀접하게 맞닿아 있습니다.

호손 연구팀과 연관된 또 다른 인류학 연구로는 데이비스와 동료들(Davis et al., 1941/2022)이 수행한 미국 남부의 공동체 연구가 있습니다. 이는 단순하게 요약하기 어려운 고전적 연구입니다. 네트워크 분석이라는 관점에서는 최초의 이원네트워크 분석을 시도했다는 점에서 이 연구가 중요한 의의를 갖습니다. 데이비스 등은 미국 남부의 지역 일간지 보도를 토대로 어떤 행사에 누가 참여했는지를 조사한 후, 가로줄(행, row)에는 참석자를 배치하고 세로줄(열, column)에는 행사를 배치한 이원네트워크를 구성한 후, 행사를 매개로 누가 누구와 연계되는지를 추정하는 방식으로 개인들을 집단으로 분류하였습니다. 이와 같이 행위자와 사건(행사)을 가로줄과 세로줄에 배치하는 방식으로 구축된 행렬을 사건발생행렬(incidence matrix)이라고 부르며, 이러한 행렬로 구현되는 네트워크를 '**이원네트워크(two-mode network)**'라고 부릅니다. 3장에서 보다 구체적으로 설명하겠지만, 모레노가 제안한 소시오행렬(sociomatrix)은 가로줄과 세로줄이 동일한 정방행렬(square matrix)인 반면, 이원네트워크는 가로줄과 세로줄이 성격도 다르며 개수도 동일하지 않은 직사각행렬(rectangle matrix)입니다. 본서에서는 일원네트워크 분석기법들과 함께 개념적으로 등가인 이원네트워크 분석기법들도 제시하였습니다.

사회 혹은 공동체 내부의 대인관계 패턴에 대한 사회학 연구를 소개할 때, 게오르그 짐멜(Georg Simmel)은 언급하지 않을 수 없는 고전 이론가입니다. 짐멜과 같은 고전적 사회학자의 이론을 단순하게 요약하는 것은 쉽지 않습니다(개인적으로는 그렇게 할 수도 없고, 해서도 안 된다고 생각합니다). 사회네트워크 분석 연구자인 데이비드 크랙하트(David Krackhardt, 1999)가 주목하는 짐멜의 아이디어는 바로 '양자관계(dyad)'와 '삼자관계(triad)'이며, 삼자관계는 사회학적 관점에서 다음과 같은 2가지 중요한 함의를 갖습니다. 첫째, 양자관계는 관계를 구성하는 두 당사자들의 관계이지만, 삼자관계는 사회적 관계입니다. 예를 들어 A와 B가 만나 계약을 체결했다고 할 때, 제3자인 C가 해당 계약에 참여했는지 여부에 따라 계약의 이행 여부와 지속성은 달라질 수 있습니다(제3자인 C가 개입될 때 A와 B의 계약이 이행될 가능성이 높아지고, 보다 안정적이고 장기적으로 지속됩니다). 둘째, 삼자관계라고 하더라도 삼자관계의 구성방식에 따라 삼자관계의 효과(즉 삼자관계 형성에 따른 관습이나 규범의 지속성 차이)가 달라집니다. 예를 들어 A와 B가 매우 잘 알고 지내는 친구관계라고 가정해봅시다. 만약 제3자인 C가 A와 B 모두와 친한 경우, 그리고 제3자인 D가 A, B와 안면은 있지만 친하지 않은 경우를 비교해봅시다. A-B-C의 관계가 A-B-D의 관계보다 안정적으로 지속될 가능성이 높습니다. 네트워크 분석에서는 두 노드 A와 B가 강하게 연결된 제3의 노드로 연결되어 삼자관계를 형성할 경우, A-B의 관계를 '짐멜 연결(Simmelian tie)'이라고 부릅니다. 삼자관계는 앞서 설명한 파벌이나 핵심집단과 같은 개념과 밀접하게 연결되며, 조직연구에서 자주 활용됩니다. 짐멜 연결이 빈번하게 나타나는 조직은 외부의 상황 변화에 별다른 영향을 받지 않으며, 외부의 변화 시도에 강렬하게 저항하는 모습을 보입니다. 짐멜 연결은 9장에서 소개할 **'파벌(clique)', '핵심집단(core)', '블록모델링(block-modeling)'** 등의 개념과도 밀접하게 연결되며, 12장과 13장의 네트워크 모델링 기법에서도 네트워크를 설명·예측하는 요인들 중 하나로 ERGM 및 SIENA 매뉴얼에 등장합니다.

끝으로 정보의 전파(diffusion)와 관련된 일련의 사회학 연구들을 간단하게 소개하고자 합니다. 네트워크 연구자들에게 가장 잘 알려진 연구는 그래노비터(Granovetter, 1973, 1974/1995)의 '약한 연결관계의 강한 위력(The strength of weak ties)' 연구일 것입니다. 거의 모든 네트워크 연구서에 소개된 그래노비터의 연구결과는 언뜻 볼 때는 맞지 않게 들리지만, 조금 더 생각해보면 고개를 끄덕일 수밖에 없는 지극히 상식적인 내용입니다. 그래노비터는 구직자들이 직업을 구할 때 친척이나 친한 친구와 같이 강한 유대관계로 맺어진 사람이 아닌, 가볍게 알고 지내는, 즉 약한 유대관계를 맺고 있는 지인(acquaintances)에게서 도움을 얻는다는 점을 발견하였습니다. 직업을 찾을 때 가장 중요한 것은 '친밀함'보다는 '정보'입니다. 강한 유대관계를 통해서 얻을 수 있는 직업정보는 구직자가 동원할 수 있는 직업정보와 중복되는 경우가 많지만, 약한 유대관계에서 얻을 수 있는 직업정보는 구직자가 동원할 수 있는 직업정보와 중복되는 경우가 많지 않아 보다 많은 새로운 정보를 얻는 데 유리합니다. 그래노비터의 연구결과는 '혁신의 전파(diffusion of innovation)' 및 '커뮤니케이션 네트워크' 관련 연구에서도 반복적으로 확인된 바 있습니다(Katz & Lazarsfeld, 1955; Rogers, 2003). 즉 새로운 정보나 혁신적인 아이디어는 익숙하게 만나는 대상이 아닌 다른 대상을 통해 접하는 경우가 많습니다.

그래노비터의 연구를 사회적 권력 혹은 정보 통제(control)의 관점으로 발전시킨 연구로 버트(Burt, 1992)의 '구조공백(structural hole)' 개념을 소개할 수 있습니다. 구조공백이란 조직의 정보 유통 네트워크에서 정보가 중복되지 않는 위치(position)를 의미하는데, 조직에서 구조공백을 차지하는 개인은 정보의 흐름을 통제할 수 있기 때문에 조직에서 높은 위계를 차지합니다. 아마도 구조공백을 보여주는 가장 대표적인 개념은 '게이트키퍼(gate-keeper)'일 것입니다. 과거 매스미디어 사회에서 미디어 편집장은 정보유통 네트워크에서 '구조공백'을 차지하면서 어떤 정보(뉴스)를 미디어 소비자들에게 제공할 수 있을지 판단한다는 점에서 사회적 권력을 행사할 수 있었습니다. 그러나 매스미디어 시대가 종말을 맞으면서 정보유통 네트워크의 구조공백이 점점 사라지게 되었고, 이 과정에서 과거 구조공백을 점유했던 매스미디어의 사회적 권력 역시 대폭 축소되고 있습니다(동시에 정보유통 과정에서 나타나는 악영향에 대한 사회적 책임을 누구에게 물어야 하는지도 불분명해지고 있습니다).

그래노비터와 버트 등으로 대표되는 연구결과는 정보유통 네트워크상 특정 노드의 위상을 개념화하는 데 매우 유용합니다. 이러한 사회학적 네트워크 연구들은 5장에서 소개할 노드수준 통계치와 함께 9장에서 소개할 **블록모델링(block-modeling)**과도 밀접하게 연결됩니다.

② 사회과학이 아닌 학문분과

사회과학이 아닌 다른 학문분과들 역시 네트워크 분석에서 매우 중요합니다. 관점에 따라서는 네트워크 분석에 사회과학보다 더 많은 기여를 했다고 볼 수 있습니다(필자의 학문적 배경으로 인해 이 부분에 대한 전문적인 지식이 부족하다는 점을 유념해주기 바랍니다). 사회과학이 아닌 학문분과들로 본서에서는 ①수학, ②문헌정보학, ③네트워크 과학(network science) 등에 대해서 간략하게 소개하겠습니다.

2-1 수학

네트워크 과학을 설명하는 책들에서는 네트워크 분석의 기원을 위대한 수학자 레온하르트 오일러(Leonhard Euler, 1707-1783)에게서 찾습니다. 오일러는 '쾨니히스베르크의 다리 건너기 문제(Seven Bridges of Königsberg)'라는 수학문제[2]를 풀어낸[정확하게는 해(解, solution)가 존재하지 않는다는 것을 증명한] 수학자입니다. 오일러는 쾨니히스베르크의 다리를 링크(선)로, 다리가 연결해주는 지점을 노드(점)로 설정하였는데, 이로 인해 '그래프 이론(graph theory)'의 창시자로 불리게 되었습니다. 네트워크 분석 관련 서적들을 보면 '네트워크'와 '그래프'라는 용어를 미묘하게 구분해서 사용하는 경향이 있습니다. 일반적으로 네트워크는 현상(phenomenon)에 대한 개념으로, 그래프는 네트워크에 대한 수학적 설명 용어로 사용되는 경향이 강합니다. 쾨니히스베르크의 다리 건너기 문제는 네트워크를 수학적 관점에서 정의하고 분석할 수 있는 최초의 사례였다는 의의를 갖습니다.

---

2 쾨니히스베르크의 다리 건너기 문제는 아래와 같은 그래프로 표현할 수 있습니다. 쾨니히스베르크의 다리 건너기 문제는 "7개 다리들 중 각 다리를 한 번씩만 건너서 모든 다리를 건널 수 있는가?"로 요약할 수 있습니다.

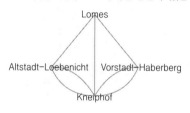

수학적 관점에서 가장 널리 알려진 네트워크 분석 연구는 사회심리학자인 스탠리 밀그램(Stanley Milgram, 1933-1984)의 1967년 연구일 것입니다. 물론 밀그램은 수학자도 통계학자도 아닙니다. 그러나 밀그램의 연구는 사회심리학 연구라고 보기도 어렵습니다. 왜냐하면 밀그램의 1967년 연구는 밀그램의 아이디어에서 시작한 것이 아니라, 당시에는 출간되지 않았던 풀(Itheiel de Sola Pool)[3]과 코첸(Manfred Kochen)의 아이디어("미국에 거주하는 두 사람을 무작위로 뽑았을 때, 2명은 몇 번의 인간관계를 거쳐야 연결될 수 있을까?")를 당시 기준으로 참신하고 혁신적인 방식을 통해 실증적으로 구현해본 연구이기 때문입니다.[4] 즉 풀과 코첸이 제시한 수학적 아이디어가 현실 인간관계에서 실증되는 것인지를 살펴본 것이 밀그램의 1967년 연구입니다.

안타깝지만 밀그램의 연구는 세간에 상당히 잘못 알려졌습니다. 첫째, 흔히 언급되는 '6단계 분리(six degrees of separation)'는 밀그램의 연구결과와 별 상관없습니다. 왜냐하면 밀그램 연구에서는 6단계가 아니라 '5단계'를 결론으로 제시하고 있기 때문입니다. 둘째, 흔히 이렇게 분리된 세상(5단계)을 '좁다'고 평가하는데, 밀그램은 '5'라는 연결관계에 대해서 좁다는 평가를 내리지 않고 '멀다'는 결론을 내리기 때문입니다. 구체적으로 밀그램은 "미국 내 어디에 거주하든 상관없이 무작위로 선발된 2명이 서로 연결되기 위해서는 평균적으로 5명을 거친다. … 이러한 발견이 최초 발신자와 최후 송신자의 거리가 가깝다는 것처럼 들릴 수 있다. 그러나 실제로 5명의 매개인들을 거쳐야 발신자와 송신자가 연결된다는 말은 2명의 거리가 매우 멀다는 것을 의미한다"(Milgram, 1967, pp. 66-67)라고 밝히고 있습니다. 즉 '좁은 세상(small world)'이라는 의미는 무작위로 선정된 두 사람 사이의 연결거리('링크'의 수)가 생각보다 크지 않지만, 동시에 겉보기에 작아 보이는 숫자는 실질적으로 무작위로 선정된 두 사람의 거리가 멀다는 것을 의미합니다. 밀그램의 연구결과는 나중에 와츠와 스트로가츠(Watts & Strogatz, 1998)에게서 보다 정교하게 공식화됩니다. 즉 현실의 네트워크는 밀그램의 1967년 연구의 핵심 아이디어를 제공했던 풀

---

3 이 분의 성은 'de Sola Pool'이지만, 일반적으로 미국학계에서는 'de Sola'를 언급하지 않는 경향이 있습니다. 본 서에서도 'Pool'이라고 명명했지만, 문헌을 인용할 때는 'de Sola Pool'로 표기했습니다.

4 풀과 코첸은 자신들의 연구문제를 밀그램 연구가 출간된 후 10년이 지나 '접촉과 영향력(Contacts and Influence)'이라는 이름으로 *Social Network*라는 학술지 창간호 논문으로 정리하여 발표합니다(de Sola Pool & Kochen, 1978-1979).

과 코첸이 생각했던 것처럼 애초에 무작위로 연결된 것이 아니며, 개인들은 군집(즉, 소집단)을 이루기 때문에 계산된 연결거리가 크지 않아 보이는 숫자로 계산되는 것이 와츠-스트로가츠의 '좁은 세상' 네트워크의 핵심 아이디어입니다. 풀과 코첸의 수학적 질문에 대한 밀그램의 실증연구는 인간사회와 함께 물질현상계에 내재한 공통된 네트워크를 추구하려는 자연과학적 시도로 이어졌다는 점에서 매우 중요한 의의를 갖습니다. 이는 본서의 8장에서 소개할 **'동류성 지수(clustering coefficient)'**, **'동종선호(homophily)'** 등의 개념과도 연결됩니다.

밀그램의 연구보다는 유명세가 떨어지지만, 네트워크 모델링 관점에서 중요한 연구는 에르되시와 레니(Erdős & Rényi, 1960)의 랜덤네트워크(random network) 모형입니다. 에르되시-레니 랜덤네트워크란, 네트워크를 구성하는 n개의 노드들에서 어떤 링크가 연결될 확률 p는 다른 링크의 연결확률과 무관하게(즉 독립적으로) 나타난다는 가정을 따라 생성되는 네트워크를 의미합니다. 정의에서 느낄 수 있듯이 에르되시-레니 모형을 통해 생성되는 랜덤네트워크는 보통 현실의 네트워크와 상당히 거리가 멉니다.[5] 그러나 현실 네트워크와 상관없어 보이는 바로 그 이유 때문에 에르되시-레니 랜덤네트워크는 네트워크 모델링 과정에서 '기저모형(baseline model)'으로 활용됩니다. 비유하자면 OLS 회귀 모형에서 설명변수를 전혀 투입하지 않은 채 결과변수를 설명하기 위해 절편만 투입된 방정식과 비슷한 역할을 합니다. 즉 설명변수가 투입되면 절편만 투입된 방정식에서의 오차항 분산이 줄어들면서 결과변수의 분산을 지속적으로 감소시키는 것처럼(R^2가 오차항 분산의 감소라는 점에서), 네트워크의 변이를 설명할 때 앞서 설명했던 네트워크의 구조적 특징들(이를테면 파벌이나 삼자관계 등) 혹은 노드의 특성(이를테면 행위자의 성격이 외향적인지 아니면 내향적인지 등)을 추가 투입할 때 에르되시-레니 랜덤네트워크의 가정에 얼마나 더 근접하는지를 살펴보는 방식으로 관측된 네트워크 모델링 작업을 실시합니다. 에르되시-레니 모형은 본서 12장에서 집중 소개한 'ERGM', 13장에서 소개하는 'SIENA' 모형 추

---

5 물론 에르되시-레니 랜덤네트워크와 매우 유사한 현실 네트워크가 없는 것은 아닙니다. 예를 들어 도시와 도시를 연결하는 도로 네트워크의 경우 에르되시-레니 모형으로 설명할 수 있습니다. 그러나 사회현상과 관련된 거의 대부분의 네트워크들은 에르되시-레니 모형으로 설명할 수 없습니다. 단적인 예로 A와 B가 친구관계일 때, A가 C와 친구관계일 가능성은 B와 C가 어떤 관계를 맺는가에 따라 극적으로 달라질 가능성이 높습니다(예상할 수 있듯이 B와 C 사이에 어떠한 관계도 없을 때보다 B와 C가 친구관계일 때, A와 C는 친구관계를 맺을 확률이 높습니다. 다시 말해 A-C 관계형성 확률은 B-C 관계 유무에 따라 달라지기 때문에 에르되시-레니 모형의 가정에 부합하지 않습니다).

정과정에서 매우 중요한 역할을 합니다. 에르되시-레니 모형에 대한 보다 자세한 설명은 본서 12장을 참조하기 바랍니다.

2-2 문헌정보학

자료를 분석하고 분류하는 문헌정보학(서지학, bibliometrics)에서도 매우 흥미로운 네트워크 분석 연구들이 진행되었습니다. 연구자라면 피하기 어려운 용어들인 SCI, SSCI, A&HCI 등의 지수들은 네트워크 분석 통계치들을 학술지에 적용하여 얻은 지수들입니다. 이러한 지수들은 가필드(Garfield, 1955)의 연구를 토대로 탄생한 지수들입니다. 즉 문헌의 중요성은 다른 연구자들이 얼마나 인용을 했는가로 측정할 수 있다는 것이 가필드의 핵심 아이디어입니다(흔히 '피인용지수'라고 부릅니다). 가필드 이후 문헌정보학에서는 '서지결합(bibliographic coupling)', '동시인용(co-citation)', '공기어(co-occured word)' 등과 같은 매우 흥미로운 네트워크 통계치들이 제시되었으며, 이는 문헌정보학은 물론 다른 분과들로도 확장되었습니다. 특히 웹의 등장과 확산과정에서 구글(Google)이라는 검색엔진 알고리즘의 기초를 제공했다는 점에서 매우 큰 의의를 가집니다. 문헌정보학에서 등장한 수많은 네트워크 개념들과 분석기법들은 '웹계량학(webometrics)'이라는 이름으로 새롭게 독립된 분과로 개척되기도 하였습니다. 아울러 해외에서 문헌정보학과는 *i*-school이라는 이름으로 재탄생하기도 했습니다. 문헌정보학을 토대로 한 연구들은 정말 방대하며, 일부 내용은 5장의 노드수준 통계치를 설명할 때 소개하였습니다. 그러나 본격적인 문헌정보학 연구는 네트워크 분석의 개념적 기초를 제시하고 실습한다는 본서의 목적에서는 다소 벗어난다고 생각합니다. 이 분야 연구에 관심이 있는 독자들은 본서의 내용을 토대로 '온라인 데이터 자동수집(web data scraping)' 능력 및 '대용량 데이터 분석' 능력을 쌓기를 권합니다.

2-3 네트워크 과학

사실 네트워크 과학은 어떤 단일한 학문분과라고 보기 어렵고, '네트워크'라는 개념을 매개로 느슨하게 연결된 학제연구(inter-disciplinary study)라고 보는 것이 적절할 듯합니다. 네트워크 과학은 1990년대 후반부터 학계의 관심을 받았으며, 2000년대 이후 다양한 연구성과를 보이고 있습니다. 네트워크 과학의 범위는 매우 방대합니다. 자연과학(특히 물리학과 수학)과 공학 및 앞서 소개한 문헌정보학과 사회과학은 물론 인문학도 포함된다는 점에서 네트워크 과학에 대한 포괄적 설명을 제시하는 것은 필자의 능력 범위를 벗어나는 것은 물론 본서의 목적과 범위에도 맞지 않습니다. 본서에서 소개할 네트워크 분석 개념들과 기법들은 네트워크 과학을 수행하기 위한 기초지식을 제공하겠지만, 진지한 네트워크 과학연구를 위해서라면 연구자가 몸담고 있는 분과학문에 대한 전문지식과 아울러 수학·물리학·전산학 등에 대한 일정 수준 이상의 전문지식이 필요합니다. 이에 본서에서는 네트워크 과학에 대한 몇 가지 연구사례만 간략하게 소개하는 것으로 마무리하겠습니다.

먼저, 니콜라스 크리스태키스(Nicholas Christakis)와 제임스 파울러(James Fowler)는 네트워크를 통해 인간의 생각이나 행동이 어떻게, 어느 정도 범위로 전파되는가에 대한 일련의 흥미로운 연구들을 수행하였습니다. 이들은 사회적 전염이론(social contagion theory)을 토대로 사람은 다른 사람의 생각이나 감정, 행동 등을 보고 모방하는 경향이 있으며, 이러한 '전염(혹은 전파)과정'은 네트워크를 타고 전달되는데, 영향력의 범위는 '3단계(three degrees)'까지라고 밝혔습니다. 이를테면, A라는 사람이 행복한 모습으로 웃으면 A와 연결된 B도 따라 웃을 가능성이 높고, B와 연결된 C도 B를 통해 A라는 사람의 웃음에 전염될 가능성이 어느 정도 유지되지만, A의 웃음의 전염력은 C와 연결된 D에서는 거의 나타나지 않는다는 것입니다(Christakis & Fowler, 2008). 이러한 전파과정은 긍정적인 감정 상태에만 국한되지 않는다고 합니다. 이들의 연구에 따르면 비슷한 감염패턴이 우울증(Rosenquist et al., 2011)과 같은 부정적 감정 상태, 흡연(Christakis & Fowler, 2008), 비만(Christakis & Fowler, 2007), 음주(Rosenquist et al., 2010)와 같은 건강에 좋지 않은 위해행동과 타인과의 협력행동(Fowler & Christakis, 2010) 등에서도 거의 비슷하게 확인된다고 합니다. 영향력의 도달범위가 어디까지인지를 추정했다는 점에서 크리스태키스와 파울러의 연구는 흥미로우면서 동시에 유용합니다.

다음으로 다양한 사회·자연 현상들에서 나타나는 보편적 네트워크 현상에 주목한 물리학자들의 연구들도 흥미롭습니다. 여기서는 와츠와 스트로가츠의 '좁은세상 네트워크(small-world network)'(Watts & Strogatz, 1998), 바라바시의 '무척도 네트워크(scale-free network)'(Barabási, 2002, 2009) 2가지만 간략하게 소개하겠습니다. 이들 연구 외에도 네트워크 현상을 연구한 다양한 국내외 물리학자들이 존재하지만, 좁은세상 네트워크와 무척도 네트워크만을 간략하게 언급하는 이유는 본서에서 소개할 R 패키지(igraph)에 이 2가지 네트워크를 생성할 수 있는 함수들이 내장되어 있을 정도로 유명하기 때문입니다.[6]

와츠-스트로가츠의 좁은세상 네트워크 연구(Watts & Strogatz, 1998)는 대중적으로 널리 알려진 밀그램의 1967년 연구결과인 좁은세상 네트워크가 어떻게 생성될 수 있는지를 시뮬레이션으로 밝힌 연구입니다. 연구결과를 요약하면, 현실의 네트워크(즉, 좁은세상 네트워크)는 앞서 소개한 에르되시-레니의 랜덤네트워크의 특징과 네트워크 내의 특정 노드가 다른 노드와 동일한 수의 링크로 연결되어 있는 정규 네트워크의 특징을 모두 갖습니다. 즉 현실의 네트워크는 엄격하게 규정된 정규(regular) 네트워크도 아니고, 무작위로 연결된 랜덤(random) 네트워크도 아니며, 그 중간에 존재한다는 것입니다. 와츠와 스트로가츠의 연구를 평이한 말로 설명하면 다음과 같습니다. 밀그램의 1967년 연구 이래 미국에 거주하는 사람들이 5단계 혹은 6단계로 연결된다는 '좁은세상 네트워크' 현상이 발견된 이유는 ①사람들은 자신의 생활공간에서 가족·친지·이웃 등과 규칙적으로 상호작용하지만(즉 정규 네트워크), ②생활공간의 소집단 구성원 중 몇몇은 빈번하지는 않지만 다른 생활공간의 다른 구성원들과 알고 지낼 가능성이 높기 때문입니다(즉 랜덤네트워크). 따라서 어떤 소집단 구성원이 다른 소집단 구성원과 연결되기 위해서는 5단계 혹은 6단계를 거치면 됩니다. 와츠와 스트로가츠의 연구에서는 시뮬레이션을 통해 현실 세계의 네트워크와 유사한 네트워크를 생성할 수 있다는 것을 보여주었습니다. 본서에서 집중하여 소개할 12장의 'ERGM'과 13장의 'SIENA'의 경우 좁은세상 네트워크와 직접적인 관련은 없지만, 현실 네트워크의 모수(parameters)를 파악하고 이를 통해 관측된 네트워크를 추정된 네트워크 모델을 통해서 생성할 수 있다는 가정을 공유합니다.

와츠-스트로가츠 연구와 비슷한 시기 바라바시는 조금 다른 방식으로 현실의 네트워크 생성방식에 대한 연구를 발표하였습니다. 바라바시의 무척도 네트워크는 사회과학에서 '부익부 빈익빈(the rich get richer, the poor get poorer)' 혹은 '마태효과(Matthew effect)' 등을 통해 쉽게 이해할 수 있습니다. 마태복음 25장 29절의 내용, 즉 "무릇 있는 자는 받아 풍족하게 되고 없는 자는 그 있는 것까지 빼앗기리라"라는 말처럼 현실 사회에

---

6 igraph 패키지의 경우, 좁은세상 네트워크는 `sample_smallworld()` 함수를, 무척도 네트워크는 `sample_pa()` 함수를 이용해 생성할 수 있습니다.

서 '성공이 성공을 부르고, 실패가 실패를 부르는 현상'은 쉽게 관측됩니다. 네트워크에서도 마찬가지입니다. 소위 온라인 공간에서의 '인플루언서'는 어느 정도의 팔로워들을 모으는 데 성공하면 이후 팔로워 수가 급격하게 증가하는 것을 쉽게 목격할 수 있는데, 이러한 현상을 흔히 '선호적 연결(preferential attachment)'이라고 부릅니다. 바라바시는 네트워크의 규모가 성장할수록 큰 연결값을 갖는 노드가 점점 더 많은 연결관계를 갖게 되면서 노드들을 연결하는 허브(hub) 역할을 맡게 되며, 바로 이러한 노드들을 경유하는 방식으로 네트워크의 노드들이 5단계 혹은 6단계로 서로 연결될 수 있음을 보여주었습니다. 이러한 과정을 통해 생성된 네트워크에 대해 바라바시는 '무척도(scale-free)'라는 이름을 붙였습니다. 이는 랜덤네트워크의 경우 링크 생성확률값을 어떤 척도를 따르는 대푯값(예를 들어 평균)으로 제시할 수 있는 반면, 몇몇 거대 허브들이 중심을 이루는 현실 네트워크의 경우 대푯값이 존재하지 않기 때문입니다. 바라바시는 이러한 무척도 네트워크가 인터넷의 네트워크, 생명체의 신경망 네트워크, 영화배우 네트워크 등에서 반복적으로 나타난다는 것을 보여준 바 있습니다(Barabási, 2002). 본서에서는 무척도 네트워크에 대한 설명을 제시하지는 않았습니다. 그러나 시간에 따른 네트워크 변화과정에 대해 바라바시의 네트워크 모형은 상당히 높은 설명력을 가지며, 소셜미디어를 비롯하여 일상적인 현실에서 우리가 접하는 네트워크의 발전과정을 매우 설득력 있게 설명합니다.

지금까지 네트워크 분석과 관련된 몇 가지 유명한 연구들을 간략하게 소개하였습니다. 네트워크 분석의 발달과정과 관련하여 더 많은 지식을 원하는 독자들은 다른 문헌들을 참조할 수 있습니다. 국내 연구자들의 저술로는 곽기영(2017), 김용학(2007, 2011), 김재희(2023), 손동원(2002), 이수상(2012) 등을 추천하며, 해외 연구자들의 저술로는 보르가티 등(Borgatti et al., 2002, 2018, 2022), 하네만과 리들(Hanneman & Riddle, 2005), 콜랙지크와 크사르디(Kolaczyk & Csardi, 2014), 맥카티 등(McCarty et al., 2019), 맥널티(McNulty, 2022), 뉴먼(Newman, 2010), 스콧(Scott, 2017), 와서맨과 파우스트(Wasserman & Faust, 1994) 등을 추천합니다.

저자의 학문적 배경과 R을 통한 네트워크 데이터 분석과정 실습이라는 본서의 목적을 감안하여, 본서에서는 주로 SNA 분석기법들을 중심으로 사회과학 분야에서 자주 등장하는 네트워크 모델링 기법인 ERGM과 SIENA를 집중적으로 소개하였습니다. 그러나 여기에 등장하는 분석기법들의 활용은 사회과학 분야에만 국한되지는 않을 것입니다.

사회과학이 아닌 다른 분야의 네트워크 연구더라도 본서에 소개된 기초 개념들과 기본적인 분석기법들을 숙지한다면 보다 효과적으로 연구를 수행하는 데 도움이 될 것입니다.

02장

네트워크 분석 용어 정리

네트워크 분석을 실시하는 학문분과들은 다양합니다. 그렇다 보니 동일한 개념을 다루면서도 네트워크 분석에 사용되는 용어들이 다른 경우가 적지 않습니다. R을 이용한 네트워크 분석을 예시하기 전에, 본서에서 사용하는 네트워크 분석 용어에 대해 간략하게 정리하도록 하겠습니다.

① 네트워크와 그 구성요소

본서에서는 '네트워크'를 '여러 개의 노드와 여러 개의 링크로 표현된 그래프'라고 정의하고자 합니다. 그리고 네트워크를 설명할 때 '그래프(graph)', '노드(node)', '링크(link)'라는 세 용어를 채택하였습니다. 네트워크 분석 문헌들에서 각각의 용어는 다음과 같은 다른 용어들로 표현되기도 합니다.

- '네트워크'를 언급할 때 연구자에 따라 '그래프(graph)' 혹은 '네트워크(network)'라는 용어를 구분하여 사용하기도 합니다. 정확하게 두 용어가 어떻게 다른지 구분하여 정의한 문헌은 살펴보지 못하였지만, 일반적으로 '네트워크'는 추상적 혹은 이론적 차원에서 네트워크를 언급할 때, '그래프'는 수학적 수준 혹은 데이터 분석 차원에서 네트워크를 언급할 때 사용하는 듯합니다. 이에 따라 본서에서는 R을 이용하여 분석 맥락에서 '그래프'라는 용어를 사용하였습니다. 다시 말해 '네트워크'와 '그래프'를 동의어로 간주하여 구분 없이 사용하였습니다.

- '노드'는 네트워크 분석 문헌에서 점(vertex, point), 행위자(actor, agency) 등으로 부릅니다. 일반적으로 '점'은 수학이나 물리학 분야에서 자주 사용하는 용어이며, '행위자'는 최근 주목받고 있는 '확률적 행위자중심 모형(stochastic actor-oriented model, SAOM)'을 활용하는 분과나 사회과학 분야에서 주로 사용합니다. 네트워크 분석용 R 패키지에서는 '꼭짓점(vertex, vertices)'이라는 용어를 사용하지만,[1] 본서에서는 '점'보다는 '노드'라는 용어를 채택하였습니다. 그러나 네트워크 분석결과를 해석할 때는 네트워크 맥락에 따라 '노드'를 '가문', '연구자', '개인', '행위자' 등으로 구별하여 명명하였습니다. 다시 말해 적어도 본서에서는 '노드'와 '점', '행위자'는 동의어로 간주하여 구분 없이 사용하였습니다. 끝으로 '설명대상 노드'는 '자아(ego)-노드' 혹은 짧게 '자아'라고 부르며(흔히 아래첨자 i로 표현), 자아-노드와 연결된 상대편 노드는 '대상(alter)-노드' 혹은 축약하여 '대상'이라고 부릅니다(흔히 i가 아닌 아래첨자들, 이를테면 j, k, l 등으로 표현).

- '링크'는 네트워크 분석 문헌에서 '선(線, edge)', '호(弧, arc)', '선분(line)', '친분(tie)', '관계(relation)', '연결(connection)' 등으로 부릅니다. 일반적으로 '선'과 '선분'은 동의어로 사용됩니다. 그러나 '호'는 특정한 방향성을 갖는 연결관계(기호로 표현하자면 → 혹은 ←)를 의미하는 반면, '선'이나 '선분'은 방향성을 고려하지 않은 연결관계(기호로 표현하자면 –)를 포함 특정한 방향성을 갖는 모든 형태의 연결관계들(기호로 표현하면 →, ←, ↔)을 모두 포함합니다. 사회과학에 뿌리를 둔 네트워크 분석 문헌에서는 친분, 관계, 연결 등의 용어를 사용하기도 합니다. 네트워크 분석용 R 패키지에서는 '선(edges)'이라는 용어를 사용하지만,[2] 본서에서는 '선'이라는 용어보다 '링크'라는 용어를 채택하였습니다. 만약 방향성을 고려하지 않는 경우라면 아무런 수식표현 없이 '링크'라는 용어를, 방향성을 고려하는 경우라면 '외향링크(outgoing link; →)', '내향링크(incoming link; ←)', 혹은 '상호링크(mutual link; ↔)'라고 표현하였습니다.[3]

---

1 나중에 다시 설명하겠지만, statnet 패키지에서 노드수준 변수를 지정할 때 %v% 오퍼레이터(v는 vertex의 첫글자)를 사용하고, 노드의 고유이름은 vertex.names이라고 지정합니다. igraph 패키지의 경우 노드수준 변수를 지정하고 관리할 때 V( ) 함수를 사용하며(V는 vertex의 첫 글자), 노드속성을 나타낼 때 v라는 용어를 사용합니다.

2 statnet 패키지의 경우 링크수준 변수를 지정할 때 %e% 오퍼레이터(e는 edge의 첫글자)를 사용합니다. igraph 패키지에서는 링크수준 변수를 지정·관리할 때 E( ) 함수를 사용하며(E는 edge의 첫 글자), 링크속성을 나타낼 때 e라는 용어를 사용합니다.

❷ 노드유형 및 링크유형에 따른 네트워크 구분

네트워크 분석 문헌들에서는 노드유형과 링크유형에 따라 네트워크를 구분합니다. 먼저 네트워크를 구성하는 노드유형이 '1개'인 경우는 '일원네트워크(one-mode network)'라고 부르며, 노드유형이 '2개'인 경우는 '이원네트워크(two-mode network)'라고 부릅니다. 예를 들어 개인 간 커뮤니케이션 네트워크의 경우, 노드유형이 '사람'으로 단일하게 존재하기 때문에 '일원네트워크'라고 부를 수 있습니다. 그러나 개인이 특정 조직에 가입하는 방식으로 연결된 네트워크의 경우에는 노드유형이 '사람'과 '조직' 2가지로 구분되기 때문에 '이원네트워크'라고 부를 수 있습니다. 네트워크 분석 문헌에 따라 '이원네트워크'를 '이분(二分, bipartite)네트워크', '멤버십(membership) 네트워크' 등으로 부르기도 합니다. 예를 들어 본서에 소개할 igraph 패키지에서 bipartite라는 이름으로 시작하는 함수(예를 들어, bipartite.projection() 함수)들은 모두 '이분네트워크'라는 이름을 사용하는 반면, statnet 패키지와 RSiena 패키지에서는 '이원네트워크'라는 이름을 사용합니다. 일단 본서에서는 '이원네트워크'라는 용어를 채택하여 사용하였습니다.

링크 유형은 크게 '방향성(directionality)' 유무와 '링크가중(weighted)' 유무에 따라 네트워크를 구분합니다. 먼저 링크의 방향성이 구분되는 링크들로 구성된 네트워크를 '유방향(directed) 네트워크'라고 부르며, 링크의 방향성이 존재하지 않으며 연결 여부만이 고려되는 링크들로 구성된 네트워크를 '무방향(undirected) 네트워크'라고 부릅니다. 짐작할 수 있듯, 무방향 네트워크는 유방향 네트워크에 비해 상대적으로 분석방식이 단순합니다. 다음으로 링크가중 여부를 토대로 노드와 노드 사이의 연결관계만을 '0/1'로 표현한 '이진형(binary)-네트워크'와 링크가중치를 반영한 '정가(定價, valued)-네트워크'로 구분할 수 있습니다. 거의 대부분의 네트워크 분석기법들은 이진형-네트워크를 대상으로 개발된 것이며, 정가-네트워크를 대상으로 하는 네트워크 분석기법들은 비교적 최근 등장한 것입니다. 이런 이유로 이진형-네트워크는 보통 '이진형'이라는 수식어 없이 그냥 '네트워크'라고 부릅니다.

---

3 참고로 문헌에 따라 외향링크를 발산하는 노드는 흔히 '자아(ego) 노드' 혹은 '자아'라고 부르며, 내향링크를 수신하는 노드는 흔히 '대상(alter) 노드'라고 구분합니다.

❸ 네트워크 데이터의 구성과 분석단위

통상적인 데이터 분석의 경우, 가로줄(rows)에는 개별 사례(case)를, 세로줄(columns)에는 개별 사례의 특성(feature)을 나타내는 변수(variable)를 배치하는 방식으로 '스프레드시트(spreadsheet)' 형태의 행렬데이터를 구성합니다. 통상적 데이터 분석에서는 이와 같이 구성된 단 하나의 행렬데이터를 다루는 것이 보통입니다.[4]

그러나 네트워크 데이터는 절대로 하나로 구성되지 않습니다. 물론 네트워크 데이터 역시 '행렬(matrix)' 형태를 보입니다. 그러나 분석단위(unit-of-analysis)와 데이터 구성의 복잡도 측면에서 네트워크 데이터는 통상적 데이터와 매우 상이하게 정의됩니다. 그 이유는 바로 '그래프 = 노드집합 + 링크집합'으로 구성되며, 노드집합과 링크집합의 분석단위는 서로 다르기 때문입니다. 아울러 '그래프' 역시도 맥락에 따라 '그래프 집합'으로 표현될 수 있습니다. 예를 들어 동일한 노드집합으로 구성된 그래프를 한 달에 한 번씩 세 차례 반복측정했다면, 3개의 그래프는 '그래프 집합'을 이룹니다. 혹은 동일한 노드집합으로 구성된 그래프의 링크속성이 본질적으로 구분될 경우, 이를테면 공적관계(official relationship)와 사적관계(private relationship)가 구분된 그래프라면, '그래프 집합'에는 '공적관계 그래프'와 '사적관계 그래프' 2가지가 존재합니다.

즉 분석단위 측면에서 네트워크 데이터는 ①노드수준(node-level) 데이터, ②링크수준(link-level) 데이터, ③그래프수준(graph-level) 데이터, 3가지로 구분할 수 있습니다.

첫째, 노드수준 데이터는 통상적 데이터 분석과정에서 사용되는 데이터와 매우 유사하게 구성됩니다. 가로줄에는 노드가 배치되고, 세로줄에는 노드수준의 속성변수가 배치됩니다. 예를 들어 일원네트워크의 노드수준 데이터에는 노드 식별변수(identification variable), 즉 흔히 말하는 아이디(ID) 변수를 포함해 최소 1개 이상의 변수가 포함됩니다.

---

4 물론 통상적 데이터 분석의 범위를 어떻게 다루는가에 따라, 이 문장의 진위는 다르게 평가할 수 있습니다. 예를 들어 다층모형(multi-level modeling)에 투입되는 데이터의 경우, 상위수준의 데이터(이를테면, 집단수준 데이터)와 하위수준의 데이터(이를테면, 개인수준 데이터)를 별개로 구성하기도 합니다. 또한 시계열 데이터 분석의 경우에도 스프레드시트 행렬데이터가 하나 이상일 때가 있습니다. 그러나 이러한 모형들에 투입되는 데이터의 경우, 고유식별번호(unique identification number)를 중심으로 데이터를 합치는(merging) 과정을 거친 후 모형 추정을 진행한다는 점에서 본문에 제시된 분석수준이 상이한 네트워크 데이터와는 구분됩니다.

따라서 일원네트워크의 노드수준 데이터는 '노드 개수×노드속성 개수' 형태의 행렬로 표현될 수 있습니다. 반면 이원네트워크의 노드수준 데이터에는 노드 아이디변수와 노드의 유형(type)을 구분하는 최소 2개 이상의 변수가 포함됩니다.

둘째, 링크수준 데이터는 노드와 노드의 연결관계를 나타내는 데이터입니다. 링크수준 데이터의 형식은 다양한 방식으로 정의됩니다. 여기서는 가장 대표적인 3가지 방식만 소개하겠습니다. 가장 직관적으로 이해하기 쉬운 방식은 '인접행렬(adjacency matrix)' 방식으로 데이터를 구성하는 것입니다. 사회적 네트워크 분석에서는 인접행렬을 '소시오행렬(sociomatrix)'이라고 부르기도 합니다. 인접행렬은 가로줄과 세로줄에는 노드를 배치하고, 만약 두 노드가 연결된 경우라면 '1'의 값을, 연결되지 않은 경우라면 '0'의 값을 부여하는 방식으로 구성됩니다. 만약 두 노드의 연결관계의 질적 속성이나 강도 등을 추가할 경우에는 '1'에 링크가중치를 부여합니다. 네트워크 규모가 작을 경우 인접행렬은 매우 유용합니다. 그러나 네트워크의 규모가 커질수록 인접행렬은 '0'의 빈도가 폭증하는 '희소행렬(sparse matrix)' 형태를 띠면서 컴퓨팅 자원을 불필요하게 많이 소모하는 문제가 발생합니다.

'인접행렬'의 이러한 문제로 인해 대부분의 네트워크 분석 프로그램들은 링크수준 데이터를 '링크목록(edgelist) 데이터' 형식으로 제시합니다. 링크목록 데이터의 경우 가로줄은 네트워크를 구성하는 링크 개수만큼 존재하며, 세로줄에는 발신노드가 첫 줄에 배치되고 수신노드가 두 번째 줄에 배치됩니다. 만약 링크가중치 변수들이 존재한다면, 해당 링크에 맞는 링크가중치가 세 번째 줄 이후에 배치됩니다.

끝으로 이원네트워크는 보통 2가지 방식으로 저장됩니다. 첫 번째는 앞서 설명한 링크목록 데이터 형식으로 저장하는 방식입니다. 네트워크 데이터의 규모가 클 경우에 주로 사용합니다. 두 번째는 한 유형의 노드를 가로줄에 다른 유형의 노드를 세로줄에 배치하고, 두 유형의 노드가 서로 연결되었을 경우에는 '1'을, 그렇지 않은 경우에는 '0'을 배치하는 '사건발생행렬(incidence matrix)' 형식으로 저장하는 방식입니다. 일원네트워크와 마찬가지로 연결된 링크의 경우 링크가중치를 부여하는 것도 가능합니다. 사건발생행렬은 이원네트워크의 연결관계를 직관적으로 파악하는 데 유용하지만, 네트워크 규모가 클 경우 인접행렬과 마찬가지로 컴퓨팅 자원을 과도하게 소모하는 문제에서 자유롭지 못합니다. 따라서 이원네트워크의 경우도 링크목록 데이터 형식으로 제시됩니다.

셋째, 그래프수준 데이터의 경우 분석 대상 네트워크의 개수와 그래프의 속성변수 개수로 구현될 수 있습니다. 예를 들어 분석대상 네트워크가 10개이고, 해당 네트워크의 그래프 속성들로 노드 개수와 링크 개수, 그래프의 밀도, 전이성(transitivity; clustering coefficient),[5] 동류성(assortativity)의 5가지를 살펴본다면, 그래프수준 데이터는 '10×5' 행렬 형태의 데이터로 구현됩니다. 그래프 속성으로 언급된 개념들은 8장에서 소개하겠습니다. 특히 네트워크 과학에서는 다양한 현상에서 공통적으로 나타나는 그래프수준 통계치들의 공통점을 통해 네트워크에서 나타나는 보편성이 무엇인지, 혹은 그래프수준 통계치의 차이를 통해 현상의 고유한 특성이 무엇인지를 탐구하기도 합니다(예를 들어 Barabási, 2002; Newman, 2002, 2003).

④ 네트워크 행렬 데이터

네트워크 데이터들은 모두 행렬로 표현될 수 있습니다. 특히 네트워크 데이터의 핵심인 링크수준 행렬데이터의 경우 몇 가지 용어들을 반드시 정리해야 합니다. 첫째, 정방행렬(square matrix)과 직사각행렬(rectangular matrix)을 구분해야 합니다. 일원네트워크의 링크수준 데이터를 인접행렬(소시오행렬)로 전환할 경우 반드시 정방행렬로 표현됩니다. 반면 이원네트워크의 링크수준 데이터를 사건발생행렬로 전환할 경우에는 직사각행렬로 표현됩니다(만약 가로줄과 세로줄의 개수가 동일하다고 하더라도, 가로줄에 배치된 노드의 유형이 세로줄에 배치된 노드의 유형과 다르다는 점에서 정방행렬이라고 부를 수 없습니다).

둘째, 무방향 일원네트워크의 경우 행렬의 대각요소(diagonal elements)를 중심으로 상단 삼각부(upper triangle)와 하단 삼각부(lower triangle)가 일치하지만, 유방향 일원네트워크의 경우 상단 삼각부와 하단 삼각부가 상이한 것이 보통입니다. 만약 유방향 일원네트워크인데 상단 삼각부와 하단 삼각부가 완전하게 동일하다면, 모든 노드쌍(all pairs

---

5 전이성(transitivity)과 군집계수(clustering coefficient)는 비슷하지만 엄밀하게 말해 다릅니다. 본서에서는 igraph 패키지의 함수, 즉 transitivity() 함수를 토대로 2가지를 같은 것으로 취급하였습니다만, 군집계수는 전이성을 토대로 계산된 통계치로 상황에 따라 두 통계치가 매우 상이한 결과를 초래할 수 있습니다(2가지가 구체적으로 어떤 상황에서 다른지에 대해서는 Rohe, 2023 참조).

of nodes)이 상호연결된 링크라고 할 수 있습니다.

셋째, 일원네트워크를 인접행렬로 표현할 때 행렬의 대각요소가 모두 '0'의 값을 갖는 것이 보통입니다. 다시 말해 '나'는 '남'과 연결되는 것이 보통입니다. 그러나 '나'와 '나'가 연결되는 것이 불가능한 것은 아닙니다. 예를 들어 상품의 유통을 네트워크로 표현한다면, '자급자족'은 '나'와 '나'가 연결된 것으로 볼 수 있습니다. 또한 전자메일을 사용할 때 중요한 내용이나 문서를 자신의 메일 계정으로 보내는 행동 또한 '나'와 '나'가 연결된 것이라고 볼 수 있습니다. 이렇게 동일한 노드 내부에서의 연결관계를 흔히 '자기순환(self-loop)링크'라고 부르며, 자기순환이 나타난 노드를 '자기순환노드'라고 부릅니다. 특별한 경우가 아니라면 '자기순환링크'는 분석과정에서 제거하는 것이 보통이며, 특히 자기순환이 포함된 일원네트워크에 대해서는 최근 활용빈도가 증가하고 있는 ERGM이나 SIENA 모형을 적용할 수 없습니다.

❺ 네트워크 데이터 표기

지금까지 네트워크분석에서 등장하는 기초 개념들과 각각의 의미에 대해 설명하였습니다. 본서는 R을 기반으로 네트워크 데이터 분석을 실습하는 데 초점을 두고 있습니다. 네트워크 분석에 등장하는 개념에 대한 수학적 표현은 가급적 사용하지 않으려 했으나, 용이한 설명을 위해 수학적 표현을 완전히 배제할 수는 없었기에 불가피하게 다음과 같은 방식으로 수학적 표기방법을 사용하였습니다.

첫째, 소문자로 표현된 오브젝트는 대문자로 표현된 오브젝트의 일부입니다. 예를 들어 일반적으로 변수 X는 변수에 속한 관측값들 $x_1, x_2, x_3, \cdots, x_n$을 의미합니다. 마찬가지로 개별 노드의 경우 v_i로 표기한 반면, 네트워크를 구성하는 전체 노드집합의 경우 V로 표기하였습니다.[6] 또한 개별 링크의 경우 e_i로 표기한 반면, 네트워크를 구성하는 전체 링

---

6 알파벳 선정 과정에서 저자 나름의 고민이 많았습니다. 왜냐하면 본서에서는 '노드'라는 표현을 일관되게 사용하는데, 개별 노드 혹은 노드집합을 vertex/vertices의 첫 글자인 v와 V로 표현하는 것이 이상하기 때문입니다. n과 N으로 표현할까 고민했지만, 최종적으로는 v와 V로 표현하였습니다. 일반적으로 표본의 크기를 표현할 때 n과 N을 사용하기 때문에 n과 N을 노드를 지칭하는 것으로 사용하면 불필요한 오해가 생길 수 있다고 판단했기 때문입니다.

크집합의 경우 E라고 표기하였습니다.[7] 끝으로 개별 그래프의 경우 g라고 표기하였으며, 반복측정된 혹은 성격이 다른 그래프들의 집합을 나타낼 경우에는 G라고 표기하였습니다.

둘째, 아래첨자는 개별 노드를 의미합니다. 예를 들어 총 32개의 노드들로 구성된 그래프의 경우 v_1, v_2, v_3, $\cdots$, v_{31}, v_{32}와 같이 표기하였습니다. 아울러 특정한 노드를 지칭하지 않고 '어떤 노드'를 지칭할 경우에는 v_i, 'i가 아닌 다른 어떤 노드'를 지칭할 경우에는 v_j, 'i와 j가 아닌 다른 어떤 노드'를 지칭할 경우에는 v_k, 'i, j, k가 아닌 다른 어떤 노드'를 지칭할 경우에는 v_l이라고 표기하였습니다. 아울러 v_i와 v_j 사이의 링크는 e_{ij}라고 표현하였습니다. 유방향링크의 경우 3가지 화살표($\rightarrow$, $\leftarrow$, $\leftrightarrow$)를 사용하기도 하였습니다.

끝으로 집합(set)을 나타내는 경우에는 중괄호, 즉 { }을 사용하였습니다. 예를 들어 총 32개 노드들의 집합은 {v_1, v_2, v_3, $\cdots$, v_{31}, v_{32}}와 같이 표현할 수 있습니다.

---

7 링크의 경우도 비슷합니다. 링크집합을 l과 L로 표기할까 고민하기도 했지만, 2가지 이유 때문에 결국 edge/edges의 첫 글자인 e와 E로 설정하였습니다. 첫째, l의 경우 숫자 '1'과 혼동될 가능성이 있기 때문입니다(특히 R 코드로 1을 쓸 경우와 1을 쓸 경우는 쉽게 구분되지 않습니다). 둘째, 나중에 소개할 개별 노드 표기법에 i, j, k, l 등을 사용하였기 때문입니다.

## 03장

네트워크 분석을 위한
R 패키지 및 예시 데이터 소개

3장에서는 네트워크 분석의 R 패키지들과 본서에서 사용할 예시 네트워크 데이터에 대해 간략히 소개하겠습니다. 본격적인 설명에 앞서 본서가 작성된 시점과 독자들이 본서를 보는 시점 사이에 짧아도 6개월 이상의 시간 차이가 존재한다는 점을 밝힙니다. 네트워크 분석은 굉장히 빠르게 바뀌는 분야이기 때문에 여기에 제시된 R 패키지들의 함수 구성이나 옵션 등이 바뀌었을 가능성이 매우 높다는 점을 유념하기 바랍니다.

① 네트워크분석을 위한 R 패키지

네트워크 분석을 위하여 본서에서 사용한 R 패키지는 크게 5종류로 나눌 수 있습니다. 유형별로 R 패키지들을 간략하게 소개하고, 설치하는 방법을 설명하면 다음과 같습니다.

1-1 탐색적 네트워크 분석용 패키지
(statnet/network, statnet/sna, igraph, tnet)

먼저 탐색적(exploratory) 목적의 네트워크 분석을 위한 패키지들은 다음과 같습니다. 여기에 해당되는 패키지들은 네트워크의 '노드(node; vertex, point)'와 '링크(link; edge, line, arc)', 그리고 전체 '네트워크(network; graph)' 관련 통계치를 산출하기 위한 함수들을 제공합니다. 본서에서는 네트워크 분석목적으로 널리 사용되는 statnet 패키지(version

4.8.0[1])와 igraph 패키지(version 1.3.1) 2가지를 중심으로 탐색적 네트워크 분석과정을 소개하였습니다. igraph 패키지의 경우 단일 패키지인 반면, statnet 패키지의 경우 네트워크 분석과 관련된 여러 패키지들을 묶어놓은 패키지입니다. 탐색적 네트워크 분석과 관련하여 가장 중요한 패키지는 network 패키지(version 1.18.1)와 sna 패키지(version 2.7-1)입니다.

먼저 network 패키지에서 정의하는 네트워크 데이터 오브젝트는 statnet 패키지를 구성하는 모든 패키지들이 채택하는 데이터 오브젝트 형식입니다. 아울러 network 패키지에서는 네트워크의 노드, 링크, 네트워크 관련 데이터를 관리하는 일련의 함수들과 네트워크 시각화 함수들도 같이 제공하고 있습니다. sna 패키지는 네트워크 기술통계 분석과 관련된 일련의 함수들을 제공하고 있습니다. igraph 패키지는 igraph 방식의 네트워크 데이터를 정의하고 있으며, statnet/sna 패키지에서 제공하는 네트워크 기술통계치 계산용 함수들은 물론 전산학(computer science)이나 문헌정보학(bibliometrics) 등의 비사회과학분과에서 많이 활용되는 네트워크 기술통계치와 클러스터링(clustering) 알고리즘 등을 지원하는 다양한 함수들을 포함하고 있습니다.

statnet 패키지와 igraph 패키지 모두 매우 훌륭한 패키지입니다. 그러나 본서에서는 statnet 패키지를 중심으로 네트워크 분석기법들을 소개하였습니다. 나중에 실습과정에서 보다 자세히 설명하겠습니다만, 본서의 후반부에 소개할 네트워크 모형 추정 기법들은 statnet 패키지 접근방식으로만 가능하기 때문입니다. 이에 따라 동일한 기능을 수행하는 함수라고 하더라도 statnet 패키지의 함수 정의 방식에 초점을 맞추어 igraph 패키지 함수들을 보조적으로 설명하였음을 밝힙니다.

아울러 '이원네트워크(two-mode network)'를 소개하면서 tnet 패키지(version 3.0.16)의 일부 기능들에 대해 간략하게 소개하였습니다. 만약 연구목적상 링크가중된 (weighted, valued) 네트워크, 특히 링크가중된 이원네트워크를 분석하고자 한다면 tnet 패키지를 보조적으로 활용하는 것이 유익합니다.

탐색적 네트워크 분석용 패키지로 분류한 statnet, igraph, tnet 패키지는 모두

---

1 여기 보고된 버전은 statnet.common의 버전이며, 사실 중요한 것은 statnet 패키지를 구성하고 있는 개별 패키지의 버전입니다. statnet 패키지가 어떤 패키지들로 구성되었는지에 대한 전반적 소개 문헌으로는 핸콕 등 (Handcock et al., 2008)을 추천합니다.

CRAN에서 다운로드할 수 있습니다. RStudio에서 'Tools' 탭의 'Install Packages' 항목을 클릭하거나 `install.packages()` 함수를 이용하여 각각의 패키지를 다운로드해 설치하면 됩니다.

1-2 네트워크 시각화용 패키지
(statnet/network, igraph, ggraph)

네트워크 분석에서 시각화는 매우 중요합니다. 특히 네트워크의 규모가 작을 경우, 네트워크 시각화 결과물은 네트워크의 특성을 매우 직관적으로 명확하게 보여줄 수 있습니다. 한편, 네트워크의 규모가 크더라도 '동종선호(homophily)' 현상을 확인하거나 네트워크 노드들의 군집을 파악할 때 네트워크 시각화는 매우 유용합니다.

네트워크 시각화는 앞서 소개한 statnet/network 패키지와 igraph 패키지의 `plot()` 함수를 활용하여 진행할 수 있습니다. 나중에 보다 자세히 소개하겠습니다만, 두 패키지의 네트워크 시각화 함수는 그 이름이 동일하지만, 세부적인 함수 옵션은 상당히 다릅니다. 여기서는 두 패키지의 시각화 함수를 활용하여 어떻게 동일한 네트워크 시각화 결과물을 얻을 수 있는지 모두 소개하였습니다. 두 패키지의 네트워크 시각화 함수는 본질적으로 R 베이스(base) 방식을 따릅니다.

아울러 타이디버스 방식을 기반으로 하는 네트워크 시각화 패키지들 중 하나인 ggraph 패키지(version 2.0.5)도 함께 소개하였습니다.[2] ggraph 패키지는 tidyverse 패키지에서 채택하는 '그래픽문법(grammar of graphics)'을 따르는 방식의 네트워크 시각화를 따릅니다. 보다 효과적인 네트워크 시각화가 가능한 측면도 있지만, 적어도 현재 시점에서 statnet/network 패키지나 igraph 패키지의 `plot()` 함수와 비교해 뚜렷하게 우위에 있다고 보기는 어렵지 않나 싶습니다. 하지만 그래픽문법을 토대로 하는 시각화 기법들은 빠른 속도로 개선되고 있으며, 무엇보다 복잡한 네트워크를 시각화하는 것이 점차 중요해진다는 점에서 향후 타이디버스 방식의 네트워크 시각화 패키지는 빠른 속도

---

2 2023년 4월 시점을 기준으로 타이디버스 방식의 네트워크 시각화 패키지들은 춘추전국시대에 가깝습니다. 본서에서는 ggraph 패키지를 소개하였지만, 제가 겪어본 비슷한 방식의 패키지들만 해도 ggnet, geomnet, ggnetwork, tidygraph 등 적어도 4가지가 더 있습니다.

로 개선될 것이라 생각합니다.

본서에서 소개한 네트워크 시각화를 위한 패키지들은 모두 CRAN에 등재되어 있기 때문에 RStudio에서 'Tools' 탭의 'Install Packages' 항목을 클릭하거나 `install.packages()` 함수를 이용하여 설치할 수 있습니다.

1-3 네트워크 모형 추정용 패키지
(concoR, blockmodeling, statnet/sna, statnet/ergm, ergm.count, ergm.tapered, RSiena)

앞서 소개한 탐색적 네트워크 분석과 달리, 네트워크 모형 추정에서는 알고리즘을 활용하여 네트워크의 하위집단(하위네트워크)을 분류하거나, 연구가설 테스트를 위해 연구자가 설정한 네트워크 모형이 관측된 네트워크를 얼마나 잘 예측·설명하는지를 테스트하고자 합니다.

네트워크 모형 추정을 위한 패키지들은 거의 대부분 statnet 패키지와 직간접적으로 연관되어 있습니다. 특히 '지수족 랜덤그래프 모형(ERGM, exponential random graph model)' 추정을 위한 ergm 패키지와 이 패키지의 확장 패키지들은 모두 statnet 패키지에 소속된 패키지이기도 합니다.

concoR 패키지(version 0.1)와 blockmodeling 패키지(version 1.1.4)는 네트워크 내부의 하위네트워크를 분류하며, 하위네트워크들 사이의 관계를 추정하는 함수들을 제공합니다. 보다 자세한 내용은 9장에서 소개할 예정입니다.

탐색적 네트워크 분석에서 소개한 sna 패키지는 statnet 패키지에 속하며, 시뮬레이션 및 순열을 기반으로 하는 '조건부 단일 그래프(CUG, conditional uniform graph) 테스트'와 '이차순열할당과정(QAP, quadratic assignment procedure) 테스트' 관련 함수들을 제공합니다. 이와 관련한 보다 자세한 내용은 10장과 11장에 제시하였습니다.

ergm 패키지(version 4.3.6983)는 statnet 패키지에 속하며, statnet 패키지를 설치할 때 자동으로 설치됩니다. 반면 ergm.count 패키지(version 4.1.1)와 ergm.tapered 패키지(version 1.1-0)는 statnet 패키지와 별도로 추가 설치가 필요합니다. ERGM과 관련한 보다 자세한 내용은 12장에서 소개하였습니다.

RSiena 패키지(version 1.3.19)는 '확률적 행위자중심 모형(SAOM, stochastic actor-oriented model)'으로 분류되는 여러 모형들 중 가장 유명한 '시뮬레이션 기반 네트워크 분석(SIENA, simulation investigation for empirical network analysis) 모형'을 추정하기 위한 패키지입니다. SIENA 모형 추정 및 RSiena 패키지에서 제공하는 기능들에 대해서는 13장에서 간략하게 소개하였습니다.

네트워크 모형 추정용 패키지들 중 concoR 패키지와 ergm.tapered 패키지는 CRAN에 등재되지 않은 상태이며, 본서에서는 깃허브(github)를 통해 설치하였습니다.[3] devtools 패키지의 install_github() 함수를 활용하면 어렵지 않게 이 두 패키지를 설치할 수 있습니다. 두 패키지를 제외한 다른 패키지들 중 sna 패키지와 ergm 패키지는 statnet 패키지를 설치할 때 같이 설치됩니다. 그리고 blockmodeling 패키지와 ergm.count 패키지와 RSiena 패키지는 CRAN을 통해 다운로드할 수 있으므로 install.packages() 함수를 이용하거나 RStudio에서 'Tools' 탭의 'Install Packages' 항목을 클릭하는 방식으로 설치할 수 있습니다.

1-4 네트워크 분석을 위한 기타 패키지
(networkdata, intergraph, rucinet)

위에서 소개한 패키지들은 네트워크 분석을 위한 핵심 함수들을 제공합니다. 네트워크 분석과 관련하여 본서에서는 보조적으로 3가지 패키지를 더 사용하였습니다. networkdata 패키지(version 0.1.11)는 공개된 네트워크 데이터들을 수집한 패키지입니다. 본서에서 활용한 예시 데이터는 networkdata 패키지에 저장된 것입니다. 구체적으로 본서에서는 networkdata 패키지에 저장된 네트워크 데이터들 중 무방향 일원네트워크 사례로 flo_marriage와 flo_business를, 유방향 일원네트워크 사례로 eies_messages와 eies_relations를, 이원네트워크 사례로 southern_women을 사용하였습니다.

networkdata 패키지에 저장된 네트워크 데이터들은 모두 igraph 오브젝트 형식입니다. 다시 말해 statnet 패키지 접근방식에서 사용하는 network 오브젝트가 아

---

3 각각 다음과 같은 방식으로 설치할 수 있습니다.
```
> devtools::install_github("aslez/concoR")
> devtools::install_github("statnet/ergm.tapered")
```

니기 때문에, statnet 접근방식을 활용할 때는 데이터 저장형식을 바꾸어주어야 합니다. intergraph 패키지(version 2.0-2)의 asNetwork() 함수는 igraph 오브젝트 형식의 네트워크 데이터를 network 오브젝트 형식의 네트워크 데이터로 변환해줍니다. 또한 as.Igraph() 함수는 network 오브젝트 형식의 네트워크 데이터를 igraph 오브젝트 형식의 네트워크 데이터로 변환해줍니다. 네트워크 분석을 수행하는 R 이용자들이 연구목적이나 관심사에 따라 statnet 패키지와 igraph 패키지로 양분된 상황에서 intergraph 패키지는 매우 유용합니다.

끝으로 rucinet 패키지(version 0.1)는 UCINET이라는 독립 형태의 네트워크 분석 프로그램에서 사용되는 네트워크 데이터를 불러오기 위한 함수를 제공합니다. 3가지 패키지들 중 rucinet 패키지는 CRAN에 등재되지 않았기 때문에 본서에서는 깃허브(github)를 통해 설치하였습니다.[4] networkdata 패키지와 intergraph 패키지의 경우 CRAN을 통해 다운로드할 수 있으므로 install.packages() 함수를 이용하거나 RStudio에서 'Tools' 탭의 'Install Packages' 항목을 클릭하는 방식으로 설치할 수 있습니다.

1-5 기타 데이터 분석 패키지
(tidyverse, Hmisc, patchwork, ggrepel, scales, pscl)

기타 패키지는 네트워크 분석과는 무관합니다. 그러나 네트워크 분석 역시 넓은 의미에서 데이터 분석의 일종이라는 점에서, 분석결과를 정리하고 관리한다는 점에서 일반적인 데이터 분석 목적의 패키지들을 사용할 수밖에 없습니다. 본서에서는 최근 R 이용자들이 널리 사용하는 tidyverse 패키지(version 1.3.1)를 주로 활용하였습니다.

아울러 보다 효율적인 데이터 분석을 위하여 Hmisc 패키지(version 4.7-0)를 보조적으로 사용하였으며, 시각화 효과를 높이기 위해 patchwork 패키지(version 1.1.1), ggrepel 패키지(version 0.9.1), scales 패키지(version 1.2.1)를 활용하였습니다. pscl 패키지(version 1.5.5)의 경우, 네트워크의 링크수준 기술통계분석에서 딱 한 번 사용했으

---

4 다음과 같은 방식으로 설치할 수 있습니다.

```
> devtools::install_github("jfaganUK/rucinet")
```

니 굳이 설치하지 않아도 본서의 내용을 이해하는 데는 문제없습니다.

기타 패키지들은 모두 CRAN에 등재되어 있으므로 install.packages() 함수를 이용하거나 RStudio에서 'Tools' 탭의 'Install Packages' 항목을 클릭하는 방식으로 어렵지 않게 설치할 수 있습니다.

② 네트워크 분석 예시 데이터

본서에서 실습할 예시 네트워크 데이터는 공개데이터의 경우 networkdata 패키지를 통해 접속할 수 있으며, 개념 설명을 위한 데이터와 13장 RSiena 패키지를 활용한 SIENA 모형에 사용되는 데이터의 경우 필자가 시뮬레이션한 것입니다.

공개데이터에는 3가지 유형으로 분류할 수 있는 5가지 네트워크 오브젝트가 포함됩니다. 먼저 eies_라는 이름으로 시작되는 R 오브젝트는 networkdata 패키지의 eies_messages와 eies_friends 2가지이며, 네트워크 분석 문헌에서는 일반적으로 'EIES 네트워크'로 소개됩니다. 이 2가지 네트워크 데이터의 노드집합은 정확하게 동일하지만, 링크의 성격이 다르기 때문에 두 네트워크는 질적으로 서로 다릅니다. EIES 네트워크는 '전자정보교환시스템(EIES, electronic information exchange system)'[5]이라고 부르는 컴퓨터매개 커뮤니케이션 미디어(computer-mediated communication medium)가 등장하였을 당시,[6] 이 서비스에 참여한 32명의 네트워크 연구자들이 어떻게 메시지를 주고받았는지를 기록한 것으로(eies_messages), 연구 참여 이전과 이후의 연구자들 간 친분관계를 설문조사로 기록(eies_friends)한 것입니다. 본서에서는 주로 eies_messages 오브젝트를 중점적으로 사용하였고, eies_friends 오브젝트는 eies_messages 오브젝트와의 관계를 다루거나 eies_messages 오브젝트에서 나타나는 현상을 추가적으로 설명할 필요가 있을 때 보조적으로 사용하였습니다. EIES 네트워크는 '유방향(directed) 일

---

5 오늘날의 '전자메일' 혹은 '소셜미디어'라고 보면 됩니다.

6 이 시범적 시스템이 등장했던 시기는 1977년입니다. 데이터에 대한 보다 자세한 설명은 프리만(Freeman, 1984)을 참조하기 바랍니다.

원네트워크(one-mode network)'입니다. eies_messages 오브젝트의 경우 메시지를 송수신한 적이 있는지 여부와 함께, 어느 노드가 어느 노드에 몇 회에 걸친 메시지(링크수준 변수, weight)를 보냈는지 역시 기록되어 있습니다. eies_friends 오브젝트의 경우, 연구 프로젝트 참여 이전의 친분관계(링크수준 변수, rank_1)와 참여 이후의 친분관계(링크수준 변수, rank_2)가 포함되어 있습니다. 또한 노드, 즉 연구자의 피인용횟수(노드수준 변수, Citations)와 소속분과(노드수준 변수, Discipline)도 포함되어 있습니다.

다음으로 flo_로 시작되는 R 오브젝트는 networkdata 패키지의 flo_marriage와 flo_business 2가지이며, 네트워크 분석 문헌에서는 일반적으로 '플로렌스 가문 네트워크'로 소개됩니다. EIES 네트워크와 마찬가지로, flo_로 시작되는 2가지 네트워크 데이터의 노드집합은 정확하게 동일하지만, 링크의 성격이 다르기 때문에 두 네트워크는 질적으로 서로 다릅니다. 이 데이터는 1430년대 이탈리아 피렌체의 16개 유력 가문들(families) 사이의 관계를 네트워크로 나타낸 것입니다. flo_marriage의 경우, 16개 가문들의 혼인관계를, flo_business는 가문들 사이의 사업관계를 네트워크로 나타낸 것입니다. 플로렌스 가문 네트워크는 '무방향(directed) 일원네트워크(one-mode network)'로, 네트워크의 링크는 가문 간 연결 여부만을 나타내는 이분형(binary) 변수입니다. 네트워크 데이터에는 각 가문의 경제적 지위(노드수준 변수, Wealth), 정치적 지위(노드수준 변수, #priors), 1430년대 이전의 가문 간 연결관계(노드수준 변수, #ties) 정보가 포함되어 있습니다.

세 번째 유형의 공개데이터는 networkdata 패키지의 southern_women으로, 무방향 일원네트워크인 플로렌스 가문 네트워크나 유방향 일원네트워크인 EIES 네트워크와는 다른 방식으로 기록된 네트워크 데이터입니다. 문화인류학자인 데이비스와 동료들(Davis et al., 1941/2022)은 미국 남부를 연구하면서 지역 일간지 보도를 토대로 어떤 여성, 즉 '행위자 노드(actor)'가 어떤 행사, 즉 '사건 노드(event)'에 참여했는지를 정리한 후, 이를 '사건발생행렬(incidence matrix)' 형태로 기록하였습니다(p. 148). southern_women 오브젝트는 데이비스 등이 기록한 접속행렬을 '이원네트워크(two-mode network)' 형태로 기록한 것입니다.

본서의 네트워크 데이터 오브젝트를 설명하는 부분에서 네트워크의 구조적 특성을 나타내는 개념들을 소개하는 것이 목적일 때는 간단한 네트워크 오브젝트를 직접 생성하는 방법을 채택하였습니다. 여기에 해당되는 간단한 사례들은 앞으로 제시될 본문 내용을 통해 확인할 수 있습니다. 아울러 13장에서 RSiena 패키지 활용방법을 소개하기 위해 EIES 네트워크 데이터를 토대로 시뮬레이션된 네트워크 데이터를 사용하였습니다. 이 시뮬레이션 네트워크 데이터는 simulate_eies라는 이름의 R데이터(확장자 .RData)에서 불러올 수 있습니다.

3장에 소개된 패키지들을 모두 설치했다면, 이제 네트워크 데이터의 특성을 이해하고 어떻게 관리할 수 있는지 살펴보겠습니다. 그런 다음 네트워크 데이터에 대한 기술통계분석과 추리통계분석을 실시하는 다양한 방법들을 살펴보겠습니다.

통상적 데이터 분석에서 기술통계치(descriptive statistics)는 표본을 요약·서술하고, 분석에 투입되는 변수에 대한 기본적 정보를 제공한다는 점에서 매우 중요합니다. 2부에서는 네트워크 데이터가 통상적 데이터와 어떻게 다른지 설명하였습니다. 그리고 네트워크 데이터의 분석수준별(네트워크, 노드, 링크) 기술통계치에는 어떤 것들이 있으며, R을 활용하여 이를 어떻게 계산할 수 있는지 소개하였습니다. 아울러 전체네트워크에서 특정 하위네트워크를 추출하는 방법과 전체네트워크를 하위네트워크들로 분할하는 방법 역시 살펴보았습니다.

2부

네트워크
데이터
기술통계분석

## 04장

R의
네트워크 데이터 오브젝트 및 관리

일반적인 데이터 분석의 경우 분석단위가 단순한 반면, 네트워크 분석의 경우 분석단위가 네트워크(그래프), 노드(점), 링크(선)로 다차원적입니다[$G = (V, E)$]. 네트워크 분석의 이러한 특징은 R의 네트워크 데이터 오브젝트에도 그대로 반영됩니다. 이번 장의 내용을 이해하기 위해서는 R을 이용한 통상적인 데이터 분석은 물론 네트워크 데이터의 다차원적 특성도 반드시 염두에 두어야 합니다.

① 행렬 형태 네트워크 데이터 입력 및 관리

본서에서 소개하는 네트워크 분석 R 패키지는 statnet에 포함된 network 패키지 (version 1.17.2)와 igraph 패키지(version 1.3.1) 2가지입니다. 두 패키지는 각기 다른 방식으로 데이터 오브젝트를 정의합니다. 따라서 네트워크 통계치를 산출하기 전에 자신이 도출하고자 하는 통계치가 무엇이며 어떤 패키지에서 제공하는 함수인지 숙지하고, 네트워크 데이터를 정의하기 바랍니다. 만약 네트워크 데이터 오브젝트가 무엇인지 확실하지 않으면, R의 class() 함수를 이용하여 어떤 방식으로 네트워크 데이터 오브젝트가 정의되었는지 살펴보면 됩니다. 그리고 네트워크 데이터 오브젝트를 전환하고자 한다면 intergraph 패키지(version 2.0-2)의 내장함수들을 이용하여 오브젝트 클래스를 전환하면 됩니다. 여기에서는 igraph 오브젝트 형식과 network 오브젝트 형식을 상호전환하는 과정을 간단한 2자관계("John이 Jane에게 편지를 보냈다") 소시오그램 예시 데이터를 통해 실습해보겠습니다.

```
> # 행렬 형태(sociogram matrix: incidence matrix)
> mat <- matrix(data=0,nrow=2,ncol=2)
> colnames(mat) <- rownames(mat) <- c('John','Jane')
> mat["John","Jane"] <- 1
> mat
     John Jane
John    0    1
Jane    0    0
```

먼저 igraph 오브젝트를 network 오브젝트로 전환하는 과정을 살펴보겠습니다. library() 함수를 이용하여 igraph 패키지를 구동한 후, 지정된 소시오행렬을 igraph 오브젝트로 전환하는 graph_from_incidence_matrix() 함수의 출력물 오브젝트가 어떻게 저장되어 있는지 class() 함수로 살펴보면 다음과 같습니다. 결과에서 알 수 있듯 igraph 오브젝트로 저장되었습니다.

```
> # igraph 오브젝트에서 network 오브젝트로
> library(igraph)
> # sociogram matrix 에서 igraph 오브젝트로
> obj_igraph1 <- graph_from_incidence_matrix(mat)
> class(obj_igraph1)
[1] "igraph"
```

이제 위에서 얻은 obj_igraph 오브젝트를 network 패키지에서 지원되는 형식으로 전환해보겠습니다. intergraph 패키지의 asNetwork() 함수를 이용하면 아래와 같이 손쉽게 네트워크 데이터 오브젝트를 전환할 수 있습니다. 만약 네트워크 데이터 분석을 statnet 패키지 내장함수들로 진행하고자 한다면 detach() 함수를 이용하여 igraph 패키지를 분리하는 것을 강하게 권장합니다. 이 과정이 다소 불편하게 느껴질 수도 있습니다만, 아쉽게도 statnet, igraph 두 패키지의 내장함수 이름들 중 상당수가 동일하기 때문입니다.

```
> detach(package:igraph)  # network 패키지 함수들을 사용하려면 detach 강력히 권장
> # igraph 오브젝트에서 network 오브젝트로
> obj_network1 <- intergraph::asNetwork(obj_igraph1)
> class(obj_network1)
[1] "network"
```

이번에는 반대로 network 오브젝트를 igraph 오브젝트로 바꾸어보겠습니다. library() 함수를 이용하여 statnet 패키지를 구동한 후, 행렬 형식의 소시오그램을 network 오브젝트로 전환하는 network() 함수를 적용해 얻은 오브젝트를 class() 함수로 살펴보면 다음과 같습니다. 결과에서 network 오브젝트로 저장된 것을 확인할 수 있습니다.

```
> # network 오브젝트에서 igraph 오브젝트로
> library(statnet)
> # sociogram matrix 에서 network 오브젝트로
> obj_network2 <- network(mat)
> class(obj_network2)
[1] "network"
```

이제 위에서 얻은 obj_network2 오브젝트를 igraph 패키지에서 사용할 수 있는 오브젝트로 바꾸겠습니다. intergraph 패키지의 asIgraph() 함수를 적용하여 얻은 obj_igraph2는 igraph 오브젝트임을 확인할 수 있습니다. 앞서와 마찬가지로 igraph 패키지 내장함수들을 사용해야 한다면 detach() 함수를 이용하여 statnet 패키지를 분리하고 사용할 것을 강하게 권장합니다.

```
> detach(package:statnet) # igraph 패키지를 사용하려면 detach 강력히 권장
> # network 오브젝트에서 igraph 오브젝트로
> obj_igraph2 <- intergraph::asIgraph(obj_network2)
> class(obj_iaph2)
[1] "igraph"
```

본서에서는 network 패키지와 igraph 패키지 함수들을 병행하여 사용하였습니다. 두 패키지에 속한 함수들의 경우 겹치는 부분이 많습니다. 그러나 각 패키지가 고유하게 제공하는 기능도 있습니다. 예를 들어 네트워크 모델링 기법들(특히 ERGM)의 경우, statnet의 ergm 패키지 함수들을 활용해야 하는 반면, 링크연결성(edge connectivity) 통계치의 경우 igraph 패키지의 edge_connectivity() 함수만으로 계산할 수 있습니다.

R을 통한 네트워크 데이터 분석을 처음 접하는 독자들은 본서에서 택한 방식이 번잡하게 느껴질 수도 있습니다. 가급적 2가지 패키지를 모두 학습할 것을 권하지만, 만약 그

렇게 하기 힘들다면 분석의 목적에 따라 다음과 같은 전략을 취하기 바랍니다. 첫째, 자신이 활동하는 분과에 따라 주력 패키지가 다를 수 있으니 이를 고려합니다. 필자의 경험에 비추어 볼 때, igraph 패키지의 경우 전산학이나 데이터과학 분야에서 주로 활용되며 statnet 패키지의 경우 통계학이나 사회과학 분야에서 주로 활용되는 것 같습니다. 즉 모형보다는 데이터에 중점을 두는 분과라면 igraph 패키지를, 데이터보다는 모형에 중점을 두는 분과라면 statnet 패키지를 선호할 것 같습니다.

둘째, 네트워크 데이터를 통해 연구가설 테스트를 실시해야 한다면 statnet 패키지가, 거대 네트워크 데이터 분석을 중요하게 생각한다면 igraph 패키지가 더 유용할 것 같습니다. 예를 들어, 거대 네트워크 데이터를 몇몇 소수의 하위네트워크로 쪼개는 노드 집단 탐색 알고리즘(community detection algorithm)을 자주 활용한다면 분명 igraph 패키지를 활용하는 것이 좋겠지만, 네트워크 데이터에서 동종선호(homophily) 현상(이를테면, 정치성향에 따라 나타나는 선택적 친교형성)에 대한 연구가설 테스트가 필요하다면 statnet 패키지에 익숙해져야 할 것입니다. 필자의 경우 statnet 패키지를 igraph 패키지보다 먼저 접했고, 사회과학 전공자라는 점에서도 igraph 패키지보다는 statnet 패키지가 더 친숙하게 느껴집니다. 이런 이유로 본문은 먼저 statnet 패키지 함수들을 소개한 다음, 동일한 작업을 igraph 패키지로 실행하는 방법을 설명하는 순서로 작성하였습니다.

statnet 패키지 접근

이제 앞에서 수동입력한 mat이라는 이름의 소시오행렬(2×2 행렬)을 network 오브젝트로 저장한 후, 어떻게 구성되어 있는지 개략적으로 살펴보겠습니다. 먼저 statnet 패키지를 구동한 후 아래와 같은 방식으로 생성된 network 오브젝트를 호출해봅시다.

```
> # matrix를 network 오브젝트 변환
> library(statnet)
> mynet <- network(mat)
> mynet
Network attributes:
 vertices = 2
 directed = TRUE
 hyper = FALSE
 loops = FALSE
 multiple = FALSE
```

```
bipartite = FALSE
total edges= 1
 missing edges= 0
 non-missing edges= 1
```

```
Vertex attribute names:
 vertex.names
```

```
No edge attributes
```

mynet 오브젝트는 크게 세 부분으로 구성되어 있습니다. 첫째, 출력결과의 "Network attributes:" 부분은 네트워크, 다시 말해 전체 그래프(the whole graph)의 속성을 보여줍니다. 해당 출력결과는 네트워크가 어떤 특성을 갖는지를 보여줍니다. 각각의 결과에 대한 구체적 의미는 다음과 같습니다.

- vertices = 2: 해당 네트워크에는 네트워크를 구성하는 노드가 2개 존재한다.
- directed = TRUE: 해당 네트워크는 유방향(directed) 네트워크다.
- hyper = FALSE: 해당 네트워크에는 고차링크(hyperedge)[1]가 설정되지 않았다.
- loops = FALSE: 해당 네트워크에는 순환링크(self-loop)가 존재하지 않는다.
  즉 $e_{(i, i)}$는 존재하지 않는다.
- multiple = FALSE: 해당 네트워크의 링크는 단일링크이며
  복합링크(multiplex tie)[2]가 아니다.
- bipartite = FALSE: 해당 네트워크는 이원(bipartite) 네트워크가 아니다.
- total edges= 1: 해당 네트워크에 존재하는 링크는 1개다.
  이 중 결측값을 갖는 링크는 0개이며("missing edges= 0" 부분),
  실측값을 갖는 링크는 1개다("non-missing edges= 1").

---

1 고차링크를 이해하기 위해서는 고차그래프(hypergraph)를 먼저 이해해야 합니다. 일반적인 그래프의 노드를 개별 노드라고 할 때, 개별 노드들이 공통적으로 규정하는 고차노드를 떠올려볼 수 있습니다. 예를 들어 국가 간 무역 네트워크에서 국가는 개별 노드에 해당되고, 국가들로 구성된 경제권(이를테면 한·중·일 세 국가는 동아시아 경제권으로 묶일 수 있음)은 고차노드에 해당됩니다. 고차노드가 존재하는 고차그래프의 경우, 개별 노드 사이의 링크와 별개로 고차노드 사이의 링크를 고차링크라고 부릅니다. 나중에 설명할 노드집단 탐색 알고리즘(community detection algorithm)을 통해 고차노드가 설정된 그래프의 경우라면 hyper 옵션을 TRUE로 설정할 수도 있습니다.

둘째, 제시된 "Vertex attribute names:" 부분은 네트워크의 노드(점, vertex)속성을 보여줍니다. 노드속성에는 "vertex.names"라는 이름의 1개 변수가 지정되어 있습니다. 변수이름에 잘 나타나 있듯이 이는 노드의 이름입니다. 노드별로 1개의 고유한 이름이 부여되어 있다는 점에서 노드의 아이디(id)로 보면 큰 문제없습니다. 나중에 네트워크를 시각화할 때 유용하게 활용할 수 있습니다.

셋째, "No edge attributes" 부분은 네트워크의 링크(선, edge)속성을 보여줍니다. 현재 mynet 오브젝트의 링크는 특별한 속성이 정의되지 않았기 때문에 "링크속성은 없다"는 메시지가 제시되었습니다.

네트워크 데이터에 대해 노드수준, 링크수준의 변수를 각각 입력해봅시다. mynet에 대해 노드수준 변수를 입력하기 위해서는 %v% 오퍼레이터를 사용하며, 링크수준 변수를 입력하기 위해서는 %e% 오퍼레이터를 사용합니다. 예를 들어 노드수준 변수로 '성별'과 '연령'을 입력해봅시다(범주형 변수인 성별의 경우 John에게는 male, Jane에게는 female 속성을 부여하고, 연속형 변수인 연령의 경우 각각 22, 28을 부여). 여기서는 각 노드에 부여된 이름을 살펴본 후, 그 순서대로 성별 변수의 벡터를 부여하는 순서로 노드수준 변수를 추가 입력하였습니다.

```
> #노드수준 변수 %v%
> mynet %v% 'vertex.names' #노드이름
[1] "John" "Jane"
> mynet %v% 'gender' <- c("male","female")
> mynet %v% 'gender'
[1] "male"  "female"
> mynet %v% 'age' <- c(22,28)
> mynet %v% 'age'
[1] 22 28
```

---

2 동일 네트워크의 개별 노드들 사이의 링크가 하나의 속성을 갖는 단일링크가 아니라 2개 이상의 속성을 갖는 경우 복합링크(multiplex tie)라고 부릅니다. 문헌에 따라 '평행링크(parallel edges)' 혹은 '이종링크(different tie)'라고 부르기도 합니다. 예를 들어 A, B, C라는 세 사람으로 구성된 네트워크를 떠올려봅시다. 여기서 A와 B, A와 C는 공식적 관계를 맺고 있는 관계이며(이를테면 직장 내 인간관계), B와 C는 비공식적 관계를 맺고 있는 관계(예를 들어 교우관계)라고 가정해봅시다. 이 경우 링크는 '공식적 관계'와 '비공식적 관계' 2가지 유형으로 구분됩니다. 이처럼 동일한 노드집합에서 나타나는 상이한 유형의 링크들이 복합적으로 나타나는 네트워크를 흔히 '복합네트워크(multiplex network)'라고 부릅니다. 반면 개별 네트워크들이 각 네트워크의 일부 노드들을 통해 연결되는 네트워크의 경우 '상호연관네트워크(interconnected network)'라고 부릅니다. 복합네트워크와 상호연관네트워크를 합하여 '다층네트워크(multilayer network)'라고 부릅니다.

통상적 데이터 분석 관점에서 볼 때 기본적으로 각 노드의 성별은 변수이고, 따라서 통상적인 기술통계분석을 실시할 수 있습니다. 예를 들어 네트워크에 포함된 행위자의 성별 빈도표를 얻고자 하면 다음과 같이 하면 됩니다.

```
> table(mynet %v% 'gender') #성별 빈도표

female male
     1    1
> mean(mynet %v% 'age') #연령 평균
[1] 25
```

다음으로 %e% 오퍼레이터를 활용하는 방법에 대해 살펴보겠습니다. 만약 John이 Jane에게 편지를 '2통' 보냈다고 한다면, 'John → Jane' 링크에 대해 '2'라는 정수 형태의 값(value)을 부여해야 합니다. 현재 링크는 단 하나이며, 아래와 같이 as.edgelist() 함수를 이용해 확인한 후, %e% 오퍼레이터를 통해 링크수준 변수값을 입력할 수 있습니다. as.edgelist() 함수의 출력결과가 다소 복잡하지만, 해석하는 것이 어렵지는 않습니다. 처음의 행렬 형태의 데이터는 2×2 행렬기준으로 첫 번째 가로줄과 모든 세로줄 행렬([1,1:2])을 보고한 것이며, 그다음의 attr(,"n")는 [1,1:2] 행렬에서 2번 칸(cell)이 실측값을 갖는 링크라는 뜻입니다. attr(,"vnames")는 [1,2]의 출발노드와 종착노드의 노드이름을 보여줍니다. 나머지 출력결과의 경우 앞서 network 오브젝트 출력결과의 "Network attributes:" 부분에 대한 용어설명을 이해했다면 그 의미가 무엇인지 쉽게 알 수 있을 것입니다.

```
> #링크수준 변수 %e%
> as.edgelist(mynet) #링크목록으로 변환
    [,1] [,2]
[1,]  1    2
attr(,"n")
[1] 2
attr(,"vnames")
[1] "John" "Jane"
attr(,"directed")
[1] TRUE
attr(,"bipartite")
[1] FALSE
```

```
attr(,"loops")
[1] FALSE
attr(,"class")
[1] "matrix_edgelist" "edgelist"    "matrix"     "array"
```

만약 실측값을 갖는 링크의 노드이름만 보고 싶다면 다음과 같이 하면 됩니다.

```
> attr(as.edgelist(mynet),"vnames") #링크를 구성하는 노드이름만
[1] "John" "Jane"
```

이제 'John → Jane' 링크에 대해 '2'라는 정수값을 부여해봅시다. 다음과 같이 %e% 오퍼레이터를 사용하면 됩니다. 본질적으로 %v% 오퍼레이터를 사용하는 것과 크게 다르지 않다는 것을 쉽게 확인할 수 있습니다. 이후 mynet 오브젝트를 확인하면 %e% 오퍼레이터를 사용하기 전에는 "No edge attributes"였다가 "Edge attribute names:"라는 출력결과가 새로 생긴 것을 확인할 수 있습니다.

```
> mynet %e% 'n_letter' <- 2
> mynet
Network attributes:
 vertices = 2
 directed = TRUE
 hyper = FALSE
 loops = FALSE
 multiple = FALSE
 bipartite = FALSE
 total edges= 1
  missing edges= 0
  non-missing edges= 1

Vertex attribute names:
  vertex.names

Edge attribute names:
  n_letter
```

igraph 패키지 접근

위에서 진행했던 작업들을 igraph 패키지로 진행해봅시다. 우선 행렬 형태의 mat 오브젝트를 igraph 오브젝트로 변환해보겠습니다. 이를 위해 앞에서 사용했던 statnet 패키지를 detach() 함수를 이용해서 분리한 후 igraph 패키지를 구동하였습니다.

```
> # matrix를 igraph 오브젝트 변환
> detach(package:statnet) # 직전까지 statnet 패키지 사용하였기 때문에
> library(igraph)
```

다음의 패키지를 부착합니다: 'igraph'

The following objects are masked from 'package:sna':

  betweenness, bonpow, closeness, components, degree, dyad.census,
  evcent, hierarchy, is.connected, neighborhood, triad.census

The following objects are masked from 'package:network':

  %c%, %s%, add.edges, add.vertices, delete.edges, delete.vertices,
  get.edge.attribute, get.edges, get.vertex.attribute, is.bipartite,
  is.directed, list.edge.attributes, list.vertex.attributes,
  set.edge.attribute, set.vertex.attribute

The following objects are masked from 'package:stats':

  decompose, spectrum

The following object is masked from 'package:base':

  union

행렬 형태의 데이터 오브젝트를 igraph 오브젝트로 변환하려면 아래와 같이 graph_from_adjacency_matrix() 함수를 이용하면 됩니다. 먼저 igraph 오브젝트를 살펴보면 아래와 같은 출력결과를 얻을 수 있습니다.

```
> myig <- graph_from_adjacency_matrix(mat)
> myig
IGRAPH f31d3b1 DN-- 2 1 --
+ attr: name (v/c)
+ edge from f31d3b1 (vertex names):
[1] John->Jane
```

출력결과의 첫 줄을 살펴봅시다. IGRAPH는 오브젝트의 이름을 말하는 것이며, 그다음에 제시되는 f31d3b1는 난수 형태의 아이디의 일종으로(독자가 위 과정을 밟아서 얻은 결과는 다를 수 있습니다), 신경 쓰실 필요 없습니다. 중요한 것은 그다음에 나오는 알파벳 표현과 숫자입니다. igraph 오브젝트에서는 네트워크의 성격을 4가지 알파벳으로 구분하여 표시합니다. 일단 위의 DN--에 대해 이야기하면 myig 오브젝트는 링크의 방향성이 존재하며(D), 노드이름이 입력되었으며(N), 나머지 2가지의 경우는 확정되지 않았다(--)는 뜻입니다.

igraph 오브젝트에 부여되는 4가지 속성은 [표 4-1]과 같이 표현됩니다. 즉 위에서 제시된 myig 오브젝트의 DN--은 해당 네트워크의 링크는 방향성이 있으며(D), 노드에는 이름이 부여되었지만(N), 링크가중이 진행되지 않았고(-) 이원네트워크에는 해당되지 않는다(-)는 뜻입니다. 그리고 그다음에 제시되는 2 1은 각각 해당 네트워크의 노드 개수와 링크 개수를 의미합니다.

[표 4-1] igraph 오브젝트에 표시되는 그래프 속성 4가지

첫 번째 글자	두 번째 글자	세 번째 글자	네 번째 글자
D: 유방향(Directed) 네트워크	N: 노드이름부여(Named) 네트워크	W: 링크가중(Weighted) 네트워크	B: 이원(Bipartite) 네트워크
U: 무방향(Undirected) 네트워크	-	-	-

다음으로 + attr: 부분에는 노드수준과 링크수준 변수가 제시됩니다. 여기서는 노드수준 변수로 name이 설정되어 있으며, (v/c)는 이 변수는 노드(v는 vertices를 의미)에 해당되며 범주형 변수(c는 categorical을 의미함)라는 의미입니다. 끝으로 + edge 부분은 네트워크의 링크가 어떠한지를 보여줍니다.

이제 myig 오브젝트에 노드수준, 링크수준 변수를 입력해보겠습니다. statnet 패키지에서는 오퍼레이터(%v%, %e%)를 사용한 반면, igraph 패키지에서는 노드수준 변수를 관리하기 위해서는 V() 함수를, 링크수준 변수를 관리하기 위해서는 E() 함수를 사용하고, 각각에는 $ 기호를 이용하여 변수를 지정합니다(R 베이스에서 데이터 오브젝트에 변수를 지정하는 방식과 동일합니다). 앞서와 마찬가지로 범주형 변수인 성별의 경우, John에게

는 male, Jane에게는 female 속성을 부여하고, 연속형 변수인 연령의 경우 각각 22, 28을 부여해보죠. 출력결과의 + attr에서는 노드수준에서 gender와 age 두 변수가 새로 추가된 것을 확인할 수 있습니다. (v/c)에서는 gender 변수는 범주형 변수(c라는 표현)이며, (v/n)가 보여주는 것처럼 age는 수치형 변수(n은 numeric을 의미)임을 알 수 있습니다.

```
> # 노드수준 변수 V()
> V(myig)$name # 노드이름
[1] "John" "Jane"
> V(myig)$gender <- c("male","female")
> V(myig)$age <- c(22,28)
> myig
IGRAPH f31d3b1 DN-- 2 1 --
+ attr: name (v/c), gender (v/c), age (v/n)
+ edge from f31d3b1 (vertex names):
[1] John->Jane
```

만약 노드수준 변수들에 대한 통상적 기술통계분석을 원한다면 다음과 같습니다.

```
> table(V(myig)$gender) # 성별 빈도표

female male
     1     1
> mean(V(myig)$age) # 연령 평균
[1] 25
```

다음으로 링크수준 변수도 바꾸어보죠. 앞과 마찬가지로 John이 Jane에게 편지를 '2통' 보냈다고 가정할 경우, 다음과 같이 E() 함수를 사용하면 됩니다. E() 함수를 적용한 이후 myig 오브젝트를 확인하면 "n_letter (e/n)"라는 결과가 새로 덧붙여진 것을 확인할 수 있습니다. 여기서 (e/n)의 의미는 n_letter 변수가 링크수준(e는 edge를 의미) 변수이며, 수치형 변수(n에 해당)라는 것입니다.

```
> # 링크수준 변수 E()
> E(myig)
+ 1/1 edge from f31d3b1 (vertex names):
[1] John->Jane
> E(myig)$n_letter <- 2
```

```
> myig
IGRAPH f31d3b1 DN-- 2 1 --
+ attr: name (v/c), gender (v/c), age (v/n), n_letter (e/n)
+ edge from f31d3b1 (vertex names):
```

② 링크목록 형태 네트워크 데이터 입력 및 관리

앞에서도 설명하였지만, 소시오행렬(sociomatrix)은 이해하기 쉽다는 장점에도 불구하고 네트워크 규모가 클 경우 데이터 관리의 효율성이 떨어집니다. 또한 네트워크의 노드(점)나 링크(선)의 특징은 행렬 형식으로 제시하는 것이 그리 쉽지 않습니다. 행렬이 아닌 링크목록(edgelist) 형식의 데이터 오브젝트인 경우, 다음과 같은 방식으로 각각 network 오브젝트 혹은 igraph 오브젝트를 생성할 수 있습니다. 앞에서 살펴보았던 mat 오브젝트를 링크목록 오브젝트로 입력하면 다음과 같습니다.

```
> # 링크목록(edgelist) 형태 네트워크 데이터의 경우
> edgelist <- data.frame(i="John",j="Jane",
+                         stringsAsFactors=FALSE) # 요인형이 아니게 정의
> edgelist
     i    j
1 John Jane
```

statnet 패키지 접근

먼저 statnet 패키지를 통해 링크목록 형태 오브젝트를 network 오브젝트로 전환해보겠습니다. 방식은 다음과 같이 매우 간단합니다.

```
> detach(package:igraph) # 만약 igraph를 사용하고 있었다면
> library(statnet)
> mynet <- network(edgelist)
> mynet
            [출력결과는 앞과 동일하기 때문에 별도 제시하지 않음]
```

igraph 패키지의 경우, graph_from_edgelist() 함수를 활용하면 크게 어렵지 않습니다. 한 가지 주의할 점은 graph_from_edgelist() 함수의 입력값은 데이터프레임 형식이 아닌 행렬 형식을 따른다는 것입니다. 이에 여기서는 as.matrix() 함수를 활용하여 데이터프레임 형식의 오브젝트를 행렬 형식 오브젝트로 전환한 후 graph_from_edgelist() 함수를 활용하였습니다.

```
> detach(package:statnet) #만약 statnet를 사용하고 있다면
> library(igraph)
> myig <- graph_from_edgelist(as.matrix(edgelist))
> myig
```
[출력결과는 앞과 동일하기 때문에 별도 제시하지 않음]

③ 노드수준 데이터와 목록 형태 데이터를 네트워크 데이터로 입력 및 관리

일반적으로 네트워크의 규모가 클 경우, 행렬 형식이 아닌 링크목록 형식으로 네트워크 데이터를 입력합니다. 또한 네트워크 규모가 작더라도 노드수준과 링크수준의 변수들이 많은 복잡한 네트워크 데이터의 경우도 링크목록 형식으로 입력하는 것이 훨씬 더 효율적입니다. 예를 들어 [그림 4-1][3]에 제시된 네트워크 그래프와 같이 22세 남성 John이 28세 여성 Jane에게 2통의 편지를 보냈고, Jane이 John에게 1통의 전자메일을 보냈다고 가정해봅시다. 이때 노드수준 변수는 '성별'과 '연령'이며, 링크수준 변수는 '커뮤니케이션 방식'(전자메일 vs. 편지)과 '커뮤니케이션 양'일 것입니다. 노드 및 링크별 데이터를 구성하면 다음과 같습니다.

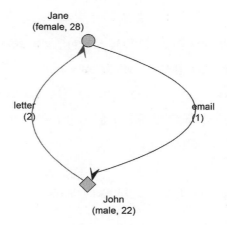

Jane
(female, 28)

letter
(2)

email
(1)

John
(male, 22)

그림 4-1

```
> # 일반적인 네트워크 데이터 입력방법
> # 노드수준 데이터
> vertex_df <- data.frame(name = c('John','Jane'),
+                         gender = c('male','female'),
+                         age = c(22,28),
+                         stringsAsFactors=FALSE)
> # 링크수준 데이터
> edge_df <- data.frame(i=c("John","Jane"),
+                       j=c("Jane","John"),
+                       kind=c("letter","email"),
+                       intensity=c(2,1),
+                       stringsAsFactors=FALSE)
```

---

3 [그림 4-1]은 다음과 같은 방식에 따라 작성되었습니다. 네트워크 시각화에 대해서는 7장에서 보다 자세하게 설명
할 예정입니다.

```
> # 각주
> vertex_df <- vertex_df %>%
+ mutate(lbl_v=str_c(name,"\n(",gender,", ",age,")")) # 노드라벨
> edge_df <- edge_df %>%
+ mutate(lbl_e=str_c(kind,"\n(",intensity,")")) # 링크라벨
> png("P1_Ch4_Fig01.png",width=15,height=15,units="cm",res=300)
> set.seed(20221224); network(edge_df, vertices=vertex_df) %>%
+ plot(label="lbl_v",edge.label="lbl_e", # 라벨표시
+    vertex.col = "green",vertex.cex=3,vertex.sides=c(4,50), # 노드
+    edge.curve = 0.3,edge.col = c("red","blue"), # 링크
+    arrowhead.cex = 3,usecurve = TRUE)  # 링크관련
> dev.off()
```

statnet 패키지 접근

먼저 노드수준 데이터와 링크수준 데이터를 활용하여 network 오브젝트를 생성하는 방법을 살펴봅시다. network() 함수의 vertices 옵션에 노드수준 데이터를 추가 지정하면 앞서 설정한 2가지 데이터프레임 오브젝트가 결합된 network 오브젝트를 얻을 수 있습니다. 아래 출력결과에서 노드 및 링크수준의 변수들이 반영된 network 오브젝트가 생성된 것을 확인할 수 있습니다.

```
> detach(package:igraph)  #만약 igraph를 사용하고 있다면
> library(statnet)
> mynet <- network(edge_df, vertices=vertex_df)
> mynet
Network attributes:
 vertices = 2
 directed = TRUE
 hyper = FALSE
 loops = FALSE
 multiple = FALSE
 bipartite = FALSE
 total edges= 2
  missing edges= 0
  non-missing edges= 2

Vertex attribute names:
  age gender vertex.names

Edge attribute names:
  intensity kind
```

만약 network 오브젝트로 저장된 네트워크 데이터를 소시오그램 행렬 형식으로 전환하고자 한다면 다음과 같습니다. R에서 행렬 오브젝트를 다루어본 독자들은 쉽게 이해할 수 있을 것입니다. 즉 network 오브젝트 뒤에 붙은 대괄호에서 쉼표 앞 첫 번째는 가로줄(행, row), 쉼표 뒤 두 번째는 세로줄(열, column)을 의미합니다.

```
> mynet[,]  #소시오그램 행렬 형태
     John Jane
John   0    1
```

```
Jane     1    0
> mynet[1,] # 첫 번째 가로줄 행렬만
[1] 0 1
> mynet[,2] # 두 번째 세로줄 행렬만
[1] 1 0
```

다음으로 네트워크 데이터를 구성하는 각 수준별 속성을, 즉 네트워크 및 노드와 링크별 속성(attribute)을 추출하는 방법을 소개하겠습니다. 먼저 network 오브젝트에 각 수준별 어떤 속성들이 저장되어 있는지를 확인할 경우 list.*.attributes() 함수를 활용할 수 있습니다. 즉 네트워크수준의 속성을 원하면 list.network.attributes() 함수를, 노드수준의 속성을 원한다면 list.vertex.attributes() 함수를, 링크수준의 속성을 원한다면 list.edge.attributes() 함수를 사용하면 됩니다. 사소한 것이기는 합니다만, list.*.attributes() 함수에는 복수형 표현이 들어 있습니다(즉 attribute가 아니라 attributes라고 지정되어 있습니다).

```
> # 3가지 유형의 속성들(그래프,선,점)을 추출할 수 있음: list.*.attributes() 함수
> list.network.attributes(mynet) # 그래프
[1] "bipartite" "directed" "hyper"  "loops"  "mnext"  "multiple"  "n"
> list.vertex.attributes(mynet)  # 점(노드)
[1] "age"     "gender"   "na"      "vertex.names"
> list.edge.attributes(mynet)    # 선(링크)
[1] "intensity" "kind"   "na"
```

network 오브젝트에 저장된 속성을 추출하기 위해서는 get.*.attribute() 함수를 활용하면 됩니다. 마찬가지로 *에 원하는 수준을 바꾸어 입력하고 추출하고자 하는 속성을 문자형으로 지정하면 그 결과를 추출할 수 있습니다. 예를 들어 mynet 오브젝트의 네트워크가 유방향인지 무방향인지, 또 네트워크를 구성하는 노드 개수(네트워크 규모)가 몇인지를 확인하고자 한다면 다음과 같이 get.network.attribute() 함수를 활용할 수 있습니다. 아울러 노드수준 변수를 확인하고자 한다면 get.vertex.attribute() 함수를, 링크수준 변수를 확인하려 한다면 get.edge.attribute() 함수에 원하는 변수 이름을 문자형으로 지정하면 됩니다. 다음 함수들의 경우 get.*.attribute() 함수를 포함하므로 attribute라는 단수형 단어표현이 들어 있습니다.

```
> # 원하는 속성을 뽑아내려면 get.*.attribute() 함수
> get.network.attribute(mynet, "directed")    # 그래프 방향성
[1] TRUE
> get.network.attribute(mynet, "n")           # 그래프 규모(노드 개수)
[1] 2
> get.vertex.attribute(mynet, "gender")       # 노드수준 변수
[1] "male"  "female"
> get.edge.attribute(mynet, "intensity")      # 링크수준 변수
[1] 2 1
```

만약 네트워크 데이터의 각 수준별 속성을 추가로 부여하기를 원한다면 set.*.attribute() 함수를 사용하면 됩니다. 예를 들어 mynet 오브젝트와 동일한 네트워크 데이터 오브젝트를 생성한 후, 새로 만들어진 네트워크를 '유방향(directed)' 네트워크가 아닌 '무방향(undirected)' 네트워크로 바꾸려면 다음과 같은 방식을 적용합니다.

```
> # 별도로 속성을 부여하려면 set.*.atribute() 함수
> mynet_copy <- mynet
> get.network.attribute(mynet_copy, "directed") # 원래는 유방향
[1] TRUE
> set.network.attribute(mynet_copy, "directed", FALSE) # 무방향 네트워크로
> get.network.attribute(mynet_copy, "directed")    # 무방향 네트워크로 전환된 것 확인
[1] FALSE
```

또한 다음과 같은 방식으로 네트워크수준의 속성값을 새롭게 생성한 후 그 값을 부여할 수도 있습니다. 예를 들어 mynet 오브젝트에 대해 "제1장 4장 예시 데이터"라는 이름을 붙여봅시다. 네트워크 데이터 오브젝트에 대해 temporary라는 새로운 속성을 생성한 후 여기에 "제1장 4장 예시 데이터"라는 속성값을 부여하면 다음과 같습니다.

```
> set.network.attribute(mynet_copy, "temporary", "제1장 4장 예시 데이터")
> mynet_copy
Network attributes:
 vertices = 2
 directed = FALSE
 hyper = FALSE
 loops = FALSE
 multiple = FALSE
 bipartite = FALSE
```

```
temporary = 제1장 4장 예시 데이터
total edges= 2
  missing edges= 0
  non-missing edges= 2

Vertex attribute names:
  age gender sex vertex.names

Edge attribute names:
  intensity kind valence
```

　　노드수준 혹은 링크수준 속성의 경우도 set.*.attribute() 함수를 사용할 수 있습니다. 다만, 제 경험으로는 %v%, %e% 오퍼레이터를 사용하는 것이 더 효율적이라고 생각합니다. set.*.attribute() 함수를 활용하여 노드수준 및 링크수준에서의 속성값을 부여하는 방법은 아래와 같습니다.

```
> # 노드수준, 링크수준 데이터의 경우도 set.*.attribute() 함수를 적용할 수 있지만,
> # %v%, %e% 오퍼레이터를 사용하는 것이 더 편할 듯합니다
> set.vertex.attribute(mynet, "sex", c("남","여"))
> set.edge.attribute(mynet, "valence", c("긍정적","중립적"))
> mynet %v% "sex"
[1] "남" "여"
> mynet %e% "valence"
[1] "긍정적" "중립적"
```

　　다음으로 network가 오브젝트에서 불필요한 속성값이 있는 경우라면 다음과 같이 delete.*.attribute() 함수를 이용하여 제거할 수 있습니다. 예를 들어 앞에서 생성한 mynet_copy 오브젝트의 네트워크수준 속성인 temporary, 노드수준 속성인 gender, 링크수준 속성인 intensity를 제거하는 방법은 다음과 같습니다.

```
> # 불필요한 속성 제거의 경우 delete.*.atribute() 함수
> # 그래프의 경우
> list.network.attributes(mynet_copy)
[1] "bipartite" "directed" "hyper"  "loops"  "mnext"  "multiple"
[7] "n"      "temporary"
> delete.network.attribute(mynet_copy,"temporary")
```

```
> list.network.attributes(mynet_copy)
[1] "bipartite" "directed" "hyper"   "loops"   "mnext"   "multiple"
[7] "n"
> #노드(점)의 경우
> delete.vertex.attribute(mynet_copy,"gender")
> list.vertex.attributes(mynet_copy)
[1] "age"       "na"        "vertex.names"
> #링크(선)의 경우
> delete.edge.attribute(mynet_copy,"intensity")
> list.edge.attributes(mynet_copy)
[1] "kind" "na"
```

마지막으로 network 오브젝트 데이터를 각각 노드수준 데이터와 링크수준 데이터로 구분하는 방법은 다음과 같이 as.data.frame() 함수에 unit 옵션을 지정하면 됩니다. 참고로 링크수준 데이터로 변환할 경우 .tail은 화살표의 출발노드를, .head는 화살표의 종착노드를 의미합니다. 예를 들어 아래 edge_df 데이터 오브젝트의 첫 가로줄은 "John → Jane"을 의미하며, 보다 구체적으로 말하면 "John(.tail)은 Jane(.head)에게 긍정적 내용(valence)의 2통(intensity)의 편지(kind)를 보냈다"는 것을 의미합니다.

```
> #네트워크 오브젝트를 노드/링크수준 데이터로 변환하기
> #노드(점)의 경우
> vertex_df2 <- as.data.frame(mynet, unit='vertices')
> vertex_df2
  vertex.names gender age sex
1         John   male  22   남
2         Jane female  28   여
> #링크(선)의 경우
> edge_df2 <- as.data.frame(mynet, unit='edges')
> edge_df2
  .tail .head   kind intensity valence
1 John  Jane letter         2    긍정적
2 Jane  John  email         1    중립적
```

igraph 패키지 접근

igraph 패키지의 경우도 함수의 이름과 형태가 조금씩 다를 뿐 진행과정은 크게 다르지 않습니다. 노드수준 데이터와 링크목록 데이터를 활용하여 igraph 오브젝트를 생성하기 위해서는 graph_from_data_frame() 함수에서 아래와 같이 d에는 링크목록 데이터를, vertices에는 노드수준 데이터를 설정하면 됩니다.

```
> # igraph 패키지 접근
> detach(package:statnet) # 만약 igraph를 사용하고 있다면
> library(igraph)
> myig <- graph_from_data_frame(d=edge_df, vertices=vertex_df)
> myig
IGRAPH 10376be DN-- 2 2 --
+ attr: name (v/c), gender (v/c), age (v/n), kind (e/c), intensity (e/n)
+ edges from 10376be (vertex names):
[1] John->Jane Jane->John
```

statnet 패키지와 마찬가지로 [,]를 활용하면 해당 네트워크를 소시오그램 형태로 표현할 수 있습니다. 출력결과가 statnet 패키지와 조금 달라 보일 수 있는데, 본질적으로는 다르지 않습니다. 아래 출력결과의 **"dgCMatrix"**는 조밀하지 않은 행렬, 흔히 저밀도 행렬(sparse matrix)을 효과적으로 다루기 위한 행렬데이터 오브젝트를 의미합니다. 앞서 거대 네트워크를 분석하는 연구자일수록 statnet 패키지보다는 igraph 패키지를 선호한다고 이야기한 바 있습니다. 즉 igraph 패키지에서는 거대 네트워크의 특성, 즉 저밀도 행렬을 기본적 행렬 데이터로 채택하고 있으며, 바로 이 때문에 행렬의 대각요소 (diagonal component)가 '마침표(.)'로 표현된 것입니다.

```
> myig[,] # 소시오그램 행렬 형태
2 x 2 sparse Matrix of class "dgCMatrix"
     John Jane
John    .    1
Jane    1    .
> myig[1,] # 첫 번째 가로줄 행렬만
John Jane
   0    1
> myig[,2] # 두 번째 세로줄 행렬만
John Jane
   1    0
```

아울러 statnet 패키지 함수들과 마찬가지로 그래프, 노드, 링크 수준에서의 속성값을 표시, 추가, 제거하고자 할 경우에 사용할 수 있는 함수들도 있습니다. 각 수준별 속성값을 살펴보기 위해서는 그래프의 경우 graph_attr() 함수를, 노드의 경우 vertex_attr() 함수를, 링크의 경우 edge_attr() 함수를 사용하면 됩니다. 이 함수들은 statnet 패키지의 list.*.attributes() 함수에 상응합니다.

```
> # 3가지 유형의 속성들 확인: *_attr() 함수
> graph_attr(myig)  # 그래프
named list()
> vertex_attr(myig)  # 점(노드)
$name
[1] "John" "Jane"

$gender
[1] "male"  "female"

$age
[1] 22 28

> edge_attr(myig)  # 선(링크)
$kind
[1] "letter" "email"

$intensity
[1] 2 1
```

각 수준별 속성을 추가로 부여하기 위해서는 그래프의 경우 set_graph_attr() 함수를, 노드의 경우 set_vertex_attr() 함수를, 링크의 경우 set_edge_attr() 함수를 사용하면 됩니다. 개인적으로는 노드의 경우 V() 함수를, 링크의 경우는 E() 함수를 사용하는 것이 더 편하지 않을까 싶습니다. 이 함수들은 statnet 패키지의 set.*.attributes() 함수에 상응합니다.

```
> # 속성을 부여 set_*_attr() 함수: V(), E() 함수를 쓰는 것이 더 편할 듯
> myig <- set_graph_attr(myig, name="temporary", value="제1장 4장 예시 데이터")
> myig
IGRAPH 10376be DN-- 2 2 --
```

```
+ attr: temporary (g/c) , name (v/c), gender (v/c), age (v/n), kind (e/c), intensity (e/n)
+ edges from 10376be (vertex names):
[1] John->Jane Jane->John
> myig <- set_vertex_attr(myig, name="sex", value=c("남","여"))
> myig
IGRAPH 10376be DN-- 2 2 --
+ attr: temporary (g/c), name (v/c), gender (v/c), age (v/n), sex (v/c) , kind (e/c),
intensity (e/n)
+ edges from 10376be (vertex names):
[1] John->Jane Jane->John
> myig <- set_edge_attr(myig, name="valence", value=c("긍정적","중립적"))
> myig
IGRAPH 10376be DN-- 2 2 --
+ attr: temporary (g/c), name (v/c), gender (v/c), age (v/n), sex (v/c), kind (e/c),
| intensity (e/n), valence (e/c)
+ edges from 10376be (vertex names):
[1] John->Jane Jane->John
```

각 수준별 지정된 속성을 제거하기 위해서는 그래프의 경우 delete_graph_attr()
함수를 사용하고, 노드의 경우 delete_vertex_attr() 함수를 사용하고, 링크의 경
우 delete_edge_attr() 함수를 사용하면 됩니다. 이 함수들은 statnet 패키지의
delete.*.attributes() 함수에 상응합니다.

```
> # 특정 속성을 제거 delete_*_attr() 함수
> myig <- delete_graph_attr(myig, name="temporary")
> myig
IGRAPH 10376be DN-- 2 2 --
+ attr: name (v/c), gender (v/c), age (v/n), sex (v/c), kind (e/c), intensity
| (e/n), valence (e/c)
+ edges from 10376be (vertex names):
[1] John->Jane Jane->John
> myig <- delete_vertex_attr(myig, name="gender")
> myig
IGRAPH 10376be DN-- 2 2 --
+ attr: name (v/c), age (v/n), sex (v/c), kind (e/c), intensity (e/n), valence
| (e/c)
+ edges from 10376be (vertex names):
[1] John->Jane Jane->John
> myig <- delete_edge_attr(myig, name="kind")
```

```
> myig
IGRAPH 10376be DN-- 2 2 --
+ attr: name (v/c), age (v/n), sex (v/c), intensity (e/n), valence (e/c)
+ edges from 10376be (vertex names):
[1] John->Jane Jane->John
```

끝으로 myig와 같은 igraph 오브젝트를 노드수준 데이터와 링크목록 데이터로 다시 바꾸는 방법은 다음과 같습니다. as_data_frame() 함수의 what 옵션에 원하는 형태의 데이터를 지정하면 됩니다. 본질적으로 statnet 패키지의 as.data.frame() 함수와 동일합니다[물론 옵션의 이름이나 출력된 데이터의 변수명 등이 소소하게 다릅니다. 한 가지 다른 것은 igraph 패키지의 경우 what="both"를 지정하면 두 데이터 모두 저장된 오브젝트를 얻을 수 있다는 점입니다(statnet 패키지의 unit 옵션의 경우 'vertices'와 'edges' 2가지만 존재함)].

```
> #네트워크 오브젝트를 노드/링크수준 데이터로 변환하기
> # 노드(점)의 경우
> vertex_df <- as_data_frame(myig,what="vertices")
> vertex_df
     name age sex
John John   22   남
Jane Jane   28   여
> #링크(선)의 경우
> edge_df <- as_data_frame(myig,what="edges")
> edge_df
  from    to intensity valence
1 John Jane         2    긍정적
2 Jane John         1    중립적
> #노드(점), 링크(선) 모두
> VE_df <- as_data_frame(myig,what="both")
> VE_df
$vertices
     name age sex
John John   22   남
Jane Jane   28   여

$edges
  from    to intensity valence
1 John Jane         2    긍정적
2 Jane John         1    중립적
```

4 이원네트워크 데이터 입력 및 관리

다음으로 구분되는 2가지 성질의 노드로 구성된 이원네트워크(two-mode network) 데이터를 입력하는 방법을 살펴보겠습니다. 이원네트워크는 사회과학에서 자주 등장하는 네트워크로, 행위자와 사건이라는 2가지 성질의 노드로 구성됩니다. 예시로 [표 4-2], [그림 4-2][4]와 같은 행위자-사건(actor-event) 이원네트워크를 살펴보겠습니다.

[표 4-2] 행위자-사건 이원네트워크 데이터

	E_1	E_2	E_3
A_1	1	1	1
A_2	2	0	1
A_3	0	0	2
A_4	0	1	1
A_5	3	0	0

알림. '$l_{(A_i, E_j)}$=0'은 행위자 i가 사건 j에 참여하지 않았음을 의미함. '$l_{(A_i, E_j)}$'는 행위자 i가 사건 j에 참여한 관심도를 의미함(예를 들어 $l_{(A_5, E_1)}$=4는 A_5가 E_1에 3만큼의 관심도를 부여했으며, 이는 $l_{(A_1, E_1)}$=1, 즉 A_1가 E_1에 부여한 1만큼의 관심도에 비해 3배의 관심도를 부여했음을 의미함).

---

4 [그림 4-2]는 다음과 같은 방식에 따라 작성되었습니다. 네트워크 시각화에 대해서는 7장에서 보다 자세하게 설명할 것입니다.

```
> #각주
> png("P1_Ch04_Fig02.png",width=15,height=15,units="cm",res=300)
> mynet %v% 'Nshape' <- ifelse(mynet %v% 'Ntype' == "event",4,50)
> mynet %v% 'Ncolor' <- ifelse(mynet %v% 'Ntype' == "event","green","purple")
> set.seed(20221224)
> plot(mynet,label="vertex.names",edge.label= factor(mynet %e% 'att'), #라벨표시
+     vertex.col="Ncolor",vertex.cex=3,vertex.sides="Nshape", #노드
+     edge.col = factor(mynet %e% 'att')) #링크
> dev.off()
```

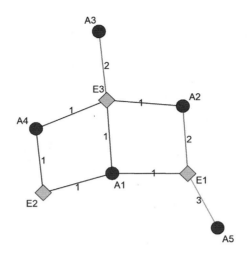

그림 4-2

statnet 패키지 접근

statnet 패키지에서 지원하는 network 오브젝트 형태로 이원네트워크를 입력하는 방법은 앞서 소개한 일원네트워크를 입력하는 방법과 조금 다릅니다. 왜냐하면 일원네트워크의 경우 가로줄과 세로줄이 동일한 노드로 입력된 정방행렬(square matrix) 형태이지만, 이원네트워크의 경우 가로줄에는 행위자, 세로줄에는 사건이라는 상이한 성질의 노드로 입력된 직사각행렬(rectangular matrix) 형태이기 때문입니다. 우선 링크수준 데이터 입력 방법은 아래와 같으며, 특별하게 조심할 것은 없습니다.

```
> # 이원네트워크: 행위자-사건 행렬
> # 링크목록 데이터
> mode2_edge_df <- data.frame(
+ actor = c("A1", "A1", "A1", "A2", "A2", "A3", "A4", "A4", "A5"),
+ event = c("E1", "E2", "E3", "E1", "E3", "E3", "E2", "E3", "E1"),
+ att = c(1,1,1, 2,1, 2, 1,1, 3))
> mode2_edge_df
  actor event att
1    A1    E1   1
2    A1    E2   1
3    A1    E3   1
4    A2    E1   2
5    A2    E3   1
6    A3    E3   2
7    A4    E2   1
```

```
8    A4    E3    1
9    A5    E1    3
```

그러나 노드수준 데이터를 입력할 때는 조금 주의를 기울여야 합니다. 행위자 노드의 순서와 사건 노드의 순서를 교차하여 입력하는 것이 핵심입니다. 즉 첫 번째 행위자 노드, 첫 번째 사건 노드, 두 번째 행위자 노드, 두 번째 사건 노드, … 순서로 차례대로 노드를 입력해야 합니다. 앞에서 소개한 이원네트워크 예시 데이터의 경우 다음과 같은 방식으로 노드수준 데이터를 입력할 수 있습니다. 여기서는 노드 아이디를 수동으로 지정한 후 'E'로 시작할 경우 '사건'(event) 속성을 갖는, 그렇지 않은 경우 '행위자'(actor) 속성을 갖는 노드수준 변수 Ntype을 생성하였습니다.

```
> # 노드수준 데이터-순서를 수동으로 지정
> mode2_node_df <- data.frame(
+   id=c("A1","E1","A2","E2","A3","E3","A4","A5")
+   ) %>%
+ mutate(
+   Ntype=ifelse(str_detect(id,"E"),"event","actor")
+ )
> mode2_node_df
  id Ntype
1 A1 actor
2 E1 event
3 A2 actor
4 E2 event
5 A3 actor
6 E3 event
7 A4 actor
8 A5 actor
```

만약 이원네트워크가 단순하다면 위와 같은 방식도 나쁘지는 않지만, 네트워크 규모가 상당히 큰 경우라면 다음과 같은 방식을 활용하는 것이 보다 효율적입니다.

```
> # 노드수준 데이터-프로그래밍으로 지정
> mode2_node_df <- data.frame(
+   id=c(str_c("A",1:5),str_c("E",1:3))
```

```
+ ) %>%
+ mutate(
+   Ntype=ifelse(str_detect(id,"E"),"event","actor"),
+   Norder=str_extract(id,"[[:digit:]]{1,}") # id변수에서 숫자 형태를 추출
+ ) %>%
+ arrange(Norder, Ntype)
> mode2_node_df
  id Ntype Norder
1 A1 actor      1
2 E1 event      1
3 A2 actor      2
4 E2 event      2
5 A3 actor      3
6 E3 event      3
7 A4 actor      4
8 A5 actor      5
```

위와 같이 링크수준 및 노드수준 데이터를 지정한 다음 아래와 같은 방식으로 network() 함수를 사용하면 network 오브젝트를 생성할 수 있습니다. 이때 이원네트워크의 속성에 맞도록 bipartite 옵션과 directed 옵션을 수동으로 지정해주는 것에 주의해야 합니다. 이원네트워크의 경우 행위자–사건의 관계성만 존재할 뿐 링크는 방향성이 없으며(directed = FALSE), 네트워크의 속성이 '이원'이기(bipartite = TRUE) 때문입니다.

```
> mynet <- network(mode2_edge_df,
+                   directed = FALSE, # 무방향성
+                   bipartite = TRUE, # 이원네트워크
+                   vertices=mode2_node_df)
> mynet
Network attributes:
  vertices = 8
  directed = FALSE
  hyper = FALSE
  loops = FALSE
  multiple = FALSE
  bipartite = 5
  total edges= 9
    missing edges= 0
    non-missing edges= 9
```

```
Vertex attribute names:
 Norder Ntype vertex.names

Edge attribute names:
 att
```

위의 [표 4-2]와 같은 행렬 형태 데이터라면 다음과 같은 방식으로 이원네트워크를 생성할 수 있습니다.

```
> # 행렬 형태 데이터의 경우
> mat <- matrix(NA,5,3)
> colnames(mat) <- str_c("E",1:3)
> rownames(mat) <- str_c("A",1:5)
> mat[,1] <- c(1,2,0,0,3)
> mat[,2] <- c(1,0,0,1,0)
> mat[,3] <- c(1,1,2,1,0)
> mat
   E1 E2 E3
A1 1  1  1
A2 2  0  1
A3 0  0  2
A4 0  1  1
A5 3  0  0
```

network() 함수에 행렬 형태 데이터를 지정한 후, 앞과 마찬가지로 directed 옵션과 bipartite 옵션을 이원네트워크에 맞도록 지정합니다. 이때 vertices 옵션은 작동하지 않습니다. 또한 주의해야 할 것은 행렬 형태 데이터의 경우 −1/+1과 같은 링크수준 변수는 네트워크 오브젝트에 반영되지 않는다는 점입니다("No edge attributes"에서 확인할 수 있음).

```
> mynet2 <- network(mat,directed=FALSE,bipartite=TRUE)
> mynet2
Network attributes:
 vertices = 8
 directed = FALSE
 hyper = FALSE
```

```
loops = FALSE
multiple = FALSE
bipartite = 5
total edges= 9
missing edges= 0
non-missing edges= 9

Vertex attribute names:
  vertex.names

No edge attributes
```

따라서 행렬 형태 데이터를 입력할 경우에는 노드수준 및 링크수준 데이터를 별도로 수동입력해야 합니다. 먼저 노드수준 데이터의 경우 %v% 오퍼레이터를 사용하여 다음과 같이 수동입력할 수 있습니다.

```
> mynet2 %v% 'Ntype' <- ifelse(str_detect(mynet2 %v% "vertex.names","E"),
+                              "event","actor")
> table(mynet2 %v% 'Ntype',mynet2 %v% 'vertex.names')

      A1 A2 A3 A4 A5 E1 E2 E3
actor  1  1  1  1  1  0  0  0
event  0  0  0  0  0  1  1  1
```

링크수준 데이터의 경우 입력할 때 실수하기 쉽습니다. 링크수준은 가로줄 순서로 입력되며, 링크가 없는 경우에는 입력되지 않습니다. 이에 필자가 생각한 방법은 mat 행렬을 전치행렬로 전환한 후 벡터로 다시 전환하고, 이후 링크 속성이 부여되지 않은 것은 제거하는 방법입니다. 즉 t(mat)으로 전치행렬을 구하고, 이후에 as.vector() 함수를 사용하여 링크수준 변수 투입을 위한 벡터를 생성한 다음, 여기에서 0이 아닌 값들만 선별하는 것입니다.

```
> as.vector(t(mat))
[1] 1 1 1 2 0 1 0 0 2 0 1 1 3 0 0
> as.vector(t(mat))[as.vector(t(mat))!=0]
[1] 1 1 1 2 1 2 1 1 3
```

이렇게 변환한 결과를 mynet2 오브젝트의 링크수준 변수 att로 설정하였습니다. all() 함수의 결과에서 알 수 있듯이 링크목록 형태의 데이터와 행렬 형태 데이터를 통해 생성한 오브젝트의 링크수준 변수 att는 정확하게 동일합니다.

```
> mynet2 %e% 'att' <- as.vector(t(mat))[as.vector(t(mat))!=0]
> all(mynet %e% 'att' == mynet2 %e% 'att')
[1] TRUE
```

이원네트워크의 경우 앞에서 설명한 일원네트워크와 동일한 방식으로 list.*.attributes(), get.*.attribute(), set.*.attribute(), delete.*.attribute() 함수를 적용할 수 있습니다. 또한 network 오브젝트 역시 as.data.frame() 함수 내부의 unit 옵션에 'vertices' 혹은 'edges'를 지정하는 방식으로 노드수준 혹은 링크수준 데이터로 변환할 수 있습니다.

igraph 패키지 접근

다음으로 igraph 패키지를 통해 링크목록 형태 데이터와 행렬 형태 데이터를 이원네트워크 igraph 오브젝트로 저장해봅시다. 먼저 링크목록 형태 데이터의 경우 igraph 패키지의 graph_from_data_frame() 함수를 이용하면 됩니다. 그러나 statnet 패키지 접근방식과 다른 점이 있습니다. network() 함수의 경우 bipartite 옵션을 TRUE로 지정하는 방식으로 애초에 이원네트워크 형식으로 정의하는 반면, graph_from_data_frame() 함수의 경우 일원네트워크 형식으로 저장한 후 bipartite_projection() 함수를 이용하여 이원네트워크 형태로 변환하는 과정을 밟아야 합니다. 그 과정은 다음과 같습니다. "UN--"의 출력결과에서 네 번째 표식이 "-"로 나타난 것을 볼 수 있습니다.

```
> #링크목록 데이터
> myig <- graph_from_data_frame(mode2_edge_df, directed=FALSE,
+                               vertices=mode2_node_df)
> myig
IGRAPH 30415fa UN-- 8 9 --
+ attr: name (v/c), Ntype (v/c), Norder (v/c), att (e/n)
+ edges from 30415fa (vertex names):
[1] A1--E1 A1--E2 A1--E3 E1--A2 A2--E3 A3--E3 E2--A4 E3--A4 E1--A5
```

이제 bipartite_projection() 함수를 이용해 이원네트워크로 전환해봅시다. 먼저 bipartite_projection() 함수에 앞서 저장된 myig 오브젝트를 투입한 결과는 아래와 같습니다.

```
> bipartite_projection(myig)
$res
[1] TRUE

$type
[1] FALSE TRUE FALSE TRUE FALSE TRUE FALSE FALSE

> table(bipartite_projection(myig)$type, V(myig)$name)

      A1 A2 A3 A4 A5 E1 E2 E3
FALSE  1  1  1  1  1  0  0  0
TRUE   0  0  0  0  0  1  1  1
```

여기서 $res는 함수에 투입된 myig 오브젝트가 이원네트워크(bipartite network) 형식이 맞는 경우 TRUE로, 그렇지 않은 경우 FALSE로 나타납니다. 다음의 $type은 투입된 네트워크의 노드를 형식에 따라 논리형으로 구분한 것입니다. table() 함수 출력결과에서 확인할 수 있듯이 행위자(actor)인 경우는 FALSE로, 사건(event)인 경우는 TRUE로 나타났습니다.

igraph 패키지에서는 네트워크 오브젝트의 노드를 type이라는 이름의 논리형 변수로 구분할 경우 이원네트워크로 인식합니다. 즉 다음과 같은 과정을 통해 이원네트워크 형식으로 저장할 수 있습니다. "UN-B" 출력결과를 보면 이제 myig 오브젝트는 이원네트워크("B" 부분)로 변환되었습니다.

```
> V(myig)$type <- bipartite_projection(myig)$type
> myig
IGRAPH 30415fa UN-B 8 9 --
+ attr: name (v/c), Ntype (v/c), Norder (v/c), type (v/l), att (e/n)
+ edges from 30415fa (vertex names):
[1] A1--E1 A1--E2 A1--E3 E1--A2 A2--E3 A3--E3 E2--A4 E3--A4 E1--A5
```

igraph 패키지도 앞서 나온 (일원)네트워크와 동일한 방식으로 이원네트워크의 그래프수준, 노드수준, 링크수준의 속성을 확인·부여·삭제할 수 있습니다. 즉 앞서 소개한 *_attr(), set_*_attr(), delete_*_attr() 함수를 적용하면 됩니다. 아울러 as_data_frame() 함수를 사용하여 노드수준 혹은 링크수준 데이터를 추출할 수 있습니다.

❺ 이원네트워크를 일원네트워크로 변환

연구목적에 따라 이원네트워크를 일원네트워크로 변환하기도 하는데, 이러한 변환을 흔히 투사(projection)라고 부릅니다. 위에서 제시한 이원네트워크의 경우 A1과 A2는 E1이라는 사건을 매개로 연결될 수 있습니다. 할리우드 배우들의 연결망을 통해 추출한 '케빈 베이컨 숫자(Kevin Bacon number)'는 바로 '배우-영화'라는 이원네트워크를 '배우-(영화)-배우'라는 일원네트워크로 전환하여 얻은 숫자입니다. 일반적으로 이원네트워크를 일원네트워크로 변환할 경우 사건을 매개로 행위자 사이의 연결관계를 나타내는 일원네트워크(person-by-person network)를 구성하지만, 행위자를 매개로 사건의 연결관계를 나타내는 일원네트워크(event-by-event network)를 구성하는 것도 가능합니다.

앞에서 제시한 이원네트워크를 일원네트워크로 전환해보겠습니다. 그다지 널리 활용되지는 않지만 행렬대수(matrix algebra)를 활용하는 방법이 있습니다. m개의 행위자 노드와 n개의 사건 노드로 구성된 이원네트워크 행렬은 $m \times n$으로 표기할 수 있습니다. 이 행렬의 전치행렬(transposed matrix)을 계산하면 $n \times m$ 행렬이 됩니다. 행렬대수에 익숙하지 않은 분을 위해 원래의 이원네트워크인 $m \times n$ 행렬과 전치행렬인 $n \times m$ 행렬을 제시하면 다음과 같습니다.

```
> mynet[,]   #원행렬
   E1 E2 E3
A1  1  1  1
A2  1  0  1
A3  0  0  1
A4  0  1  1
A5  1  0  0
```

```
> t(mynet[,])  # 전치행렬
  A1 A2 A3 A4 A5
E1 1  1  0  0  1
E2 1  0  0  1  0
E3 1  1  1  1  0
```

이때 $m \times n$ 행렬과 $n \times m$ 행렬의 곱(multiplication)을 구하면, 최종 행렬은 $m \times m$, 다시 말해 '행위자–행위자 네트워크'가 됩니다. 행렬 간 곱셈을 실시하기 위한 R 오퍼레이터는 %*%입니다.

```
> # person-to-person matrix
> ptpmat <- mynet[,] %*% t(mynet[,])
> ptpmat
  A1 A2 A3 A4 A5
A1 3  2  1  2  1
A2 2  2  1  1  1
A3 1  1  1  1  0
A4 2  1  1  2  0
A5 1  1  0  0  1
```

위와 같은 방식으로 얻은 행렬의 대각(diagonal)에는 순환링크(self-loop)가 제시되어 있습니다. 이를 0으로 변환하면 '행위자–행위자 네트워크'가 됩니다.

```
> diag(ptpmat) <- 0
> ptpmat
  A1 A2 A3 A4 A5
A1 0  2  1  2  1
A2 2  0  1  1  1
A3 1  1  0  1  0
A4 2  1  1  0  0
A5 1  1  0  0  0
```

앞에서는 원행렬과 전치행렬을 곱했지만 순서를 바꾸어서 $n \times m$의 전치행렬과 $m \times n$의 원행렬을 곱한다면, '행위자–행위자 네트워크'가 아닌 '사건–사건 네트워크'를 얻을 수 있습니다.

```
> # event-to-event matrix
> etemat <- t(mynet[,]) %*% mynet[,]
> diag(etemat) <- 0
> etemat
   E1 E2 E3
E1  0  1  2
E2  1  0  2
E3  2  2  0
```

이원네트워크가 작을 경우에는 이 방법이 간편할 수 있습니다. 그러나 행렬대수에 익숙하지 않은 분이나 규모가 큰 이원네트워크의 경우 활용도가 높지 않습니다. 이원네트워크를 일원네트워크로 변환하려면 3가지 방법이 있습니다. 첫 번째는 statnet 패키지 접근방식을 택하는 것으로, 위에서 언급한 것과 같이 행렬을 추출하고 전치행렬을 구한 후 행렬의 곱을 구하고 대각요소들을 '0'으로 치환하는 방법입니다. 설명한 것처럼 상당히 번거로운 방식으로 그다지 추천하고 싶지 않습니다.

두 번째 방법은 igraph 패키지의 bipartite.projection() 함수를 사용하는 것입니다. igraph 패키지 접근방식에 익숙한 독자들이라면 어렵지 않게 사용할 수 있을 것입니다. 설혹 statnet 패키지 접근방식만 알고 있더라도 intergraph 패키지의 함수들을 이용하는 방식으로 일원네트워크 변환을 위해 igraph 패키지의 bipartite.projection() 함수를 제한적으로 사용한다면 크게 번거롭지는 않을 것입니다. 구체적인 방법은 다음과 같습니다. 먼저 intergraph 패키지의 asIgraph() 함수를 활용하여 이원네트워크를 일원네트워크 형식으로 전환한 후 입력합니다(asIgraph() 함수의 입력값의 경우 이원네트워크 입력이 불가능하기 때문입니다).

```
> # igraph 패키지의 bipartite.projection() 함수
> mynetig <- intergraph::asIgraph(set.network.attribute(mynet, "bipartite", FALSE))
```

다음으로 이렇게 변환한 오브젝트를 igraph 패키지의 bipartite_projection() 함수를 활용해 이원네트워크 형태로 변환합니다.

```
> V(mynetig)$type <- igraph::bipartite_projection(mynetig)$type
```

이후 igraph 패키지의 bipartite_projection() 함수를 통해 일원네트워크 형태로 변환합니다. 출력결과에서 확인할 수 있듯이 '행위자-행위자 네트워크'("$proj1" 부분)와 '사건-사건 네트워크'("$proj2" 부분) 2가지 일원네트워크를 얻을 수 있습니다.

```
> mynetig <- igraph::bipartite_projection(mynetig)
> mynetig
$proj1
IGRAPH 7409283 U-W- 5 8 --
+ attr: na (v/l), Ncolor (v/c), Norder (v/c), Nshape (v/n), Ntype (v/c),
| vertex.names (v/c), weight (e/n)
+ edges from 7409283:
[1] 1--2 1--5 1--4 1--3 2--5 2--3 2--4 3--4

$proj2
IGRAPH 74092e2 U-W- 3 3 --
+ attr: na (v/l), Ncolor (v/c), Norder (v/c), Nshape (v/n), Ntype (v/c),
| vertex.names (v/c), weight (e/n)
+ edges from 74092e2:
[1] 1--2 1--3 2--3
```

만약 '행위자-행위자 네트워크'를 statnet 패키지 접근방식으로 추가 분석하는 것이 필요하다면 다음과 같은 과정을 거치면 됩니다.

```
> p2pnet <- intergraph::asNetwork( mynetig$proj1 )
> p2pnet
Network attributes:
 vertices = 5
 directed = FALSE
 hyper = FALSE
 loops = FALSE
 multiple = FALSE
 bipartite = FALSE
 total edges= 8
  missing edges= 0
  non-missing edges= 8

Vertex attribute names:
  Norder Ntype vertex.names
```

```
Edge attribute names:
 weight
```

igraph 패키지 접근방식이 편한 독자들은 위의 과정이 훨씬 더 단순하다고 느낄 것
입니다.

세 번째 방법은 tnet 패키지의 projecting_tm() 함수를 사용하는 것입니다. 개인
적으로는 이원네트워크를 일원네트워크로 변환하는 방법으로 이것을 추천합니다. 왜냐
하면 앞에서 소개한 2가지 방식의 경우 링크수준 변수, 즉 행위자의 사건경험의 방향성
(+1인지 −1인지)을 변환과정에서 고려하지 못하기 때문입니다. 앞에서 얻은 '행위자−행위
자' 일원네트워크를 살펴봅시다.

```
> # 행렬을 이용한 방식
> ptpmat
   A1 A2 A3 A4 A5
A1 0  2  1  2  1
A2 2  0  1  1  1
A3 1  1  0  1  0
A4 2  1  1  0  0
A5 1  1  0  0  0
> # igraph::bipartite_projection() 함수 이용방식
> as.matrix(p2pnet,type="adjacency",attrname="weight")
   A1 A2 A3 A4 A5
A1 0  2  1  2  1
A2 2  0  1  1  1
A3 1  1  0  1  0
A4 2  1  1  0  0
A5 1  1  0  0  0
```

위의 행렬에서 A1과 A2의 연결관계는 2로 나타납니다. 왜냐하면 A1과 A2는 E1과
E3에 같이 참여한 경험이 있기 때문입니다. 참여경험 유무만 본다면 별문제가 없습니
다. 그러나 각 행위자의 입장에서 관심수준을 가중치로 부여한 사건을 매개로 만난 다
른 행위자 평가를 살펴본다면 문제가 발생합니다. 보다 구체적으로 예를 들어봅시다. [그
림 4-2]에서 A1과 A2에만 집중해봅시다. 두 행위자 모두 E1, E3에 참여하였기 때문에
두 차례 만난 경험이 있을 것이라 가정할 수 있습니다. 그러나 A1 입장에서는 A2에 대해

2만큼의 관심도를 부여할 수 있지만(왜냐하면 E1, E3 모두 1만큼의 관심을 갖고 있기 때문), 반대로 A2 입장에서는 A1에 대해서 3만큼의 관심도를 부여할 수 있습니다(왜냐하면 E3에는 1만큼, E1에는 2만큼의 관심을 갖고 있기 때문). 즉 이렇게 본다면 위와 같은 방식으로 얻은 일원네트워크는 현상의 일부만을 반영하고 있을 뿐입니다.

이런 경우, 즉 링크수준 변수를 가중치로 부여한 이원네트워크를 일원네트워크로 변환하는 경우라면 tnet 패키지의 projecting_tm() 함수가 더욱 효과적입니다. 한 가지 아쉬운 점은 '불편함'입니다. tnet::projecting_tm() 함수의 경우 링크목록(edgelist) 형태의 데이터가 투입되는데, 이때 행위자를 의미하는 노드가 첫 번째 세로줄에, 사건을 의미하는 노드가 두 번째 세로줄에 배치되도록 해야 합니다. 또한 입력값이 반드시 '정수(integer)' 형태여야 합니다. 여기서는 예시 이원네트워크의 노드이름을 먼저 요인형으로 변환하고, 이를 정수형으로 바꾸는 방식으로 링크목록 형태의 데이터를 생성하였습니다.

```
> # 노드를 정수형으로 변환한 후, 링크목록 형태 데이터로
> mynet %v% "vertex.names" <- as.integer(factor(mynet %v% "vertex.names"))
> wnet <- as.data.frame(mynet,unit="edge")
> wnet
  .tail .head att
1     1     6   1
2     1     7   1
3     1     8   1
4     2     6   2
5     2     8   1
6     3     8   2
7     4     7   1
8     4     8   1
9     5     6   3
```

다음으로 링크목록 데이터를 tnet 형식의 가중된 이원네트워크 데이터로 변환하면 다음과 같습니다.

```
> # 이후 tnet 형식의 가중된 이원네트워크로 저장
> mytnet <- tnet::as.tnet(as.matrix(wnet),
+           type="weighted two-mode tnet")
> mytnet # i는 행위자(person), p는 사건(event)
```

```
  i p w
1 1 6 1
2 1 7 1
3 1 8 1
4 2 6 2
5 2 8 1
6 3 8 2
7 4 7 1
8 4 8 1
9 5 6 3
```

이제 tnet::projecting_tm() 함수를 이용하여 이원네트워크로 변환해보겠습니다. 만약 행위자-행위자 네트워크를 원한다면, 생성된 링크목록 데이터 mytnet을 입력하면 됩니다. 반대로 사건-사건 네트워크를 원한다면 mytnet의 첫 번째와 두 번째 세로줄을 바꾸어 입력하면 됩니다.

```
> mytnet_p <- tnet::projecting_tm(mytnet,method="sum") #행위자-행위자
> mytnet_p
   i j w
1  1 2 2
2  1 3 1
3  1 4 2
4  1 5 1
5  2 1 3
6  2 3 1
7  2 4 1
8  2 5 2
9  3 1 2
10 3 2 2
11 3 4 2
12 4 1 2
13 4 2 1
14 4 3 1
15 5 1 3
16 5 2 3
> #mytnet_e <- tnet::projecting_tm(mytnet[,c(2,1,3)],method="sum") #사건-사건
```

만약 첫 번째 혹은 두 번째 방식과 같이 링크수준 가중치를 고려하지 않고 '참여 여부'만을 고려할 경우라면, tnet::projecting_tm() 함수에 mytnet[,c(1,2)]와 같이 가중치를 포함하지 않는 데이터를 입력하면 됩니다.

```
> tnet::projecting_tm(mytnet[,c(1,2)],method="sum")  # 행위자-행위자
   i j w
1  1 2 2
2  1 3 1
3  1 4 2
4  1 5 1
5  2 1 2
6  2 3 1
7  2 4 1
8  2 5 1
9  3 1 1
10 3 2 1
11 3 4 1
12 4 1 2
13 4 2 1
14 4 3 1
15 5 1 1
16 5 2 1
```

statnet 패키지 접근방식을 활용할 경우, 위에서 얻은 행위자-행위자 네트워크(혹은 사건-사건 네트워크)의 링크목록을 network() 함수의 입력값으로 투입하면 network 오브젝트 형태의 네트워크 데이터를 얻을 수 있습니다.

```
> myptpnet <- network(mytnet_p,directed=T)  # 대칭행렬(symmetric)
> myptpnet
Network attributes:
 vertices = 5
 directed = TRUE
 hyper = FALSE
 loops = FALSE
 multiple = FALSE
 bipartite = FALSE
 total edges= 16
  missing edges= 0
  non-missing edges= 16
```

Vertex attribute names:
 vertex.names

Edge attribute names:
 w

　igraph 패키지 접근방식을 활용하는 경우도 비슷합니다. 위에서 얻은 행위자-행위자 네트워크(혹은 사건-사건 네트워크)의 링크목록을 graph_from_data_frame() 함수의 입력값으로 투입하면 igraph 오브젝트 형태의 네트워크 데이터를 얻을 수 있습니다.

```
> myptpig <- graph_from_data_frame(mytnet_p,directed=T)
> myptpig
IGRAPH 6eccd18 DN-- 5 16 --
+ attr: name (v/c), w (e/n)
+ edges from 6eccd18 (vertex names):
 [1] 1->2 1->3 1->4 1->5 2->1 2->3 2->4 2->5 3->1 3->2 3->4 4->1 4->2 4->3 5->1 5->2
```

　[그림 4-3][5]은 이원네트워크를 행위자-행위자 네트워크로 변환한 결과를 시각화한 것입니다. 왼쪽은 tnet 패키지의 projecting_tm() 함수를 이용하여 링크수준 가중치

---

5 [그림 4-3]은 다음과 같은 방식에 따라 작성되었습니다.
```
> # 각주
> myptpnet %v% "vertex.names" <- str_c("A",1:5)
> myptpnet %e% 'w_width' <- ifelse(myptpnet %e% 'w'==3,20,
+                            ifelse(myptpnet %e% 'w'==2,10,2))
> p2pnet %e% 'w_width' <- ifelse(p2pnet %e% 'weight'==2,10,2)
> png("P1_Ch04_Fig03.png",width=20,height=13,units="cm",res=300)
> par(mfrow=c(1,2))
> set.seed(20221226)
> plot(myptpnet,
+      label="vertex.names",edge.lwd="w_width",edge.col="w",
+      vertex.col="pink",vertex.cex=3,
+      usecurve=TRUE,arrowhead.cex=4,
+      main="행위자-행위자 네트워크\n(링크가중 반영, 비대칭행렬)")
> set.seed(20221226)
> plot(p2pnet,
+      label="vertex.names",edge.lwd="w_width",edge.col="w_width",
+      vertex.col="pink",vertex.cex=3,
+      usecurve=FALSE,
+      main="행위자-행위자 네트워크\n(참여 여부만 반영, 대칭행렬)")
> dev.off()
```

변수를 반영한 행위자-행위자 네트워크를 시각화한 것이며, 오른쪽은 링크수준 가중치 변수를 고려하지 않은 채 참여경험 여부만을 고려한 행위자-행위자 네트워크를 시각화한 것입니다. 네트워크 시각화 방법에 대해서는 7장에서 본격적으로 소개하겠습니다.

행위자-행위자 네트워크
(링크가중 반영, 비대칭행렬)

행위자-행위자 네트워크
(참여 여부만 반영, 대칭행렬)

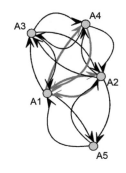
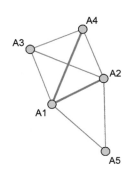

그림 4-3

지금까지 이원네트워크 데이터를 일원네트워크로 전환하는 방법들을 살펴보았습니다. 행렬데이터를 활용하여 수계산을 이용하는 첫 번째 방법은 별로 권장하지 않습니다. 만약 사건 참여 여부만을 고려한다면 igraph::bipartite_projection() 함수를 사용할 것을 권장하며, 사건 참여 여부와 함께 링크수준의 가중변수를 반영하고자 한다면 tnet::projecting_tm() 함수를 활용하기 바랍니다.

⑥ Pajek과 UCINET 네트워크 데이터 불러오기

끝으로 R이 아닌 네트워크 분석 프로그램에 맞게 설정된 네트워크 데이터를 R 공간에 호출하는 방법을 소개하겠습니다. 대규모 네트워크에 대한 탐색적 분석에 특화된 Pajek 데이터를 읽어보겠습니다. Pajek 데이터는 "*.net"과 같은 형식으로 저장되어 있지만, 일반적인 문서편집기[메모장(notepad), MS워드, 한글2002 등]를 이용하여 데이터가 어떻게 입력되었는지 확인할 수 있습니다. Pajek 데이터는 앞서 소개한 노드수준 데이터와 링크수준 데이터가 하나의 파일에 통합된 형식으로 구성되어 있습니다. Pajek 데이터의 링크수준 데이터는 *Arcs라고 입력된 유방향링크와 *Edges라고 입력된 무방향링크로 나뉘어서 저장되어 있습니다. 예를 들어 USAir97.net이라는 이름의 Pajek 데이터[6]를 메모장에서 열어보면, "*Vertices"라고 시작되는 부분이 노드수준 데이터이며 여기에는 총 332개의 노드(여기서는 미국 내 공항을 의미함)가 입력되어 있습니다. 그리고 *Arcs에는 어떠한 데이터도 입력되어 있지 않지만 *Edges에는 총 2126개의 무방향(undirected) 링크정보가 입력되어 있습니다(즉 어떤 두 공항이 연결되어 있다면 왕복이 가능하다는 것을 의미함).

```
*Vertices  332
  1 "Wiley Post-Will Rogers Mem"    0.4407   0.0910   0.5000
  2 "Deadhorse"                     0.4830   0.1014   0.5000
  3 "Ralph Wien Memorial"           0.4110   0.1330   0.5000
                           ........
*Arcs
*Edges
  118   201   0.1804
  118   258   0.1474
  118   182   0.0332

                           ........
```

　　statnet의 network 패키지는 Pajek 데이터를 불러올 수 있는 read.paj() 함수를 제공합니다. 사용방법은 아래와 같이 매우 간단합니다.

```
> # Pajek 데이터 열기
> mynet <- read.paj("USAir97.net")
> # 다음과 같이 온라인에서도 직접 읽을 수 있음
> # read.paj("http://vlado.fmf.uni-lj.si/pub/networks/data/mix/USAir97.net")
> mynet
Network attributes:
 vertices = 332
 directed = FALSE
```

6　다음 웹주소에서 무료로 다운로드 가능합니다. 예시 코드를 열어보면 정확한 URL도 확인할 수 있습니다.
　　http://vlado.fmf.uni-lj.si/pub/networks/data/mix/USAir97.net

```
hyper = FALSE
loops = FALSE
multiple = FALSE
bipartite = FALSE
title = USAir97
total edges= 2126
 missing edges= 0
 non-missing edges= 2126

Vertex attribute names:
 vertex.names x y z

Edge attribute names not shown
```

igraph 패키지의 경우도 read_graph() 함수를 이용하여 Pajek 데이터를 읽어올 수 있습니다. 아래와 같이 read_graph() 함수의 format 옵션을 "pajek"으로 지정하면 됩니다.

```
> myig <- read_graph("USAir97.net",format="pajek")
> myig
IGRAPH 226e852 UNW- 332 2126 --
+ attr: id (v/c), name (v/c), x (v/n), y (v/n), z (v/n), weight (e/n)
+ edges from 226e852 (vertex names):
 [1] Chicago O'hare Intl--San Francisco Intl
 [2] Chicago O'hare Intl--Phoenix Sky Harbor Intl
 [3] Chicago O'hare Intl--Lambert-St Louis Intl
 [4] Chicago O'hare Intl--Pittsburgh Intll
 [5] Chicago O'hare Intl--Philadelphia Intl
 [6] Seattle-Tacoma Intl--Chicago O'hare Intl
 [7] Chicago O'hare Intl--Salt Lake City Intl
 [8] Chicago O'hare Intl--San Diego Intl-Lindbergh Fld
+ ... omitted several edges
```

다음으로 사회과학에서 많이 활용하는 UCINET 데이터를 R에서 불러오는 방법을 살펴보겠습니다. Pajek 데이터와 달리 UCINET 데이터는 확장자가 ##h, ##d인 2가지 형식으로 나뉘어 있습니다. 즉 두 파일이 합쳐져서 하나의 네트워크 데이터를 구성합니다. 각 파일에 대해 간단하게 설명하면 ##d 파일은 실제 네트워크 데이터를 의미하며, ##h 파일은 ##d 데이터와 관련된 기타 정보(예를 들어 노드 개수, 네트워크 성격 등)를 담은 메타데이터입니다. 각 파일에 대한 자세한 내용은 UCINET 이용 매뉴얼에서 확인할 수 있습니다. 만약 UCINET 데이터를 받았다면 다음 항목들을 체크해보기 바랍니다.

- 첫째, ##h, ##d라는 확장자를 갖는 두 파일을 모두 받았는지.
- 둘째, 두 파일이 확장자는 다르지만 파일이름은 동일한지.

구체적으로 여기서는 steve-6404.##d와 steve-6404.##h 파일로 구성된 UCINET 데이터를 R에서 불러와보겠습니다. 먼저 두 파일을 R에서 작동 중인 디렉터리(working directory)에 저장합니다. 반드시 두 파일 모두 동일한 디렉터리에 저장해야 합니다. 이후 devtools 패키지의 install_github() 함수를 이용해 rucinet 패키지를 다운로드합니다.

```
> # UCINET 데이터 열기
> devtools::install_github("jfaganUK/rucinet")
```

다음으로 rucinet 패키지의 readUCINET() 함수의 입력값으로 ##h, ##d 파일의 공통 파일이름을 문자형으로 투입하면 '리스트' 형식으로 네트워크 데이터를 불러올 수 있습니다. 이렇게 불러온 데이터를 network() 함수를 이용하여 network 오브젝트로 변환하면 됩니다. 이때 network() 함수의 조건에 맞게 리스트 형식 오브젝트를 행렬 형식 오브젝트로 전환한 후 입력값으로 투입하면 됩니다.

```
> ucnet_dat <- rucinet::readUCINET('steve-6404')
> class(ucnet_dat)        # 리스트 형식
[1] "list"
> class(ucnet_dat[[1]])   # 행렬 형식
[1] "matrix" "array"
> mynet <- network(ucnet_dat[[1]])
> mynet
Network attributes:
 vertices = 41
 directed = TRUE
```

```
hyper = FALSE
loops = FALSE
multiple = FALSE
bipartite = FALSE
total edges= 164
 missing edges= 0
 non-missing edges= 164

Vertex attribute names:
 vertex.names

No edge attributes
```

아쉽게도 ##h, ##d인 2가지 형식의 UCINET 데이터를 igraph 오브젝트로 불러오는 방법은 지금까지 알려진 바가 없는 것으로 압니다. 그러나 앞에서 여러 차례 다루었듯이 intergraph 패키지를 이용하여 network 오브젝트를 igraph 오브젝트로 바꾸면 되기 때문에 그리 어려운 일은 아닙니다. 반면 UCINET 데이터가 ##h, ##d, 2가지 형식이 아닌 DL 형식이라면 network 오브젝트로 저장하는 방법은 아직까지 없다고 알고 있습니다. 이런 경우라면 앞서 소개한 read_graph() 함수의 format 옵션을 "dl"로 설정하여 igraph 오브젝트로 전환하면 됩니다. 또한 statnet 패키지를 주로 사용한다면 intergraph 패키지를 활용해 igraph 오브젝트를 network 오브젝트로 전환하면 됩니다.

지금까지 네트워크 데이터를 구성하는 방법을 알아보았습니다. 네트워크 데이터는 분석수준에 따라 네트워크(그래프), 노드(점), 링크(선)로 구분된다는 점에서 분석단위가 1개로 단순한 통상적 데이터 분석과 구분됩니다. R 활용에 앞서 네트워크 데이터의 특성에 주의하기 바랍니다. 본서에서는 network 패키지를 중심으로 igraph 패키지의 일부 함수를 소개하였습니다. igraph 패키지 내장함수에 대해 궁금한 독자들은 igraph 매뉴얼을 참조하기 바랍니다. igraph 패키지로 네트워크 데이터를 관리하는 방식에 익숙하다면, 네트워크 모델링을 적용하기 전 intergraph 패키지의 asNetwork() 함수를 활용하여 network 오브젝트로 쉽게 전환할 수 있으니 이 부분을 참고하기 바랍니다.

## 05장

노드수준 통계치

5장에서는 네트워크의 노드수준 기술통계분석을 실습하겠습니다. 노드는 네트워크를 구성하는 기본 단위로, 노드수준 통계치는 네트워크의 특정 노드가 차지하는 중요도 (importance), 영향력(influence), 지위(prestige) 등의 개념을 측정할 때 많이 활용됩니다. 여기서는 노드수준 통계치들로 아래의 [표 5-1]에 제시된 5가지 지수들을 소개하겠습니다. 4장과 마찬가지로 statnet 패키지의 함수를 먼저 소개한 다음, igraph 패키지 함수를 소개하는 방식을 택하였습니다.

[표 5-1]에서 알 수 있듯이 두 패키지의 내장함수들은 정확하게 동일한 이름을 갖고 있습니다. 그러나 함수 이름이 같아도 옵션들의 디폴트값은 매우 상이하기 때문에 주의하지 않으면 동일한 네트워크 데이터를 분석해도 결과가 달라질 수 있습니다. 연구상황과 연구자에게 맞는 패키지를 선택하고, 패키지의 내장함수 옵션 설정에 주의하기 바랍니다.

[표 5-1] 노드수준 통계치 계산을 위한 R 패키지 함수들

중심성 지수	statnet/sna 패키지	igraph 패키지
연결중심성 (degree centrality)	degree()	degree()
근접중심성 (closeness centrality)	closeness()	closeness()
사이중심성 (betweenness centrality)	betweenness()	betweenness()
보나시키 권력중심성 (Bonacich's power centrality)	bonpow()	bonpow()
페이지랭크 중심성 (PageRank centrality)		page_rank()

① 일원네트워크 노드수준 통계치: 링크가중치가 없는 경우

이번 섹션에서 살펴볼 예시 데이터는 networkdata 패키지에 저장된 eies_messages, flo_marriage라는 이름의 igraph 오브젝트입니다. 이 데이터들은 소셜네트워크 연구 교과서(Wasserman & Faust, 1994)에도 소개된 널리 알려진 실습 데이터입니다.

먼저 eies_messages 데이터는 컴퓨터의 등장 이후 전자메일의 초창기 형태라고 할 수 있는 전기정보 교환시스템(EIES, electronic information exchange system)을 통해 연구자들이 어떻게 메시지를 주고받았는지를 기록한 데이터입니다. 총 32명의 학자들이 참여하였으며, 학자별 소속분과(Discipline 변수; 1, 사회학; 2, 인류학; 3, 수학/통계학; 4, 기타)와 각 학자의 피인용수(Citations 변수)가 노드수준 변수로 입력되어 있고, 링크수준에는 메시지 개수(weight 변수)가 입력되어 있습니다. 메시지를 주고받은 네트워크라는 점에서 알 수 있듯이 eies_messages 데이터는 유방향(directed) 일원네트워크입니다.

다음으로 flo_marriage 데이터는 중세말 이탈리아 플로렌스 시의 유력가문들 간 혼인관계를 나타낸 네트워크 데이터입니다. 해당 데이터는 총 16개 가문들이 노드로 포함되어 있습니다. 가문의 재력(wealth 변수), 시의회 의석수(X.priors 변수), 데이터를 구성하는 16개 유력가문이 아닌 모든 가문들로 구성된 네트워크에서 얻은 연결중심성(X.ties 변수)이 노드수준 변수로 입력되어 있으며, 링크수준에는 별도로 저장된 속성변수가 없습니다. 혼인관계 네트워크라는 점에서 알 수 있듯이 flo_marriage 데이터는 무방향(undirected) 일원네트워크입니다.

1-1 연결중심성 지수 계산

statnet 패키지 접근

이제 본서에서 집중하여 소개하는 네트워크 데이터 분석 패키지인 statnet 패키지와 일반 데이터 관리·분석을 위한 tidyverse 패키지, 그래프 시각화를 보다 효율적으로 하기 위한 ggrepel 패키지를 구동하였으며, 네트워크 예시 데이터를 불러오기 위해 networkdata 패키지도 구동해보겠습니다. 이후 앞서 소개한 eies_messages, flo_marriage 오브젝트의 경우 igraph 오브젝트로 저장되어 있기 때문에 여기서는

intergraph 패키지의 asNetwork() 함수를 이용하여 network 오브젝트로 변경하였습니다.

```
> # 노드(점)수준(node-level) 통계치
> # 패키지 구동
> library(statnet)          # 네트워크 분석 메타패키지
> library(tidyverse)        # 데이터 관리
> library(ggrepel)
> library(networkdata)      # 네트워크 분석 예시 데이터
> library(patchwork)
> eies <- intergraph::asNetwork(eies_messages) # 유방향 네트워크
> flo <- intergraph::asNetwork(flo_marriage)    # 무방향 네트워크
```

이제 두 네트워크가 어떤지 살펴봅시다.

```
> eies
Network attributes:
 vertices = 32
 directed = TRUE
 hyper = FALSE
 loops = TRUE
 multiple = FALSE
 bipartite = FALSE
 total edges= 460
  missing edges= 0
  non-missing edges= 460

Vertex attribute names:
  Citations Discipline vertex.names

Edge attribute names:
  weight
> flo
Network attributes:
 vertices = 16
 directed = FALSE
 hyper = FALSE
 loops = FALSE
 multiple = FALSE
 bipartite = FALSE
 total edges= 20
```

```
missing edges= 0
non-missing edges= 20

Vertex attribute names:
 vertex.names wealth X.priors X.ties

No edge attributes
```

출력결과에서 각 네트워크의 방향성(directed 부분) 속성이 다르다는 것에 주목하기 바랍니다.

이제 가장 먼저 연결중심성(degree centrality, C_D) 지수를 계산해봅시다. 연결중심성 지수는 네트워크 분석에서 가장 간단하면서도 가장 중요한 통계치입니다. 연결중심성 지수는 네트워크의 어떤 행위자가 보유하고 있는 링크 개수의 총합이며, 유방향 네트워크의 경우 해당 행위자의 '외향(출발)링크(outgoing link)'와 '내향(도착)링크(incoming link)'를 분리한 후 계산하기도 합니다. 구체적으로 특정 노드의 출발링크 개수의 총합을 '외향 연결중심성(outdegree centrality) 지수', 도착링크 개수의 총합을 '내향 연결중심성(indegree centrality) 지수'라고 부르며, 링크의 방향성을 고려하지 않을 경우 '전체 연결중심성(total degree centrality)' 혹은 그냥 '연결중심성(degree centrality)' 지수라고 부릅니다. 무방향 연결중심성의 경우 링크 방향성이 특정되지 않았기 때문에 '연결중심성' 지수만 계산됩니다.

statnet/sna 패키지의 degree() 함수를 사용하면 손쉽게 연결중심성 지수를 계산할 수 있습니다. 그러나 연결중심성 지수의 경우, 만약 flo와 같이 무방향 네트워크라면 '(전체)연결중심성' 지수 하나만 계산해도 충분하지만, eies와 같이 유방향 네트워크라면 '(전체)연결중심성' 지수와 함께 해당 노드가 얼마나 많은 내향링크를 갖는지를 정량화한 '내향 연결중심성' 지수, 그리고 얼마나 많은 외향링크를 갖는지를 정량화한 '외향 연결중심성' 지수까지 총 3가지의 연결중심성 지수들을 계산할 수 있습니다. 즉, 연결중심성 지수를 계산할 때는 ①분석하고자 하는 네트워크가 유방향 네트워크인지 무방향 네트워크인지를 확인하고(gmode 옵션), ②분석자의 이론적 관점에서 어떤 유형의 연결중심성 지수를 계산하고자 하는지를 확정지어야 합니다(cmode 옵션).

유방향 네트워크의 경우에는 우선 gmode 옵션을 'digraph'로 설정합니다. 물론 degree() 함수는 gmode='digraph'가 디폴트이기 때문에 별도로 설정하지 않아도 괜찮지만, 자신이 분석하는 네트워크가 어떤 특징을 갖는지 확인한다는 점에서 지정할 것을 권합니다. 다음으로 '(전체)연결중심성' 지수를 계산하고자 할 경우는 cmode="freeman"(디폴트)을, '내향 연결중심성' 지수를 계산할 경우는 cmode="indegree"를, '외향 연결중심성' 지수를 계산할 경우는 cmode="outdegree"를 지정하면 됩니다. 먼저 유방향 네트워크인 eies 데이터에서 나타난 3가지 연결중심성 지수들을 계산하면 다음과 같습니다.

```
> # 연결중심성(degree centrality)
> degree(eies) # 디폴트는 유방향성, 전체(total) 연결중심성
 [1] 60 52 14 36 36 28  9 45 22 38 38 18 12 16 14 26 34 22 18 10 14 14 16 45 13
[26] 13 33 12 53 28 57 34
> # degree(eies,gmode='digraph',cmode='freeman')와 동일
> # 내향 연결중심성(indegree centrality)의 경우
> degree(eies,gmode='digraph',cmode='indegree')
 [1] 29 24 11 18  8 13  7 20 11 18 18 12  9 10  8 14 16 11 11  8 10 10  9 14  6
[26]  8 17  8 25 14 26 17
> # 외향 연결중심성(outdegree centrality)의 경우
> degree(eies,gmode='digraph',cmode='outdegree')
 [1] 31 28  3 18 28 15  2 25 11 20 20  6  3  6  6 12 18 11  7  2  4  4  7 31  7
[26]  5 16  4 28 14 31 17
```

다음으로 무방향 네트워크인 flo 데이터에서 노드별 연결중심성 지수를 구하면 다음과 같습니다. 무방향 네트워크의 경우 degree() 함수에서 gmode='graph'를 지정해야 합니다(디폴트가 'digraph'라는 것을 기억하세요). 반면 유방향 네트워크와는 달리 cmode 옵션은 별도로 지정하지 않아도 무방합니다. 왜냐하면 무방향 네트워크의 경우 내향링크와 외향링크를 분리하지 않기 때문입니다. cmode 옵션을 바꾸어도 결과가 달라지지 않는다는 것은 다음 출력결과에서 명확하게 확인할 수 있습니다.

```
> # 다음의 3가지가 모두 같은 것에 주목
> degree(flo,gmode='graph',cmode='freeman')
 [1] 1 3 2 3 3 1 4 1 6 1 3 0 3 2 4 3
> degree(flo,gmode='graph',cmode='indegree')
 [1] 1 3 2 3 3 1 4 1 6 1 3 0 3 2 4 3
> degree(flo,gmode='graph',cmode='outdegree')
 [1] 1 3 2 3 3 1 4 1 6 1 3 0 3 2 4 3
```

끝으로 연구맥락에 따라 연결중심성 지수는 '비율(proportion)'과 같은 형식으로 리스케일링하기도 합니다. R프로그래밍을 통해 직접 리스케일링할 수도 있지만, 아래와 같은 방식으로 degree() 함수의 rescale 옵션을 TRUE로 지정하는 방식으로 리스케일링된 연결중심성 지수를 직접 계산할 수도 있습니다. 앞으로 소개할 근접중심성, 사이중심성 등의 경우도 비슷한 방식으로 리스케일링이 가능하고, rescale=TRUE를 적용하는 방식은 동일하기 때문에 다음에 소개할 통계치부터는 리스케일링 옵션을 별도로 소개하지 않겠습니다.

```
> # 리스케일링된 결과를 얻고자 할 경우
> degree(eies,gmode='digraph',cmode='freeman',rescale=TRUE)
 [1] 0.06818182 0.05909091 0.01590909 0.04090909 0.04090909 0.03181818
 [7] 0.01022727 0.05113636 0.02500000 0.04318182 0.04318182 0.02045455
[13] 0.01363636 0.01818182 0.01590909 0.02954545 0.03863636 0.02500000
[19] 0.02045455 0.01136364 0.01590909 0.01590909 0.01818182 0.05113636
[25] 0.01477273 0.01477273 0.03750000 0.01363636 0.06022727 0.03181818
[31] 0.06477273 0.03863636
> # 아래와 같은 방식으로 직접계산도 가능
> degree(eies,gmode='digraph',cmode='freeman')/sum(degree(eies,gmode='digraph',cmode='freeman'))
 [1] 0.06818182 0.05909091 0.01590909 0.04090909 0.04090909 0.03181818
 [7] 0.01022727 0.05113636 0.02500000 0.04318182 0.04318182 0.02045455
[13] 0.01363636 0.01818182 0.01590909 0.02954545 0.03863636 0.02500000
[19] 0.02045455 0.01136364 0.01590909 0.01590909 0.01818182 0.05113636
[25] 0.01477273 0.01477273 0.03750000 0.01363636 0.06022727 0.03181818
[31] 0.06477273 0.03863636
```

igraph 패키지 접근

igraph 패키지를 통해 앞서 계산한 다양한 연결중심성 지수들을 계산해보겠습니다. 앞에서 이야기했듯이 igraph 패키지와 statnet 패키지는 상당수의 함수 이름이 동일합니다. 본서에서는 statnet 패키지를 중심으로 네트워크 분석을 진행하기 때문에 igraph 패키지 함수를 사용할 경우 "igraph::함수"와 같은 형태로 사용하였습니다. 만약 statnet 패키지를 사용한다면 먼저 detach() 함수를 통해 statnet 패키지 사용을 중단한 후에 library() 함수로 igraph 패키지를 구동하길 권합니다.

```
> # igraph 패키지 접근방식
> # detach(package:statnet); library(igraph) # 만약 igraph 패키지를 중심으로 사용하고자 한다면
```

igraph 오브젝트로 저장된 eies_messages 오브젝트와 flo_marriage 오브젝트를 대상으로 연결중심성 지수들을 계산하는 방법을 살펴봅시다. 우선 유방향 네트워크인 eies_messages 오브젝트를 대상으로 '(전체)연결중심성'을 계산하는 방법은 아래와 같습니다. statnet/sna 패키지와 함수이름이 동일한 것을 알 수 있습니다.

```
> #연결중심성 지수 계산
> igraph::degree(eies_messages)
 [1] 62 54 14 38 36 30  9 47 24 40 40 20 12 18 16 28 34 24 20 10 14 14 16 47
[25] 15 13 33 14 55 30 57 36
```

위의 계산결과를 statnet/sna 패키지의 degree() 함수로 얻은 결과와 비교해보면 분석결과가 다른 것을 발견할 수 있습니다. 예를 들어 첫 번째 노드의 연결중심성은 statnet/sna 패키지의 degree() 함수로 계산한 경우 60이었지만, igraph::degree() 함수로 계산한 경우 62로 나타납니다. 이렇게 계산결과가 다른 것은 각 함수의 디폴트 옵션이 조금 다르기 때문입니다. statnet/sna 패키지의 degree() 함수의 경우 노드의 순환링크(self-loop)를 계산에 반영하지 않지만, igraph::degree() 함수의 경우 순환링크를 계산에 반영합니다. 만약 statnet/sna 패키지의 degree() 함수로 추정한 결과와 동일한 값을 얻고자 한다면, igraph::degree() 함수에서 loops 옵션을 FALSE로 지정해주어야 합니다. 즉 아래와 같이 하면 계산결과가 동일한 것을 확인할 수 있습니다.

```
> igraph::degree(eies_messages,loops=FALSE)
 [1] 60 52 14 36 36 28  9 45 22 38 38 18 12 16 14 26 34 22 18 10 14 14 16 45
[25] 13 13 33 12 53 28 57 34
> all(igraph::degree(eies_messages,loops=FALSE)==degree(eies))
[1] TRUE
```

'내향 연결중심성'과 '외향 연결중심성'을 계산하는 방법은 다음과 같습니다. 즉 내향 연결중심성을 계산할 경우에는 igraph::degree() 함수의 mode 옵션을 "in"으로, 외향 연결중심성을 계산할 경우에는 "out"으로 설정합니다. 추가적으로 statnet/sna 패키지의 degree() 함수 계산결과와 상호비교해보기 위해 loops 옵션은 FALSE로 지정하였습니다.

```
> # 내향 연결중심성 지수 계산
> igraph::degree(eies_messages,mode="in",loops=FALSE)
 [1] 29 24 11 18  8 13  7 20 11 18 18 12  9 10  8 14 16 11 11  8 10 10  9 14
[25]  6  8 17  8 25 14 26 17
> all(igraph::degree(eies_messages,mode="in",loops=FALSE)==degree(eies,cmode='indegree'))
[1] TRUE
> # 외향 연결중심성 지수 계산
> igraph::degree(eies_messages,mode="out",loops=FALSE)
 [1] 31 28  3 18 28 15  2 25 11 20 20  6  3  6  6 12 18 11  7  2  4  4  7 31
[25]  7  5 16  4 28 14 31 17
> all(igraph::degree(eies_messages,mode="out",loops=FALSE)==degree(eies,cmode='outdegree'))
[1] TRUE
```

유방향 네트워크의 경우, 노드수준 연결중심성 지수를 계산할 때 링크가중을 반영할 수 있습니다. 이 기능은 statnet/sna 패키지에서는 지원되지 않으며, igraph 패키지에서만 지원됩니다. 만약 연결중심성 지수를 계산할 때 링크가중을 반영하고자 한다면 igraph::strength() 함수를 활용하면 됩니다. 사용하는 방법은 앞서 설명한 igraph::degree() 함수와 동일합니다.

```
> # 링크가중을 고려하는 경우
> igraph::strength(eies_messages,loops=FALSE,mode="all")
 [1] 5666 2333  115  653  244  453  144 2981  565  732 1571  278  162  279
[15]  447  533  515  408  235  105  134  354  178 1287  219  233  705  102
[29] 3581  694 2182 1980
> igraph::strength(eies_messages,loops=FALSE,mode="in")
 [1] 2495 1212  101  322   89  214  124 1385  377  372  733  196  147  198
[15]  220  335  282  220  170   97  112  284  120  635  110  165  400   78
[29] 1373  411 1138  919
> igraph::strength(eies_messages,loops=FALSE,mode="out")
 [1] 3171 1121   14  331  155  239   20 1596  188  360  838   82   15   81
[15]  227  198  233  188   65    8   22   70   58  652  109   68  305   24
[29] 2208  283 1044 1061
```

다음으로 무방향 네트워크인 flo_marriage 오브젝트를 대상으로 연결중심성 지수를 계산해보겠습니다. flo_marriage 오브젝트는 무방향 네트워크이기 때문에 loops 옵션을 별도 지정하지 않아도 statnet/sna 패키지의 degree() 함수 추정결과와 동일한 결과를 얻을 수 있습니다.

```
> # 무방향 네트워크의 경우
> igraph::degree(flo_marriage)
  Acciaiuoli        Albizzi    Barbadori         Bischeri   Castellani      Ginori
           1              3            2                3            3           1
    Guadagni   Lamberteschi       Medici            Pazzi      Peruzzi       Pucci
           4              1            6                1            3           0
     Ridolfi       Salviati      Strozzi       Tornabuoni
           3              2            4                3
> all(igraph::degree(flo_marriage)==degree(flo,gmode='graph'))
[1] TRUE
```

끝으로 연결중심성 지수의 값을 **igraph::degree()** 함수를 이용하여 표준화해보겠습니다. **eies_message** 오브젝트의 전체 연결중심성 지수를 표준화하여 계산하는 방법은 아래와 같습니다. 연결중심성 지수의 표준화 과정에 대해서는 **statnet** 패키지 접근방법을 서술하면서 설명하였기 때문에 여기서 별도로 반복하지 않겠습니다.

```
> # statnet/sna 패키지의 표준화 방식을 따르면
> index_degree <- igraph::degree(eies_messages,loops=FALSE)
> normdegree <- index_degree/sum(index_degree)
> normdegree
 [1] 0.06818182 0.05909091 0.01590909 0.04090909 0.04090909 0.03181818
 [7] 0.01022727 0.05113636 0.02500000 0.04318182 0.04318182 0.02045455
[13] 0.01363636 0.01818182 0.01590909 0.02954545 0.03863636 0.02500000
[19] 0.02045455 0.01136364 0.01590909 0.01590909 0.01818182 0.05113636
[25] 0.01477273 0.01477273 0.03750000 0.01363636 0.06022727 0.03181818
[31] 0.06477273 0.03863636
> all(normdegree==degree(eies,gmode='digraph',cmode='freeman',rescale=TRUE))
[1] TRUE
```

한 가지 주의할 사항은 **igraph::degree()** 함수에 내장된 **normalized** 옵션과 **statnet/sna** 패키지의 **degree()** 함수의 **rescale** 옵션은 그 의미가 매우 다르다는 점입니다. **igraph::degree()** 함수에 내장된 **normalized** 옵션의 경우 표준화 과정에서 네트워크의 연결중심성 지수의 총합을 분모로 사용하지 않고, "노드 개수 - 1"의 값을 분모로 사용합니다. 이는 다음과 같이 **igraph::degree()** 함수의 **normalized** 옵션을 TRUE로 설정할 경우 나타나는 표준화 연결중심성 지수 계산결과에서 확인할 수 있습니다.

```
> # igraph::degree 에서 말하는 표준화 방식은 상이함
> igraph::degree(eies_messages,loops=FALSE,normalized=TRUE)
 [1] 1.9354839 1.6774194 0.4516129 1.1612903 1.1612903 0.9032258 0.2903226
 [8] 1.4516129 0.7096774 1.2258065 1.2258065 0.5806452 0.3870968 0.5161290
[15] 0.4516129 0.8387097 1.0967742 0.7096774 0.5806452 0.3225806 0.4516129
[22] 0.4516129 0.5161290 1.4516129 0.4193548 0.4193548 1.0645161 0.3870968
[29] 1.7096774 0.9032258 1.8387097 1.0967742
> all(igraph::degree(eies_messages,loops=FALSE,normalized=TRUE)==
+    degree(eies,gmode='digraph',cmode='freeman')/(network.size(eies)-1))
[1] TRUE
```

    살펴보았듯 가장 간단한 노드수준 통계치인 연결중심성 지수만 하더라도 어떤 패키지를 사용하는가에 따라 설정된 디폴트 옵션이 상당히 다릅니다. 계산결과는 정확하게 동일하지만, 각 패키지 내장함수의 디폴트 옵션을 부주의하게 사용할 경우 불필요한 오해를 낳을 수 있으니 주의해야 합니다.

노드수준 연결중심성 지수 활용

노드별 연결중심성 지수는 다음과 같은 방식으로 노드수준 변수로 저장한 후 차후 분석이나 네트워크 시각화 과정에 활용할 수 있습니다. 예를 들어 eies 오브젝트에서 계산한 3가지 연결중심성 지수를 eies 오브젝트에 반영한 후, 행위자 속성변수와 어떤 관련을 맺는지 살펴보는 것도 가능합니다. 예를 들어 노드수준의 두 변수(Discipline, Citations)를 독립변수로, 전체 연결중심성 대비 내향 연결중심성의 비율(inDC/ttDC)을 종속변수로 하는 OLS 회귀분석을 실시해봅시다. network 오브젝트에서 노드수준 데이터프레임 오브젝트를 생성하는 방법에 대해서는 4장에서 소개한 바 있습니다.

```
> # 연결중심성 지수의 활용
> # network 오브젝트의 노드수준 변수로 입력하기
> eies %v% 'inDC_uwt' <- degree(eies,gmode='digraph',cmode='indegree')
> eies %v% 'otDC_uwt' <- degree(eies,gmode='digraph',cmode='outdegree')
> eies %v% 'ttDC_uwt' <- degree(eies,gmode='digraph',cmode='freeman')
> eies %v% 'inDC_wgt' <- igraph::strength(eies_messages,loops=FALSE,mode="in")
> eies %v% 'otDC_wgt' <- igraph::strength(eies_messages,loops=FALSE,mode="out")
> eies %v% 'ttDC_wgt' <- igraph::strength(eies_messages,loops=FALSE,mode="all")
> df_eies <- as.data.frame(eies, unit='vertice') # 노드수준 데이터 전환
> lm(inDC_uwt/ttDC_uwt~factor(Discipline)+Citations,df_eies) %>% summary()
```

```
Call:
lm(formula = inDC_uwt/ttDC_uwt ~ factor(Discipline) + Citations,
  data = df_eies)

Residuals:
    Min      1Q  Median      3Q     Max
-0.26768 -0.06012 -0.01463 0.03935 0.31753

Coefficients:
                      Estimate   Std. Error   t value   Pr(>|t|)
(Intercept)          0.5075382    0.0363103    13.978   7.01e-14 ***
factor(Discipline)2  0.0102198    0.0621746     0.164   0.8707
factor(Discipline)3  0.0507821    0.0794786     0.639   0.5282
factor(Discipline)4 -0.0492699    0.0604193    -0.815   0.4219
Citations            0.0019774    0.0007448     2.655   0.0131 *
---
Signif. codes: 0 '***' 0.001 '**' 0.01 '*' 0.05 '.' 0.1 ' ' 1

Residual standard error: 0.1263 on 27 degrees of freedom
Multiple R-squared: 0.2243,      Adjusted R-squared: 0.1094
F-statistic: 1.952 on 4 and 27 DF, p-value: 0.1306


> lm(inDC_wgt/ttDC_wgt~factor(Discipline)+Citations,df_eies) %>% summary()

Call:
lm(formula = inDC_wgt/ttDC_wgt ~ factor(Discipline) + Citations,
  data = df_eies)

Residuals:
    Min      1Q  Median      3Q     Max
-0.19562 -0.09796 -0.03756 0.06696 0.33616

Coefficients:
                      Estimate   Std. Error   t value   Pr(>|t|)
(Intercept)          0.5458268    0.0436005    12.519   9.36e-13 ***
factor(Discipline)2  0.0468564    0.0746577     0.628   0.5355
factor(Discipline)3  0.0944149    0.0954359     0.989   0.3313
factor(Discipline)4 -0.0232326    0.0725499    -0.320   0.7513
Citations            0.0023615    0.0008943     2.640   0.0136 *
---
Signif. codes: 0 '***' 0.001 '**' 0.01 '*' 0.05 '.' 0.1 ' ' 1

Residual standard error: 0.1517 on 27 degrees of freedom
Multiple R-squared: 0.2189,      Adjusted R-squared: 0.1032
F-statistic: 1.892 on 4 and 27 DF, p-value: 0.1408
```

출력결과를 보면 행위자의 소속분과에 따라 전체 연결중심성 지수 대비 내향 연결중심성 지수의 비율이 통계적으로 유의미하게 다르지는 않지만, 피인용수가 높은 행위자일수록 내향 연결중심성 비율이 통계적으로 유의미하게 높게 나타났습니다($t = 2.655$, $p = .013$). 마찬가지로 링크가중을 반영한 후 계산한 연결중심성 통계치에서도 크게 다르지 않은 결과를 얻었습니다($t = 2.640$, $p = .014$). 일반적으로 다른 연구자에게 인기가 높을수록 피인용수가 높게 나온다는 점을 고려할 때, 전체 연결중심성 중 내향 연결중심성 비율이 높다는 결과는 쉽게 납득됩니다. 그러나 위와 같은 분석을 실시할 때는 네트워크 데이터의 특성(독립성 가정이 충족되기 어렵다)과 함께 네트워크 통계치의 특성(정규분포에서 벗어난 경우가 대부분이다)을 세심하게 고려하기 바랍니다.

실제로 eies 데이터에서 얻은 3가지 연결중심성 통계치의 분포를 시각화하면 아래와 같습니다. [그림 5-1]에서 쉽게 확인할 수 있듯이, 일반적으로 내향 연결중심성은 소수의 인기 있는 행위자에게 몰리는 경향이 강한 포아송분포에 가깝습니다(아울러 이러한 경향은 링크가중을 반영할 때 훨씬 더 강하게 나타납니다).

```
> df_eies %>%
+ pivot_longer(cols=contains('DC')) %>%
+ mutate(
+   mylabel1=ifelse(str_detect(name,'inDC'),'Indegree centrality',
+                   ifelse(str_detect(name,'otDC'),'Outdegree centrality',
+                          'Total degree centrality')),
+   mylabel2=ifelse(str_detect(name, '_wgt'),"with weight","w/o weight")
+ ) %>%
+ ggplot(aes(x=value))+
+ geom_histogram(fill='grey60',bins=20)+
+ labs(x=' ',y='frequency')+
+ theme_bw()+
+ facet_grid(mylabel1~mylabel2,scales='free')
```

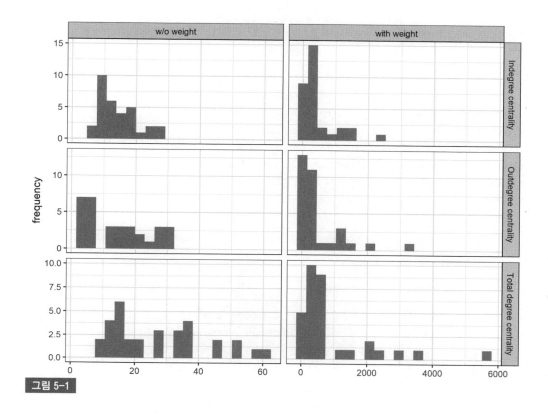

그림 5-1

비슷한 방식의 분석을 flo 데이터에도 적용해봅시다. 행위자별 연결중심성 지수와 각 행위자의 재력(wealth)과의 상관관계가 어떤지 시각화해봅시다. 여기서 저는 두 변수를 모두 로그함수를 이용하여 변환하였습니다. 아래의 [그림 5-2]를 보면 재력이 높은 가문일수록 혼인관계 연결중심성이 높으며, 그 관계 역시 통계적으로 유의미한 것을 확인할 수 있습니다($r = .59, p = .02$).

```
> flo %v% 'degree' <- degree(flo,gmode='graph',cmode='freeman')
> df_flo <- as.data.frame(flo, unit="vertice")
> cor.test(~log(0.5+degree)+log(wealth), df_flo)

        Pearson's product-moment correlation

data: log(0.5 + degree) and log(wealth)
t = 2.705, df = 14, p-value = 0.01709
alternative hypothesis: true correlation is not equal to 0
95 percent confidence interval:
```

```
 0.1270765 0.8381611
sample estimates:
      cor
0.5858761

> df_flo %>% ggplot(aes(x=log(wealth),y=log(0.5+degree)))+
+ geom_point(size=3, colour="pink")+
+ geom_text_repel(aes(label=vertex.names))+
+ geom_text(aes(x=1.5,y=1.8,label="r = .59, p = .02"),colour="blue")+
+ labs(x="Wealth", y="Degree centrality\n")+
+ theme_bw()
```

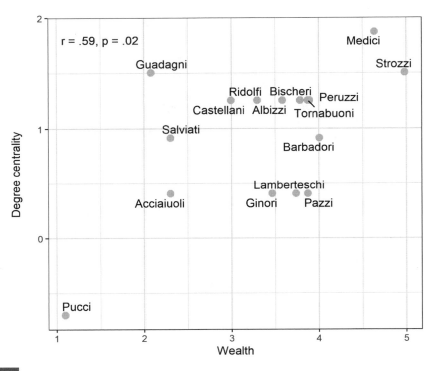

그림 5-2

1-2 근접중심성 지수 계산

statnet 패키지 접근

다음으로 근접중심성(closeness centrality, C_c) 지수를 계산해보겠습니다. 근접중심성 지수는 네트워크 내부의 특정 행위자가 다른 행위자들과 얼마나 근접해 있는지를 정량화한 통계치입니다. 즉 어떤 행위자에게 다가가기 위해 많은 링크들을 지나야 한다면(다시 말해 거리가 멀다면), 해당 행위자의 근접중심성 지수값은 낮게 나타납니다. statnet/sna 패키지의 closeness() 함수에서는 근접중심성 지수를 다음 공식에 의거하여 계산합니다.[1] i, j는 행위자를 의미하며, g는 그래프(네트워크)의 규모를 의미하고, $d(n_i, n_j)$는 두 행위자 간의 거리(distance)[2]를 의미합니다.

$$C_c(n_i) = \frac{g-1}{\left[\sum_{j=1}^{g} d(n_i, n_j)\right]}$$

각 노드의 근접중심성은 statnet/sna 패키지의 closeness() 함수를 이용하여 계산할 수 있습니다. 연결중심성을 계산하는 degree() 함수와 마찬가지로 closeness() 함수에도 네트워크의 방향성 유무와 링크의 방향성을 어떻게 고려할 것인가를 각각 gmode 옵션과 cmode 옵션으로 지정해주어야 합니다. 먼저 eies 데이터와 같은 유방향 네트워크의 경우 gmode 옵션을 'digraph'로 설정합니다(디폴트가 'digraph'이지만 가급적 gmode='digraph'와 같은 방식으로 명시하는 것을 권장함). 그리고 링크의 방향성을 고려할 경우 cmode 옵션을 'directed'로, 방향성을 고려하지 않을 경우는 'undirected'로 설정합니다(유방향 네트워크는 특별한 경우가 아니라면 일반적으로

---

1 다른 대안적 근접중심성 지수들이 있습니다. 구체적인 사례는 statnet/sna 패키지의 closeness() 함수 도움말(help)을 참조하기 바랍니다.

2 statnet/sna 패키지에서는 두 행위자 간 거리를 계산할 때, 링크가중치를 고려하지 않습니다(즉 연결되었는지 여부만을 계산에 고려). 물론 statnet/sna 패키지의 closeness() 함수를 활용할 때 링크가중치를 고려하여 계산하는 것이 불가능하지는 않지만, 옵션을 상당히 복잡하게 구성해야 하기에 별로 추천하고 싶지 않습니다. 만약 두 행위자 간 거리를 계산할 때, 링크가중치를 고려하고자 한다면 igraph::closeness() 함수를 추천합니다. igraph::closeness() 함수를 이용하는 방법은 statnet 패키지 접근을 설명한 후에 바로 제시하였으니 참조하기 바랍니다.

cmode='directed'로 설정하는 것으로 알고 있습니다). statnet/sna 패키지 접근방식에서 방향성을 고려한 근접중심성 지수는 '외향(outgoing)' 근접중심성 지수를 의미합니다. '내향(incoming)' 근접중심성 지수는 statnet/sna 패키지의 함수로는 계산할 수 없고 igraph 패키지 접근방식으로만 계산 가능합니다.

유방향 네트워크인 eies 데이터를 대상으로 링크의 방향성을 고려한 근접중심성 통계치, 링크의 방향성을 고려하지 않은 근접중심성 통계치를 계산하면 다음과 같습니다. 근접중심성이 높은 노드일수록 다른 노드들과 더욱 가깝게(즉 근접하게) 연결되어 있다는 것을 의미합니다.

```
> # 근접중심성(closeness centrality)
> # 유방향 네트워크의 경우
> closeness(eies,gmode='digraph',cmode='directed')
 [1] 1.0000000 0.9117647 0.5254237 0.7045455 0.9117647 0.6595745 0.5166667
 [8] 0.8378378 0.6078431 0.7380952 0.7380952 0.5535714 0.5254237 0.5535714
[15] 0.5535714 0.6200000 0.7045455 0.6078431 0.5636364 0.4920635 0.5344828
[22] 0.5344828 0.5636364 1.0000000 0.5636364 0.5438596 0.6739130 0.5344828
[29] 0.9117647 0.6458333 1.0000000 0.6888889
> closeness(eies,gmode='digraph',cmode='undirected')
 [1] 1.0000000 1.0000000 0.6078431 0.7209302 0.9117647 0.6739130 0.5636364
 [8] 0.8378378 0.6326531 0.7750000 0.7560976 0.6326531 0.5849057 0.6078431
[15] 0.5849057 0.6458333 0.7560976 0.6326531 0.6200000 0.5849057 0.5961538
[22] 0.5961538 0.5961538 1.0000000 0.5849057 0.5740741 0.7209302 0.5740741
[29] 0.9117647 0.6739130 1.0000000 0.6888889
```

반면 flo 데이터와 같은 무방향 네트워크의 경우 gmode를 'graph'로 지정해야 하지만, cmode 옵션은 어떻게 설정하든 큰 차이가 없습니다(개념적으로는 'undirected'로 설정하는 것이 타당합니다).

```
> # 무방향 네트워크의 경우
> closeness(flo,gmode='graph',cmode='directed')
 [1] 0 0 0 0 0 0 0 0 0 0 0 0 0 0 0 0
> closeness(flo,gmode='graph',cmode='undirected')
 [1] 0 0 0 0 0 0 0 0 0 0 0 0 0 0 0 0
```

출력결과에서 알 수 있듯 flo 데이터를 대상으로 근접중심성을 계산하면 모두 0의 값이 나옵니다. 언뜻 이해되지 않는 결과인데, 이러한 결과가 나타난 이유는 flo 데이터의 12번 노드(Pucci 가문)가 다른 노드들과 혼인관계를 전혀 맺고 있지 않기 때문입니다. 다시 말해 어떠한 노드도 12번 노드에 접근할 수 없으며, 마찬가지로 12번 노드 역시 다른 어떤 노드로도 접근이 불가능합니다. 이처럼 네트워크에 고립노드가 존재할 경우 노드 간 거리에 근거해 계산되는 근접중심성은 계산되지 않습니다.

```
> isolates(flo) # 고립노드 확인
[1] 12
> (flo %v% 'vertex.names')[isolates(flo)]
[1] "Pucci"
```

만약 연구자가 네트워크에 존재하는 고립노드를 제거하는 것이 타당하다고 판단한다면(이는 연구문제의 성격과 맥락에 따라 다르게 판단할 수 있으니 주의하기 바랍니다), 다음과 같이 delete.vertices() 함수를 활용하여 고립노드를 제거한 후 노드별 근접중심성을 계산할 수 있습니다.

```
> flo2 <- flo
> delete.vertices(flo2, isolates(flo2))
> closeness(flo2,gmode='graph',cmode='undirected')
 [1] 0.3684211 0.4827586 0.4375000 0.4000000 0.3888889 0.3333333 0.4666667
 [8] 0.3255814 0.5600000 0.2857143 0.3684211 0.5000000 0.3888889 0.4375000
[15] 0.4827586
```

igraph 패키지 접근

다음으로 igraph 패키지를 활용하여 근접중심성 지수를 계산해보겠습니다. 노드수준 통계치들 중 가장 간단한 연결중심성 지수를 계산할 때조차도 어떤 패키지의 내장함수를 쓰는가에 따라 계산결과가 다르게 나타날 수 있다는 것을 확인한 바 있습니다. 즉 각 패키지의 내장함수 옵션들의 디폴트값이 어떻게 저장되어 있는지 면밀하게 살피지 않으면 의도치 않은 실수나 혼란을 야기할 수 있습니다.

igraph 패키지를 활용하여 근접중심성 지수를 계산하려면 closeness() 함수를 사용하면 됩니다. 먼저 동일한 네트워크를 대상으로 어떤 결과가 나타나는지 살펴봅시다.

```
> # igraph 패키지 접근방식
> # 연결중심성 지수와 마찬가지로 디폴트가 매우 다름
> igraph::closeness(eies_messages,mode="out")  # 외향 근접중심성
 [1] 0.001310616 0.002118644 0.002865330 0.003937008 0.006451613 0.003846154
 [7] 0.001876173 0.004629630 0.003389831 0.003246753 0.002164502 0.003067485
[13] 0.002092050 0.001996008 0.002832861 0.003311258 0.003558719 0.003663004
[19] 0.002227171 0.002364066 0.002652520 0.002754821 0.002427184 0.004651163
[25] 0.002159827 0.002277904 0.002994012 0.003048780 0.002688172 0.004608295
[31] 0.002702703 0.004444444
> igraph::closeness(eies_messages,mode="total")  # 전체 근접중심성
 [1] 0.003267974 0.004291845 0.004464286 0.004807692 0.006849315 0.004524887
 [7] 0.003003003 0.004975124 0.004310345 0.004694836 0.004166667 0.005154639
[13] 0.004219409 0.003984064 0.004237288 0.004310345 0.004761905 0.004761905
[19] 0.004329004 0.003952569 0.004608295 0.003236246 0.004484305 0.005128205
[25] 0.003861004 0.003267974 0.004444444 0.004081633 0.004201681 0.005154639
[31] 0.004366812 0.004651163
```

계산된 수치 자체가 statnet/sna 패키지 closeness() 함수로 얻은 수치와 매우 다른 것을 발견할 수 있습니다. 이렇게 나타난 이유는 igraph::closeness() 함수에서 근접인접성 지수를 계산할 때의 계산공식과 옵션 디폴트값이 다르기 때문입니다. 먼저 igraph 패키지에서는 근접인접성 지수를 다음과 같이 정의합니다. i, j는 행위자를 의미하며, g는 그래프(네트워크)의 규모를 나타냅니다. $d(n_i, n_j)$는 '링크가중을 반영한' 두 행위자 간의 거리(distance)를 의미합니다.

$$C_c(n_i) = \frac{1}{\left[\sum_{j=1}^{g} d(n_i, n_j) \right]}$$

따라서 statnet/sna 패키지 closeness() 함수로 얻은 수치와 동일한 값을 얻기 위해서는 그래프(네트워크)의 노드 개수를 공식에 반영해주고, 링크가중이 반영되지 않은 행위자 간의 거리(distance)를 활용하여 근접중심성 지수를 계산해주어야 합니다. 이를 위해 eies_messages 네트워크 오브젝트의 노드 및 링크 개수를 계산하여 저장한 후(아래 출력결과의 Nnode, Lnode에 해당됨), igraph::closeness() 함수의 weights 옵션을 별도 지정하였습니다. 이제 statnet/sna 패키지 closeness() 함수로 얻은 결과와 정확하게 동일한 것을 다음에서 확인할 수 있습니다.

```
> # 노드 개수와 링크 개수 계산
> Nnode <- length(igraph::V(eies_messages))
> Lnode <- length(igraph::E(eies_messages))
> # 2가지 반영 후 외향 근접중심성 재계산
> adj_out_close <- (Nnode-1)*igraph::closeness(eies_messages,mode="out",
+                   weights=rep(1,Lnode))
> all(round(adj_out_close,5)==round(closeness(eies,gmode='digraph',cmode='directed'),5))
[1] TRUE
> # 2가지 반영 후 전체 근접중심성 재계산
> adj_ttl_close <- (Nnode-1)*igraph::closeness(eies_messages,mode="total",
+                   weights=rep(1,Lnode))
> adj_ttl_close
 [1] 1.0000000 1.0000000 0.6078431 0.7209302 0.9117647 0.6739130 0.5636364
 [8] 0.8378378 0.6326531 0.7750000 0.7560976 0.6326531 0.5849057 0.6078431
[15] 0.5849057 0.6458333 0.7560976 0.6326531 0.6200000 0.5849057 0.5961538
[22] 0.5961538 0.5961538 1.0000000 0.5849057 0.5740741 0.7209302 0.5740741
[29] 0.9117647 0.6739130 1.0000000 0.6888889
> all(round(adj_ttl_close,5)==round(closeness(eies,gmode='digraph',cmode='undirected'),5))
[1] TRUE
```

추가로 statnet/sna 패키지 closeness() 함수에서는 '내향' 근접중심성 지수 계산이 불가능한 반면, igraph::closeness() 함수에서는 mode 옵션을 "in"으로 설정하면 내향 근접중심성 지수도 계산할 수 있습니다.

```
> # 분자를 1로 설정하고, 링크가중 반영한 내향 근접중심성
> igraph::closeness(eies_messages,mode="out")
 [1] 0.001310616 0.002118644 0.002865330 0.003937008 0.006451613 0.003846154
 [7] 0.001876173 0.004629630 0.003389831 0.003246753 0.002164502 0.003067485
[13] 0.002092050 0.001996008 0.002832861 0.003311258 0.003558719 0.003663004
[19] 0.002227171 0.002364066 0.002652520 0.002754821 0.002427184 0.004651163
[25] 0.002159827 0.002277904 0.002994012 0.003048780 0.002688172 0.004608295
[31] 0.002702703 0.004444444
> # 분자를 g-1로 설정하고, 링크가중 반영하지 않은 내향 근접중심성
> adj_in_close <- (Nnode-1)*igraph::closeness(eies_messages,mode="in",
+                   weights=rep(1,Lnode))
> adj_in_close
 [1] 0.9393939 0.8157895 0.6078431 0.7045455 0.5740741 0.6326531 0.5535714
 [8] 0.7380952 0.6078431 0.7045455 0.7045455 0.6200000 0.5849057 0.5961538
[15] 0.5740741 0.6458333 0.6739130 0.6078431 0.6078431 0.5740741 0.5961538
[22] 0.5961538 0.5849057 0.6458333 0.5438596 0.5740741 0.6888889 0.5636364
[29] 0.8378378 0.6458333 0.8611111 0.6888889
```

다음으로는 무방향 네트워크, 즉 flo_marriage 오브젝트를 대상으로 근접중심성 지수를 계산해보겠습니다. statnet/sna 패키지는 그래프에 고립노드가 존재하면, 모든 노드의 근접중심성 지수가 '0'으로 계산됩니다. 그러나 igraph::closeness() 함수는 고립노드가 존재하면, 해당 고립노드의 값을 결측값으로 설정한 후 근접중심성 지수를 계산합니다. eies_messages 오브젝트와 달리 flo_marriage 오브젝트의 경우 링크 가중 변수가 존재하지 않기 때문에 weights 옵션을 고려하지 않아도 괜찮습니다. 그러나 근접인접성 지수를 계산할 때의 분자값은 'g-1'이 아닌 '1'이기 때문에 statnet 패키지 접근과의 비교를 위해 조정을 실시하였습니다.

```
> # 노드 개수 계산
> Nnode <- length(igraph::V(flo_marriage))
> # 고립노드 1개를 추가 고려하여 1을 한 번 더 빼줌
> adj_ttl_close <- (Nnode-1-1)*igraph::closeness(flo_marriage,mode="total")
> adj_ttl_close
     Acciaiuoli        Albizzi      Barbadori       Bischeri     Castellani         Ginori
      0.3684211      0.4827586      0.4375000      0.4000000      0.3888889      0.3333333
       Guadagni    Lamberteschi         Medici          Pazzi        Peruzzi         Pucci
      0.4666667      0.3255814      0.5600000      0.2857143      0.3684211            NaN
        Ridolfi       Salviati        Strozzi     Tornabuoni
      0.5000000      0.3888889      0.4375000      0.4827586
> all(round(adj_ttl_close[!is.na(adj_ttl_close)],5)==
+     round(closeness(flo2,gmode='graph',cmode='undirected'),5))
[1] TRUE
```

이처럼 근접중심성 지수를 계산할 경우에도 어떤 패키지를 사용하는지, 그리고 사용하는 패키지에서는 근접중심성 계산공식을 어떻게 정의하는지를 면밀하게 살펴보기 바랍니다. 각 패키지 내장함수의 디폴트가 어떻게 설정되었는지에 대한 이해 없이 선불리 계산을 실시하면 불필요한 혼란과 오해를 낳을 수 있다는 점을 다시금 유념하기 바랍니다.

근접중심성 지수의 활용 및 연결중심성 지수와의 비교

위와 같이 계산된 근접중심성 통계치 역시 네트워크 데이터에 반영하여 추후 활용 가능합니다. 예를 들어 eies 데이터에 근접중심성 통계치를 저장한 후, 앞서 계산했던 3가지 연결중심성 통계치와의 상관관계를 살펴보겠습니다(여기서는 근접중심성 및 연결중심

성 통계치의 분포가 피어슨 상관계수를 계산해도 무방하다고 가정하겠습니다). 구체적으로 statnet 패키지 접근방식을 통해 링크가중을 고려하지 않은 '외향 근접중심성(otCC_uwt)' 및 '전체 근접중심성(ttCC_uwt)' 지수를 계산하였고, igraph 패키지 접근방식을 통해 링크가중을 고려할 때의 '외향 근접중심성(otCC_wgt)' 및 '전체 근접중심성(ttCC_wgt)' 지수를 계산하였습니다. 먼저 노드수준 중심성 지수들 사이의 상관관계를 거칠게 나마 살펴본 결과는 아래와 같습니다.

```
> # 근접중심성 지수의 활용 및 연결중심성 지수와의 비교
> eies %v% 'otCC_uwt' <- closeness(eies,gmode='digraph',cmode='directed')
> eies %v% 'ttCC_uwt' <- closeness(eies,gmode='digraph',cmode='undirected')
> eies %v% 'otCC_wgt' <- igraph::closeness(eies_messages,mode="out")
> eies %v% 'ttCC_wgt' <- igraph::closeness(eies_messages,mode="total")
> df_eies <- as.data.frame(eies, unit="vertice")
> cormat <- df_eies %>% select(inDC_uwt:ttCC_wgt) %>%
+ as.matrix() %>% Hmisc::rcorr()
> round(cormat$r[7:10,1:6],2) # correlation coefficient
```

	inDC_uwt	otDC_uwt	ttDC_uwt	inDC_wgt	otDC_wgt	ttDC_wgt
otCC_uwt	0.80	0.99	0.96	0.76	0.75	0.76
ttCC_uwt	0.81	0.97	0.95	0.75	0.73	0.74
otCC_wgt	-0.04	0.36	0.22	-0.12	-0.10	-0.11
ttCC_wgt	0.01	0.38	0.25	-0.14	-0.12	-0.13

```
> round(cormat$P[7:10,1:6],3) # p-value for correlation coefficient
```

	inDC_uwt	otDC_uwt	ttDC_uwt	inDC_wgt	otDC_wgt	ttDC_wgt
otCC_uwt	0.000	0.000	0.000	0.000	0.000	0.000
ttCC_uwt	0.000	0.000	0.000	0.000	0.000	0.000
otCC_wgt	0.808	0.041	0.231	0.510	0.582	0.548
ttCC_wgt	0.950	0.032	0.167	0.432	0.514	0.476

위의 출력결과에서 확인할 수 있듯이 링크가중을 고려하지 않았을 경우의 근접중심성 통계치들과 연결중심성 통계치들은 서로 밀접하게 연결되어 있습니다(외향 연결중심성과 외향 근접중심성의 경우 $r = .99$; 전체 연결중심성과 전체 근접중심성의 경우 $r = .95$). 그러나 링크가중을 고려할 경우 근접중심성 통계치들과 연결중심성 통계치들은 별다른 상관관계를 보이지 않습니다(외향 연결중심성과 외향 근접중심성의 경우 $r = -.10$, $p = .582$; 전체 연결중심성과 전체 근접중심성의 경우 $r = -.13$, $p = .476$).

링크가중의 반영 여부에 따라 어떤 노드의 근접중심성 통계치가 크게 영향을 받는지를 시각적으로 살펴본 결과는 다음과 같습니다. 그림에서 잘 드러나듯 1, 2, 24, 29, 31번

노드들의 경우 링크가중을 반영할 때 근접중심성 통계치가 크게 감소하는 것을 알 수 있습니다. 그러나 적어도 이 노드들의 경우 특정 분과에 몰려 있다고 보기는 어렵습니다.

```
> # 링크가중 반영 여부에 따른 노드수준 근접중심성 지수 비교
> df_eies$discname <- factor(df_eies$Discipline,
+                  labels=c("Sociology","Anthropology","Math/Stat","Etc."))
> fig1 <- df_eies %>%
+ ggplot()+
+ geom_point(aes(x=otCC_uwt,y=otCC_wgt,colour=discname),size=5,alpha=0.7)+
+ geom_text(aes(x=otCC_uwt,y=otCC_wgt,label=vertex.names),size=3)+
+ labs(x="w/o weight attribute",y="with weight attribute",
+     size="Citations",colour="Discipline")+
+ theme_bw()+theme(plot.title=element_text(hjust=0.5),legend.position="bottom")+
+ guides(colour=guide_legend(nrow=2,byrow=TRUE))+
+ ggtitle("Outgoing closeness centrality")
> fig2 <- df_eies %>%
+ ggplot()+
+ geom_point(aes(x=ttCC_uwt,y=ttCC_wgt,colour=discname),size=5,alpha=0.7)+
+ geom_text(aes(x=ttCC_uwt,y=ttCC_wgt,label=vertex.names),size=3)+
+ labs(x="w/o weight attribute",y="with weight attribute",
+     size="Citations",colour="Discipline")+
+ theme_bw()+theme(plot.title=element_text(hjust=0.5),legend.position="bottom")+
+ guides(colour=guide_legend(nrow=2,byrow=TRUE))+
+ ggtitle("Total closeness centrality")
> fig1+fig2
```

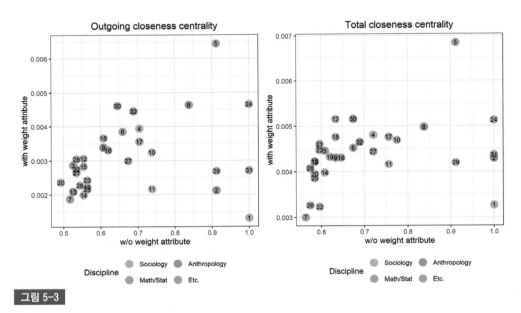

그림 5-3

1-3 사이중심성 지수 계산

statnet 패키지 접근

이번에는 사이중심성(betweenness centrality, C_B) 지수를 계산해보겠습니다. 사이중심성은 네트워크의 행위자가 다른 두 행위자들이 연결되는 그 사이에 얼마나 존재하는지를 정량화한 지수입니다. 예를 들어 j와 k라는 두 행위자가 i라는 행위자가 없이는 연결될 수 없다면, i는 j와 k의 사이에 존재하면서 두 행위자의 연결을 좌우하는 중요한 행위자라고 볼 수 있습니다. 사이중심성 지수의 공식은 아래와 같습니다. 여기서 i, j, k는 노드를 의미하며, g_{jk}는 j노드와 k노드의 거리(geodesic distance)를 나타냅니다. $g_{jk}(n_i)$는 i노드를 고려한 j노드와 k노드의 거리입니다.[3] 다시 말해 j노드와 k노드가 연결되기 위해서는 반드시 i노드가 포함되는 상황에서 사이중심성 지수는 1의 값을 갖고, i노드 없이도 언제나 j노드와 k노드가 연결된다면 사이중심성 지수는 0의 값을 갖습니다.

$$C_B(n_i) = \sum_{j<k} \frac{g_{jk}(n_i)}{g_{jk}}$$

사이중심성 지수는 statnet/sna 패키지의 betweenness() 함수를 이용하여 계산할 수 있으며, 함수의 옵션 지정은 근접중심성 지수와 비슷합니다. 즉 네트워크의 방향성 유무와 링크의 방향성을 어떻게 고려할 것인가에 따라 gmode 옵션과 cmode 옵션을 각각 지정해주어야 합니다. eies 데이터와 같은 유방향 네트워크의 경우 gmode 옵션을 'digraph'로 설정합니다(디폴트가 'digraph'이지만 확실하게 입력할 것을 권함). 그리고 링크의 방향성을 고려할 경우 cmode 옵션을 'directed'로, 방향성을 고려하지 않을 경우는 'undirected'로 설정합니다. 유방향 네트워크의 경우 특별한 이유가 없다면 cmode='directed'로 설정하는 것이 좋습니다.

---

3 근접중심성에서도 설명했듯이, statnet/sna 패키지에서는 두 행위자 간 거리를 계산할 때 링크가중치를 고려하지 않습니다(즉 연결되었는지 여부만을 계산에 고려). 물론 statnet/sna 패키지의 betweeness() 함수를 활용할 때 링크가중치를 고려하여 계산하는 것이 불가능하지는 않지만, 옵션을 상당히 복잡하게 구성해야 하기에 별로 추천하지 않습니다. 만약 두 행위자 간 거리를 계산할 때 링크가중치를 고려하고자 한다면 igraph::betweeness() 함수를 추천합니다. igraph::betweeness() 함수를 이용하는 방법은 statnet 패키지 접근을 설명한 후에 바로 제시하였으니 참조하기 바랍니다.

유방향 네트워크인 eies 데이터를 대상으로 링크의 방향성을 고려한 사이중심성 통계치, 링크의 방향성을 고려하지 않은 사이중심성 통계치를 계산하면 아래와 같습니다. 사이중심성이 높은 노드일수록 다른 노드들을 연결시킬 수 있는데, 이는 사이중심성이 낮은 노드일 경우 해당 노드 없이는 다른 노드들이 연결되기 어렵다는 것입니다.

```
> # 사이중심성(betweenness centrality)
> # 유방향 네트워크의 경우
> betweenness(eies,gmode='digraph',cmode='directed')
 [1] 130.3225552  68.4229409   0.4761905   9.6844600   4.8761405   7.6630092
 [7]   0.0000000  32.4697774   0.3472222  14.7209318  21.9186730   1.2444444
[13]   0.0000000   1.7440476   0.3742424   5.1245782   7.2007187   0.7447552
[19]   2.5623016   0.2111111   2.0833333   0.3864469   0.7011905  28.6139111
[25]   0.3899573   0.0000000   8.5177461   0.3344988  89.7626346   4.1753719
[31]  95.6919997  14.2348096
> eies %v% "BC" <- betweenness(eies,gmode='digraph',cmode='directed')
> betweenness(eies,gmode='digraph',cmode='undirected')
 [1] 31.85650461  31.85650461   0.66700244   3.72353202  21.31483794   2.28654401
 [7]  0.00000000  13.90690143   0.44444444   8.13778166   8.60556666   1.00321068
[13]  0.00000000   1.12543290   0.17424242   1.10555556   6.62716450   0.61111111
[19]  0.87777778   0.20000000   0.33333333   0.48611111   0.21111111  31.85650461
[25]  0.64563492   0.00000000   4.50834443   0.07142857  20.66801254   2.03291153
[31] 31.85650461   2.80598846
```

무방향 네트워크의 경우도 사이중심성 지수를 계산할 수 있습니다. 단 아래의 사례에서 볼 수 있듯이 betweeness() 함수의 gmode에 무방향 네트워크임을 명시(gmode='graph')하여야 합니다. 또한 무방향 네트워크의 경우 betweeness() 함수의 cmode를 어떻게 설정해도 그 값은 동일합니다(개념적으로는 cmode='undirected'가 타당합니다).

```
> # 무방향 네트워크의 경우
> betweenness(flo,gmode='graph',cmode='directed')
 [1]  0.000000 19.333333  8.500000  9.500000  5.000000  0.000000 23.166667
 [8]  0.000000 47.500000  0.000000  2.000000  0.000000 10.333333 13.000000
[15]  9.333333  8.333333
> betweenness(flo,gmode='graph',cmode='undirected')
 [1]  0.000000 19.333333  8.500000  9.500000  5.000000  0.000000 23.166667
 [8]  0.000000 47.500000  0.000000  2.000000  0.000000 10.333333 13.000000
[15]  9.333333  8.333333
```

igraph 패키지 접근

다음으로 igraph 패키지를 활용하여 사이중심성 지수를 계산해보겠습니다. 앞서 소개했 던 연결중심성, 근접중심성 지수들과 마찬가지로 statnet/sna 패키지 betweenness() 함수의 옵션 디폴트는 igraph::betweenness() 함수와 상당히 다릅니다. 따라서 각 패 키지의 내장함수 옵션들의 디폴트값이 어떻게 저장되어 있는지 면밀하게 살피지 않으면 의도치 않은 실수나 혼란을 야기할 수 있으니 주의 바랍니다.

igraph 패키지를 활용하여 사이중심성 지수를 계산하려면 betweenness() 함수 를 사용하면 됩니다. 앞서 소개한 근접중심성 지수와 마찬가지로 거리를 계산할 때 링크 가중을 반영하는 것이 디폴트값입니다. 그래서 만약 링크가중을 반영하지 않은 사이근접 성 지수를 구하고자 한다면 igraph::betweenness() 함수의 weights 옵션을 조정해 야 합니다. 먼저 유방향 네트워크를 대상으로 방향성을 고려한 사이중심성 지수 통계치를 계산해봅시다.

```
> # igraph 패키지 접근방식
> # 연결중심성 지수와 마찬가지로 디폴트가 매우 다름
> igraph::betweenness(eies_messages,directed=TRUE) # 링크가중 고려
 [1]    0.000000    9.833333   35.583333   80.733333  279.116667   69.666667
 [7]    0.000000  142.916667    2.000000   64.666667   18.833333   47.033333
[13]    6.533333    1.333333    0.000000   43.950000   20.666667   83.583333
[19]   14.583333    8.000000   42.233333    6.083333    9.616667   38.533333
[25]    2.000000    5.500000   16.750000   32.250000   30.950000  104.983333
[31]   81.116667   42.166667
> # 링크 개수 계산
> Lnode <- length(igraph::E(eies_messages))
> # 조정 후 유방향 사이중심성 재계산
> adj_d_between <- igraph::betweenness(eies_messages,directed=TRUE,weights=rep(1,Lnode))
> adj_d_between
 [1]  130.3225552   68.4229409    0.4761905    9.6844600    4.8761405    7.6630092
 [7]    0.0000000   32.4697774    0.3472222   14.7209318   21.9186730    1.2444444
[13]    0.0000000    1.7440476    0.3742424    5.1245782    7.2007187    0.7447552
[19]    2.5623016    0.2111111    2.0833333    0.3864469    0.7011905   28.6139111
[25]    0.3899573    0.0000000    8.5177461    0.3344988   89.7626346    4.1753719
[31]   95.6919997   14.2348096
> all(round(adj_d_between,5)==round(betweenness(eies,gmode='digraph',cmode='directed'),5))
[1] TRUE
```

이처럼 각 패키지 내장함수의 디폴트값을 고려하지 않으면 동일한 네트워크 데이터를 대상으로 상당히 다른 결과를 얻게 된다는 것을 확인할 수 있습니다.

다음으로 유방향 네트워크를 대상으로 링크의 방향성을 고려하지 않은 사이중심성 지수를 계산해봅시다. 이때도 statnet/sna 패키지 내장함수와 igraph 패키지 내장함수는 계산방식이 다릅니다. 먼저 eies_messages 오브젝트의 경우 igraph 오브젝트에서 유방향("D-W-"라는 표현의 "D"에서 확인할 수 있듯) 네트워크입니다. 즉 igraph::betweenness() 함수의 directed 옵션을 FALSE로 설정하기 전에 eies_ messages 오브젝트를 무방향 igraph 오브젝트로 변경해주어야 합니다. eies_ messages 오브젝트를 무방향 igraph 오브젝트로 변경한 eies_messages2 오브젝트를 하나 저장한 후, eies_messages 오브젝트와 eies_messages2 오브젝트를 대상으로 directed 옵션을 FALSE로 지정한 igraph::betweenness() 함수 추정결과를 비교해보면 앞서 설명한 내용을 확인할 수 있습니다.

```
> # 조정 후 무방향 사이중심성 재계산
> eies_messages # D-W-
IGRAPH a1641ca D-W- 32 460 --
                        [본문 내용과 무관하기에 이후 출력결과 제시하지 않음]
> # 무방향 네트워크로 변경하여 저장
> eies_messages2 <- igraph::as.undirected(eies_messages)
> eies_messages2 # U-W- 로 변경된 것 확인
IGRAPH 48b7bb2 U-W- 32 286 --
                        [본문 내용과 무관하기에 이후 출력결과 제시하지 않음]
> Lnode2 <- length(igraph::E(eies_messages2))
> igraph::betweenness(eies_messages,directed=FALSE,weights=rep(1,Lnode))
 [1]  46.86108735  30.76499064   0.28097775   3.98000200   9.82949119   2.71757016
 [7]   0.00000000  13.52570289   0.30124224   7.20158165   8.42581059   0.49324583
[13]   0.00000000   0.83114787   0.13657407   1.48327376   4.76644977   0.46792413
[19]   0.95905092   0.07549858   0.25882353   0.24918922   0.18859649  20.61862070
[25]   0.25640271   0.00000000   3.86596758   0.08000000  27.51393253   1.49910884
[31]  38.28677161   4.08096543
> igraph::betweenness(eies_messages2,directed=FALSE,weights=rep(1,Lnode2))
 [1]  31.85650461  31.85650461   0.66700244   3.72353202  21.31483794   2.28654401
 [7]   0.00000000  13.90690143   0.44444444   8.13778166   8.60556666   1.00321068
[13]   0.00000000   1.12543290   0.17424242   1.10555556   6.62716450   0.61111111
[19]   0.87777778   0.20000000   0.33333333   0.48611111   0.21111111  31.85650461
[25]   0.64563492   0.00000000   4.50834443   0.07142857  20.66801254   2.03291153
[31]  31.85650461   2.80598846
```

즉 statnet/sna 패키지의 betweenness() 함수의 출력결과와 동일한 분석결과를 얻기 위해서는 igraph::betweenness() 함수 입력 오브젝트를 주의 깊게 고려해야 합니다. 아래 결과에서 알 수 있듯이 유방향 네트워크를 대상으로 무방향 사이중심성 통계치를 계산할 때 단순히 directed=FALSE 옵션을 지정하는 것만으로는 igraph::betweenness() 함수 추정결과와 statnet/sna 패키지의 betweenness() 함수의 출력결과가 다를 수 있습니다.

```
> adj_ud_between <- igraph::betweenness(eies_messages,directed=FALSE,
+                   weights=rep(1,Lnode))
> adj_ud_between2 <- igraph::betweenness(eies_messages2,directed=FALSE,
+                    weights=rep(1,Lnode2))
> round(adj_ud_between,5)==round(betweenness(eies,gmode='digraph',cmode='undirected'),5)
 [1] FALSE FALSE FALSE FALSE FALSE FALSE  TRUE FALSE FALSE FALSE FALSE FALSE
[13]  TRUE FALSE FALSE FALSE FALSE FALSE FALSE FALSE FALSE FALSE FALSE FALSE
[25] FALSE  TRUE FALSE FALSE FALSE FALSE FALSE FALSE
> round(adj_ud_between2,5)==round(betweenness(eies,gmode='digraph',cmode='undirected'),5)
 [1] TRUE TRUE TRUE TRUE TRUE TRUE TRUE TRUE TRUE TRUE TRUE TRUE TRUE TRUE
[15] TRUE TRUE TRUE TRUE TRUE TRUE TRUE TRUE TRUE TRUE TRUE TRUE TRUE TRUE
[29] TRUE TRUE TRUE TRUE
```

다음으로는 무방향 네트워크, 즉 flo_marriage 오브젝트를 대상으로 사이중심성 지수를 계산해보겠습니다. 무방향 네트워크라면 directed=FALSE 옵션을 지정하여 igraph::betweenness() 함수를 통해 statnet 패키지 접근방식으로 얻은 사이중심성 통계치와 동일한 결과를 얻을 수 있습니다. eies_messages 오브젝트와 달리 flo_marriage 오브젝트의 경우 링크가중 변수가 존재하지 않기 때문에 weights 옵션을 고려할 필요가 없습니다.

```
> # 무방향 일원네트워크의 경우
> igraph::betweenness(flo_marriage,directed=FALSE)
   Acciaiuoli      Albizzi    Barbadori     Bischeri   Castellani       Ginori
     0.000000    19.333333     8.500000     9.500000     5.000000     0.000000
     Guadagni Lamberteschi       Medici        Pazzi      Peruzzi        Pucci
    23.166667     0.000000    47.500000     0.000000     2.000000     0.000000
      Ridolfi     Salviati      Strozzi   Tornabuoni
    10.333333    13.000000     9.333333     8.333333
> all(igraph::betweenness(flo_marriage,directed=FALSE)==
```

```
+       betweenness(flo,gmode='graph',cmode='undirected'))
[1] TRUE
```

살펴보았듯이 사이중심성 지수를 계산할 경우에도 어떤 패키지를 사용하는지, 그리고 사용하는 패키지에서는 어떤 방식으로 사이중심성을 계산하였는지를 섬세하게 밝히지 않으면 불필요한 혼란과 오해를 낳을 수 있습니다.

사이중심성 지수의 활용 및 연결중심성 지수와의 비교

앞에서 소개한 연결중심성이나 근접중심성과 마찬가지로 사이중심성의 경우도 노드 수준 변수로 저장하여 추후 분석에 활용하기도 합니다. flo 데이터에 대해서 사이중심성 지수를 계산한 후 노드수준에서 사이중심성과 연결중심성의 관계를 시각화해봅시다. 앞에서와 마찬가지로 네트워크 통계치에서 종종 나타나는 우편향 분포(right-skewed distribution)를 조정하기 위해 두 지수에 대해 로그변환을 적용하였습니다.

```
> # 사이중심성과 연결중심성 비교
> flo %v% 'BC' <- betweenness(flo,gmode='graph',cmode='undirected')
> df_flo <- as.data.frame(flo, unit="vertice") %>%
+ mutate(lgdegree=log(0.5+degree),lgbetw=log(BC+0.5)) # 로그변환
> cor.test(~lgdegree+lgbetw, df_flo)

        Pearson's product-moment correlation

data: lgdegree and lgbetw
t = 7.407, df = 13, p-value = 5.142e-06
alternative hypothesis: true correlation is not equal to 0
95 percent confidence interval:
 0.7172108 0.9663171
sample estimates:
      cor
0.8991321
```

두 지수의 피어슨 상관계수는 $r = .90$으로 매우 긴밀하게 연결된 것을 확인할 수 있습니다. 그렇다면 두 지수는 거의 동일한 것일까요? 그렇지 않습니다. [그림 5-4]의 산점도를 보면 꽤 흥미로운 점을 발견할 수 있습니다. 앞서 나온 [그림 5-1]을 보면 Medici와

Strozzi 가문은 재력과 연결중심성 지수가 엇비슷한 정도로 높습니다. 그러나 [그림 5-3] 을 보면, Medici 가문의 사이중심성은 Strozzi 가문의 사이중심성보다 월등히 높습니다. 즉 Strozzi 가문의 경우 재력과 연결중심성은 높지만 사이중심성은 낮은 반면, Medici 가문은 재력, 연결중심성, 사이중심성이 모두 높습니다. 이러한 특성은 이탈리아 르네상스 시기를 대표하는 플로렌스의 정치세력으로 왜 메디치 가문이 유명한지를 잘 보여줍니다. 즉 메디치 가문의 권력은 '돈'이라는 개별속성은 물론 여러 다른 가문들과의 '혼인관계', 다른 가문들의 연결 네트워크를 통제할 수 있었던 중재자 역할을 모두 가지고 있는 데서 나왔다고 볼 수 있습니다.

```
> df_flo %>%
+ ggplot(aes(x=lgdegree,y=lgbetw))+
+ geom_point(size=3, colour='pink')+
+ geom_text_repel(aes(label=vertex.names))+
+ geom_text(aes(x=1.7,y=-.5,label='r = .90, p < .001'),colour='blue')+
+ labs(x='Degree centrality (log-transformed)',
+      y='Betweenness centrality\n(log-transformed)\n')+
+ theme_bw()
```

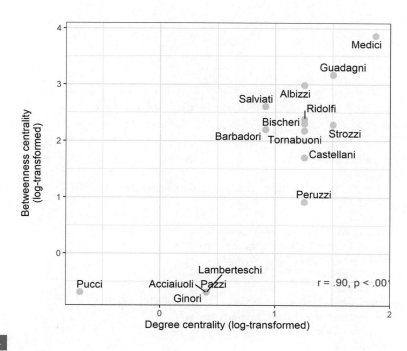

그림 5-4

1-4 보나시키 권력중심성 지수 계산

지금까지 소개한 연결중심성, 근접중심성, 사이중심성 지수는 네트워크 분석에서 가장 널리 사용되는 유명한 중심성 통계치입니다. 이 지수들은 사회과학분과는 물론 네트워크 분석을 활용하는 다른 학문분과에서도 널리 사용됩니다.

다음으로 소개할 보나시키 권력중심성(Bonacich's power centrality, C_P; Bonacich, 1987) 지수는 사회과학분과에서만 주로 사용됩니다. 그러나 권력중심성 지수는 상당히 흥미롭고, 무엇보다 네트워크에서 유통되는 자원의 속성을 지수계산에 반영할 수 있다는 점에서 유용성이 높습니다. [그림 5-5][4]와 같이 동일한 네트워크 형태를 갖는 2가지 사례를 살펴봅시다. 네트워크를 통해 유통되는 자원이 서로 다르며, 따라서 A노드가 갖는 권력(power)에 대한 평가가 달라지는 것이 자연스럽습니다. 우선 왼쪽 네트워크에서는 권력의 위계(hierarchy)라는 점에서 A를 권력자라고 보는 것이 타당합니다. 반면 오른쪽 네트워크의 경우 A는 일방적으로 경제적 착취를 당하는 사람입니다. 그러나 B는 두 네트워크 모두에서 중개자(gatekeeper) 역할을 행사하면서 자원배분을 통제하는 일정 수준의 권력을 행사할 수 있는 존재입니다.

---

4 아래와 같은 방식으로 네트워크를 시각화하였습니다. 네트워크 시각화에 대한 보다 자세한 설명은 7장에 제시되어 있습니다.

```
> # 각주
> mygraph <- data.frame(i=c("A","B","B"),j=c("B","C","D"))
> mygraph <- network(mygraph)
> png("P1_Ch05_Fig04.png",width=16,height=10,units="cm",res=300)
> par(mfrow=c(1,2))
> set.seed(20221225)
> plot(mygraph, label="vertex.names",edge.label="하사금", #라벨표시
+       vertex.col=c("red","blue","green","green"),
+       vertex.cex=4,vertex.sides=50, #노드
+       arrowhead.cex=2)
> set.seed(20221225)
> plot(mygraph, label="vertex.names",edge.label="상납금", #라벨표시
+       vertex.col=c("red","blue","green","green"),
+       vertex.cex=4,vertex.sides=50, #노드
+       arrowhead.cex=2)
> dev.off()
```

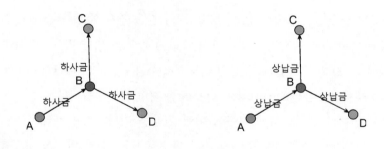

그림 5-5

보나시키 권력중심성 지수는 계산공식에 네트워크에서 유통되는 자원의 특성을 반영할 수 있습니다. 구체적으로 보나시키 권력중심성 지수에는 α와 β라는 2개의 모수가 포함됩니다. 공식을 행렬로 표기할 수밖에 없기 때문에 복잡하지만, 권력중심성 지수는 다음과 같습니다. 공식에서 I는 단위행렬(identity matrix)을 의미하며, A는 네트워크(그래프) 행렬을, $A1$는 행렬 A의 첫 번째 세로줄을 의미합니다.

$$C_P(\alpha, \beta) = \alpha(I-\beta A)^{-1}A1$$

공식에 제시된 모수 α와 β는 연구자가 연구목적에 따라 변경할 수 있습니다. 여기서 α는 스케일링 모수(scaling parameter)라고 부르고, β는 감소율(rate of decay) 모수라고 부릅니다. α는 계산된 권력중심성 지수를 스케일링하는 역할에 머무르기 때문에 이해하는 것이 그리 어렵지 않습니다. 일단 현재 statnet/sna 패키지와 igraph 패키지에서는 권력중심성 지수를 계산할 수 있는 bonpow() 함수를 제공합니다(두 함수는 이름은 물론 디폴트 옵션들도 동일한 것으로 알고 있습니다). 이 함수에서는 보나시키(Bonacich, 1987)의 제안을 따라 $\alpha = 1$로 설정하고 있습니다(여기서 $\alpha = 1$이라는 의미는 권력중심성 점수의 제곱합이 네트워크의 규모, 즉 노드 개수와 동일하도록 설정한다는 의미입니다).

반면 β는 부호(sign)와 규모(magnitude)에 따라 권력중심성 지수값이 달라지도록 만드는 핵심 모수입니다. 본질적으로 β 모수는 부호가 +인 경우 해당 노드의 권력중심성이 높아지고, −인 경우 권력중심성이 낮아집니다. 또한 β 모수의 규모(즉, 절댓값)가 커질수록 특정 노드의 영향력이 링크를 건너가더라도 감소율(rate of decay)이 낮아지도록 조정한다는 것을 의미합니다(다시 말해, 특정 노드의 영향력이 네트워크 전반으로 크게 확산된다는 것을 의미). bonpow() 함수에서는 exponent 옵션을 통제·조정할 수 있습니다(디폴트는

'1'입니다). 앞서 살펴본 그림에서 왼쪽 네트워크와 같을 경우 양수(+)를, 오른쪽 네트워크와 같을 경우 음수(-)를 지정하면 되는데, 절댓값이 클수록 외향링크를 발산하는 노드의 권력중심성이 더 크게 계산됩니다. $A1$의 아이겐값(λ)이 $\beta = \dfrac{1}{\lambda_{(A1)}}$과 같은 관계를 갖는 경우, 흔히 아이겐벡터중심성(eigenvector centrality) 지수라고 부릅니다.

β 모수의 변화가 권력중심성 지수에 어떤 영향을 미치는지에 대해 살펴보겠습니다. 앞에서 제시한 네트워크에 대해 0.10을 기본 단위로 [-1, +1]의 범위를 갖도록 β 모수를 변화시키면서 각 노드별 권력중심성 지수의 변화를 살펴보겠습니다. 앞서 소개한 3가지 중심성 지수들을 계산할 때 적용한 함수들과 마찬가지로 bonpow() 함수에도 네트워크의 방향성 유무에 맞게 gmode 옵션을 정의합니다. for(){} 구문을 활용하여 β 모수 변화에 따른 권력중심성 지수의 변화 패턴을 시각화하면 [그림 5-6]과 같습니다.

```
> MYBETAS <- 0.1*(-10:10)  # beta 모수의 조건
> myresult <- data.frame()  # 틀을 생성하고
> for (mybeta in MYBETAS){
+ temp <- data.frame(t(as.matrix(bonpow(tempg,exponent=mybeta))))
+ myresult <- bind_rows(myresult,temp)
+ }  # 반복계산
> myresult <- myresult %>% mutate(beta=MYBETAS)
> head(myresult)
          A         B C D beta
1 -0.8944272  1.788854 0 0 -1.0
2 -0.7427814  1.856953 0 0 -0.9
3 -0.5746958  1.915653 0 0 -0.8
4 -0.3922323  1.961161 0 0 -0.7
5 -0.1990074  1.990074 0 0 -0.6
6  0.0000000  2.000000 0 0 -0.5
> # beta 모수 변화에 따른 권력중심성 지수의 변화
> myresult %>% pivot_longer(cols=c("A","B","C","D")) %>%
+ ggplot(aes(x=beta, y=value,shape=name))+
+ geom_point(size=2)+
+ geom_line()+
+ theme_bw()+
+ labs(x="parameter ",
+     y="Bonacich's power centrality\n",
+     shape="Node")
```

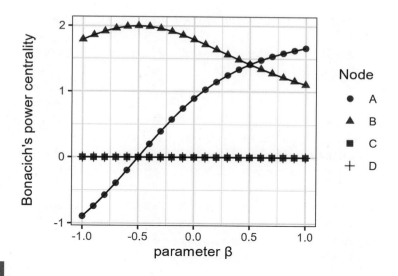

그림에서 잘 드러나듯 노드 A의 권력중심성 변화가 매우 두드러집니다. 즉 [그림 5-5]의 왼쪽 네트워크와 같이 네트워크에서 유통되는 자원이 많을수록 권력이 강하다고 볼 수 있는 상황이라면 $\beta = 1$이 더 타당하고, 오른쪽 네트워크처럼 네트워크에서 유통되는 자원이 많을수록 권력이 약한 상황이라면 $\beta = -1$이 더 타당합니다.

이제 예시 데이터를 대상으로 권력중심성 지수를 계산해봅시다. 먼저 유방향 네트워크를 대상으로 권력중심성 지수를 계산합니다. statnet/sna 패키지의 bonpow() 함수를 활용하는 방법은 아래와 같습니다. eies 데이터에 대해 β 모수를 디폴트로 설정하여 ($\beta = 1$, 즉 exponent=1) 계산한 권력중심성 지수는 다음과 같습니다. 또한 동일한 이름의 igraph::bonpow() 함수도 동일한 결과를 산출한다는 것을 확인할 수 있습니다.

```
> # 유방향 네트워크
> # statnet
> bonpow(eies,gmode='digraph',exponent=1)
           1            2            3            4            5            6
 -0.60589876  -1.30538205  -0.91631229   1.01677924   0.03878735   0.03872181
           7            8            9           10           11           12
 -0.33176542  -0.32507964  -1.72842147   0.53825441  -1.03015080  -0.07470703
          13           14           15           16           17           18
 -0.92190016   0.09355175  -2.29890855   0.46852894   0.49163420  -0.98903653
          19           20           21           22           23           24
```

```
   0.64609537  -1.59354243  -0.94051547  -0.57627158  -0.70208878  -0.60589876
            25           26           27           28           29           30
   0.57001186  -1.31190397  -2.15816306   0.29602600  -1.53305906   1.09569766
            31           32
  -0.60589876   0.40852079
> # igraph
> igraph::bonpow(eies_messages,exponent=1) #디폴트는 동일함.
 [1] -0.60589876 -1.30538205 -0.91631229  1.01677924  0.03878735  0.03872181
 [7] -0.33176542 -0.32507964 -1.72842147  0.53825441 -1.03015080 -0.07470703
[13] -0.92190016  0.09355175 -2.29890855  0.46852894  0.49163420 -0.98903653
[19]  0.64609537 -1.59354243 -0.94051547 -0.57627158 -0.70208878 -0.60589876
[25]  0.57001186 -1.31190397 -2.15816306  0.29602600 -1.53305906  1.09569766
[31] -0.60589876  0.40852079
> all(round(bonpow(eies,gmode='digraph',exponent=1),5)==
+       round(igraph::bonpow(eies_messages,exponent=1),5))
[1] TRUE
```

다음으로 무방향 네트워크를 대상으로 권력중심성 지수를 계산해봅시다. 유방향 네트워크 데이터와 비슷하게 무방향 네트워크인 flo 및 flo_marriage 데이터에 대해서도 권력중심성 지수를 계산할 수 있습니다. 그러나 네트워크의 방향성이 존재하지 않는다는 점에서 exponent 옵션(β)을 1로 설정하는 것은 적절하지 않을 수 있습니다. 아마도 가장 안전한 선택은 '0'일 것입니다. 아무튼 exponent=0으로 설정하여 권력중심성 지수를 계산하면 아래와 같습니다. 출력결과를 보면 다른 가문들과 비교하여 Medici 가문의 권력중심성 점수가 가장 높은 것을 확인할 수 있습니다.

```
> # 무방향 네트워크
> # statnet
> bonpow(flo,gmode='graph',exponent=0)
   Acciaiuoli      Albizzi    Barbadori     Bischeri   Castellani       Ginori
    0.3455474    1.0366421    0.6910947    1.0366421    1.0366421    0.3455474
     Guadagni Lamberteschi       Medici        Pazzi      Peruzzi        Pucci
    1.3821895    0.3455474    2.0732842    0.3455474    1.0366421    0.0000000
      Ridolfi     Salviati      Strozzi   Tornabuoni
    1.0366421    0.6910947    1.3821895    1.0366421
> # igraph
> igraph::bonpow(flo_marriage,exponent=0)
   Acciaiuoli      Albizzi    Barbadori     Bischeri   Castellani       Ginori
    0.3455474    1.0366421    0.6910947    1.0366421    1.0366421    0.3455474
```

Guadagni	Lamberteschi	Medici	Pazzi	Peruzzi	Pucci
1.3821895	0.3455474	2.0732842	0.3455474	1.0366421	0.0000000
Ridolfi	Salviati	Strozzi	Tornabuoni		
1.0366421	0.6910947	1.3821895	1.0366421		

권력중심성 지수의 활용 및 다른 중심성 지수들과의 비교

다음으로 β 옵션 변화에 따라 권력중심성 지수가 어떻게 다르게 나타나며, 앞서 소개한 다른 노드수준 통계치들과 어떤 관련을 보이는지를 살펴봅시다. 먼저 $\beta = 1.00$, $\beta = 0.50$, $\beta = 0.00$의 3가지 조건에서 권력중심성 통계치를 계산한 후 각각 노드수준 변수로 저장하고 다른 중심성 지수들과의 상관계수를 계산해보았습니다.

```
> # 앞에서 소개한 사이중심성 지수들 저장
> eies %v% 'BC_uwt' <- betweenness(eies,gmode='digraph',cmode="directed")
> eies %v% 'BC_wgt' <- igraph::betweenness(eies_messages,directed=TRUE)
> # exponent 옵션별 권력중심성 통계치 계산
> eies %v% 'BP0' <- bonpow(eies,gmode='digraph',exponent=0)
> eies %v% 'BP5' <- bonpow(eies,gmode='digraph',exponent=0.5)
> eies %v% 'BP1' <- bonpow(eies,gmode='digraph',exponent=1)
> df_eies <- as.data.frame(eies,unit="vertice")
> cormat <- df_eies %>% select(BP0,BP5,BP1,inDC_uwt:BC_wgt) %>%
+ as.matrix() %>% Hmisc::rcorr()
> round(cormat$r[,1:3],2) # correlation coefficient
          BP0   BP5   BP1
BP0      1.00 -0.01  0.04
BP5     -0.01  1.00  0.02
BP1      0.04  0.02  1.00
inDC_uwt 0.81 -0.05 -0.03
otDC_uwt 1.00 -0.01  0.04
ttDC_uwt 0.97 -0.03  0.02
inDC_wgt 0.74  0.03 -0.13
otDC_wgt 0.73  0.01 -0.13
ttDC_wgt 0.74  0.02 -0.13
otCC_uwt 0.99 -0.02  0.00
ttCC_uwt 0.97 -0.05 -0.04
otCC_wgt 0.36  0.26  0.32
ttCC_wgt 0.38  0.12  0.26
BC_uwt   0.75 -0.07 -0.16
BC_wgt   0.43  0.14  0.32
> round(cormat$P[,1:3],3) # p-value for correlation coefficient
```

	BP0	BP5	BP1
BP0	NA	0.950	0.814
BP5	0.950	NA	0.896
BP1	0.814	0.896	NA
inDC_uwt	0.000	0.803	0.891
otDC_uwt	0.000	0.950	0.814
ttDC_uwt	0.000	0.888	0.922
inDC_wgt	0.000	0.869	0.494
otDC_wgt	0.000	0.949	0.490
ttDC_wgt	0.000	0.914	0.489
otCC_uwt	0.000	0.907	0.985
ttCC_uwt	0.000	0.806	0.838
otCC_wgt	0.041	0.153	0.075
ttCC_wgt	0.032	0.528	0.152
BC_uwt	0.000	0.698	0.382
BC_wgt	0.015	0.454	0.071

상관계수 분석을 통해 알 수 있듯이 예시 데이터와 같은 유방향 네트워크의 경우 $\beta = 0$으로 설정하면 권력중심성 지수가 통상적으로 널리 활용되는 3가지 중심성 지수들 (연결중심성, 근접중심성, 사이중심성)과 매우 유사합니다. 즉 네트워크의 자원이 시작되는 노드의 영향력을 극소화하는 방식을 택할 경우에는 통상적인 중심성 지수들과 뚜렷한 상관관계를 보이는 것을 알 수 있습니다. 반면 통상적으로 채택되는 $\beta = 1.00$인 경우(네트 워크의 자원이 시작되는 노드의 영향력을 극대화할 경우)에는 연결중심성, 근접중심성, 사이 중심성 지수들과 별다른 연관성을 보이지 않습니다.

$\beta = 0$과 $\beta = 1.00$인 상황에서의 권력중심성 지수들이 어떠한지를 산점도로 살펴봅시 다. [그림 5-7]은 네트워크 구조에서의 노드의 권력위상을 보여줍니다. 예를 들어 19번 노 드(즉 $\beta = 1.00$인 상황에서는 권력중심성 지수가 높지만, $\beta = 0$에서는 권력중심성 지수가 높지 않은 상황)와 29번 노드(즉 $\beta = 1.00$인 상황에서는 권력중심성 지수가 낮지만, $\beta = 0$에서는 권 력중심성 지수가 높은 상황)는 네트워크 자원을 어떻게 개념화하는가에 따라 그 평가가 달 라질 것입니다.

```
> df_eies %>%
+ mutate(
+  discname = factor(Discipline,
+                    labels=c("Sociology","Anthropology","Math/Stat","Etc.")
```

```
+   )) %>%
+ ggplot()+
+ geom_point(aes(x=BP0,y=BP1,colour=discname),size=5,alpha=0.7)+
+ geom_text(aes(x=BP0,y=BP1,label=vertex.names),size=3)+
+ labs(x="Bonacich's power centrality\n(parameter  = 0)",
+      y="Bonacich's power centrality\n(parameter  = 1)",
+      colour="Discipline")+
+ theme_bw()
```

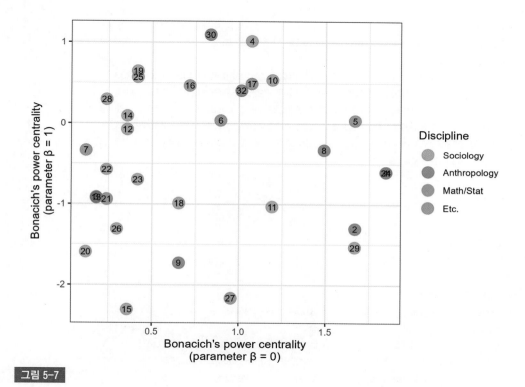

그림 5-7

1-5 페이지랭크 중심성 지수 계산

끝으로 소개할 노드수준 중심성 통계치는 페이지랭크 중심성(PageRank centrality) 지수입니다. 이름에서도 잘 드러나지만 페이지랭크 중심성은 구글 검색엔진 알고리즘으로 유명한 '페이지랭크 알고리즘(PageRank algorithm)'(Brin & Page, 1998)을 네트워크 분석에 적용하여 얻은 알고리즘입니다. 페이지랭크 중심성 지수는 사회과학 분야에서는 널리 활용되지 않는 것으로 알고 있습니다. 이 때문인지는 모르겠습니다만, statnet/sna 패키지에는 페이지랭크 중심성 지수를 계산하는 내장함수가 없습니다. 대신 igraph 패키지의 **page_rank()** 함수를 이용하면 페이지랭크 중심성을 쉽게 계산할 수 있습니다. 페이지랭크 중심성의 경우도 네트워크의 방향성에 따라 적절한 옵션을 설정해야 합니다. 유방향 네트워크의 경우 directed=TRUE를 설정하고(디폴트), 무방향 네트워크의 경우 directed=FALSE를 설정하면 됩니다.

```
> # 유방향 네트워크
> igraph::page_rank(eies_messages,directed=TRUE)
$vector
 [1] 0.154577901 0.070003615 0.011253272 0.024729849 0.008808483 0.016987228
 [7] 0.010629597 0.077223186 0.024059475 0.025222253 0.046296886 0.013509355
[13] 0.012496269 0.015008202 0.018064343 0.025253866 0.018829286 0.015715236
[19] 0.015913069 0.009279446 0.013549812 0.017304149 0.010954135 0.040030407
[25] 0.010853085 0.011964928 0.023926252 0.009463621 0.092425713 0.023518797
[31] 0.071550182 0.060598103

$value
[1] 1

$options
NULL

> # 무방향 네트워크
> igraph::page_rank(flo_marriage,directed=FALSE)
$vector
  Acciaiuoli      Albizzi    Barbadori     Bischeri   Castellani
  0.03035390   0.07833886   0.04980296   0.06818000   0.06864374
      Ginori     Guadagni  Lamberteschi       Medici        Pazzi
  0.03209700   0.09742360   0.03060350   0.14437347   0.03569690
     Peruzzi        Pucci      Ridolfi     Salviati      Strozzi
  0.06720328   0.00990099   0.06888541   0.06069627   0.08722618
  Tornabuoni
  0.07057395

$value
[1] 1

$options
NULL
```

출력결과에서 vector라는 이름의 하위 오브젝트가 바로 페이지랭크 중심성 지수입니다. 계산된 페이지랭크 중심성 지수를 eies 데이터에 반영한 후, 앞에서 계산했던 중심성 지수들과의 상관계수를 계산하면 다음과 같습니다.

```
> eies %v% 'PRC' <- eies_PRC$vector
> df_eies <- as.data.frame(eies,unit="vertice")
> names(df_eies)
 [1] "vertex.names"    "Citations"      "Discipline"     "inDC_uwt"
 [5] "otDC_uwt"        "ttDC_uwt"       "inDC_wgt"       "otDC_wgt"
 [9] "ttDC_wgt"        "otCC_uwt"       "ttCC_uwt"       "otCC_wgt"
[13] "ttCC_wgt"        "BC_uwt"         "BC_wgt"         "BP0"
[17] "BP5"             "BP1"            "PRC"
> cormat <- df_eies %>% select(PRC,inDC_uwt:BP1) %>%
+   as.matrix() %>% Hmisc::rcorr()
> data.frame(cor_coef=round(cormat$r[,1],2),
+       p_value=round(cormat$P[,1],3))
          cor_coef  p_value
PRC           1.00       NA
inDC_uwt      0.88    0.000
otDC_uwt      0.73    0.000
ttDC_uwt      0.82    0.000
inDC_wgt      1.00    0.000
otDC_wgt      0.99    0.000
ttDC_wgt      1.00    0.000
otCC_uwt      0.76    0.000
ttCC_uwt      0.74    0.000
otCC_wgt     -0.14    0.440
ttCC_wgt     -0.16    0.394
BC_uwt        0.93    0.000
BC_wgt       -0.02    0.927
BP0           0.73    0.000
BP5           0.00    0.983
BP1          -0.12    0.506
```

위의 상관계수 행렬은 페이지랭크 중심성 지수의 특징을 매우 잘 보여줍니다. 페이지랭크 중심성 지수는 다른 지수들에 비해 링크가중을 반영하지 않은 사이중심성 지수(BC, $r = .93$), 그리고 링크가중을 반영하지 않은 내향 연결중심성 지수(inDC, $r = .88$)와 밀접하게 연결되어 있습니다. 즉 다른 행위자들에게 많은 메시지를 받은 행위자일수록, 그리고 다른 행위자들을 서로 연결시키는 데 핵심적 역할을 하는 행위자일수록 페이지랭크 중심성 지수가 높게 나타납니다. 이는 페이지랭크 알고리즘이 추구하는 목적과 상당 부분 중첩됩니다.

❷ 이원네트워크 노드수준 통계치: 링크가중치가 없는 경우

다음으로 살펴볼 네트워크는 이원네트워크입니다. 여기서 살펴볼 이원네트워크는 데이비스 등(Davis et al., 1941/2022)이 저술한 사회인류학 고전인 《*Deep south*》의 7장(p. 148)에 소개된 간단한 이원네트워크 데이터입니다. 앞에서와 마찬가지로 statnet 패키지와 igraph 패키지 2가지 방식으로 이원네트워크 데이터를 대상으로 중심성 지수를 계산해 보겠습니다.

statnet 패키지 접근

이 데이터는 networkdata 패키지에 southern_women이라는 이름의 igraph 오브젝트로 저장되어 있습니다. 이원네트워크 데이터를 network 오브젝트로 바꾼 후 davis라는 이름으로 저장하여 살펴본 결과는 다음과 같습니다.

```
> davis <- intergraph::asNetwork(southern_women)
> davis # bipartite = FALSE 확인
Network attributes:
 vertices = 32
 directed = FALSE
 hyper = FALSE
 loops = FALSE
 multiple = FALSE
 bipartite = FALSE
 total edges= 89
  missing edges= 0
  non-missing edges= 89

Vertex attribute names:
  type vertex.names
```

No edge attributes
```
> davis %v% 'vertex.names' # 노드이름
 [1] "EVELYN"    "LAURA"    "THERESA"  "BRENDA"   "CHARLOTTE"  "FRANCES"
 [7] "ELEANOR"   "PEARL"    "RUTH"     "VERNE"    "MYRNA"      "KATHERINE"
[13] "SYLVIA"    "NORA"     "HELEN"    "DOROTHY"  "OLIVIA"     "FLORA"
[19] "6/27"      "3/2"      "4/12"     "9/26"     "2/25"       "5/19"
[25] "3/15"      "9/16"     "4/8"      "6/10"     "2/23"       "4/7"
[31] "11/21"     "8/3"
> davis %v% 'type' # 노드타입
 [1] FALSE FALSE FALSE FALSE FALSE FALSE FALSE FALSE FALSE FALSE FALSE FALSE
[13] FALSE FALSE FALSE FALSE FALSE FALSE TRUE  TRUE  TRUE  TRUE  TRUE  TRUE
[25] TRUE  TRUE  TRUE  TRUE  TRUE  TRUE  TRUE  TRUE
```

결과에 나타난 것처럼 davis 오브젝트의 bipartite 속성이 FALSE, 즉 일원네트워크로 입력되어 있습니다. 그러나 노드수준 속성변수에서 확인할 수 있듯 1~18번까지의 노드는 행위자(사람)를, 19~32번까지의 노드는 사건(행사)을 의미합니다. 그래서 우선 davis 오브젝트를 이원네트워크 속성을 갖도록 반영해야 합니다. 아래와 같이 set.network.attribute() 함수를 이용하면 davis 오브젝트의 bipartite 속성을 새로 설정할 수 있습니다.

```
> # 이원네트워크로 속성 설정
> set.network.attribute(davis, "bipartite", TRUE)
> davis # bipartite = TRUE 확인
Network attributes:
 vertices = 32
 directed = FALSE
 hyper = FALSE
 loops = FALSE
 multiple = FALSE
 bipartite = TRUE
 total edges= 89
  missing edges= 0
  non-missing edges= 89

Vertex attribute names:
  type vertex.names

No edge attribute
```

이원네트워크를 분석하는 가장 간단한 방법은 이원네트워크를 일원네트워크인 것처럼 분석하는 것입니다. 예를 들어 대부분의 분과에서 널리 사용되는 노드수준 통계치인 연결중심성(degree centrality), 근접중심성(closeness centrality), 사이중심성(betweenness centrality)을 계산하면 다음과 같습니다. 권력중심성(power centrality)이나 페이지랭크 중심성(PageRank centrality)도 물론 계산할 수 있지만 활용 빈도가 높지 않기에 여기서는 생략하였습니다.

```
> degree(davis,gmode='graph',cmode='freeman')
 [1]  8  7  8 7 4 4 4 3 4 4 4 6 7 8 5 2 2 2 3 3 6 4 8 8
[25] 10 14 12  5 4 6 3 3
> closeness(davis,gmode='graph',cmode='undirected')
 [1] 0.5166667 0.4696970 0.5166667 0.4696970 0.3875000 0.4305556 0.4305556
 [8] 0.4305556 0.4558824 0.4558824 0.4428571 0.4696970 0.5000000 0.5166667
[15] 0.4696970 0.4189189 0.3780488 0.3780488 0.3690476 0.3690476 0.3974359
[22] 0.3780488 0.4189189 0.4843750 0.5166667 0.5961538 0.5535714 0.3875000
[29] 0.3780488 0.3974359 0.3690476 0.3690476
> betweenness(davis,gmode='graph',cmode='undirected')
 [1]  42.9802009  22.8541379  38.9796350  22.0215369   4.7152628   4.7678826
 [7]   4.2026349   3.0261439   7.4684831   7.0032613   7.2732350  21.0764255
[13]  31.9105696  50.4903061  18.8624553   0.8693195   2.2492548   2.2492548
[19]   0.9737485   0.9440910   8.2374247   3.4813278  17.0378880  29.3873904
[25]  58.5347884 110.2063970 101.9321435   5.1719208   8.8887567   8.1785703
[31]   1.0127765   1.0127765
```

igraph 패키지 접근

igraph 패키지를 사용하는 것도 본질적으로 동일합니다. 다시 반복하면, statnet/sna 패키지 내장함수와 igraph 패키지 내장함수는 함수의 이름이 동일하지만 함수 옵션들의 디폴트가 매우 상이하기 때문에 주의가 필요합니다. 예를 들어 예시 네트워크의 경우 링크가중치가 존재하지 않지만 igraph 패키지의 igraph::closeness() 함수와 igraph::betweenness() 함수의 경우 링크가중치가 존재한다면, 이를 반영할지 여부에 대해 명확한 의사결정을 내린 후 노드수준의 중심성 지수들을 계산해야 합니다.

자기순환 노드가 존재한다면 statnet/sna 패키지의 degree() 함수와 igraph:: degree() 함수의 옵션 설정에 주의해야 하며, igraph::closeness() 함수의 경우 statnet/sna 패키지와 동일한 값을 얻기 위해서는 "(노드 개수 − 1)"을 곱해주어야 합니다. 또한 유방향 네트워크를 대상으로 igraph::betweenness() 함수를 사용하여 무방향(undirected) 사이중심성 지수를 계산하고자 할 경우, statnet/sna 패키지 접근방법과 동일한 결과를 얻기 위해서는 무방향 네트워크로 재설정한 후 계산해야 합니다.

```
> # igraph접근
> igraph::degree(southern_women, mode="all")
```

EVELYN	LAURA	THERESA	BRENDA	CHARLOTTE	FRANCES	ELEANOR
8	7	8	7	4	4	4
PEARL	RUTH	VERNE	MYRNA	KATHERINE	SYLVIA	NORA
3	4	4	4	6	7	8
HELEN	DOROTHY	OLIVIA	FLORA	6/27	3/2	4/12
5	2	2	2	3	3	6
9/26	2/25	5/19	3/15	9/16	4/8	6/10
4	8	8	10	14	12	5
2/23	4/7	11/21	8/3			
4	6	3	3			

```
> (igraph::vcount(southern_women)-1)*igraph::closeness(southern_women, mode="all")
```

EVELYN	LAURA	THERESA	BRENDA	CHARLOTTE	FRANCES	ELEANOR
0.5166667	0.4696970	0.5166667	0.4696970	0.3875000	0.4305556	0.4305556
PEARL	RUTH	VERNE	MYRNA	KATHERINE	SYLVIA	NORA
0.4305556	0.4558824	0.4558824	0.4428571	0.4696970	0.5000000	0.5166667
HELEN	DOROTHY	OLIVIA	FLORA	6/27	3/2	4/12
0.4696970	0.4189189	0.3780488	0.3780488	0.3690476	0.3690476	0.3974359
9/26	2/25	5/19	3/15	9/16	4/8	6/10
0.3780488	0.4189189	0.4843750	0.5166667	0.5961538	0.5535714	0.3875000
2/23	4/7	11/21	8/3			
0.3780488	0.3974359	0.3690476	0.3690476			

```
>igraph::betweenness(southern_women,directed=FALSE)
```

EVELYN	LAURA	THERESA	BRENDA	CHARLOTTE	FRANCES
42.9802009	22.8541379	38.9796350	22.0215369	4.7152628	4.7678826
ELEANOR	PEARL	RUTH	VERNE	MYRNA	KATHERINE
4.2026349	3.0261439	7.4684831	7.0032613	7.2732350	21.0764255
SYLVIA	NORA	HELEN	DOROTHY	OLIVIA	FLORA
31.9105696	50.4903061	18.8624553	0.8693195	2.2492548	2.2492548
6/27	3/2	4/12	9/26	2/25	5/19
0.9737485	0.9440910	8.2374247	3.4813278	17.0378880	29.3873904
3/15	9/16	4/8	6/10	2/23	4/7
58.5347884	110.2063970	101.9321435	5.1719208	8.8887567	8.1785703
11/21	8/3				
1.0127765	1.0127765				

이후 노드수준 데이터를 생성하고, 노드성격에 따라 각 중심성 지수들의 기술통계치를 구해 비교해보겠습니다.

```
> # 노드수준 변수로 저장
> davis %v% 'ttDC' <- degree(davis,gmode='graph',cmode='freeman')
> davis %v% 'CC' <- closeness(davis,gmode='graph',cmode='undirected')
> davis %v% 'BC' <- betweenness(davis,gmode='graph',cmode='undirected')
> # 노드수준 데이터 생성
> df_davis <- as.data.frame(davis, unit='vertice')
> fun_temp <- function(x){
+ MN=format(round(mean(x),2),nsmall=2)
+ SD=format(round(sd(x),2),nsmall=2)
+ MI=format(round(min(x),2),nsmall=2)
+ MA=format(round(max(x),2),nsmall=2)
+ str_c(MN,"(",SD,") [",MI,", ",MA,"]")
+ }
> df_davis %>% group_by(type) %>%
+ summarise(across(
+    .cols=ttDC:BC,
+    fun_temp
+ )) %>% pivot_longer(cols=ttDC:BC) %>%
+ arrange(name)
# A tibble: 6  3
 type    name   value
 <lgl>   <chr>  <chr>
1 FALSE   BC     16.28(15.74) [0.87, 50.49]
2 TRUE    BC     25.36(37.59) [0.94, 110.21]
3 FALSE   CC     0.45(0.04) [0.38, 0.52]
4 TRUE    CC     0.43(0.08) [0.37, 0.60]
5 FALSE   ttDC   4.94(2.13) [2.00, 8.00]
6 TRUE    ttDC   6.36(3.59) [3.00, 14.00]
```

위와 같은 분석결과가 어떤 의미가 있을지는 다소 의구심이 들 수 있습니다. 왜냐하면 이원네트워크에는 성격이 다른 2가지 노드가 존재하는데, 위와 같은 방식의 분석에서는 노드의 상이한 성격을 구분하지 않기 때문입니다.

따라서 보통은 이원네트워크를 연구목적에 따라 '행위자-행위자 네트워크', 즉 일원네트워크로 변환한 후 노드수준의 네트워크 통계치를 산출하는 것이 보통입니다. 그러나 이원네트워크를 일원네트워크로 전환할 경우 거의 언제나 가중치를 같이 고려해야 합니다. 예를 들어 P1과 P2는 하나의 사건을 같이 겪었고, P1과 P3는 4가지 사건을 같이 겪었다고 가정해봅시다. 직관적으로 우리는 P1이 P2보다 P3와 더 밀접하게 접촉했다고 생각할 것입니다. 즉 이원네트워크를 일원네트워크로 전환할 경우 '접촉 여부'가 아닌 '접촉량'으로 고려하는 것이 더 타당하고, '링크가중'을 분석과정에 고려할 필요가 있습니다.

링크가중을 고려할 경우 statnet/sna 패키지 접근방법보다는 igraph 패키지 접근방법이 월등하게 편합니다. 앞에서 설명한 바와 같이 링크가중된 연결중심성 지수는 igraph::strength() 함수의 weight 옵션에, 링크가중된 근접중심성 지수와 사이중심성 지수는 각각 igraph::closeness() 함수와 igraph::betweenness() 함수의 weight 옵션에 링크가중 변수를 지정하는 방식을 취하면 됩니다. 예를 들어 앞서 살펴본 southern_women 이원네트워크를 '행위자-행위자 네트워크', '사건-사건 네트워크'로 각각 변환한 후 링크가중을 고려한 연결중심성, 근접중심성, 사이중심성 지수들을 계산하는 방법은 아래와 같습니다.

```
> ptpnet <- igraph::bipartite_projection(southern_women)$proj1
> ptpnet
IGRAPH 081a7bb UNW- 18 139 --
+ attr: name (v/c), weight (e/n)
+ edges from 081a7bb (vertex names):
 [1] EVELYN--LAURA      EVELYN--BRENDA     EVELYN--THERESA    EVELYN--CHARLOTTE
 [5] EVELYN--FRANCES    EVELYN--ELEANOR    EVELYN--RUTH       EVELYN--PEARL
 [9] EVELYN--NORA       EVELYN--VERNE      EVELYN--MYRNA      EVELYN--KATHERINE
[13] EVELYN--SYLVIA     EVELYN--HELEN      EVELYN--DOROTHY    EVELYN--OLIVIA
[17] EVELYN--FLORA      LAURA --BRENDA     LAURA --THERESA    LAURA --CHARLOTTE
[21] LAURA --FRANCES    LAURA --ELEANOR    LAURA --RUTH       LAURA --PEARL
[25] LAURA --NORA       LAURA --VERNE      LAURA --SYLVIA     LAURA --HELEN
[29] LAURA --MYRNA      LAURA --KATHERINE  LAURA --DOROTHY
+ ... omitted several edges
> etenet <- igraph::bipartite_projection(southern_women)$proj2
> etenet
IGRAPH 081d74d UNW- 14 66 --
+ attr: name (v/c), weight (e/n)
+ edges from 081d74d (vertex names):
 [1] 6/27--3/2    6/27--4/12   6/27--9/26   6/27--2/25   6/27--5/19   6/27--9/16
 [7] 6/27--4/8    6/27--3/15   3/2 --4/12   3/2 --9/26   3/2 --2/25   3/2 --5/19
[13] 3/2 --9/16   3/2 --4/8    3/2 --3/15   4/12--9/26   4/12--2/25   4/12--5/19
[19] 4/12--9/16   4/12--4/8    4/12--3/15   9/26--2/25   9/26--5/19   9/26--9/16
[25] 9/26--4/8    9/26--3/15   2/25--5/19   2/25--9/16   2/25--4/8    2/25--3/15
```

```
[31] 5/19--9/16    5/19--4/8    5/19--3/15    5/19--6/10    5/19--2/23    5/19--4/7
[37] 5/19--11/21   5/19--8/3    3/15--9/16    3/15--4/8     3/15--4/7     3/15--6/10
[43] 3/15--11/21   3/15--8/3    3/15--2/23    9/16--4/8     9/16--4/7     9/16--6/10
+ ... omitted several edges
> # 연결중심성
> igraph::strength(ptpnet)
    EVELYN     LAURA   THERESA    BRENDA   CHARLOTTE   FRANCES   ELEANOR
        50        45        57        46          24        32        36
     PEARL      RUTH     VERNE     MYRNA   KATHERINE    SYLVIA      NORA
        31        40        38        33          37        46        43
     HELEN   DOROTHY    OLIVIA     FLORA
        34        24        14        14
> igraph::strength(etenet)
 6/27  3/2  4/12  9/26  2/25  5/19  3/15  9/16  4/8  6/10  2/23  4/7
   19   20    32    23    38    41    48    59   46    25    13   28
11/21  8/3
   18   18
> # 근접중심성
> # 필요시 조정할 필요가 있지만 링크가중을 고려하면 굳이 statnet 방식에 맞출 필요는 없을 듯
> igraph::closeness(ptpnet)
       EVELYN        LAURA      THERESA       BRENDA    CHARLOTTE      FRANCES      ELEANOR
   0.02941176   0.02857143   0.02631579   0.02857143   0.02857143   0.03571429   0.02941176
        PEARL         RUTH        VERNE        MYRNA    KATHERINE       SYLVIA         NORA
   0.03225806   0.02857143   0.03333333   0.03448276   0.03448276   0.03333333   0.03125000
        HELEN      DOROTHY       OLIVIA        FLORA
   0.03703704   0.03846154   0.04166667   0.04166667
> igraph::closeness(etenet)
         6/27          3/2         4/12         9/26         2/25         5/19         3/15
   0.02564103   0.02500000   0.01724138   0.02325581   0.01492537   0.02941176   0.02631579
         9/16          4/8         6/10         2/23          4/7        11/21          8/3
   0.02500000   0.02564103   0.02272727   0.02777778   0.02173913   0.02631579   0.02631579
> # 사이중심성
> igraph::betweenness(ptpnet)
       EVELYN        LAURA      THERESA       BRENDA    CHARLOTTE      FRANCES
   0.09090909   0.45238095   0.09090909   0.45238095   2.08333333   7.86904762
      ELEANOR        PEARL         RUTH        VERNE        MYRNA    KATHERINE
   0.61904762   0.09090909   0.09090909   2.51114719   7.30719697   7.30719697
       SYLVIA         NORA        HELEN      DOROTHY       OLIVIA        FLORA
   2.51114719   1.48571429   8.38966450  13.02472944  18.53474026  18.53474026
> igraph::betweenness(etenet)
         6/27          3/2         4/12         9/26         2/25         5/19         3/15
    3.7595238    1.9166667    0.0000000    0.0000000    0.0000000   22.8142857    2.2500000
         9/16          4/8         6/10         2/23          4/7        11/21          8/3
    1.0833333    9.6666667    0.0000000    7.2190476    0.0000000    0.8761905    0.8761905
```

❸ 이원네트워크 노드수준 통계치: 링크가중치가 존재하는 경우

끝으로 링크가중치가 존재하는 이원네트워크의 노드수준 통계치를 계산해봅시다. 구체적으로 edge_df 오브젝트에서 첫 번째 세로줄 i를 연구자, 두 번째 세로줄 j를 학회, 세 번째 세로줄 w를 발표 논문수라고 가정해봅시다. 5번 연구자는 7번 학회에서 1편의 논문을 발표했지만, 1번 연구자는 7번 학회에서 2편의 논문을 발표했습니다. 다시 말해 5번 연구자에 비해 1번 연구자가 7번 학회에 더 열심히 참여했다고 볼 수 있습니다. 이렇게 구성된 링크가중된 이원네트워크를 시각화하면 [그림 5-8][5]과 같습니다.

```
> #링크가중된 이원네트워크 예시 데이터 생성
> set.seed(1)
> edge_df <- data.frame(i=1:5,
+                        j=6:8,
+                        w=sample(c(0:3),size=5*3,replace=TRUE)) %>%
+ filter(w>0) %>% arrange(i,j)
> edge_df
  i j w
1 1 7 2
2 2 6 2
3 2 7 3
```

---

5 아래와 같은 방식으로 네트워크를 시각화하였습니다. 네트워크 시각화에 대한 보다 자세한 설명은 7장에 제시되어 있습니다.

```
> #각주
> png("P1_Ch05_Fig08.png",width=12,height=12,units="cm",res=300)
> set.seed(20221225)
> w2mode <- network(edge_df,bipartite=TRUE,directed=FALSE)
> w2mode %v% "Nname" <- c(str_c("P",1:5),str_c("E",1:3))
> w2mode %v% "Nside" <- c(rep(4,5),rep(50,3))
> w2mode %e% 'w2' <- 10*(w2mode %e% 'w')
> plot(w2mode,label="Nname",
+      edge.col='w2',edge.label="w",
+      edge.lwd="w2",vertex.border=0,
+      vertex.sides="Nside",vertex.col="grey60",vertex.cex=5)
> dev.off()
```

```
4 2 8 2
5 3 7 2
6 3 8 2
7 4 8 1
8 5 6 1
9 5 7 1
```

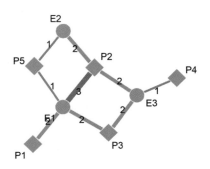

그림 5-8

앞서 살펴본 링크가중 없는 이원네트워크 분석방법과 마찬가지로 링크가중된 이원
네트워크를 분석하는 방법도 2가지로 구분됩니다. 첫째, 링크가중된 이원네트워크를 일
원네트워크인 것으로 간주하여 분석하는 것입니다. 둘째, 링크가중된 이원네트워크를
'행위자-행위자 네트워크' 혹은 '사건-사건 네트워크'와 같은 일원네트워크로 변환한 후
분석하는 것입니다.

첫 번째 방식으로 링크가중된 이원네트워크를 분석하는 가장 효율적인 방법은
igraph 패키지 내장함수들을 활용하는 것입니다. igraph::graph_from_data_
frame() 함수를 이용하여 edge_df를 igraph 오브젝트로 저장한 후, bipartite_
projection() 이원네트워크로 변환하는 과정은 아래와 같습니다.

```
> igw2m <- igraph::graph_from_data_frame(edge_df,directed=FALSE)
> igw2m # UN--, 즉 Bipartite network 아님
IGRAPH d9305be UN-- 8 9 --
+ attr: name (v/c), w (e/n)
+ edges from d9305be (vertex names):
[1] 1--7 2--6 2--7 2--8 3--7 3--8 4--8 5--6 5--7
> igraph::V(igw2m)$type <- igraph::bipartite_projection(igw2m)$type
> igw2m # UN-B, 즉 Bipartite network 변환
IGRAPH d9305be UN-B 8 9 --
```

```
+ attr: name (v/c), type (v/l), w (e/n)
+ edges from d9305be (vertex names):
[1] 1--7 2--6 2--7 2--8 3--7 3--8 4--8 5--6 5--7
```

위에서 설정된 igw2m 오브젝트를 대상으로 링크가중치를 반영한 노드수준 중심성 지수들을 계산하는 방법은 아래와 같습니다. 앞서 살펴본 방법과 본질적으로 크게 다르지 않습니다.

```
> # 링크가중치 반영 후 중심성 지수들 계산
> igraph::strength(igw2m, weight=igraph::E(igw2m)$w)
1 2 3 4 5 7 6 8
2 7 4 1 2 8 3 5
> igraph::closeness(igw2m, weight=igraph::E(igw2m)$w)
          1          2          3          4          5          7          6
0.03225806 0.04545455 0.04545455 0.03333333 0.04545455 0.05263158 0.04545455
          8
0.04166667
> igraph::betweenness(igw2m, weight=igraph::E(igw2m)$w)
1 2 3 4 5 7 6 8
0 3 5 0 3 9 2 7
```

두 번째 방식은 (링크가중치를 고려하지 않은 이원네트워크 분석과 마찬가지로) 링크가중 이원네트워크를 '행위자-행위자 네트워크'로 전환하거나 '사건-사건 네트워크'로 전환한 후 링크가중된 (일원)네트워크 분석기법들을 적용해보는 것입니다. 이때 한 가지 주목할 점이 있습니다. 링크가중치를 고려하지 않은 이원네트워크를 링크가중된 일원네트워크로 변환하면 변환된 네트워크는 무방향(undirected) 네트워크가 됩니다(앞서 살펴본 davis 오브젝트 혹은 southern_women 오브젝트의 경우). 그러나 링크가중된 이원네트워크를 링크가중된 일원네트워크로 변환하면 변환된 네트워크는 유방향(directed) 네트워크가 됩니다. 예를 들어 [그림 5-8]에서 P1과 P2의 관계에 집중해봅시다. 두 행위자 모두 사건 E1을 매개로 연결되어 있습니다. 그러나 P1-E1은 '2'의 강도로 연결된 반면, P2-E1은 '3'의 강도로 연결되어 있습니다. 즉 E1을 매개로 연결강도라는 측면에서 볼 때, 두 행위자의 연결강도는 비대칭적입니다.

안타깝게도 igraph::bipartite_projection() 함수는 링크가중된 이원네트워크를 일원네트워크로 변환할 때에 링크가중치를 반영하지 못합니다. 다시 말해

igraph::bipartite_projection() 함수는 링크가중되지 않은 이원네트워크의 경우에만 활용 가능합니다. 필자가 아는 범위 내에서 '링크가중된 이원네트워크(weighted two-mode network)'를 '링크가중된 일원네트워크(weighted one-mode network)'로 전환하는 방법은 tnet::projecting_tm() 함수가 유일합니다.

```
> # 필요에 따라 가중된 일원네트워크로 변경하여 사용
> # 여기서는 weighted person-to-person one-mode network로
> w1mode <- tnet::projecting_tm(edge_df)
```

E1을 매개로 연결강도라는 측면에서 볼 때, 두 행위자 P1, P2의 연결강도가 비대칭적인 것은 아래의 결과에서 쉽게 확인할 수 있습니다.

```
> w1mode[w1mode$i==1&w1mode$j==2,]
  i j w
1 1 2 2
> w1mode[w1mode$i==2&w1mode$j==1,]
  i j w
4 2 1 3
```

확인을 위해 아래의 결과와 한번 비교해봅시다. 출력결과를 보면 변환된 일원네트워크는 대칭적입니다(출력결과의 "UNW-"에서 'U').

```
> # 아래와 같이 할 경우 링크가중 반영되지 않음
> ptpnet <- igraph::bipartite_projection(igw2m)$proj1
> ptpnet
IGRAPH 24fb8e4 UNW- 5 8 --
+ attr: name (v/c), weight (e/n)
+ edges from 24fb8e4 (vertex names):
[1] 1--2 1--3 1--5 2--3 2--5 2--4 3--5 3--4
```

이제 tnet::projecting_tm() 함수를 적용하여 얻은 비대칭 행위자-행위자 일원네트워크는 igraph 패키지의 함수들을 이용해 추가 분석하면 됩니다. 해당 네트워크는 행위자 간 연결관계가 비대칭이기 때문에 유방향 네트워크에 적용할 수 있는 노드수준 중심성 지수들을 링크가중하여 계산하면 됩니다. 즉 링크가중 연결중심성과 링크가중

근접중심성의 경우 mode 옵션을 지정하는 방식으로 '전체', '내향', '외향'으로 각 중심성 지수들을 구분하여 계산합니다. 그리고 링크가중 사이중심성 지수의 경우 directed 옵션을 TRUE로 지정하여 계산하면 됩니다. 물론 링크가중치는 weight 옵션에 별도로 지정해주어야 합니다.

```
> igw1m <- igraph::graph_from_data_frame(w1mode)
> igw1m
IGRAPH 1ceee7e DN-- 5 16 --
+ attr: name (v/c), w (e/n)
+ edges from 1ceee7e (vertex names):
 [1] 1->2 1->3 1->5 2->1 2->3 2->4 2->5 3->1 3->2 3->4 3->5 4->2 4->3 5->1
[15] 5->2 5->3
> # 연결중심성 지수
> igraph::strength(igw1m, mode="all",weight=igraph::E(igw1m)$w)
 1 2 3 4 5
12 24 19 6 13
> igraph::strength(igw1m, mode="in",weight=igraph::E(igw1m)$w)
1 2 3 4 5
6 9 9 4 9
> igraph::strength(igw1m, mode="out",weight=igraph::E(igw1m)$w)
 1  2  3 4 5
 6 15 10 2 4
> # 근접중심성 지수
> igraph::closeness(igw1m, mode="all",weight=igraph::E(igw1m)$w)
        1         2         3         4         5
0.1250000 0.1428571 0.1666667 0.1428571 0.1666667
> igraph::closeness(igw1m, mode="in",weight=igraph::E(igw1m)$w)
         1          2          3          4          5
0.11111111 0.12500000 0.14285714 0.09090909 0.08333333
> igraph::closeness(igw1m, mode="out",weight=igraph::E(igw1m)$w)
         1          2          3          4          5
0.10000000 0.07692308 0.11111111 0.12500000 0.14285714
> # 사이중심성 지수
> igraph::betweenness(igw1m, directed = TRUE, weight=igraph::E(igw1m)$w)
        1         2         3         4         5
0.3333333 0.5000000 3.8333333 2.3333333 0.0000000
```

지금까지 일원네트워크와 이원네트워크를 대상으로 노드수준의 중심성 지수들을 어떻게 계산하는지 살펴보았습니다. 아울러 일원네트워크와 이원네트워크에서 노드 간 링크가중치를 고려하지 않은, 즉 연결 여부만 고려하여 중심성 지수를 계산하는 방법과 노드 간 링크가중치를 고려하여 중심성 지수를 계산하는 방법을 살펴보았습니다.

일반적으로 널리 사용되는 중심성 지수들로는 '연결중심성(degree centrality)', '근접중심성(closeness centrality)', '사이중심성(betweenness centrality)'이 있습니다. 본서에서는 일원네트워크인 경우 사회과학 연구에서 종종 사용되는 보나시키의 권력중심성(Bonacich's power centrality) 지수와 검색엔진 알고리즘으로 유명한 페이지랭크 중심성(PageRank centrality) 지수 2가지를 추가로 소개하였습니다.

중심성 지수를 계산하는 방법으로 statnet/sna 패키지와 igraph 패키지를 이용하는 2가지 방법을 소개하였습니다. 네트워크 분석을 처음 접하는 독자들은 다소 복잡하게 느꼈을 수도 있습니다. 그러나 각 패키지가 개발된 배경이나 학문분과를 생각하면 왜 두 패키지가 상이한 방식으로 구성되었는지를 짐작할 수 있습니다. 만약 분석하고자 하는 네트워크에 링크가중치를 고려할 필요가 없다면 statnet/sna 패키지 내장함수들이 훨씬 더 유용할 것입니다. 반면 링크가중치를 반드시 고려해야 한다면 igraph 패키지가 더 유용할 것입니다. 아울러 추가로 링크가중된 이원네트워크를 분석하고자 한다면 igraph 패키지와 함께 tnet 패키지 내장함수를 학습하는 것도 추천합니다.

④ 기타 노드수준 중심성 지수들

지금까지 일원네트워크를 대상으로 노드수준 중심성 지수들을 살펴보았습니다. 끝으로 본서에서는 자세히 설명하지 않았지만, 분과에 따라 매우 빈번하게 활용되는 중심성 지수에 대해 간략하게 소개하겠습니다. 여기에 언급되는 노드수준 중심성 지수들에 대한 보다 자세한 설명은 인용된 관련 문헌을 찾아보거나 해당 중심성 지수가 활용된 선행연구를 참조하기 바랍니다.

어떤 연구자들은 연결중심성, 근접중심성, 사이중심성 지수들과 함께 아이겐벡터 중심성(eigenvector centrality) 지수를 소위 'Big 4 centrality'로 꼽기도 합니다. 아이겐벡터 중심성 지수는 statnet/sna 패키지와 igraph 패키지 모두 동일한 이름의 evcent() 함수로 계산할 수 있습니다. 아이겐벡터 중심성 지수는 인접행렬로 개념화된 네트워크에서 첫 번째 아이겐값(eigen-value)으로 개념화됩니다(Bonacich, 1987). 즉 아이겐벡터 중심성 지수가 높은 노드일수록 네트워크에서 다른 노드와 보다 연결수준이 강하다고 볼 수 있습니다. 아이겐벡터 중심성 지수는 빈번하게 활용되지만 다음과 같은 이유로 본서에서는 계산 예시를 제시하지 않았습니다. 아이겐벡터 중심성 지수는 어떤 패키지를 쓰는가에 따라 동일한 네트워크를 대상으로 계산하여도 조금씩 다르게 나타납니다. 앞서 statnet 패키지와 igraph 패키지는 함수의 이름이 같지만 함수의 옵션 디폴트가 다르기 때문에 주의해야 한다고 하였습니다. 그러나 옵션에 주의하면 동일한 결과를 얻을 수 있었던 다른 중심성 지수와는 달리 아이겐벡터 중심성 지수의 경우 옵션을 조정해도 결과값이 미세하게 다르게 나타납니다. 특히 eies_messages 오브젝트와 같이 자기순환 노드가 있고, 유방향 네트워크인 경우 어떤 패키지로 계산하는가에 따라 결과가 미묘하게 다릅니다. 이는 UCINET이나 Pajek과 같은 독립된 네트워크 분석 패키지에서 계산해도 마찬가지입니다. 물론 현격하게 다른 결과가 나타나지는 않지만,[6] 불필요한 혼돈과 불신을 막기 위해 별도의 예시를 제시하지 않았습니다. 아이겐벡터 중심성 지수를 활용하

---

6 statnet/sna 패키지의 evcent( ) 함수로 얻은 아이겐벡터 중심성 지수와 igraph::evcent( ) 함수로 얻은 아이겐벡터 중심성 지수 사이의 상관계수는 $r = .97$로 거의 동일한 수준이기는 합니다. 구체적인 계산결과는 아래와 같습니다.

```
> # 아이겐벡터 중심성(eigenvector centrality)
> # eies_messages 의 경우에는 미묘하게 다르다.
> ev_statnet <- evcent(eies)
> ev_igraph <- igraph::evcent(simplify(eies_messages), # 자기순환노드 제거
+                            scale=F, # 표준화하지 않음
+                            weights=rep(1,igraph::ecount(eies_messages)))$vector # 가중치 반영하지 않음
> tibble(ev_statnet, ev_igraph) %>% cor()
           ev_statnet ev_igraph
ev_statnet 1.0000000 0.9724778
ev_igraph  0.9724778 1.0000000
> # flo_marrage 의 경우에는 동일하다.
> evcent(flo) %>% round(5)
 [1] 0.13215 0.24396 0.21171 0.28280 0.25903 0.07492 0.28912 0.08879 0.43031
[10] 0.04481 0.27573 0.00000 0.34155 0.14592 0.35598 0.32584
> igraph::evcent(flo_marriage,scale=FALSE)$vector %>% round(5)
    Acciaiuoli      Albizzi   Barbadori      Bischeri  Castellani    Ginori
       0.13215      0.24396     0.21171       0.28280     0.25903   0.07492
      Guadagni Lamberteschi      Medici         Pazzi     Peruzzi    Pucci
       0.28912      0.08879     0.43031       0.04481     0.27573   0.00000
       Ridolfi     Salviati     Strozzi    Tornabuoni
       0.34155      0.14592     0.35598       0.32584
```

는 경우에는 이러한 점을 고려하여 어떤 프로그램으로 어떤 조건에서(즉 옵션 지정) 계산된 아이겐벡터 중심성 지수인지를 밝히는 것이 좋습니다.

전산학 배경의 네트워크 분석에서는 클라인버그(Kleinberg, 1999)의 허브 지수(hub score)와 권위 지수(authority score)를 활용하기도 합니다. 허브 지수와 권위 지수는 방금 소개한 아이겐벡터 중심성 지수와 마찬가지로 인접행렬로 개념화된 네트워크를 대상으로 얻은 아이겐값을 활용하여 계산합니다. 허브 지수의 경우 인접행렬 A를 활용하여 AA^T의 첫 번째 아이겐벡터값을, 권위 지수의 경우 A^TA의 첫 번째 아이겐벡터값을 활용하여 계산합니다. 일반적으로 이들 노드수준 지수의 경우 유방향 네트워크일 경우에 활용도가 높으며, 무방향 네트워크(즉 대칭행렬)의 경우에는 허브 지수와 권위 지수가 동일하기 때문에 활용도가 높지 않습니다. 지금까지 허브 지수나 권위 지수가 사회과학 연구에서 활용된 경우는 본 적이 없어 별도로 본서에서 다루지는 않았습니다. 허브 지수와 권위 지수는 igraph 패키지의 hub_score() 함수와 authority_score() 함수로 계산할 수 있습니다.[7] statnet 패키지는 두 지수에 대한 별도의 내장함수를 제공하지 않습니다.

k단계 도달중심성(reach centrality) 지수도 간혹 언급됩니다. k단계 도달중심성 지수는 특정 노드에서 출발한 정보나 자원이 k단계 내 네트워크에서 어느 경계까지 전달될 수 있는지를 측정한 것입니다. 아쉽지만 도달중심성 지수는 igraph 패키지든 statnet 패키지든 내장함수로는 계산이 불가능합니다. 계산방법은 그리 어렵지 않습니다. 네트

---

7 예를 들어 eies_messages 네트워크를 대상으로 igraph 패키지 접근방식으로 허브 지수와 권위 지수를 계산하면 다음과 같습니다.

```
> #허브(hub) & 권위(authority) 지수
> igraph::hub_score(eies_messages,scale=F,
+             weights=rep(1,igraph::ecount(eies_messages)))$vector %>% #링크가중 반영하지 않음
+ round(5)
 [1] 0.30128 0.27445 0.04138 0.21123 0.27561 0.18088 0.02792 0.26200 0.14341
[10] 0.22409 0.21902 0.08206 0.03997 0.07428 0.07837 0.15101 0.19588 0.14410
[19] 0.08911 0.02097 0.05062 0.04971 0.08320 0.30128 0.08219 0.06796 0.17574
[28] 0.05532 0.28391 0.17189 0.28794 0.19826
> igraph::authority_score(eies_messages,scale=F,
+             weights=rep(1,igraph::ecount(eies_messages)))$vector %>% #링크가중 반영하지 않음
+ round(5)
 [1] 0.26293 0.24969 0.13773 0.22684 0.11539 0.16904 0.10655 0.23369 0.16269
[10] 0.22233 0.21739 0.16285 0.12546 0.12847 0.11974 0.18262 0.20305 0.16127
[19] 0.13729 0.11815 0.12816 0.13812 0.12751 0.17766 0.09658 0.11943 0.20813
[28] 0.11014 0.25002 0.18825 0.24059 0.20588
```

워크의 특정 노드를 중심으로 하는 하위그래프(subgraph)를 선별한 에고네트워크(ego-network)의 규모를 계산한 후 전체네트워크의 노드 개수로 조정해주면 됩니다.[8] 개인적으로 도달중심성 지수를 활용해본 적이 없고, 해당 지수를 활용한 연구논문도 접한 바가 없어 본서에서는 구체적으로 다루지 않았습니다.

필자의 지식과 경험의 한계로 여기서 미처 다루지 못한 다른 노드수준 중심성 지수들도 있을 수 있습니다. 연구자의 학문분과와 연구목적을 고려하여 적합한 노드수준 중심성 지수를 활용하기 바랍니다. 다음 장에서는 링크수준의 네트워크 통계치에는 무엇이 있으며, 어떻게 계산할 수 있는지 살펴보겠습니다.

---

[8] 예를 들어 flo_marriage 네트워크를 대상으로 igraph 패키지 접근방식으로 k단계 도달중심성 지수(여기서 $k=2$로 설정하였음)를 수계산하면 다음과 같습니다.

```
> #도달(reach) 중심성 지수
> igraph::ego_size(flo_marriage,2)/(igraph::vcount(flo_marriage)-1)
 [1] 0.46666667 0.73333333 0.66666667 0.60000000 0.46666667 0.26666667 0.66666667
 [8] 0.33333333 0.80000000 0.20000000 0.46666667 0.06666667 0.80000000 0.53333333
[15] 0.60000000 0.73333333
```

## 06장

링크수준 통계치

네트워크(그래프, graph)는 노드들(a set of nodes)과 노드들 사이의 링크들(a set of links)로 구성된 데이터입니다. 5장에서는 개별 노드를 분석단위로 하는 네트워크 통계치들을 어떻게 계산할 수 있는지 살펴보았습니다. 이번 장에서는 노드들 사이의 연결관계인 네트워크의 링크를 분석단위로 하는 통계치에는 어떤 것이 있으며 어떻게 계산할 수 있는지에 대해 살펴보겠습니다.

네트워크 분석 등장 이후 대부분의 연구는 노드수준 통계치에 집중되어왔습니다. 반면 링크수준 통계치에 대해서는 그리 많은 연구가 진행되지 않았습니다. 그러나 어쩌면 일반 데이터와 다른 네트워크 데이터의 특징은 노드수준 통계치라기보다는 링크수준 통계치일 수 있습니다. 특히 최근에 네트워크 모델링(network modeling) 기법들이 등장하면서 링크수준 통계치에 대한 관심이 높아지고 있습니다. 하지만 여전히 노드수준 통계치에 비해 링크수준 통계치는 그렇게 많이 개발되지 않았으며, 네트워크 모델링 함수의 옵션으로 활용되는 것이 보통입니다.

6장은 크게 두 파트로 구성하였습니다. 첫째, igraph 패키지에서 제공하는 '링크 사이중심성(edge betweenness)' 지수를 설명하고, 이 지수가 네트워크 분석에서 구체적으로 어떻게 활용되는지를 소개하였습니다. 5장에서 살펴본 노드수준 통계치에 견줄 만한 링크수준 통계치는 링크 사이중심성 지수가 유일하다고 생각합니다. 링크 사이중심성 지수를 살펴본 후, 이를 토대로 네트워크 내부의 노드집단을 탐색하는 방법을 소개하겠습니다. 둘째, 노드속성 통계치를 활용하여 흔히 양자관계(dyadic relationship) 통계치라고 부르는 링크수준 통계치를 생성하는 방법을 소개하였습니다. 나중에 본격적으로 소개할 '지수족 랜덤그래프 모형(ERGM, exponential random graph model)'을 추정하는 statnet/ergm 패키지에서는 nodematch() 함수나 absdiff() 함수 등을 제공하는데,

이 함수들은 네트워크 모형 추정과정에서 링크수준 변수를 생성하는 역할을 담당합니다. 마찬가지로 '확률적 행위자중심 모형(SAOM, stochastic actor-oriented model)'의 일종인 '시뮬레이션 기반 네트워크 분석(SIENA, simulation investigation for empirical network analysis) 모형'을 수행하는 RSiena 패키지에서도 유사한 함수들을 제공합니다. 여기서는 예시 데이터를 통해 노드속성 통계치를 기반으로 링크수준 통계치를 추출하는 방법을 실습해보도록 하겠습니다.

① 링크 사이중심성 지수 계산

링크 사이중심성(edge betweenness) 지수는 5장에서 소개하였던 노드수준 사이중심성 지수를 링크수준에서 응용한 것입니다. 노드수준 사이중심성은 네트워크의 어떤 노드가 다른 두 노드 사이에 존재할 경우, 해당 노드가 네트워크에서 중요한 역할을 수행하는 노드라고 개념화하고 있습니다. 링크 사이중심성 지수도 비슷합니다. 즉 네트워크에서 어떤 링크가 다른 두 링크 사이에 존재하면 할수록 해당 링크의 중요도는 더 높다고 가정할 수 있습니다. 링크 사이중심성 지수는 igraph 패키지의 edge_betweenness() 함수로 계산할 수 있지만, 아쉽게도 statnet 패키지에서는 지원되지 않습니다. 그렇기 때문에 6장에서는 statnet 패키지가 아닌 igraph 패키지 함수들만 사용하겠습니다. 앞서 살펴본 유방향 네트워크 eies_messages 오브젝트와 무방향 네트워크 flo_marriage 오브젝트를 대상으로 링크 사이중심성을 계산해보겠습니다.

먼저 유방향 네트워크인 eies_messages 오브젝트를 대상으로 링크 사이중심성 지수를 계산해봅시다. 앞에서 여러 차례 강조했듯이 eies_messages의 경우 링크가 중치 변수가 포함되어 있습니다. 링크 사이중심성을 계산하는 igraph 패키지의 edge_betweenness() 함수의 경우에도 igraph 오브젝트에 weight라는 이름의 링크수준 변수가 존재할 경우 링크가중치를 반영하는 것이 디폴트로 설정되어 있습니다. eies_messages 오브젝트가 유방향 네트워크라는 점에서, 그리고 링크가중치 변수로 weight가 포함되어 있다는 점에서 아마도 가장 적절한 방식의 링크 사이중심성 지수는 다음과 같이 계산할 수 있을 것 같습니다.

```
> library(tidyverse)
> # igraph 접근방법: 6장에서는 statnet은 사용하지 않을 예정임
> library(igraph)                #네트워크 분석 igraph
> library(networkdata)           #네트워크 분석 예시 데이터
> #방향성 고려하고 weight 변수가 있어 링크가중 반영
> edge_betweenness(eies_messages, directed=TRUE)
 [1]  0.0000000  0.0000000  0.0000000  0.0000000 28.5000000  0.0000000
 [7]  0.0000000  0.0000000  0.0000000  0.0000000  0.0000000  0.0000000
[13]  0.5000000  0.0000000  0.0000000  0.0000000  0.0000000  0.0000000
```
[이후 출력결과는 별도 제시하지 않음]

만약 링크가중치는 고려하지만 방향성을 고려하지 않는다면, 다음과 같은 방식으로 계산할 수 있습니다. directed 옵션 변경의 적절성 여부는 직접 판단하기 바랍니다.

```
> #방향성 고려하지 않고 weight 변수가 있어 링크가중 반영
> edge_betweenness(eies_messages, directed=FALSE)
 [1] 0.0000000 0.0000000 0.0000000 0.0000000 0.0000000 0.0000000 0.0000000
 [8] 0.0000000 0.0000000 0.0000000 0.0000000 0.0000000 0.0000000 0.0000000
[15] 0.0000000 0.0000000 0.0000000 0.0000000 0.0000000 0.0000000 0.0000000
[22] 0.0000000 0.0000000 0.0000000 0.0000000 0.0000000 0.0000000 0.0000000
[29] 0.0000000 0.0000000 0.0000000 0.0000000 0.0000000 0.0000000 0.0000000
[36] 0.0000000 0.0000000 0.0000000 0.0000000 0.0000000 0.0000000 0.0000000
[43] 0.0000000 0.0000000 0.0000000 0.0000000 0.0000000 0.0000000 0.3333333
```
[이후 출력결과는 별도 제시하지 않음]

만약 링크가중치를 반영하지 않으려면 다음과 같이 동일한 가중치를 갖는 링크수준 변수를 생성한 후 이를 weight 옵션에 반영합니다.

```
> #링크가중 반영하지 않으려면
> E(eies_messages)$nowgt <- 1
> edge_betweenness(eies_messages, directed=TRUE,
+                      weight=E(eies_messages)$nowgt)
 [1] 0.000000 2.666667 5.467857 3.883333 6.354762 4.969877 7.474603
 [8] 3.459524 5.300000 3.833333 3.710256 5.421825 6.132937 6.005159
[15] 6.689286 4.390909 4.266667 5.468687 6.464683 6.584524 6.095635
```
[이후 출력결과는 별도 제시하지 않음]

위와 같이 계산된 링크 사이중심성 지수는 **igraph** 패키지의 **E()** 함수를 통해 링크수준 변수로 저장할 수 있습니다. 만약 **statnet** 패키지 접근방법을 위주로 사용한다면 **%e%** 오퍼레이터를 활용하면 됩니다.

```
> # 선-사이 중심성이 가장 클 때, 연결된 점들 쌍
> E(eies_messages)$eb_uwt <- edge_betweenness(eies_messages, directed=TRUE,
+                                          weight=E(eies_messages)$nowgt)
> E(eies_messages)$eb_wgt <- edge_betweenness(eies_messages, directed=TRUE)
> eies_messages  # 두 링크수준 변수 확인 eb_uwt (e/n), eb_wgt (e/n)
IGRAPH a1641ca D-W- 32 460 --
+ attr: Citations (v/n), Discipline (v/n), weight (e/n), nowgt (e/n),
| eb_uwt (e/n), eb_wgt (e/n)
+ edges from a1641ca:
 [1] 1-> 1   1-> 2   1-> 3   1-> 4   1-> 5   1-> 6   1-> 7   1-> 8   1-> 9   1->10   1->11   1->12   1->13
[14] 1->14   1->15   1->16   1->17   1->18   1->19   1->20   1->21   1->22   1->23   1->24   1->25   1->26
[27] 1->27   1->28   1->29   1->30   1->31   1->32   2-> 1   2-> 2   2-> 3   2-> 4   2-> 5   2-> 7   2-> 8
[40] 2-> 9   2->10   2->11   2->12   2->13   2->14   2->15   2->16   2->17   2->18   2->20   2->21   2->22
[53] 2->23   2->25   2->26   2->27   2->28   2->29   2->30   2->31   2->32   3-> 1   3-> 2   3-> 8   4-> 1
[66] 4-> 2   4-> 4   4-> 6   4-> 8   4-> 9   4->10   4->11   4->16   4->17   4->18   4->19   4->24   4->27
[79] 4->28   4->29   4->30   4->31   4->32   5-> 1   5-> 2   5-> 3   5-> 4   5-> 6   5-> 7   5-> 8   5-> 9
+ ... omitted several edges
```

방향성과 링크가중을 모두 고려한 링크 사이중심성 지수와 방향성은 고려하되 링크가중은 고려하지 않은 링크 사이중심성 지수를 저장한 후, 어떤 링크에서 사이중심성 지수가 가장 높게 나타나는지를 살펴봅시다. **as_data_frame()** 함수를 활용하여 링크단위 데이터를 추출한 후 살펴본 결과는 아래와 같습니다. 즉 링크가중을 고려할 경우 링크 사이중심성이 가장 높은 링크는 "8 → 5"이며, 링크가중을 고려하지 않았을 경우에는 "20 → 29"가 링크 사이중심성이 가장 높은 것으로 나타났습니다. 구체적으로 링크가중을 고려할 경우 "8 → 5" 링크를 끊으면 네트워크는 가장 큰 변화를 겪을 것으로 예상할 수 있습니다.

```
> as_data_frame(eies_messages, what="edges") %>%
+ pivot_longer(cols=starts_with("eb_")) %>%
+ group_by(name) %>%
+ filter(value==max(value))
```

```
# A tibble: 2 × 6
# Groups:  name [2]
   from    to   weight   nowgt    name    value
  <dbl>  <dbl>   <dbl>   <dbl>    <chr>    <dbl>
1     8      5       3       1    eb_wgt    114.
2    20     29       4       1    eb_uwt    27.9
```

다음으로 무방향 네트워크인 flo_marriage를 대상으로 링크 사이중심성 지수를 계산해보겠습니다. flo_marriage의 경우 링크가중치가 없기 때문에 특별히 weight 옵션을 고려할 필요는 없습니다.

```
> # 무방향 네트워크의 경우
> edge_betweenness(flo_marriage, directed=FALSE)
 [1]  14.000000  14.000000  16.333333  22.333333  12.500000  18.500000  17.166667
 [8]   7.500000   8.333333   6.000000   5.500000  14.000000  12.833333  15.333333
[15]  26.000000  12.833333  14.000000   4.500000  14.333333   5.000000
```

그렇다면 flo_marriage 네트워크에서는 어떤 링크에서 링크 사이중심성 지수가 가장 높을까요? 아래와 같이 살펴봅시다.

```
> E(flo_marriage)$eb_uwt <- edge_betweenness(flo_marriage, directed=FALSE)
> E(flo_marriage)[E(flo_marriage)$eb_uwt==max(E(flo_marriage)$eb_uwt)]
+ 1/20 edge from bc7fb16 (vertex names):
[1] Medici--Salviati
```

이제 링크 사이중심성 지수를 어떻게 활용할 수 있을지 살펴봅시다. igraph 패키지에서는 링크 사이중심성을 네트워크 내부의 노드집단을 탐색하는 데 활용하고 있습니다. 구체적으로 igraph 패키지의 cluster_edge_betweenness() 함수를 활용하면, 링크 사이중심성을 바탕으로 노드들의 분류결과를 알려줍니다. cluster_edge_betweenness() 함수에서는 '뉴만-거빈(Newman-Girvin) 알고리즘'(Newman & Girvin, 2004)을 토대로 노드들을 분류합니다. 뉴만-거빈 알고리즘을 적용하여 먼저 flo_marriage 네트워크를 구성하는 '가문들'(노드)이 어떻게 분류되는지를 살펴봅시다. 무방향 네트워크인 flo_marriage 네트워크에 맞게 directed 옵션을 설정한 후 cluster_edge_betweenness() 함수를 적용한 오브젝트를 저장한 다음, membership() 함수를 사용하면 각 노드가 어떤 집단으로 묶였는지를 확인할 수 있습니다. 물론 뉴만-거빈 알고리즘 외에도 네트워크의 군집을 분류하는 알고리즘들은 다양합니다. 이에 대해서는 10장에서 본격적으로 소개하겠습니다. 아래의 출력결과에서 확인할 수 있듯이 flo_marriage 네트워크는 총 5개의 노드집단으로 분류할 수 있습니다.

```
> # 무방향 네트워크의 경우 다음과 같이 그래프를 구분할 수 있음
> # Newman, M. & Girvin, M. (2004). Finding and evaluating community structure
> # in networks. Physical Review, 69, 026113.
> # 이에 대한 보다 자세한 내용은 10장 참조
> cluster_eb <- cluster_edge_betweenness(flo_marriage,directed=FALSE)
> membership(cluster_eb)
   Acciaiuoli        Albizzi     Barbadori        Bischeri    Castellani      Ginori
            1              2             3               3             3           2
     Guadagni   Lamberteschi        Medici           Pazzi       Peruzzi       Pucci
            2              2             1               4             3           5
      Ridolfi       Salviati       Strozzi      Tornabuoni
            1              4             3               1
> table(membership(cluster_eb))

1 2 3 4 5
4 4 5 2 1
```

아울러 igraph 패키지에서는 위와 같은 군집분석 결과를 토대로 네트워크를 시각화하는 기능들도 제공합니다. 네트워크 시각화 방법에 대해서는 7장에서 본격적으로 설명하겠습니다. [그림 6-1]은 네트워크 시각화 결과에 뉴만-거빈 알고리즘으로 얻은 군집분석 결과를 반영한 것입니다.[1] [그림 6-1]은 총 16개의 노드들이 어떻게 군집으로 분류되는지를 매우 잘 보여줍니다.

---

[1] 시각화 방법에 대한 보다 자세한 소개는 7장을 참조하세요.
```
> # 시각화
> png("P1_Ch06_Fig01.png",width=12,height=12,units="cm",res=300)
> set.seed(20220201)
> plot(cluster_eb, flo_marriage)
> dev.off()
```

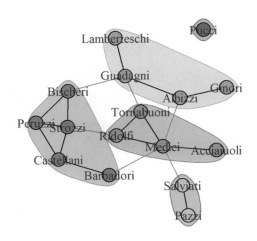

그림 6-1

　그렇다면 eies_messages 네트워크와 같이 링크가중치가 포함된 유방향 네트워크는 어떨까요? 여기서 생각해볼 것은 뉴만-거빈 알고리즘에서 사용되는 링크 사이중심성 지수에서 '링크가중을 반영한다'는 말의 의미입니다. 보다 구체적으로 표현하면, '링크가중치'는 노드들 사이 유사성(similarity)의 측정치일까요? 아니면 노드들 사이 거리(distance)의 측정치일까요? 이러한 해석의 문제 때문에 링크가중치가 포함된 네트워크를 cluster_edge_betweenness() 함수에 투입할 때 아래와 같은 경고문구가 나타납니다.

```
> # Newman-Girvin 알고리즘의 경우 링크가중을 고려하는 것에 논란이 있다.
> cluster_edge_betweenness(eies_messages,directed=TRUE)
IGRAPH clustering edge betweenness, groups: 4, mod: 0.0034
+ groups:
 $`1`
  [1]  1  2   3 4 7 8 9 10 11 12 13 14 15 16 18 19 20 21 22 23 24 25 26 27 28 29
 [27] 30 31 32

 $`2`
 [1] 5

 $`3`
 [1] 6

 + ... omitted several groups/vertices
```

```
Warning messages:
1: In cluster_edge_betweenness(eies_messages, directed=TRUE) :
  At core/community/edge_betweenness.c:484 : Membership vector will be selected based
on the lowest modularity score.
2: In cluster_edge_betweenness(eies_messages, directed=TRUE) :
  At core/community/edge_betweenness.c:489 : Modularity calculation with weighted
edge betweenness community detection might not make sense -- modularity treats edge
weights as similarities while edge betweenness treats them as distances.
```

이런 이유로 여기서는 eies_messages 네트워크를 다음과 같이 이분화한 후 뉴만-거빈 알고리즘을 적용하였습니다. 즉 eies_messages 네트워크의 링크가중치의 75% 퍼센타일(percentile)값인 33을 기준으로 링크를 이분화하였습니다(즉 33 이상이면 연결된 링크, 33 미만이면 연결되지 않은 링크). 여기서 **as_adjacency_matrix()** 함수를 이용하여 가중치가 반영된 인접행렬을 저장한 후, 자기순환노드를 제거하고 33 이상의 링크값을 보이면 1, 그렇지 않으면 0의 값을 부여하였습니다.

```
> # 여기서는 75% 퍼센타일을 기준으로 링크연결을 자의적으로 이분한 후 살펴보았다.
> mat_eies <- as.matrix(as_adjacency_matrix(eies_messages,attr="weight"))
> diag(mat_eies) <- NA # 자기순환노드 제거
> summary(as.vector(mat_eies[mat_eies>0])) # 3rd Q.의 값이 33
  Min. 1st Qu.  Median   Mean 3rd Qu.   Max.   NA's
  2.00    5.00   15.00  34.17  33.00 559.00     32
> mat_eies2 <- ifelse(mat_eies>=33,1,0)
```

이렇게 추출된 인접행렬을 다시금 **igraph** 오브젝트로 전환한 후, 뉴만-거빈 알고리즘을 이용하여 군집분석을 실시한 결과는 아래와 같습니다.

```
> eies2 <- graph_from_adjacency_matrix(mat_eies2)
> cluster_eb <- cluster_edge_betweenness(eies2,directed=TRUE)
> membership(cluster_eb)
 [1]  1  2  3  4 5 6 7 8 9 10  2 11 11 11 11 11 11 12 13 14 15 11 11 16 11 17 18
[27] 11 19 11 20  2  2
> table(membership(cluster_eb))

 1 2 3 4 5 6 7 8 9 10 11 12 13 14 15 16 17 18 19 20
 1 4 1 1 1 1 1 1 1  1 10  1  1  1  1  1  1  1  1  1
```

분석결과를 보면 11번 군집은 10개의 노드들로, 2번 군집은 4개의 노드들로 구성되어 있으며, 나머지 노드들은 개별적으로 존재하는 것을 알 수 있습니다. 이를 토대로 어느 정도 규모를 확보한 노드들이 두드러지도록 시각화한 결과는 아래 [그림 6-2]와 같습니다.[2]

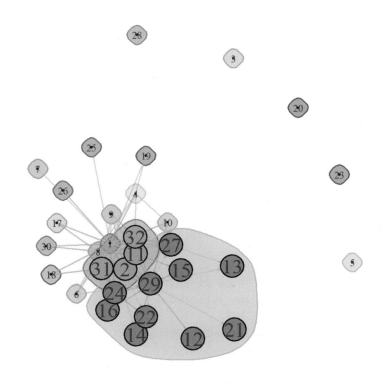

그림 6-2

---

2 시각화 방법에 대한 보다 자세한 소개는 7장에 제시하였습니다.

```
> # 시각화
> png("P1_Ch06_Fig02.png",width=12,height=12,units="cm",res=300)
> V(eies2)$nsize <- ifelse(membership(cluster_eb)==2|membership(cluster_eb)==11,
+                        15,1) # 2개 군집만 노드를 크게
> V(eies2)$lblsize <- ifelse(membership(cluster_eb)==2|membership(cluster_eb)==11,
+                        1,0.5) # 2개 군집만 노드라벨을 크게
> set.seed(20220201)
> plot(cluster_eb,eies2,
+      vertex.size=V(eies2)$nsize,
+      vertex.label.cex=(V(eies2)$lblsize),
+      edge.arrow.size=0.1,
+      edge.color=adjustcolor("SkyBlue2",alpha.f=.5))
> dev.off()
```

② 노드속성 통계치 기반 링크수준 통계치(양자관계 통계치) 추출

다음으로 소개할 내용은 노드속성 통계치를 이용하여 링크수준 통계치, 보다 일반적으로 양자관계(dyadic relationship)라고 불리는 통계치를 추출하는 방법입니다. 먼저 간단하게 구체적인 사례를 들어봅시다. [표 6-1]과 같이 4명의 행위자들이 어떤 네트워크를 구성한다고 가정해봅시다.

[표 6-1] 네트워크를 구성하는 4명의 노드속성 통계치

노드이름	성별	월소득(단위: 만원)
A	남	250
B	여	400
C	남	350
D	여	200

[표 6-1]의 행위자들로 구성된 4×4의 무방향 네트워크를 떠올려봅시다. 4명의 행위자들 사이의 연결관계, 즉 링크는 다음과 같은 [표 6-2]로 표현할 수 있습니다.

[표 6-2] 네트워크를 구성하는 링크속성 통계치

	A	B	C	D
A	–			
B	(가)	–		
C	(나)	(라)	–	
D	(다)	(마)	(바)	–

[표 6-1]의 노드속성 통계치들을 이용하여 [표 6-2]의 (가)~(바)까지의 링크속성들을 새로 생성할 수 있습니다. 첫째, '성별' 속성을 이용하면 '두 행위자 간 성별일치 여부'라는 링크수준 변수를 만들 수 있습니다. 구체적으로 '성별일치 여부' 변수의 경우 (가)

에서는 '불일치'라는 값을(왜냐하면 A는 남성이고 B는 여성이기 때문), (나)에서는 '일치'라는 값을(왜냐하면 A와 C 모두 남성이기 때문) 얻을 수 있습니다. ERGM을 설명하면서 다시 언급하겠습니다만, 네트워크 모형 추정기법에서는 링크수준의 변수로 '성별일치 여부'와 같이 노드수준 범주형 변수값의 일치 여부(whether to be matched)가 링크의 존재 여부 혹은 링크의 연결강도 등에 미치는 효과를 살펴봅니다. statnet/ergm 패키지에서는 nodematch() 함수를 통해 노드수준 범주형 변수값의 일치 여부라는 링크수준 변수를 생성합니다.

둘째, '월소득수준' 속성을 이용하면 '두 행위자 간 월소득격차'라는 링크수준 변수를 만들어낼 수 있습니다. 예를 들어 C와 D의 경우 월소득수준 격차가 150만 원입니다. 유방향 네트워크라면 방향성을 고려할 수 있지만, 무방향 네트워크의 경우에는 절댓값을 활용하는 방식으로 방향성을 고려하지 않아야 타당할 것입니다. ERGM을 설명하면서 다시 언급하겠습니다만, 네트워크 모형 추정기법에서는 링크수준의 변수로 '월소득격차'와 같이 노드수준 범주형 변수값의 차이값 혹은 차이절댓값이 링크의 존재 여부 혹은 링크의 연결강도 등에 미치는 효과를 살펴봅니다. statnet/ergm 패키지의 absdiff() 함수는 링크를 구성할 수 있는 두 노드 사이의 연속형 변수값에 특정 함수(차이, 합산 등)를 적용하는 방식으로 링크수준 변수를 생성합니다.

위의 2가지 방식 외에도 이론적 타당성과 연구자의 창의성 수준에 따라 다양한 방식의 링크수준 변수를 생성할 수 있습니다. 그러나 여기서는 앞서 살펴본 eies_messages 오브젝트와 flo_marriage 오브젝트에 저장된 노드수준 통계치를 활용하여 몇 가지 링크수준 변수들을 수동으로 생성해봅시다. 아울러 이렇게 생성된 링크수준 변수들이 실제 링크형성 여부 혹은 링크가중치와 어떤 관계를 맺고 있는지 살펴봅시다. 본격적인 설명에 앞서 한 가지 당부할 것이 있습니다. 여기서 소개하는 방법은 링크들이 서로에 대하여 독립성을 갖는다고 가정하고 있으며, 이러한 독립성 가정은 네트워크 데이터의 본질적 특성과 절대로 어울릴 수 없습니다. 다시 말해, 다음의 예시는 링크수준 변수를 어떻게 생성할 수 있는지 알아보고 앞으로 소개할 네트워크 모형 추정기법의 작동방식을 맛보기 위함이지, 과학적으로 합리적인 모형 추정을 하려는 목적에서 행하는 것이 아님을 반드시 명심해야 합니다. 즉 네트워크 데이터를 이해하고 거칠게 살펴보는 정도에서 머물러야 하며, 엄밀성이 요구되는 학술보고서나 연구논문의 경우 이후에 소개할 시뮬레이션 기반 네트워크 모형 추정기법들을 활용하기 바랍니다.

먼저 링크가중치가 포함된 유방향 네트워크인 eies_messages 오브젝트를 살펴봅시다. 여기에는 노드수준 변수로 '피인용수(Citations)'라는 연속형 변수와 '소속분과(Discipline)'라는 범주형 변수가 포함되어 있습니다. 먼저 Discipline 변수의 수준 동일 여부라는 이분변수를 링크수준 변수로 생성해봅시다. 일단 as_adjacency_matrix() 함수를 이용하여 인접행렬 형태로 eies_messages 오브젝트를 변환한 후 mat_eies로 저장하였습니다. 이때 인접행렬에 weight 변수, 즉 발송메시지의 양을 반영하였습니다(attr="weight").

```
> # 유방향 네트워크: eies_messages
> # 링크수준 변수(Discipline)를 노드특성이 동일할 경우는 1, 그렇지 않을 경우는 0으로
> mat_eies <- as.matrix(as_adjacency_matrix(eies_messages,attr="weight"))
```

이후 '동일소속분과 여부'를 반영하기 위해 eies_messages 오브젝트의 노드수만큼을 가로줄과 세로줄로 갖는 링크수준 변수가 포함될 행렬데이터를 하나 생성하였습니다. 우선은 행렬데이터의 값을 '0'으로 설정한 후 노드속성 변수값이 일치할 경우에는 '1'을, 그렇지 않을 경우에는 '0'을 부여하는 방식으로 이분변수를 생성하였습니다. 이후 자기순환노드를 제거하기 위해 행렬의 대각요소들에 결측값(NA)을 부여하였습니다.

```
> # 유방향 네트워크: eies_messages
> # 링크수준 변수(Discipline)를 노드특성이 동일할 경우는 1, 그렇지 않을 경우는 0으로
> mat_eies <- as.matrix(as_adjacency_matrix(eies_messages,attr="weight"))
> # 생성된 링크수준 통계치 반영 행렬생성 및 조건에 맞는 값 부여
> samedisc <- array(0,dim(mat_eies))
> nodedisc <- V(eies_messages)$Discipline
> for (i in 1:nrow(mat_eies)){
+  samedisc[i,-i] <- ifelse(nodedisc[i] == nodedisc[-i], 1, 0)
+ }
> # 자기순환 노드(대각요소) 제거
> diag(samedisc) <- NA
```

이렇게 변환을 완료한 후 '동일소속분과 여부'의 빈도를 분석한 결과는 다음과 같습니다. 생성된 samedisc 행렬은 대칭행렬(예를 들어, "1-3"과 "3-1"은 동일한 값을 가질 수밖에 없음) 때문에 2를 나누어주었습니다.

```
> # 같은 분과인 경우 확인(대칭행렬이기에 절반만 고려)
> table(samedisc)/2
samedisc
  0   1
327 169
```

다음으로 Citations 변수를 활용하여 두 노드의 '피인용수 차이'라는 링크수준 변수도 만들어봅시다. eies_messages 오브젝트는 유방향 네트워크라서 단순 차이값을 구하였습니다. 구체적으로 eies_messages 네트워크에서는 1번 노드의 피인용수가 19이고 2번 노드의 피인용수가 3인데, 이는 "1 → 19" 링크의 피인용수 차이는 16인 반면 "19 → 1" 링크의 피인용수 차이는 –16이라는 것을 의미합니다. 이 방법은 앞서 소개한 '동일소속분과 여부'를 생성하는 과정과 본질적으로 동일합니다.

```
> # 피인용수 차이(유방향 네트워크이기 때문에 방향성 고려)
> morecite <- array(0,dim(mat_eies))
> nodecite <- V(eies_messages)$Citations
> for (i in 1:nrow(mat_eies)){
+ morecite[i,-i] <- (nodecite[i] - nodecite[-i])
+ }
> # 자기순환 노드(대각요소) 제거
> diag(morecite) <- NA
> # 요약통계치
> summary(as.vector(morecite))
 Min. 1st Qu. Median Mean 3rd Qu. Max. NA's
 -170    -16      0    0     16    170   32
```

이제 이렇게 생성한 링크수준 변수들이 eies_messages 오브젝트에 저장된 링크수준 변수들과 어떤 관계를 맺고 있는지 살펴봅시다. weight 변수가 반영된 인접행렬인 mat_eies 오브젝트에서 대각요소(자기순환링크)를 제거한 후, 특정 노드(n_i)에서 다른 노드(n_j)로 발송된 메시지량(msg_quant)과 발송 여부(msg_yn)의 두 링크수준 변수들을 추출하였습니다. 여기에 앞에서 계산한 '동일소속분과 여부(samedisc)'와 '피인용수 차이(morecite)' 변수를 통합하였습니다.

```
> # 메시지 교류량과 앞서 추출한 2가지 노드수준 변수의 관계는?
> # 자기순환링크(대각요소) 제거
```

```
> diag(mat_eies) <- NA
> #링크수준 변수들로 구성된 데이터 오브젝트 생성
> mydata <- tibble(msg_quant=as.vector(mat_eies),
+                  samedisc=as.vector(samedisc),
+                  morecite=as.vector(morecite)) %>%
+ drop_na() %>%
+ mutate(
+   msg_yn=ifelse(msg_quant==0,0,1) #메시지 발송 여부 변수
+ )
> mydata
#A tibble: 992 × 4
   msg_quant  samedisc   morecite   msg_yn
       <dbl>     <dbl>      <dbl>    <dbl>
1        364         0        -16        1
2          4         0        151        1
3         52         1          4        1
4         26         0         -3        1
5         72         0        -13        1
6         14         0        -18        1
7        239         0        -10        1
8         24         0        -13        1
9         43         1         21        1
10       178         1         -4        1
# … with 982 more rows
```

이렇게 생성된 **mydata** 오브젝트를 이용하여 추가적인 분석을 원할 수도 있습니다. 그러나 앞서 강조했듯이 이렇게 얻은 데이터를 대상으로 독립성 가정을 토대로 한 일반적 데이터 분석기법을 적용하는 것은 네트워크 데이터의 본질적 특성을 망각한 것이기에 결코 정당화될 수 없습니다. 다만 네트워크 데이터에 대한 개략적 탐색목적을 넘어서지 않는다면, 통상적 데이터 분석기법을 통해 분석하는 네트워크의 전반적 특성을 살펴볼 수는 있습니다.

일단 먼저 앞에서 생성한 **samedisc**, **morecite** 두 변수들을 예측변수로 하고, 행위자 간 메시지 발송 여부(**msg_yn**)를 결과변수로 하는 로지스틱 회귀모형을 추정하면 다음과 같습니다. 엄밀하지는 않은 결과지만, 행위자가 동일분과에 소속되어 있다고 해서 메시지 발송가능성이 증가한다고 보기는 어렵습니다($b = -.11$, $p = .43$). 그러나 행위자는 자신보다 더 높은 피인용수를 갖는 상대에게 메시지를 발송할 가능성이 높습니다($b = -.004$, $p = .005$). 만약 피인용수를 '연구자의 학문적 명성'이라고 본다면, 이 결과는

사람들은 자신보다 명성이 높은 사람에게 메시지를 발송하는 경향이 강하다는 것을 보여줍니다.

```
> # 아래와 같은 방식의 분석은 적절하지 않다 (하지만 탐색적 목적으로는 유용할 수는 있다)
> # 메시지 발송 여부만 고려
> glm(msg_yn~samedisc+morecite, mydata, family=binomial()) %>% summary()

Call:
glm(formula = msg_yn ~ samedisc + morecite, family = binomial(),
    data = mydata)

Deviance Residuals:
   Min      1Q  Median      3Q     Max
-1.3929  -1.0889  -0.9942  1.2652  1.5599

Coefficients:
              Estimate  Std. Error  z value  Pr(>|z|)
(Intercept)  -0.191965    0.078937   -2.432   0.01502 *
samedisc     -0.107740    0.135629   -0.794   0.42698
morecite     -0.004032    0.001450   -2.781   0.00541 **
---
Signif. codes:  0 '***' 0.001 '**' 0.01 '*' 0.05 '.' 0.1 ' ' 1

(Dispersion parameter for binomial family taken to be 1)

    Null deviance: 1362.5  on 991  degrees of freedom
Residual deviance: 1353.9  on 989  degrees of freedom
AIC: 1359.9

Number of Fisher Scoring iterations: 4
```

samedisc, morecite 두 변수를 예측변수로 하고, 행위자 간 메시지 발송량(msg_quant)을 결과변수로 하는 '허들모형(Hurdle model)'[3]을 추정하면 다음과 같습니다. 마

---

3 허들모형은 0이 많이 포함된 '0과 양의 정수들'로 구성된 횟수형 변수(count variable)를 종속변수로 투입한 회귀모형의 일종입니다. 허들모형에 대한 설명은 본서의 목적에는 맞지 않아 자세히 언급하지 않았습니다. 개념만 간략하게 설명하면, 여기 제시된 허들모형은 종속변수의 값이 '0 혹은 1 이상의 양의 정수'를 추정하는 로지스틱 회귀모형(zero.dist="binomial" 부분)과 '1 이상의 양의 정수'를 추정하는 음이항(negative binomial) 회귀모형(dist="negbin" 부분)을 동시에 추정한 것입니다. 허들모형에 대한 보다 자세한 소개는 백영민(2019)을 참조하기 바랍니다.

찬가지로 엄밀성을 담보하기는 어려운 결과지만, 본격적인 네트워크 모형 추정기법을 사용하기에 앞서 네트워크를 탐색하는 목적으로는 유용할 수 있습니다.

```
> # 메시지 발송량을 고려: 허들(hurdle) 모형
> pscl::hurdle(msg_quant~samedisc+morecite,
+               dist="negbin",zero.dist="binomial",link="logit",
+               mydata) %>% summary()

Call:
pscl::hurdle(formula = msg_quant ~ samedisc + morecite, data = mydata,
  dist = "negbin", zero.dist = "binomial", link = "logit")

Pearson residuals:
   Min     1Q Median     3Q    Max
-0.6050 -0.4634 -0.4198 -0.1138 14.8500

Count model coefficients (truncated negbin with log link):
             Estimate  Std. Error  z value  Pr(>|z|)
(Intercept)  3.282931    0.081603   40.231  < 2e-16 ***
samedisc     0.406691    0.135279    3.006  0.00264 **
morecite     0.006519    0.002501    2.607  0.00914 **
Log(theta)  -0.600884    0.102217   -5.879  4.14e-09 ***
Zero hurdle model coefficients (binomial with logit link):
             Estimate  Std. Error  z value  Pr(>|z|)
(Intercept) -0.191965    0.078937   -2.432  0.01502 *
samedisc    -0.107740    0.135629   -0.794  0.42698
morecite    -0.004032    0.001450   -2.780  0.00544 **
---
Signif. codes:  0 '***' 0.001 '**' 0.01 '*' 0.05 '.' 0.1 ' ' 1

Theta: count = 0.5483
Number of iterations in BFGS optimization: 17
Log-likelihood: -2627 on 7 Df
```

엄밀하지는 않은 결과지만 위 결과는 꽤 흥미롭습니다. 첫째, 앞서 살펴본 로지스틱 회귀모형 추정결과와 마찬가지로 행위자가 동일분과에 소속되어 있다고 해서 메시지 발송가능성이 증가한다고 보기는 어렵지만($b = -.11$, $p = .43$), 행위자는 자신보다 더 높은 피인용수를 갖는 상대에게 메시지를 발송할 가능성이 높습니다($b = -.004$, $p = .005$). 둘째, 일단 메시지를 발송했다면, 행위자는 같은 분과에 속한 상대에게 보다 많은 메시지를

발송하며($b = .41$, $p = .003$), 자신보다 피인용수가 낮은 상대일수록 더 많은 메시지를 발송합니다($b = .007$, $p = .009$).

다음으로 무방향 네트워크인 flo_marriage 오브젝트를 살펴봅시다. flo_marriage 오브젝트에는 wealth, #prior, #ties라는 3가지의 노드수준 변수가 입력되어 있습니다. wealth는 가문의 재산 규모를 의미하며, #prior는 의회에서 가문이 배출한 의원수, #ties는 가문의 사업이나 혼인 규모를 의미합니다. 여기서는 노드의 경제적 위상을 나타내는 wealth와 정치적 위상을 나타내는 #prior 두 변수를 활용하여 가문 간 정치적 위상 격차(polgap), 경제적 위상 격차(ecogap)라는 링크수준의 두 변수를 새로 생성하였습니다. 여기서 flo_marriage 오브젝트가 무방향 네트워크라는 점에서 가문 간 정치적 위상과 경제적 위상 격차 변수를 생성할 때 차이의 절댓값을 취하였으며, 인접행렬에서 대각요소의 아랫부분만을 선택하였습니다(무방향 네트워크에서는 '1-2'와 '2-1'은 동일하기 때문).

```
> # 무방향 네트워크: flo_marriage
> # 정치적 영향력 격차
> mat_flo <- as.matrix(as_adjacency_matrix(flo_marriage))
> polgap <- array(0,dim(mat_flo))
> nodeprior <- V(flo_marriage)$`#priors`
> for (i in 1:nrow(mat_flo)){
+   polgap[i,-i] <- abs(nodeprior[i] - nodeprior[-i])
+ }
> # 경제적 영향력 격차
> ecogap <- array(0,dim(mat_flo))
> nodewlth <- V(flo_marriage)$wealth
> for (i in 1:nrow(mat_flo)){
+   ecogap[i,-i] <- abs(nodewlth[i] - nodewlth[-i])
+ }
> mat_flo <- mat_flo[lower.tri(mat_flo)]
> polgap <- polgap[lower.tri(polgap)]
> ecogap <- ecogap[lower.tri(ecogap)]
```

이후 혼인관계 여부에 따라 새로 생성된 정치적·경제적 격차 변수인 polgap과 ecogap의 기술통계치가 어떻게 다른지 살펴본 결과는 다음과 같습니다.

```
> # 아래 역시 네트워크 속성을 무시한다는 점에서 정당화될 수 없는 방법이다
> mydata <- tibble(link_yn=mat_flo,ecogap=ecogap,polgap=polgap)
> mydata %>%
+ group_by(link_yn) %>%
+ summarise(across(
+ .cols=ecogap:polgap,
+ .fns=function(x){str_c(round(mean(x),2),"(",round(sd(x),2),")")}
+ ))
# A tibble: 2 × 3
  link_yn      ecogap        polgap
    <dbl>       <chr>         <chr>
1       0 34.23(34.46)  29.31(22.08)
2       1  57.3(36.92)   31.9(18.36)
```

polgap과 ecogap의 기술통계치를 통해 두 변수 모두 편포가 심한 것을 확인할 수 있습니다. 이에 저는 아래와 같이 상용로그 함수를 활용하여 두 변수를 변환한 후, 혼인관계 여부를 추정하는 로지스틱 회귀모형을 추정하였습니다. 조심스럽게 평가해야 하지만, 추정 결과에 따르면 두 가문의 경제적 격차가 클수록 혼인관계를 형성할 가능성이 높게 나타나는 것을 알 수 있습니다($b = 1.67, p = .02$). 즉 1430년대 피렌체에서는 경제적으로 유력한 가문이 상대적으로 경제력이 약한 가문과 혼인을 맺는다고 할 수 있습니다.

```
> glm(link_yn~log10(1+ecogap)+log10(1+polgap), mydata, family=binomial()) %>%
+ summary()

Call:
glm(formula = link_yn ~ log10(1 + ecogap) + log10(1 + polgap),
    family = binomial(), data = mydata)

Deviance Residuals:
   Min      1Q  Median      3Q     Max
-1.0329 -0.6463 -0.4948 -0.3092  2.3942

Coefficients:
                  Estimate Std. Error z value Pr(>|z|)
(Intercept)        -4.5162     1.1974  -3.772 0.000162 ***
log10(1 + ecogap)   1.6727     0.6887   2.429 0.015155 *
log10(1 + polgap)   0.2966     0.5216   0.569 0.569673
---
Signif. codes: 0 '***' 0.001 '**' 0.01 '*' 0.05 '.' 0.1 ' ' 1
```

(Dispersion parameter for binomial family taken to be 1)

     Null deviance: 108.135 on 119 degrees of freedom
Residual deviance: 99.432 on 117 degrees of freedom
AIC: 105.43

Number of Fisher Scoring iterations: 5

　　다시금 강조합니다만, 위와 같이 링크수준 변수들을 추출한 후 링크존재 유무 혹은 링크가중치를 대상으로 실시한 통상적 데이터 분석방법은 '독립성 가정'을 토대로 하는 것이기 때문에 네트워크 데이터의 본질을 반영할 수 없는 정당하지 않은 방법입니다. 반드시 탐색적 목적으로만 활용하기 바랍니다.

07장

네트워크 시각화

데이터 분석결과를 독자나 청중들에게 전달하는 가장 효과적인 방법은 시각화 (visualization)입니다. 하지만 적절하지 못한 시각화 방법을 사용할 경우, 데이터 분석결과를 전달하는 데 실패하는 것을 넘어 의도치 않게 (어쩌면 의도적으로) 분석결과를 왜곡하게 되기도 합니다. 네트워크 분석 역시 마찬가지입니다. 네트워크를 이해하는 여러 가지 방법들 중 '네트워크 시각화'는 전반적인 네트워크 구조를 파악하는 데 매우 효과적입니다. 그러나 적절하지 못한 네트워크 시각화는 독자나 청중에게 혼란만 안겨주거나 네트워크 분석을 통해 설명하고자 하는 현상을 왜곡하여 이해하도록 만들기도 합니다. 네트워크 시각화의 장단점을 반드시 염두에 두고 이번 장을 살펴보기 바랍니다.

R 기반의 데이터 분석결과 시각화에는 통상적으로 2가지 방법이 있습니다. 하나는 plot() 함수와 같이 전통적인 R 베이스 함수들을 이용한 시각화입니다. 본서에서는 이 방법을 'R 베이스 시각화'라고 약칭하겠습니다. 두 번째는 최근 R 사용자들에게 선풍적인 인기를 끌고 있는 ggplot2 패키지의 함수들을 이용한 시각화입니다. ggplot2 패키지는 tidyverse 패키지의 일부이기 때문에 본서에서는 이 방법을 '타이디버스 시각화'라고 부르겠습니다.

네트워크 분석결과 시각화도 마찬가지입니다. 7장 이전에 제시하였던 네트워크 시각화 그림들은 모두 R 베이스 시각화 방법으로 작성한 것입니다. 이번 장에서는 네트워크 시각화 방법으로 R 베이스 시각화와 타이디버스 시각화 방법 2가지를 가급적 자세하고 쉽게 설명해보겠습니다. 두 시각화 방법 중 자신에게 맞는 쉬운 방법을 택하여 사용하기 바랍니다. 다만 네트워크 시각화에 앞서 R 기반의 데이터 시각화 경험이 전혀 없다면 이번 장을 들어가기 전에 먼저 다른 문헌들[1]을 살펴보길 권합니다.

본격적으로 네트워크 시각화를 소개하기에 앞서 강조하고 싶은 것이 2가지 있습니다. 첫째, 성공적인 네트워크 시각화를 위해서는 분석목적에 맞는 레이아웃(layout)을 설정해야 합니다. 즉 시각화 레이아웃을 설정할 때는 네트워크 노드들 사이의 관계적(relational) 특성을 어떻게 제시해야 연구자의 연구목적에 잘 부합할지 충분히 고민하기 바랍니다. 동일한 네트워크 데이터라고 하더라도 레이아웃을 어떻게 설정하는가에 따라 느낌이 상당히 다릅니다. 언제나 모든 네트워크 데이터에 적용 가능한 가장 좋은 레이아웃이란 없을 것입니다. 네트워크 데이터의 특성에 따라, 연구자와 연구자가 활동하는 필드에 따라 가장 적합한 레이아웃을 선택하는 것이 최선일 것이라 생각합니다. 레이아웃에 대해서는 이어지는 본문에서 다시 설명하겠습니다.

둘째, 동일한 네트워크 시각화 결과물을 원한다면 반드시 랜덤시드넘버(random seed number)를 설정하기 바랍니다. 만약 랜덤시드넘버를 설정하지 않는다면, 시각화를 할 때마다 네트워크의 모양과 각 노드별 위치가 다르게 나타날 것입니다. 아울러 가장 적절하고 효과적인 네트워크 시각화 결과를 위해서는 가급적 여러 개의 랜덤시드넘버로 시각화를 시도해보는 것을 추천합니다. 다시 말하지만 절대적으로 타당한 시각화 결과물은 없습니다. 동일한 레이아웃에 기반하여 동일한 네트워크를 시각화했다고 하더라도 랜덤시드넘버에 따라 시각화된 네트워크 결과물에 대한 인상이 달라지는 경우도 종종 발생합니다. 적절한 네트워크 시각화를 원한다면 랜덤시드넘버를 몇 차례 바꾸면서 네트워크 시각화 결과가 일관되게 나타나는지를 체크하기 바랍니다. R의 경우 set.seed() 함수를 이용하여 랜덤시드넘버를 설정할 수 있습니다.

---

[1] R 베이스 시각화 방법은 대부분의 R 소개서에서 다루고 있으며, 필자 또한 R 베이스와 ggplot2 패키지를 비교한 데이터 시각화 서적 《R을 이용한 사회과학데이터 분석: 응용편》(2016)을 출간한 바 있습니다. 타이디버스 시각화 방법도 시중에 다양한 소개서들이 나와 있으며, 필자가 집필한 《R 기반 데이터과학: tidyverse 접근》(2018)에서도 타이디버스 접근에 기반한 데이터 분석과 분석결과의 시각화 방법을 제시한 바 있습니다. 실용적 관점에서의 데이터 시각화를 다룬 영문 문헌들의 경우 카바코프(Kabacoff, 2020), 위컴(Wickham, 2016), 창(Chang, 2018) 등을 추천합니다.

❶ 네트워크 시각화 레이아웃

본질적으로 네트워크 데이터는 노드, 그리고 노드와 노드의 연결관계를 나타내는 링크, 2가지로 구성됩니다. 따라서 네트워크를 시각화한다는 의미는 노드와 링크를 2차원 혹은 3차원 공간에 나열하는 것입니다. 레이아웃 문제는 네트워크의 노드와 링크를 공간에 어떻게 나열하는가의 문제입니다. 여기서는 네트워크 시각화에서 매우 널리 사용되는 3가지 레이아웃으로 '원형(circular) 레이아웃', '카마다-카와이(Kamada-Kawai) 레이아웃', '프룻처먼-라인골드(Fruchterman & Reingold) 레이아웃'을 소개하겠습니다. 이 3가지 레이아웃 외에도 다양한 레이아웃들이 있지만 본서에서는 활용도가 높은 것 위주로 선별하였습니다.

원형 레이아웃

원형 레이아웃은 가장 간단한 네트워크 시각화 레이아웃입니다. 네트워크의 노드들을 원(circle)의 형태로 제시합니다. 즉 네트워크를 시각화할 좌표의 중앙점에서 모든 노드들이 같은 거리에 놓이며, 노드와 노드 사이의 거리는 동등하게 배치되는 레이아웃입니다. 간단하고 명확한 레이아웃이지만 많은 경우 원형 레이아웃의 활용도는 높지 않습니다. 네트워크 분석의 목적에 부합하지 않는 경우가 빈번하기 때문입니다. 예를 들어 노드와 노드의 거리를 동등하게 배열하는 것은 네트워크 내부의 소집단을 파악하려는 목적에 맞지 않고, 모든 노드를 원주(圓周)에 배치할 경우 네트워크의 중심에 위치한 노드는 무엇이고 주변부에 위치한 노드는 무엇인지를 파악할 수 없습니다. 이러한 이유로 현실 네트워크를 시각화할 때 원형 레이아웃을 사용하는 일은 거의 없습니다. 그러나 원형 레이아웃은 확률적 네트워크 형성과정을 탐구하는 것을 목적으로 하는 네트워크 연구에서는 많이 활용되기도 합니다. 본서의 목적은 현실 네트워크 데이터를 분석하고 시각화하는 것이기에 원형 레이아웃은 예시로만 소개할 뿐 실제 분석결과를 제시하고 해석할 때는 사용하지 않았습니다.

카마다-카와이 레이아웃

카마다-카와이 레이아웃은 다차원 스케일링(MDS, multidimensional scaling) 기법 관점에서 네트워크를 시각화하는 레이아웃입니다. MDS는 데이터를 구성하는 개별 사례들 사이의 유사도(similarity) 수준이 높을수록 가깝게 배치되도록 좌표 공간에 배치하는 통계기법입니다. MDS를 네트워크 데이터 분석기법에 적용하면 개별 사례는 노드에, 그리고 노드와 노드의 관계가 밀접할수록 높은 유사도를 갖도록 하여 2차원 혹은 3차원 좌표공간에 노드를 배치할 수 있습니다. 카마다-카와이 레이아웃은 MDS의 원리를 활용한 여러 레이아웃 알고리즘 중 하나입니다. 원형 레이아웃에 비해서는 현실 네트워크 시각화에 적합하며, 다음에 소개할 프룻처먼-라인골드 레이아웃과 비슷한 시각화 결과를 보여줍니다. 그러나 거의 대부분의 네트워크 시각화 프로그램에서 프룻처먼-라인골드 레이아웃을 디폴트로 설정하고 있기 때문에 본서에서는 카마다-카와이 레이아웃을 설정하는 예시만 소개하고, 실제 분석결과를 제시하고 해석할 때는 사용하지 않았습니다.

프룻처먼-라인골드 레이아웃

프룻처먼-라인골드 레이아웃은 거의 대부분의 네트워크 시각화 프로그램에서 디폴트 레이아웃으로 사용하고 있습니다. 프룻처먼-라인골드 레이아웃은 물리학적 관점을 배경으로 한 알고리즘에 따라 네트워크의 노드들을 2차원 혹은 3차원 공간에 배치합니다. 물리학에서는 최소한의 에너지로 작동하는 시스템을 가장 안정된 상태로 가정한다고 합니다. 이런 점에 착안하여 네트워크의 노드들의 위치를 '에너지'라고 가정하고, 함수 형태로 정의된 이 에너지를 최솟값으로 하는 최적 상태의 노드배치를 반복계산을 통해 생성하여 수렴된 결과를 공간에 배치하는 레이아웃 방식이 바로 프룻처먼-라인골드 레이아웃입니다. 통상적인 네트워크 데이터 분석 프로그램의 경우 프룻처먼-라인골드 레이아웃을 디폴트로 설정하고 있습니다. 이번 장에서 소개할 statnet/network 패키지의 plot() 함수, igraph 패키지의 plot() 함수, ggnetwork 패키지의 ggnetwork() 함수 역시 프룻처먼-라인골드 레이아웃을 디폴트로 설정하고 있습니다. 본서에서는 특별한 언급이 없는 한 네트워크 시각화에 프룻처먼-라인골드 레이아웃을 사용하였습니다.

② R 베이스 시각화 방식

이제 본격적으로 네트워크 데이터를 시각화해보겠습니다. R 베이스 시각화 방식으로는 statnet/network 패키지 접근방법과 igraph 패키지 접근방법 2가지를 소개하겠습니다. 두 패키지 모두 동일한 이름의 plot() 함수를 제공하지만, 함수의 옵션을 지정하는 방식이 상당히 다릅니다. 따라서 2가지 패키지 접근방법을 모두 살펴본 후 취향에 맞는 것을 택하면 됩니다. 일단 본서에서는 statnet/network 패키지 접근방법을 먼저 소개한 후, igraph 패키지 접근방법을 나중에 제시하는 방식으로 구성하였습니다. 아울러 여기서 네트워크 시각화 실습을 위한 네트워크 오브젝트로는 유방향 일원네트워크인 eies_messages 오브젝트, 이원네트워크인 southern_women 오브젝트를 사용하였습니다. 이 2가지 네트워크에 대해서는 앞에서 소개한 바 있습니다.

statnet/network 패키지 접근

먼저 statnet 패키지와 networkdata 패키지를 구동한 후, 두 네트워크 오브젝트를 다음과 같은 과정을 거쳐 각각 eies, davis라는 이름의 network 오브젝트로 전환하였습니다.

```
> library(statnet)          #네트워크 분석 우산패키지
> library(networkdata)      #네트워크 분석 예시 데이터
> #예시 데이터
> eies <- intergraph::asNetwork(eies_messages)
> davis <- intergraph::asNetwork(southern_women)
```

먼저 eies 데이터, 즉 유방향 일원네트워크 데이터를 시각화해보겠습니다. 앞서 소개한 프룻처먼-라인골드 레이아웃(디폴트 레이아웃)을 기반으로 eies 네트워크를 시각화하면 [그림 7-1]과 같습니다. 앞서 언급했듯이 제시된 랜덤시드넘버와 다른 값을 넣을 경우 네트워크 시각화 결과가 달라질 수 있습니다. R 베이스를 기반으로 데이터 시각화를 해보았다면 png() 함수와 dev.off() 함수를 경험해보았을 것입니다. 이 과정에 대해 간단히 설명하면 다음과 같습니다. 지정된 작업경로(working directory)에 png() 함수

에 입력된 png 형식의 그림파일을 형성하되, 가로(width 옵션)와 세로(height 옵션)를 각각 25센티미터(units="cm")로 하고, 그래프의 해상도(res 옵션)는 300dpi로 설정합니다. plot(eies) 시각화 결과를 저장하고, 이후 시각화 결과물을 지정된 png 형식 그림파일에 저장한 후 dev.off()를 입력하여 그래픽 저장 작업을 마무리합니다.

```
> # R 베이스 시각화 방식
> set.seed(20230104) # 교재와 동일한 결과를 얻고자 한다면
> png("P1_Ch07_Fig01.png",width=25,height=25,units="cm",res=300)
> plot(eies)
> dev.off()
```

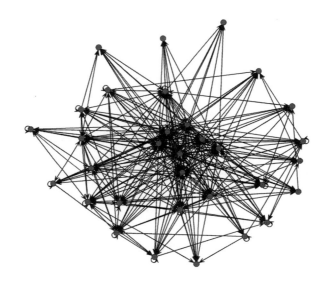

그림 7-1

　이번에는 레이아웃을 바꾸어봅시다. 원형 레이아웃과 카마다-카와이 레이아웃을 제시하면 다음과 같습니다. 앞서 언급하였듯이 네트워크를 시각화한다는 것은 네트워크의 노드, 그리고 노드와 노드의 연결관계인 링크를 좌표 위에 나열하는 것입니다. 예를 들어 원형 레이아웃이나 카마다-카와이 레이아웃을 사용할 경우 다음과 같은 방식으로 레이아웃을 정의하면 됩니다. 즉 network.layout.*() 함수에 연구자가 원하는 레이아웃 형태를 지정한 후 네트워크 데이터를 입력값으로 투입합니다. 만약 각 레이아웃을 위한 알고리즘의 모수(parameter)를 바꾸고자 할 경우 layout.par 옵션을 별도 지정하면 됩니다. 일단 본서에서는 layout.par=NULL로 하여 별도의 모수를 지정하지 않고 각 레이아웃 알고리즘의 디

폴트를 그대로 받아들였습니다. 만약 각 레이아웃의 알고리즘별 모수값을 변경하고자 한다면 각 레이아웃 함수에 대한 도움말(help)을 참조하기 바랍니다.

```
> set.seed(20230104)  # 교재와 동일한 결과를 얻고자 한다면
> lo_cicular <- network.layout.circle(eies,layout.par=NULL) # circular layout
> head(lo_cicular)  # 좌표지점 예시
          [,1]       [,2]
[1,] 0.0000000  1.0000000
[2,] 0.1950903  0.9807853
[3,] 0.3826834  0.9238795
[4,] 0.5555702  0.8314696
[5,] 0.7071068  0.7071068
[6,] 0.8314696  0.5555702
> lo_KK <- network.layout.kamadakawai(eies,layout.par=NULL) # Kamada-Kawai layout
> head(lo_KK)  # 좌표지점 예시
          [,1]       [,2]
[1,] 1.333729  1.992633
[2,] 1.339867  2.204581
[3,] 2.023311  3.150908
[4,] 1.896996  1.646638
[5,] 1.769963  2.320503
[6,] 2.204908  2.129727
```

위의 출력결과에서 레이아웃에 따라 좌표상의 노드위치가 달라지는 것을 확인할 수 있습니다. 다시 말해 네트워크 시각화의 레이아웃 옵션을 바꾼다는 것은 지정된 레이아웃의 알고리즘에 따라 좌표상의 노드위치를 바꾸어준다는 의미와 동일합니다. 이제 원형 레이아웃과 카마다-카와이 레이아웃을 적용하여 eies 네트워크를 시각화하면 어떻게 나타나는지 살펴봅시다. 먼저 par(mfrow=c(1,2))는 2개의 그림을 1×2 행렬에 차례대로 배치한다는 것을 의미합니다. 이후 plot() 함수의 coord 옵션(좌표를 설정하는 옵션)에 앞서 지정한 레이아웃을 설정한 후, main 옵션에서 적용된 레이아웃이 무엇인지 알 수 있도록 제목을 붙였습니다.

```
> png("P1_Ch07_Fig02.png",width=25,height=15,units="cm",res=300)
> par(mfrow=c(1,2))
> plot(eies,coord=lo_cicular,main="Circular layout")
> plot(eies,coord=lo_KK, main="Kamada-Kawai layout")
> dev.off()
```

Circular layout

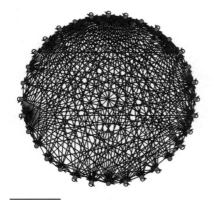

Kamada-Kawai layout

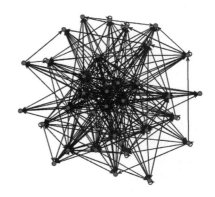

[그림 7-1]이나 [그림 7-2]와 같이 네트워크를 시각화하는 것은 매우 쉽습니다. 문제는 이렇게 시각화된 네트워크를 통해 네트워크로 표현된 현실을 이해하기가 쉽지 않다는 점입니다. 예를 들어 [그림 7-1]은 중심부에 위치한 노드가 무엇인지 보여주지 않으며, 노드가 어떤 속성을 가지는지, 어떤 노드가 더 높은 중심성 지수를 가지는지, 링크가중치는 어떠한지 등의 정보를 제공하지 않습니다. 네트워크의 특성을 한눈에 알아보기 위해 네트워크를 시각화하는 것인데 [그림 7-1]과 같은 시각화 결과는 그 역할을 충분히 수행하지 못합니다. 이에 statnet/network 패키지의 plot() 함수의 옵션을 연구목적에 맞도록 변경할 필요가 있습니다. 본서에서 소개할 옵션들 몇 가지를 정리하면 [표 7-1]과 같습니다. statnet/network 패키지의 plot() 함수에서 제공하는 모든 옵션을 확인하려면 help(plot.network)를 콘솔창에 입력하면 됩니다.

이제 [그림 7-1]에 다음과 같은 절차를 반영해보겠습니다. 첫째, 노드별로 노드라벨을 표시하겠습니다. 즉 eies 오브젝트의 노드수준 속성변수인 vertex.names를 노드 옆에 붙여보겠습니다. 둘째, 노드별 전체 연결중심성(total degree centrality) 지수가 큰 값을 보일수록 노드크기가 크게 나타나도록 설정하겠습니다. 이를 위해 eies 네트워크의 노드별 연결중심성 지수를 degree() 함수를 이용해 계산한 후 %v% 오퍼레이터를 이용하여 eies 네트워크의 노드수준 변수('ttDC')로 입력합니다. 셋째, 노드로 표현된 연구자의 소속분과에 따라 노드색을 다르게 부여하겠습니다. 구체적으로 사회학과 소속 연구자 노드는 적색("red")을, 인류학과 소속 연구자 노드는 청색("blue"), 수학·통계학과 소속 연구자 노드는

[표 7-1] network 오브젝트 plot() 함수의 주요 옵션 및 설명

레이아웃 관련
• coord: 디폴트 레이아웃을 변경할 경우 사용한다. • layout.par: 레이아웃 알고리즘의 모수를 조정할 경우 사용한다. 디폴트는 NULL로 되어 있다.
노드 관련 옵션(label 옵션 이외의 경우 vertex라는 표현으로 시작함)
• label: 노드의 라벨을 네트워크 시각화에 반영한다. network 오브젝트의 경우 노드의 이름이 vertex.names라는 노드수준 변수로 입력되어 있다. 노드수준 변수 이름을 문자형으로 입력하면 된다. • label.cex: 노드의 라벨 크기를 조정하는 옵션이다. • vertex.sides: 노드의 형태를 지정하며 정수로 입력한다. 예를 들어 삼각형 노드의 경우 3, 육각형 노드의 경우 6, 원에 가까운 모습으로 하고자 하면 매우 큰 정수를 입력하면 된다. 디폴트 값인 50으로 지정하면 육안으로 보았을 때 원으로 보인다. • vertex.cex: 노드의 크기를 지정하며 $[0, \infty]$의 수치를 입력한다. 보통 노드의 중심성 지수[대개 연결 중심성(degree centrality) 지수]를 반영한다. • vertex.col: 노드의 색을 지정한다. 보통 노드수준 변수 중 '성별'과 같은 범주형 변수에 적용한다.
링크 관련 옵션(arrow라는 표현이 들어가거나 edge라는 표현으로 시작함)
• usearrow: 화살표를 사용할지 여부를 결정한다. 만약 무방향 네트워크라면 FALSE로 변경해야 한다. • arrowhead.cex: 유방향링크의 화살표 머리 부분의 크기를 결정한다. • edge.lty: 링크의 선 형태를 설정하며, 정수로 입력한다. 실선(solid line), 점선(dotted line), 파선(dashed line) 등으로 표현할 수 있다. • edge.lwd: 링크의 두께를 설정하며, 정수로 입력한다. • edge.usecurve: 링크의 두께를 설정하며, 정수로 입력한다. • edge.curve: 링크의 굴곡을 반영하며, $[0, \infty]$의 수치를 입력한다.

흑색("black"), 기타 학과 소속 연구자는 자색("purple")이 되도록 색깔을 부여합니다. 넷째, 링크가중치(메시지의 양, weight)가 클수록 링크가 굵게 표시되도록 바꾸었습니다. 다섯째, 링크의 색을 연청색("lightblue")으로 바꾸었습니다. 먼저 plot()을 사용하기 전에 노드의 전체 연결중심성 지수를 계산하고, 연구자(노드)의 소속분과에 맞는 색을 부여하면 다음과 같습니다.

```
> # 시각화 개선
> # 노드크기를 연결중심성(total degree centrality) 지수에 맞게
> eies %v% 'ttDC' <- log(degree(eies, gmode="digraph", cmode="freeman"))
> # 노드색은 Discipline에 맞게
> # 사회학(적), 인류학(청), 수학통계(흑), 기타(자)
> temp_disc <- factor((eies %v% 'Discipline'),
+                      labels=c("red","blue","black","purple"))
> eies %v% 'dp_color' <- as.character(temp_disc)
```

다음으로 plot() 함수의 옵션을 지정하는 방식으로 네트워크를 시각화하면 다음과 같습니다. 각 옵션 옆에는 #을 이용하여 간단한 설명을 붙였습니다. 각각의 옵션에 대해서는 조금 전에 보다 구체적인 설명을 제시한 바 있습니다.

```
> set.seed(20230104)  # 교재와 동일한 결과를 얻고자 한다면
> png("P1_Ch07_Fig03.png",width=30,height=30,units="cm",res=300)
> plot(eies,
+      label="vertex.names",  # 1)노드라벨 표시
+      vertex.cex="ttDC",  # 2)연결중심성 크기에 따라 노드크기 변화
+      vertex.col="dp_color",  # 3)소속분과에 따라 노드색 변화
+      edge.lwd="weight",  # 4)링크가중치에 따라 링크두께 변화
+      edge.col="lightblue",  # 5)링크의 색을 연청색으로
+      main="Network visualization")
> dev.off()
```

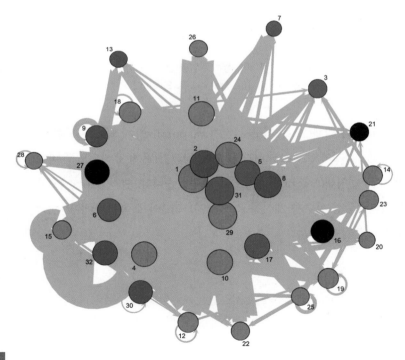

Network visualization

그림 7-3

원하는 대로 네트워크가 시각화되었지만, 그리 아름다워 보이지는 않습니다. 조금 더 개선해보기 위해 추가로 다음과 같은 과정을 밟았습니다. 첫째, 노드의 전체 연결중심성 지수를 크게 4개 집단으로 나누었습니다. 보다 구체적으로 설명하면, 전체 연결중심성 지수의 범위를 4등분하여 가장 큰 범위의 노드에 대해서는 4의 값을 부여하고, 가장 작은 범위의 노드에 대해서는 1의 값을 부여하였습니다. 둘째, 링크가중치(즉, 메시지의 양)의 경우 자연로그를 적용하여 변환하였습니다. 셋째, 노드색에 대한 범례를 붙였습니다. 넷째, 겹치는 노드와 링크를 효과적으로 표시하기 위하여 투명도를 부여하였습니다. 이를 위해 scales 패키지의 alpha() 함수를 이용하였습니다.

먼저 노드의 연결중심성 지수를 4개의 등급으로 구분하고 링크가중치를 로그전환하면 다음과 같습니다.

```
> # 다음과 같이 4개 수준으로 나누었음
> ttDC4 <- cut_interval(degree(eies, gmode="digraph", cmode="freeman"), n=4)
> table(ttDC4)
ttDC4
 [9,21.8] (21.8,34.5] (34.5,47.2] (47.2,60]
       14            8           6         4
> eies %v% 'ttDC4' <- as.integer(ttDC4)
> # 로그를 이용하여 가중치 전환
> eies %e% 'lgwgt' <- log(eies %e% 'weight')
> summary(eies %e% 'weight')
 Min. 1st Qu. Median Mean 3rd Qu.  Max.
 2.00    5.00  15.00 33.73   32.25 559.00
> summary(eies %e% 'lgwgt')
 Min. 1st Qu. Median  Mean 3rd Qu.  Max.
0.6931  1.6094  2.7081 2.7378  3.4734 6.3261
```

이렇게 [그림 7-3]에 개선사항들을 적용하여 다시 네트워크를 시각화하면 [그림 7-4]와 같습니다. 한 가지 주의할 점은 scales 패키지의 alpha() 함수의 입력값을 넣을 때입니다. scales::alpha() 함수의 경우 벡터가 입력값으로 투입되기 때문에 network 오브젝트의 노드수준 혹은 링크수준 변수를 투입할 경우에는 %v%, %e% 오퍼레이터를 이용하여 벡터로 변환한 후 입력해야 합니다. 이 부분을 제외한다면 다음과 같습니다.

```
> set.seed(20230104)  # 교재와 동일한 결과를 얻고자 한다면
> png("P1_Ch07_Fig04.png",width=30,height=30,units="cm",res=300)
> plot(eies,
+       edge.lwd="lgwgt", # 2)로그전환 링크가중치 부여
+       edge.col=scales::alpha("orange",0.4), # 4)겹치는 링크
+       label="vertex.names",
+       vertex.cex="ttDC4", # 1)연결중심성에 따라 4등급으로 나눈 노드
+       vertex.col=scales::alpha((eies %v% "dp_color"),0.6), # 4)겹치는 노드
+       main="Network visualization")
> legend("topright",
+        legend=c("Sociology","Anthropology","Math/Stat","Etc."),
+        fill=c("red","blue","black","purple"),
+        cex=0.8,box.lty=0)  # 3)범례붙이기
> dev.off()
```

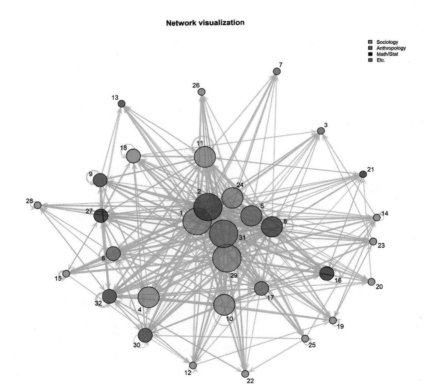

그림 7-4

[그림 7-4] 정도면 준수해 보입니다. 물론 연구목적에 따라, 그리고 무엇보다 R을 이용한 그래픽 작업능력에 따라 더 나은 네트워크 시각화 결과물을 얻을 수도 있습니다. 일단 R 베이스 시각화 방법을 기반으로 한 2차원 공간의 네트워크 시각화에 대한 설명은 이 정도에서 마무리하겠습니다.

[그림 7-4]를 보면 eies 네트워크는 다음과 같은 특성을 갖습니다. 첫째, 새롭게 등장한 정보 유통 시스템에서 적극적으로 다른 행위자와 소통하는 행위자는 1, 2, 31, 29번 행위자(연구자)입니다. 둘째, 이들 4명의 행위자 중 사회학자는 2명, 인류학자는 1명, 수학·통계학자는 1명입니다. 언뜻 보면 사회학 연구자들이 네트워크에서 핵심적 소통행위에 참석하고 있는 것처럼 보이지만, 네트워크의 주변부에 위치한 학자들 중에 사회학자들이 매우 많은 것을 볼 수 있습니다. 즉 네트워크 전체를 기준으로 판단할 때, 해당 네트워크의 경우 메시지가 특정 학과 연구자에게 집중되어 있다고 보기는 어렵습니다.

지금까지 R 베이스 시각화 방법을 기반으로 statnet/network 패키지의 plot() 함수를 이용하여 유방향 일원네트워크인 eies 네트워크를 시각화해보았습니다. 다음으로 무방향 이원네트워크인 davis 네트워크를 시각화해보겠습니다. 몇 차례 언급하였듯이 이원네트워크의 노드는 2가지 종류, 즉 사람(person)과 사건(event)으로 나뉩니다. 따라서 이원네트워크를 시각화할 때는 노드의 종류를 구분해주어야 하며, plot() 함수의 노드 관련 특성 옵션을 지정할 것을 강하게 권장합니다. 예를 들어 사람을 나타내는 노드는 '원형', 사건을 나타내는 노드는 '삼각형'과 같은 방식을 취하거나, 노드별로 색깔을 다르게 표시하는 방식을 취하기 바랍니다.

eies 네트워크와 마찬가지로 단계를 밟아가면서 이원네트워크를 시각화해보겠습니다. 우선 plot() 함수에 별다른 옵션을 지정하지 않은 채 davis 네트워크를 시각화해보죠.

```
> # 이원네트워크 시각화
> set.seed(20230104) # 교재와 동일한 결과를 얻고자 한다면
> png("P1_Ch07_Fig05.png",width=30,height=30,units="cm",res=300)
> plot(davis,main="Two-mode network visualization")
> dev.off()
```

Two-mode network visualization

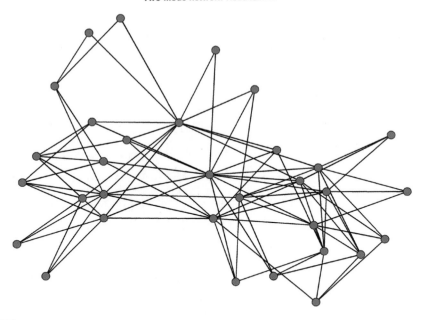

그림 7-5

 앞서와 마찬가지로 이렇게 제시된 네트워크 시각화는 매우 적절하지 않습니다. 왜냐하면 이원네트워크의 특징, 즉 서로 구분되는 속성을 갖는 노드특성이 전혀 반영되어 있지 않기 때문입니다. 이원네트워크의 특징을 반영하기 위해 다음과 같은 절차를 진행해보겠습니다. 첫째, 사람 노드인 경우는 원형으로, 사건 노드인 경우는 삼각형으로 표시하겠습니다. 이를 위해 `plot()` 함수의 `vertex.sides` 옵션을 사용하였으며, 사람 노드에는 50의 값을, 사건 노드에는 3의 값을 부여하였습니다. 둘째, 사람 노드에는 '적색'을, 사건 노드에는 '청색'을 부여하였습니다. 이를 위해 `plot()` 함수의 `vertex.col` 옵션을 사용하였으며, 사람 노드인 경우에는 `"red"`의 값을, 사건 노드인 경우에는 `"blue"`의 값을 부여하였습니다. 셋째, 노드가 겹칠 경우를 대비하여 투명도를 높였습니다. 이를 위하여 앞서 소개했던 scales 패키지의 `alpha()` 함수를 사용하였습니다. 넷째, 무방향 네트워크인 점을 감안하여 화살표를 사용하지 않았습니다. 이를 위해 `plot()` 함수의 `usearrow` 옵션을 FALSE로 지정하였습니다. 끝으로 노드별 전체 연결중심성(total degree centrality)의 크기에 따라 각 노드의 크기를 조절하였습니다. 이를 위해 `plot()` 함수의 `vertex.cex` 옵션을 사용하였습니다.

먼저 davis 오브젝트에 노드 유형별로 형태('typeside')와 색('typecolor')을 지정하여 반영한 다음, 전체 연결중심성 지수를 계산하고 노드수준 변수로 지정하였습니다 ('ttDC').

```
> # 1)사람은 원, 사건은 삼각형
> # 2)사람은 적색, 사건은 청색
> # 3)노드가 겹치는 것 대비 투명도를 높임
> # 4)무방향 네트워크라서 화살표를 사용하지 않았음.
> # 5)연결중심성 지수를 노드크기로 반영
> davis %v% 'typeside' <- ifelse(davis %v% 'type',
+                                    3, # event
+                                    50) # person
> davis %v% 'typecolor' <- ifelse(davis %v% 'type',
+                                    "blue", # event
+                                    "red") # person
> davis %v% 'ttDC' <- degree(davis,gmode='graph',cmode="freeman")
```

이제 plot() 함수의 옵션을 지정하여 이원네트워크를 시각화해보겠습니다. 시각화 결과는 아래와 같습니다.

```
> set.seed(20230104) # 교재와 동일한 결과를 얻고자 한다면
> png("P1_Ch07_Fig06.png",width=30,height=30,units="cm",res=300)
> plot(davis,
+      label="vertex.names",
+      vertex.sides="typeside",
+      vertex.cex="ttDC",
+      vertex.col=scales::alpha((davis %v% 'typecolor'),0.5),
+      usearrow=FALSE,
+      main="Two-mode network visualization")
> dev.off()
```

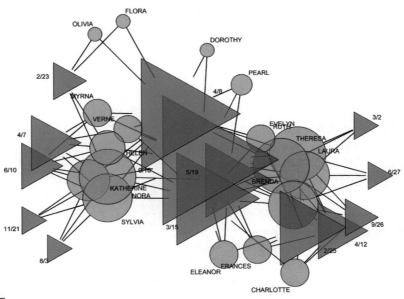

그림 7-6

　지정했던 방식에 따른 결과를 얻었습니다만, 아름답게 보이지 않습니다. 적어도 다음과 같은 문제점들이 있습니다. 첫째, 사건 노드의 연결중심성이 높다 보니 시각화 결과물에서 너무 많은 공간을 점유하고 있습니다. 이원네트워크를 파악하는 이론적 관점에 따라 달라지겠지만, davis 네트워크에서 중요한 점은 행사(사건) 참여를 매개로 한 행위자들의 연관관계일 것입니다. 이 점에 동의한다면 네트워크 시각화에서 도드라지게 제시되는 노드는 사건 노드가 아니라 사람 노드라는 점에도 동의할 수 있을 것입니다. 그래서 사건 노드의 크기를 대폭 줄일 것입니다. 둘째, 현재 davis 네트워크의 사람 노드라벨은 모두 대문자로 입력되어 있습니다. 가독성을 높이기 위해 첫 번째 글자는 대문자로, 두 번째 글자부터는 소문자로 변환하겠습니다. 셋째, 연결중심성 기준으로 상위 50%에 해당되는 사람 노드의 경우에만 노드의 라벨을 표시하도록 하겠습니다. 끝으로 링크가 겹칠 경우를 대비하여 투명도를 높이고 링크색은 청색으로 설정하였습니다.

　[그림 7-6]을 보다 개선하기 위해 다음과 같은 과정을 거친 후 davis 네트워크를 다시 시각화한 결과가 [그림 7-7]입니다.

```
> # 1)사건의 경우 노드크기를 작게
> # 2)이름의 경우 첫 글자를 빼고 소문자로, 사건은 표시하지 않음
> # 3)상위 25%의 경우에만 이름 제시하고 나머지는 표시하지 않음
> # 4)링크가 겹치는 것 대비하여 투명도 높게(청색)
> davis %v% 'ttDC' <- ifelse(davis %v% 'type',
+                            1, # event는 작게
+                            davis %v% 'ttDC')
> davis %v% 'Vnode' <- ifelse(davis %v% 'type',
+                 "", # event는 표시하지 않음
+                 str_to_title(davis %v% 'vertex.names')) # person은 첫 글자만 대문자
> quantile((davis %v% 'ttDC')[!(davis %v% 'type')]) # 사람 노드인 경우 상위 25%
  0% 25% 50% 75% 100%
   2   4   4   7   8
> davis %v% 'Vnode2' <- ifelse((davis %v% 'ttDC')>4,
+                              davis %v% 'Vnode',
+                              "") # 상위 50%만 이름을 표현
> set.seed(20230104) # 교재와 동일한 결과를 얻고자 한다면
> png("P1_Ch07_Fig07.png",width=30,height=30,units="cm",res=300)
> plot(davis,
+      label="Vnode2",label.cex=1.4,
+      vertex.sides="typeside",
+      vertex.cex="ttDC",
+      vertex.col=scales::alpha((davis %v% 'typecolor'),0.5),
+      usearrow=FALSE,
+      edge.col=scales::alpha("blue",0.5),
+      main="Two-mode network visualization")
> dev.off()
```

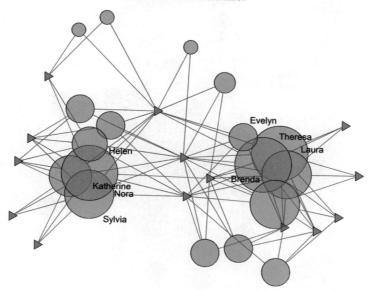

그림 7-7

[그림 7-7]은 davis 네트워크의 특징이 무엇이며, 어떤 행위자들이 어떻게 서로 연결되어 있고 분리되어 있는지를 잘 보여줍니다. 즉 davis 네트워크에는 {Helen, Katherine, Nora, Sylvia}로 묶이는 왼쪽 소집단과 {Evelyn, Theresa, Laura, Brenda}로 묶이는 오른쪽 소집단이 각각 존재하며, 두 집단은 몇몇 행사를 서로 공유하는 모습을 보이고 있습니다. 물론 연구목적과 연구자 개인의 판단에 따라 [그림 7-7]은 얼마든지 다른 방식으로도 시각화할 수 있습니다.

igraph 패키지 접근

지금까지 statnet/network 패키지의 plot() 함수, 보다 구체적으로는 plot.network() 함수를 이용하여 2차원 공간에 네트워크를 시각화하는 방법을 살펴보았습니다. 이제는 igraph 패키지에서 동일한 이름의 plot() 함수를 활용하여 앞에서 얻은 네트워크 시각화 결과물을 만들어봅시다. 먼저 유방향 일원네트워크인 eies_messages 오브젝트를 대상으로 igraph 패키지의 plot() 함수의 디폴트 옵션 그대로 네트워크를 시각화하면 [그림 7-8]과 같은 결과를 얻을 수 있습니다.

```
> set.seed(20230104)  # 교재와 동일한 결과를 얻고자 한다면
> png("P1_Ch07_Fig08.png",width=25,height=25,units="cm",res=300)
> plot(eies_messages)
> dev.off()
```

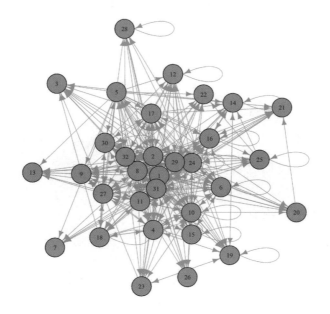

그림 7-8

[그림 7-8]을 [그림 7-1]과 비교해보면 igraph 패키지의 plot() 함수의 디폴트 옵션으로 출력된 시각화 결과가 statnet/network 패키지의 plot() 함수의 디폴트 옵션으로 출력된 시각화 결과와 상당히 다른 것을 확인할 수 있습니다. 내장함수의 옵션 지정 방식에 대해서는 잠시 후에 보다 구체적으로 살펴보기로 하고, 레이아웃을 설정하는 방법을 살펴봅시다. [그림 7-2]와 마찬가지로 원형 레이아웃과 카마다-카와이 레이아웃을 제시하면 다음과 같습니다. 원형 레이아웃의 경우 layout_in_cicle() 함수를, 카마다-카와이 레이아웃의 경우는 layout_with_kk() 함수를 활용하여 지정된 네트워크의 좌표를 별도 저장한 후, plot() 함수의 layout 옵션을 지정하면 됩니다. statnet/network 패키지와 마찬가지로 set.seed() 함수를 이용하면 본서에 제시된 것과 정확하게 동일한 형태의 시각화 결과물을 얻을 수 있습니다. 여기서는 원형 레이아웃과 카마다-카와이 레이아웃을 따르는 네트워크의 좌표를 각각 lo_circle, lo_KK라는 이름의 오브젝트로 저장하고, par(mfrow=c(1,2)) 명령문을 통해 각각의 레이아웃을 따르는 그래프를 배치하였습니다.

```
> #레이아웃
> set.seed(20230104) #교재와 동일한 결과를 얻고자 한다면
> lo_circle <- layout_in_circle(eies_messages)
> head(lo_circle)
          [,1]       [,2]
[1,] 1.0000000 0.0000000
[2,] 0.9807853 0.1950903
[3,] 0.9238795 0.3826834
[4,] 0.8314696 0.5555702
[5,] 0.7071068 0.7071068
[6,] 0.5555702 0.8314696
> lo_KK <- layout_with_kk(eies_messages)
> head(lo_KK)
            [,1]        [,2]
[1,] -2.98411422  -1.6552046
[2,]  0.05093170  -1.8796536
[3,] -1.59797751  -0.4286363
[4,]  1.14513257   1.3796628
[5,] -0.03983901   0.2782785
[6,]  1.80514534   1.0687106
> png("P1_Ch07_Fig09.png",width=25,height=15,units="cm",res=300)
> par(mfrow=c(1,2))
```

```
> plot(eies_messages,layout=lo_circle,main="Circular layout")
> plot(eies_messages,layout=lo_KK, main="Kamada-Kawai layout")
> dev.off()
```

Circular layout

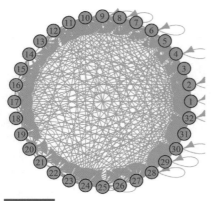

Kamada-Kawai layout

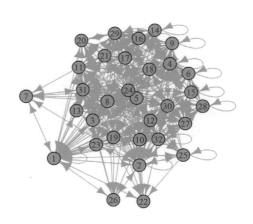

그림 7-9

이제 프룻처먼-라인골드 레이아웃을 배경으로 igraph::plot() 함수의 디폴트를 따라 얻은 네트워크 시각화 결과를 보다 보기 좋게 개선해봅시다. 앞서 그린 [그림 7-4]의 조건에 맞도록 네트워크 시각화를 실시하면 다음과 같습니다. 첫째, 노드의 크기를 전체 연결중심성에 맞도록 조정하였습니다(즉 전체 연결중심성이 높으면 더 크게하되, 노드의 크기는 4단계로 구분하였습니다). 이를 위해 degree() 함수로 전체 연결중심성 지수를 계산한 후 log() 함수로 전환하였고, 이렇게 얻은 값을 cut_interval() 함수를 활용하여 4개 집단으로 나누었습니다. 이후 이렇게 얻은 4단계 구분 노드별 전체 연결중심성 수준 변수는 plot() 함수의 vertex.size 옵션에 반영하였습니다.

둘째, 노드색은 소속분과에 따라 구분하였습니다. 구체적으로 사회학('1') 소속 노드는 적색, 인류학('2') 소속은 청색, 수학·통계학('3') 소속은 흑색, 기타('4')는 보라색으로 표시하였습니다. 이를 위해 Discipline이라는 eies_messages 오브젝트의 노드 수준 변수를 각 수준별로 이름을 붙이고 문자형으로 저장한 후, plot() 함수의 vertex.color 옵션에 반영하였습니다. 이때 노드가 겹칠 것에 대비하여 노드색의 투명도를 높였습니다. igraph 패키지의 adjustcolor() 함수의 alpha.f 옵션을 조정하면 노드색깔의 투명도를 조절할 수 있습니다.

셋째, 링크가중을 반영하여 링크의 두께를 조정하였으며, 링크색은 오렌지색으로 제
시하였습니다. 이를 위해 링크수준 변수인 weight를 추출한 후 로그함수로 변환하였으
며, plot() 함수의 edge.width 옵션으로 지정하였습니다.

```
> # 시각화 개선
> # 노드크기를 연결중심성(total degree centrality) 지수에 맞게
> V(eies_messages)$ttDC <- log(degree(eies_messages,mode="total",loops=FALSE))
> V(eies_messages)$ttDC4 <- cut_interval(degree(eies_messages,mode="total",
+                            loops=FALSE),n=4)
> # 노드색은 Discipline에 맞게
> # 사회학(적), 인류학(청), 수학통계(흑), 기타(자)
> V(eies_messages)$dp_color <- as.character(factor(V(eies_messages)$Discipline,
+                            labels=c("red","blue","black","purple")))
> E(eies_messages)$lgwgt <- log(E(eies_messages)$weight)
```

[표 7-2]에 igraph::plot() 함수의 중요 옵션들을 정리하였습니다. 만약 igraph 패
키지의 plot() 함수에서 제공하는 모든 옵션을 확인하고 싶으면 콘솔창에 help(plot.
igraph)를 입력하면 됩니다.

[표 7-2] igraph 오브젝트 plot() 함수의 주요 옵션 및 설명

레이아웃 관련 옵션
• layout: 디폴트 레이아웃을 변경할 경우 사용한다.
노드 관련 옵션(vertex라는 표현으로 시작함)
• label.size: 노드의 라벨 크기를 조정하는 옵션이다. • vertex.label: 노드의 라벨을 네트워크 시각화에 반영한다. igraph 오브젝트의 경우 노드의 이름이 별도로 저장되어 있지 않은 경우, 노드의 제시 순서대로 양의 정수가 제시된다. • vertex.shape: 노드의 형태를 지정한다. 원형("circle"), 사각형("square"), 직사각형("rectangle"), 파이("pie"), 원구("sphere") 등이 많이 사용된다. • vertex.size: 노드의 크기를 조정하는 옵션이다. • vertex.color: 노드의 색을 지정하는 옵션이다.
링크 관련 옵션(arrow라는 표현이 들어가거나 edge라는 표현으로 시작함)
• edge.arrow.size: 유방향링크의 화살표 머리 부분의 크기를 조정한다. • edge.width: 링크의 두께를 조정한다. • edge.color: 링크의 색을 조정한다. • edge.lty: 링크의 타입을 조정한다. 1인 경우 실선, 2는 파선, 3은 점선 등을 의미한다. • edge.curved: 링크의 굴곡을 반영하며, 굴곡의 정도를 조정할 때 사용한다.

igraph::plot() 함수로 그린 네트워크 시각화 결과에서 추가로 다음의 3가지 사항을 조정했습니다. 첫째, igraph::plot() 함수에 투입된 네트워크에서는 자기순환 노드가 존재할 경우 자기순환링크 역시 시각화하는데, 여기서 자기순환링크를 제거하였습니다(즉 자신이 자신에게 메시지를 보낸 경우). igraph 패키지의 simplify() 함수를 이용하면 자기순환링크를 제거할 수 있습니다. 둘째, 유방향 네트워크의 경우 화살표의 머리 부분이 과도하게 큰 것 같아 화살표 머리를 작게 조정하였습니다. 끝으로 [그림 7-4]와 마찬가지로 노드의 색깔이 무엇을 의미하는지를 알려주는 범례를 붙였습니다. 네트워크 시각화 결과는 아래와 같습니다.

```
> # 그림 7-10
> set.seed(20230104) # 교재와 동일한 결과를 얻고자 한다면
> png("P1_Ch07_Fig10.png",width=30,height=30,units="cm",res=300)
> plot(simplify(eies_messages), # 1]자기순환링크 삭제
+       vertex.label=1:vcount(eies_messages), # 1)노드라벨 표시
+       vertex.size=5*V(eies_messages)$ttDC4, # 2)연결중심성 크기에 따라 노드크기 변화
+       vertex.color=adjustcolor(V(eies_messages)$dp_color,alpha.f=.6), # 3)소속분과에 따라 노드색 변화
+       edge.width=E(eies_messages)$lgwgt, # 링크가중치에 따라 링크두께 변화
+       edge.color=adjustcolor("orange",alpha.f=.2), # 링크의 색을 연청색으로
+       edge.arrow.size=0.2, # 2]화살표 머리를 작게
+       main="Network visualization")
> legend("topright",
+         legend=c("Sociology","Anthropology","Math/Stat","Etc."),
+         fill=c("red","blue","black","purple"),
+         cex=0.8,box.lty=0) # 3)범례 붙이기
> dev.off()
```

igraph::plot() 함수를 활용한 유방향 네트워크에 대한 시각화는 [그림 7-10] 정도로 마무리하겠습니다. 이제는 링크의 방향성이 없는 이원네트워크를 시각화해보겠습니다. igraph::plot() 함수의 디폴트 옵션으로 이원네트워크인 davis 네트워크를 시각화한 결과는 [그림 7-11]과 같습니다.

```
> # 이원네트워크 시각화
> # 그림 7-11
> set.seed(20230104) # 교재와 동일한 결과를 얻고자 한다면
> png("P1_Ch07_Fig11.png",width=30,height=30,units="cm",res=300)
> plot(southern_women,main="Two-mode network visualization")
> dev.off()
> dev.off()
```

Network visualization

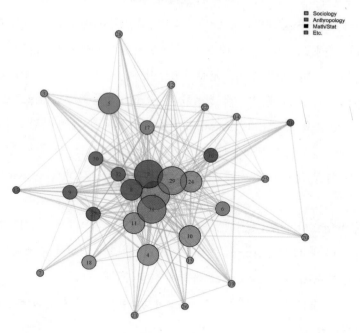

그림 7-10

Two-mode network visualization

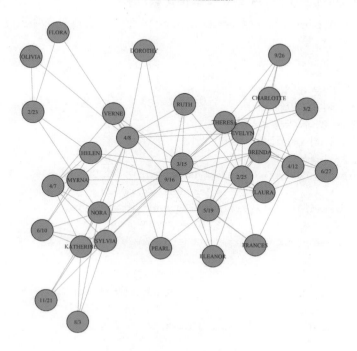

그림 7-11

앞서와 마찬가지로 이렇게 제시된 네트워크 시각화는 그리 효과적이지 않습니다. 그 래서 statnet/network 패키지를 활용할 때의 [그림 7-6]과 같은 시각화 개선작업을 실 시하였습니다. 첫째, 노드의 특성, 즉 노드가 행위자를 나타내는지 아니면 사건을 나타내 는지를 구분하기 위해 노드 형태를 구분하였으며, 이를 위해 southern_women 오브젝 트에 Nshape라는 노드수준 변수를 생성한 후 plot() 함수의 vertex.label 옵션에 지 정하였습니다. 앞에서 statnet/network 패키지를 활용할 때는 사람 노드는 원형으로, 사건 노드는 삼각형으로 나타냈는데, 아쉽게도 igraph::plot() 옵션에서는 삼각형 노 드 형태를 지원하지 않습니다. 이에 사건 노드의 경우 정사각형("csquare") 형태로 제시 하였습니다.

둘째, 사건 노드의 경우는 청색, 사람 노드인 경우는 적색으로 표시하였습니다. 마찬 가지로 색깔을 나타내는 Ncolor라는 변수를 조건에 맞게 생성한 후 southern_women 오브젝트에 반영하고, vertex.color 옵션에 반영하였습니다.

셋째, 노드가 겹칠 경우를 대비하여 adjustcolor() 함수의 alpha.f 옵션으로 투명 도를 조정하였습니다.

넷째, 노드별 전체 연결중심성(total degree centrality)의 크기에 따라 각 노드의 크기 를 조절하였습니다. 이를 위해 전체 연결중심성 지수를 산출하여 노드수준 변수로 지정 한 후(ttDC 변수), plot() 함수의 vertex.size 옵션을 사용하였습니다.

```
> # 그림 7-12
> # 1)사람은 원, 사건은 사각형
> # 2)사람은 적색, 사건은 청색
> # 3)노드가 겹치는 것 대비 투명도를 높임
> # 4)무방향 네트워크라서 화살표를 사용하지 않았음
> # 5)연결중심성 지수를 노드크기로 반영
> V(southern_women)$Nshape <- ifelse(V(southern_women)$type,
+                                    "csquare","circle")
> V(southern_women)$Ncolor <- ifelse(V(southern_women)$type,
+                                    "blue","red")
> V(southern_women)$ttDC <- degree(southern_women)
> # 그림 7-12
> set.seed(20230104) # 교재와 동일한 결과를 얻고자 한다면
> png("P1_Ch07_Fig12.png",width=30,height=30,units="cm",res=300)
> plot(southern_women,
+     vertex.label=V(southern_women)$name,
```

```
+        vertex.shape=V(southern_women)$Nshape,
+        vertex.size=2*V(southern_women)$ttDC,
+        vertex.color=adjustcolor(V(southern_women)$Ncolor,alpha.f=.6),
+        main="Two-mode network visualization")
> dev.off()
```

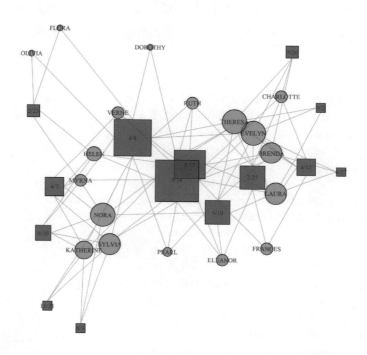

그림 7-12

추가로 더 조정해보겠습니다. 앞서 **statnet/network** 패키지 접근방식으로 시각화
한 [그림 7-7]과 비슷하게 시각화를 개선해보겠습니다.

첫째, 사건 노드보다는 행위자 노드를 돋보이게 하기 위하여 사건 노드의 크기는 줄
이고, 행위자 노드의 크기는 전체 연결중심성 크기에 맞게 조절하였습니다. 사건 노드
의 연결중심성이 높다 보니 시각화 결과물에서 너무 많은 공간을 점유하고 있습니다.
ifelse() 함수를 사용하여 사건 노드의 전체 연결중심성 크기를 '1'로 줄이고, 행위자
노드의 크기는 4배로 키웠습니다.

둘째, str_to_title() 함수를 활용하여 행위자 노드라벨에서 첫 글자는 대문자로, 두 번째 글자 이후는 소문자로 변환하였습니다(Nname 변수 참조).

셋째, 전체 연결중심성 기준으로 상위 25%에 해당되는 행위자 노드의 경우에만 노드라벨을 표시하도록 하겠습니다(Nname2 변수 참조).

끝으로 링크가 겹칠 경우를 대비하여 투명도를 높였으며, 링크색은 청색으로 설정하였습니다. 이를 위하여 adjustcolor() 함수의 alpha.f 옵션을 조정하였습니다.

앞에서 statnet/network 패키지 접근방식으로 시각화한 [그림 7-7]과 비슷하게 igraph 패키지 접근방식으로 이원네트워크를 시각화한 결과는 [그림 7-13]과 같습니다.

```
> # 그림 7-13
> # 1)사건은 노드크기를 작게, 사람은 노드크기 크게
> # 2)이름에서 첫 글자 빼고 소문자로, 사건은 표시하지 않음
> # 3)상위 25%의 경우에만 이름 제시하고 나머지는 표시하지 않음
> # 4)링크가 겹치는 것 대비하여 투명도 높게(청색)
> V(southern_women)$ttDC <- ifelse(V(southern_women)$type,1,
+                                   4*(V(southern_women)$ttDC))
> V(southern_women)$Nname <- str_to_title(V(southern_women)$name)
> V(southern_women)$Nname2 <- ifelse((V(southern_women)$ttDC)>4*4,
+                                      V(southern_women)$Nname,
+                                      " ")
> set.seed(20230104)  # 교재와 동일한 결과를 얻고자 한다면
> png("P1_Ch07_Fig13.png",width=30,height=30,units="cm",res=300)
> plot(southern_women,
+      vertex.label=V(southern_women)$Nname2,
+      vertex.label.size=2, # 라벨크기를 키움
+      vertex.shape=V(southern_women)$Nshape,
+      vertex.size=V(southern_women)$ttDC,
+      vertex.color=adjustcolor(V(southern_women)$Ncolor,alpha.f=.6),
+      edge.color=adjustcolor("blue",alpha.f=0.5),
+      main="Two-mode network visualization")
> dev.off()
```

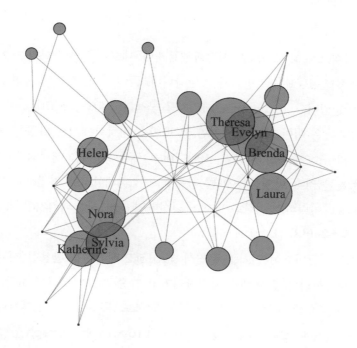

그림 7-13

이원네트워크 시각화에 대해서는 [그림 7-13] 정도로 마무리하겠습니다.

지금까지 statnet/network 패키지의 plot() 함수와 igraph::plot() 함수를 활용하여 유방향 일원네트워크, 무방향 이원네트워크를 어떻게 시각화할 수 있는지 살펴보았습니다. 네트워크 분석에서 가장 널리 사용되는 두 패키지의 plot() 함수는 옵션의 이름은 각각 다르지만, 그 구성방식은 크게 다르지 않습니다. 네트워크 시각화에는 정답이 없습니다. 본인이 원하는 방식의 네트워크 시각화 형식이 무엇인지 먼저 머릿속에 그린 후, 자신이 편하게 사용할 수 있는 패키지의 plot() 함수에서 각각의 조건을 정의하여 시각화에 임하기 바랍니다.

앞서 소개한 두 패키지 모두 R 베이스를 토대로 네트워크를 시각화한다는 공통점이 있습니다. 다음에는 ggplot2 패키지로 대표되는 tidyverse 방식으로 네트워크를 어떻게 시각화할 수 있는지 살펴보겠습니다.

③ 타이디버스 시각화 방식

타이디버스 방식으로 네트워크를 시각화해봅시다. 네트워크 시각화라는 개념 측면에서 타이디버스 방식은 R 베이스 방식과 동일합니다. 굳이 다른 점을 찾자면 R 프로그래밍 스타일의 차이뿐입니다. tidyverse 패키지를 구성하고 있는 ggplot2 패키지 내장함수에 익숙한 독자들은 이미 알고 있겠지만, R 베이스 시각화에서는 다양한 옵션을 지정한 plot() 함수 하나를 사용하는 반면, 타이디버스 시각화에서는 시각화 결과물을 구성하는 여러 요소들을 각각 반영하는 개별 함수를 + 오퍼레이터로 연결하는 방식을 택하고 있습니다. 만약 타이디버스 시각화 방식이 낯설다면 ggplot2 패키지의 내장함수를 설명한 다른 서적들[2]을 먼저 살펴보기 바랍니다.

타이디버스 접근방식이 인기를 끌면서 ggplot2 패키지를 활용한 시각화는 R을 활용한 데이터 시각화의 표준 형태로 자리잡아가고 있습니다. 네트워크 시각화에서도 마찬가지입니다. 타이디버스 시각화 방식을 기본 바탕으로 네트워크 분석 맥락에 맞게 제작된 R 패키지로는 ggnet, geomnet, ggnetwork, tidygraph, ggraph 등이 비교적 널리 알려져 있습니다.

본서에서는 ggraph 패키지(version 2.0.5)를 통해 타이디버스 시각화 방법을 소개하겠습니다. 물론 여러 패키지들 중 어떤 것이 가장 좋은가에 대한 평가는 주관적입니다. 그러나 필자는 ggplot2 패키지를 기반으로 개발된 네트워크 시각화 패키지들 중 ggraph 패키지가 가장 직관적이고 알기 쉽게 구성되어 있다고 생각합니다. 마치 statnet/network 패키지의 plot() 함수와 igraph::plot() 함수가 상이한 구성에도 불구하고 작동방식이 비슷하듯, ggraph 패키지와 다른 tidyverse/ggplot2 패키지 기반 네트워크 시각화 패키지들도 작동하는 방식이 상당히 비슷합니다. 타이디버스 시각화 방식에 기반한 네트워크 시각화용 R 패키지인 ggnet, geomnet, ggnetwork 등과 비교·분석한 문헌으로는 타이너 등(Tyner et al., 2017)을 참조하기 바랍니다.

---

2 관련한 국내 문헌으로는 백영민(2016, 2018)을 참고할 수 있습니다. 아울러 영문 문헌들로는 위캠(Wickham, 2016)과 카바코프(Kabacoff, 2020)를 추천하고, 개별 그래픽 사례들에 초점을 맞춘 문헌으로는 챙(Chang, 2018)을 추천합니다.

이제 ggraph 패키지를 통해 어떻게 타이디버스 방식으로 네트워크를 시각화하는지 살펴봅시다. 여러 번 언급했듯이 네트워크를 시각화한다는 것은 2차원 혹은 3차원 공간에 네트워크를 구성하는 노드들과 노드들의 관계인 링크를 좌표에 나열하는 것입니다. 타이디버스 시각화 방식 역시 마찬가지입니다. ggraph 패키지에서는 아래와 같은 함수들을 + 오퍼레이터를 활용하여 연결하는 방식으로 네트워크 시각화 작업을 실시합니다. ggraph 패키지의 주요 내장함수들과 보다 나은 네트워크 시각화를 위한 tidyverse/ggplot2 패키지 내장함수들 몇 가지를 정리하면 아래의 [표 7-3]과 같습니다.

[표 7-3] 네트워크 시각화를 위한 ggraph 패키지의 주요 내장함수

필수함수
• ggraph(): 시각화를 위한 network 오브젝트 혹은 igraph 오브젝트를 입력합니다. ggplot2 패키지의 ggplot() 함수와 동일한 역할을 수행합니다.
• geom_node_*(): 네트워크의 노드를 그래프에 반영하는 함수입니다. 아울러 노드의 색깔이나 크기, 형태 등을 노드속성에 따라 바꾸고자 한다면, aes() 함수를 이용하거나 옵션값을 특정하게 고정하는 방식으로 노드특성을 그래프에 반영할 수 있습니다. 본서에서는 geom_node_point() 함수와 geom_node_text() 함수 2가지를 소개하였지만, 이외에도 상황에 따라 유용하게 사용할 수 있는 여러 함수들이 있으니 ggraph 패키지의 도움말을 참조하기 바랍니다.
• geom_edge_(): 네트워크의 링크를 그래프에 반영하는 함수입니다. 아울러 링크의 색깔이나 크기, 형태 등을 링크 속성에 따라 바꾸고자 한다면, aes() 함수를 이용하거나 옵션값을 특정하게 고정하는 방식으로 링크 특성을 그래프에 반영할 수 있습니다. 본서에서는 geom_edge_link() 함수만을 소개하였지만, 이외에도 상황에 따라 유용하게 사용할 수 있는 여러 함수들이 있으니 ggraph 패키지의 도움말을 참조하기 바랍니다.

보다 나은 시각화를 위한 보조함수
• theme_void(): 네트워크의 배경색을 설정하지 않을 경우 사용합니다. 특별한 경우가 아니라면 theme_void() 함수를 적용할 것을 권합니다.
• scale_size(): 네트워크 노드의 면적(area)을 조정할 때 사용합니다.
• scale_edge_width(): 네트워크 링크 폭의 범위를 설정할 때 사용합니다.

기타 ggplot2 패키지 내장함수
• labs(): 네트워크 시각화 결과물에 대한 설명을 붙일 때 유용합니다. 예를 들어 labs() 함수 내부에 노드수준 변수에 따라 노드색을 다르게 지정한 경우라면 colour 옵션을 지정하여 알아보기 쉬운 범례를 붙일 수 있습니다.
• ggtitle(): 네트워크 시각화 결과물에 제목을 붙이는 함수입니다.
• theme(): 네트워크 시각화 결과물을 편집할 때 유용합니다. 본서에서도 몇 가지 사례를 소개했습니다.
• guides(): 네트워크 시각화 결과의 범례를 편집할 때 사용합니다. 네트워크 시각화 목적에 따라 본서에서도 몇 가지 사례를 소개했습니다.

이제 본격적으로 ggraph 패키지 내장함수들을 활용하여 네트워크 시각화를 진행해봅시다. 먼저 가장 먼저 할 일은 ggraph 패키지를 구동하는 것입니다. 아울러 ggplot2 형식의 그래프를 합치기 위해 patchwork 패키지 역시 같이 구동하였습니다.

```
> # tidyverse 시각화 방식
> library(ggraph)        # 네트워크 시각화
> library(patchwork)
```

다음으로 ggraph() 함수에 network 오브젝트 혹은 igraph 오브젝트를 투입합니다. 여기서는 유방향 일원네트워크를 시각화할 경우에는 network 오브젝트인 eies를, 무방향 이원네트워크를 시각화할 경우에는 igraph 오브젝트인 southern_women을 예시 데이터로 사용하겠습니다. 이때 set.seed() 함수를 이용하여 랜덤시드넘버를 입력하면 나중에도 동일한 네트워크 시각화 결과를 얻을 수 있습니다.

먼저, [그림 7-14]는 최소한의 함수들만 조합하여 그린 eies 네트워크 시각화 결과입니다. 오른쪽 그림은 ggtitle() 함수를 통해 네트워크 시각화의 제목을 붙이고 theme() 함수를 통해 네트워크 시각화의 제목을 가운데로 정렬한 후, theme_void() 함수를 넣어 투명한 배경을 추가로 넣은 네트워크 시각화 결과입니다.

```
> # statnet, igraph 오브젝트 모두 가능함: 여기에서는 statnet/network 패키지 방식으로
> # 가장 기본적 형태
> set.seed(20230104)
> fig0 <- eies %>% ggraph()+
+ geom_edge_link()+        # 링크만 표시함
+ geom_node_point()        # 노드 그대로
Using `stress` as default layout
> # ggplot2 함수들도 같이 사용 가능
> fig1 <- eies %>% ggraph()+
+ geom_edge_link()+        # 링크만 표시함
+ geom_node_point()+       # 노드 그대로
+ theme_void()+            # 특별한 배경을 두지 않음
+ ggtitle("Netowrk visualization (ggraph package)\n")+
+ theme(plot.title=element_text(hjust=0.5))
Using `stress` as default layout
> fig0+fig1
> ggsave("P1_Ch07_Fig14.png",width=30,height=16,units="cm")
```

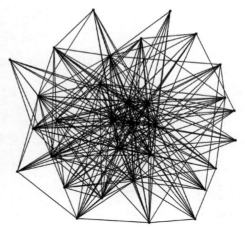

Netowrk visualization (ggraph package)

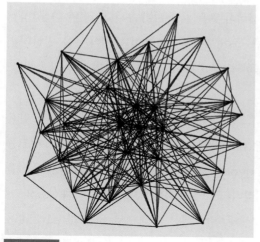

그림 7-14

eies 네트워크가 어떤 형태인지는 확인할 수 있습니다. 이때 한 가지 반드시 유념할 것이 있습니다. 먼저 [그림 7-14]를 앞에서 제시한 R 베이스 시각화 방법으로 시각화한 네트워크(이를테면 statnet/network 패키지로 그린 [그림 7-1]이나 igraph 패키지로 그린 [그림 7-8])와 비교해보면, 자기순환링크가 존재하지 않는다는 것을 알 수 있습니다. 만약 자기순환링크를 반영하고자 한다면 geom_edge_loop() 함수를 추가로 사용하기 바랍니다(일단 여기서는 자기순환링크가 네트워크 시각화에 중요하지 않다고 생각하여 별도로 제시하지 않았습니다).

본격적으로 네트워크 시각화를 개선하기에 앞서 레이아웃을 어떻게 바꿀 수 있는지 살펴보겠습니다. 앞서 설명했듯이 statnet/network 패키지나 igraph 패키지 혹은 일반적인 네트워크 분석 프로그램들의 경우, 프룻처먼-라인골드 레이아웃을 디폴트로 채택하고 있습니다. 그러나 [그림 7-14]를 그리면서 나타났던 출력결과에서 확인할 수 있듯 ggraph 패키지의 경우, 디폴트 레이아웃으로 stress라는 이름의 레이아웃을 택하고 있습니다.[3] 일반적으로 널리 사용되는 프룻처먼-라인골드 레이아웃을 원

---

3 스트레스 레이아웃은 카마다-카와이 레이아웃과 마찬가지로 에너지 최적화 관점에서 네트워크의 노드 위치를 설정하는 알고리즘을 활용합니다. 스트레스 레이아웃에 대한 자세한 내용은 갠스너 등(Gansner et al., 2004)을 참조하기 바랍니다.

할 경우, ggraph() 함수의 layout 옵션을 '프룻처먼-라인골드 레이아웃(fr)'으로 설정해야 합니다. 여기서도 프룻처먼-라인골드 레이아웃을 사용하겠습니다. 물론 다른 방식의 레이아웃으로도 변경할 수 있습니다. 예를 들어 카마다-카와이 레이아웃을 원한다면 layout='kk'와 같이 변경하면 됩니다. 자세한 내용은 ggraph() 함수의 도움말을 참조하기 바랍니다.

이제 네트워크 시각화를 개선해봅시다. [그림 7-14]의 오른쪽 그래프에 다음과 같은 개선작업들을 실시하겠습니다. 첫째, 유방향 네트워크를 시각화하였다는 점에서 링크를 '화살표' 형태로 제시하겠습니다. 이를 위해 geom_edge_link() 함수의 arrow 옵션을 지정하였습니다. 둘째, 화살표의 머리를 3밀리미터로 설정하였으며, 노드와 화살표의 거리를 5밀리미터 띄었습니다(end_cap 옵션). 셋째, 링크색은 청색으로 하였고, alpha 옵션을 이용하여 투명도를 조정하였습니다. 넷째, geom_node_point() 함수를 활용하여 노드의 크기를 키웠고, 노드는 적색으로 표현하였으며, alpha 옵션으로 투명도를 조절하였습니다. 네트워크 시각화 결과에 이러한 개선점을 반영한 과정은 아래와 같습니다.

```
> #네트워크 시각화 개선작업
> # 1)링크를 화살표(유방향)로 바꾸기
> # 2)노드와 화살표 머리의 여유공간
> # 3)화살표의 색을 청색으로, 투명도 조절
> # 4)노드의 크기, 색깔(적색), 투명도 조절
> set.seed(20230104)
> eies %>% ggraph(layout="fr")+
+ geom_edge_link(
+   arrow=arrow(length=unit(3,"mm")), #링크를 화살표(유방향)
+   end_cap=circle(5,"mm"), #노드와 화살표 머리의 여유공간
+   colour="blue",alpha=0.2 #화살표의 색을 청색으로, 투명도 조절
+ )+
+ geom_node_point(
+   size=7,colour="red",alpha=0.7 #노드의 크기, 색깔(적색), 투명도 조절
+ )+
+ theme_void()+
+ ggtitle("Netowrk visualization (ggraph package)\n")+
+ theme(plot.title=element_text(hjust=0.5))
> ggsave("P1_Ch07_Fig15.png",width=22,height=22,units="cm")
```

Netowrk visualization (ggraph package)

그림 7-15

　　[그림 7-15]는 [그림 7-14]보다 나아졌습니다. 다음과 같은 몇 가지 개선사항을 더 추가해보죠. 첫째, 노드번호를 붙여보았습니다. 이를 위해 geom_node_text() 함수 내부에 aes() 함수의 label 옵션으로 노드번호에 해당되는 노드수준 변수 vertex.names를 지정하였습니다.

　　둘째, 소속분과에 따라 노드색을 다르게 지정하겠습니다. 이를 위해 eies 오브젝트의 노드수준 변수인 Discipline 숫자가 의미하는 학문분과를 문자형으로 바꾸어 입력한 depart라는 변수를 새로 생성한 후, 이를 geom_node_point() 함수 내부 aes() 함수의 colour 옵션에 반영하였습니다.

　　셋째, 노드별 전체 연결중심성 지수를 계산한 후 각 노드의 크기로 반영하였습니다. 이를 위해 eies 오브젝트의 노드별 전체 연결중심성 지수를 계산한 후, 이를 geom_node_point() 함수 내부 aes() 함수의 size 옵션에 반영하였습니다. 아울러 geom_node_point() 함수 다음에 scale_size() 함수를 추가하여 노드크기의 최솟값과 최댓값 범위를 지정하였습니다.

　　넷째, 링크가중치가 클수록 링크의 두께를 두껍게 표현하였습니다. 이를 위해 eies

오브젝트의 링크수준 변수인 weight 변수를 geom_edge_link() 함수 내부 aes() 함수의 edge_width 옵션에 반영하였습니다. 아울러 geom_edge_link() 함수 다음에 scale_edge_width() 함수를 추가하여 두께의 최솟값과 최댓값 범위를 지정하였습니다. 이렇게 [그림 7-15]를 개선하여 얻은 [그림 7-16]은 다음과 같습니다.

```
> # 다음을 추가
> # 1)노드번호 붙이고
> # 2)소속분과별로 노드색을 바꾸고
> # 3)노드 전체 연결중심성에 따라 크기 반영
> # 4)링크두께 링크가중치 반영
> eies %v% "depart" <- factor(eies %v% "Discipline",
+                             labels=c("1. Sociology","2. Anthropology",
+                                      "3. Math/Stat","4. Etc.")) %>% as.character()
> set.seed(20230104)
> eies %>% ggraph(layout="fr")+
+ geom_edge_link(
+   aes(
+   edge_width=(eies %e% "weight") # 링크두께 링크가중치 반영
+   ),
+   arrow=arrow(length=unit(3,"mm")),
+   end_cap=circle(5,"mm"),
+   colour="lightblue",alpha=0.4
+ )+scale_edge_width(range=c(1,15))+ # 링크두께 범위 지정
+ geom_node_point(
+   aes(
+   colour=factor(eies %v% "depart"), # 소속분과에 따라 색깔 부여
+   size=degree(eies,cmode="freeman") # 전체 연결중심에 따라 크기 반영
+   ),
+   alpha=0.7,
+ )+scale_size(range=c(2,30))+
+ geom_node_text(
+   aes(
+   label=(eies %v% "vertex.names"), # 노드번호 붙이고
+   ),color="grey99"  # 노드숫자는 백색으로
+ )+
+ labs(color="Discpline")+
+ guides(edge_width="none",size="none", # 링크가중과 노드크기의 경우 표기하지 않음
+     color=guide_legend(override.aes=list(size=5)))+
+ theme_void()+
+ ggtitle("Netowrk visualization (ggraph package)\n")+
+ theme(plot.title=element_text(hjust=0.5))
> ggsave("P1_Ch07_Fig16.png",width=22,height=22,units="cm")
```

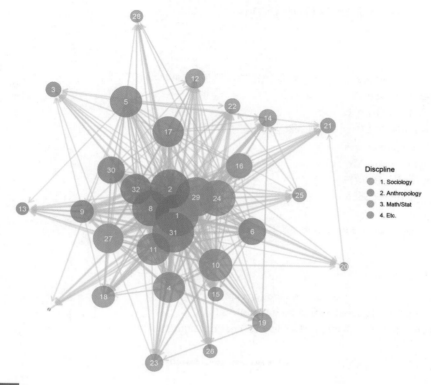

Netowrk visualization (ggraph package)

그림 7-16

　　ggraph 패키지 방식으로 얻은 네트워크 시각화를 R 베이스 시각화 방식으로 얻은 결과물들과 비교해보기 바랍니다. 두 네트워크 시각화 결과물은 스타일은 조금 다르지만 동일한 데이터를 비슷한 방식으로 시각화하였음을 알 수 있습니다.

　　다음으로 southern_women 네트워크와 같은 무방향 이원네트워크를 시각화해보겠습니다. 이번에는 igraph 오브젝트를 입력 데이터로 ggraph 패키지를 활용한 네트워크 시각화를 진행하겠습니다. 먼저 이원네트워크의 노드 유형만을 구별한 가장 기본적인 네트워크 시각화부터 시도해보죠. 앞서 살펴본 유방향 일원네트워크인 eies 네트워크를 시각화할 때 사용했던 함수들, 즉 ggraph(), geom_edge_link(), geom_node_point(), theme_void(), ggtitle(), theme() 함수들을 연결하였으며, 프룻처먼-라인골드 레이아웃을 사용하였습니다. 행위자 노드와 사건 노드는 geom_node_point() 함수 내부 aes() 함수의 color, shape 두 옵션에 노드 유형 변수인 type을 (행위자 노드인 경우

07장 네트워크 시각화　**205**

FALSE, 사건 노드인 경우 TRUE로 설정되어 있음) 지정하는 방식으로 진행하였습니다. 시각화 결과는 아래의 [그림 7-17]과 같습니다.

```
> # 이원네트워크
> detach(package:statnet)  # 앞에서 사용하던 패키지가 statnet이기에
> library(igraph)
> # 그림 7-17: 디폴트 반영
> set.seed(20230104)  # 교재와 동일한 결과를 얻고자 한다면
> southern_women %>%
+ ggraph(layout='fr')+
+ geom_edge_link()+
+ geom_node_point(
+   aes(
+     color=type,shape=type
+   ),size=5
+ )+
+ theme_void()+
+ ggtitle("Netowrk visualization (ggraph package)")+
+ theme(plot.title=element_text(hjust=0.5))
> ggsave("P1_Ch07_Fig17.png",width=22,height=22,units="cm")
```

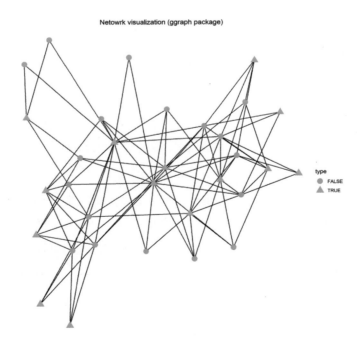

그림 7-17

[그림 7-17]의 네트워크 시각화를 개선하기 위해 다음과 같은 추가 작업들을 실시했습니다. 첫째, 이원네트워크를 구성하는 노드의 유형을 구분하기 위해 행위자 노드와 사건 노드의 색깔(colour 옵션)과 형태(shape 옵션)를 구분하였습니다. 이를 위해 southern_women 오브젝트의 노드수준 변수인 type 변수를 리코딩하여 Ntype 변수를 생성한 후, geom_node_point() 함수 내부 aes() 함수의 colour, shape 옵션에 지정하였습니다.

둘째, 아울러 노드크기 역시 size 옵션을 이용하여 전체 연결중심성 지수가 클수록 크게 나타나도록 조정하였습니다. 이를 위해 geom_node_point() 함수 내부 aes() 함수의 size 옵션에 전체 연결중심성 지수 계산결과를 반영한 후, 노드크기의 범위를 scale_size() 함수를 활용하여 반영하였습니다. 이때 앞서 제시한 [그림 7-7] 혹은 [그림 7-13]과 마찬가지로 사건 노드의 전체 연결중심성 지수는 최소한의 값을 갖도록 조정하였습니다.

셋째, 노드라벨도 시각화하였습니다. 이를 위해 geom_node_text() 함수에 노드라벨을 나타내는 변수를 label 옵션에 지정한 aes() 함수의 입력값으로 투입하였습니다. 이때 앞서 제시한 [그림 7-7]이나 [그림 7-13]과 마찬가지로 노드별 연결중심성 지수의 값이 큰 노드들만 표시하였으며, 노드라벨의 색깔은 검은색으로 제시하였습니다.

넷째, 중첩되는 링크를 시각화하기 위해 geom_edge_link() 함수에서 alpha 옵션을 지정하였습니다. 링크색은 청색("blue")으로 지정하였습니다.

```
> #네트워크 시각화 개선
> #노드 유형별 색깔, 형태 다르게 지정
> #노드크기를 사이중심성에 따라 다르게 반영
> #노드라벨도 시각화
> #링크의 색을 청색으로하고 투명도 조정
> V(southern_women)$Ntype <- ifelse(V(southern_women)$type,"Event","Agency")
> ttDC0 <- degree(southern_women,mode="total") #전체 연결중심성 계산
> ttDC1 <- ifelse(V(southern_women)$type,1,ttDC0)  #사건 노드의 경우 1로 고정
> V(southern_women)$ttDC1 <- ttDC1 #전체 연결중심성 네트워크에 반영
> set.seed(20230104) #교재와 동일한 결과를 얻고자 한다면
> southern_women %>%
+   ggraph(layout='fr')+
+   geom_edge_link(
+     colour="blue",alpha=0.6
+   )+
```

```
+ geom_node_point(
+  aes(
+   colour=Ntype,shape=Ntype,
+   size=ttDC
+  ),
+  alpha=0.7,
+ )+scale_size(range=c(2,30))+
+ geom_node_text(
+  aes(
+   label=Nname
+  ),colour="black"
+ )+
+ labs(color="Node")+
+ guides(shape="none",size="none",
+   color=guide_legend(override.aes=list(size=5)))+
+ theme_void()+
+ ggtitle("Netowrk visualization (ggraph package)")+
+ theme(plot.title=element_text(hjust=0.5))
> ggsave("P1_Ch07_Fig18.png",width=22,height=22,units="cm")
```

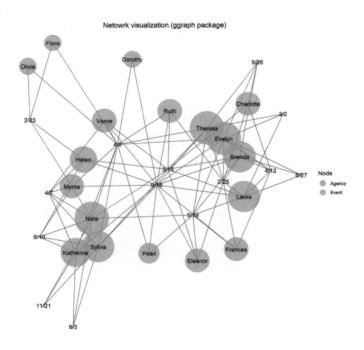

그림 7-18

타이디버스 시각화 방식을 통한 무방향 이원네트워크인 southern_women 오브젝트에 대한 시각화는 여기에서 마무리하고, 끝으로 이원네트워크를 '행위자-행위자 무방향 일원네트워크'와 '사건-사건 무방향 일원네트워크'로 변환한 후 각각 시각화하는 방법을 알아보겠습니다. 앞서 소개하였듯 igraph::bipartite_projection() 함수를 활용하면, 노드유형에 따라 이원네트워크를 손쉽게 무방향 일원네트워크로 변환할 수 있습니다. 여기서는 '행위자-행위자 무방향 일원네트워크'와 '사건-사건 무방향 일원네트워크'를 각각 ptpnet, etenet이라는 이름으로 저장하였습니다. 아울러 변환된 무방향 일원네트워크의 경우 링크가중치가 존재하기 때문에 이 역시 geom_edge_link() 함수 내부 aes() 함수의 edge_link 옵션을 설정하는 방식으로 네트워크 시각화 과정에 반영하였습니다. 이 과정을 통해 두 네트워크 시각화 결과물을 저장한 후 patchwork 패키지를 활용하여 두 그래프를 합친 결과는 [그림 7-19]와 같습니다.

```r
> # 그림 7-19
> ptpnet <- bipartite_projection(southern_women)$proj1
> etenet <- bipartite_projection(southern_women)$proj2
> V(ptpnet)$ttDC <- strength(ptpnet,mode="total") # 링크가중 반영
> V(etenet)$ttDC <- strength(etenet,mode="total") # 링크가중 반영
> set.seed(20230105)
> figp2p <- ptpnet %>%
+ ggraph(layout="fr")+
+ geom_edge_link(
+   aes(
+     edge_width=weight
+   ),
+   colour="lightblue",alpha=0.3
+ )+scale_edge_width(range=c(1,10))+
+ geom_node_point(
+   aes(
+     size=ttDC
+   ),
+   color="red",alpha=0.7,
+ )+scale_size(range=c(2,20))+
+ geom_node_text(
+   aes(
+     label=Nname,
+   ),color="black",size=3
+ )+
+ guides(edge_width="none",size="none")+
```

```
+  theme_void()+
+  ggtitle("Person-to-Person network visualization\n")+
+  theme(plot.title=element_text(hjust=0.5))
> fige2e <- etenet %>%
+  ggraph(layout="fr")+
+  geom_edge_link(
+   aes(
+    edge_width=weight
+   ),
+   colour="pink",alpha=0.3
+  )+scale_edge_width(range=c(1,10))+
+  geom_node_point(
+   aes(
+    size=ttDC
+   ),
+   shape="square",color="blue",alpha=0.7,
+  )+scale_size(range=c(2,20))+
+  geom_node_text(
+   aes(
+    label=Nname,
+   ),color="black",size=4
+  )+
+  guides(edge_width="none",size="none")+
+  theme_void()+
+  ggtitle("Event-to-Event network visualization\n")+
+  theme(plot.title=element_text(hjust=0.5))
> figp2p+fige2e
> ggsave("P1_Ch07_Fig19.png",width=30,height=16,units="cm")
```

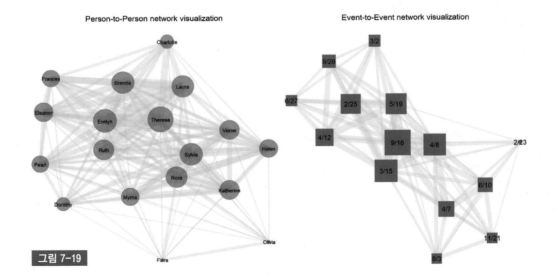

그림 7-19

지금까지 R 베이스 및 타이디버스 시각화 방식에 따라 유방향 일원네트워크인 eies 네트워크와 무방향 이원네트워크인 southern_women 네트워크를 2차원 평면공간에 어떻게 시각화할 수 있는지 살펴보았습니다. 다음에는 3차원 공간에 네트워크를 어떻게 시각화할 수 있는지 간단하게 소개하겠습니다.

④ 3차원 네트워크 시각화

테드강연(TED Talk) 같은 대규모 청중을 대상으로 한 프레젠테이션 강연이나 영화 등에서 네트워크 분석결과를 접해보았다면 3차원 네트워크 시각화(3D, 3-Dimensional, network visualization)가 무엇인지 쉽게 떠올릴 수 있을 것입니다. 3차원 네트워크 시각화는 시각적으로 아름답고, 무엇보다 2차원 네트워크 시각화가 놓치거나 의도치 않게 감춘 패턴을 보여줄 수 있다는 점에서 매우 매력적입니다. 그러나 여기서는 R을 이용한 3차원 네트워크 시각화를 간략하게만 소개할 예정입니다. 그 이유는 다음과 같습니다.

첫째, 3차원 네트워크 시각화가 반드시 2차원 네트워크 시각화보다 효과적인 것은 아닙니다. 연구자 입장에서 네트워크 데이터를 (보다 넓게 본다면 어떤 형식의 데이터이든 상관없이) 분석한다는 행위는 일종의 추상화(abstraction)를 진행한다는 의미입니다. 네트워크 시각화 역시 마찬가지라고 봅니다. 즉 네트워크를 3차원으로 시각화하든 2차원으로 시각화하든 개념적으로는 동일한 추상화 결과입니다. 물론 3차원 네트워크 시각화가 2차원 네트워크 시각화보다 추상화 수준이 다소 낮겠지만, 그렇다고 해서 연구자의 관점 혹은 이론적 목적에서 완전히 자유롭게 네트워크 그 자체를 보여준다고 주장할 수는 없다고 생각합니다. 앞에서 네트워크 시각화의 레이아웃 차이를 설명하면서 언급한 것처럼 3차원 네트워크 시각화 역시 어떻게 네트워크를 시각화할 것인가에 따라 상이한 결과물이 도출됩니다.

둘째, 논문이나 연구보고서는 어쩔 수 없는 2차원 공간입니다(다시 말해 '종이' 혹은 '화면'이라는 평면 위에 시각화됩니다). 더 나아가 프레젠테이션 자료든 영화든 인간의 망막에 비치는 영상 역시 3차원이 아닌 2차원 공간에 가깝다고 생각합니다. 즉 3차원 네트워크 시각화 결과물은 다양한 관점 혹은 위상에서 바라본 2차원 네트워크 시각화라고 볼 수 있습니다. 그러다 보니 3차원 네트워크 시각화 결과물을 제시하기 위해서는 반드시 시각화된 네트워크의 관점을 변화시킬 수 있는 도구(tool)를 갖고 있어야 합니다. 그래서 3차원 네트워크 시각화를 공유하는 것은 상당히 번잡합니다. 논문과 같이 종이에 인쇄되거나 PDF 파일과 같이 2차원 디스플레이 공간으로 유통되는 커뮤니케이션 미디어를 통해서는 독자가 3차원 네트워크 시각화 결과를 충분히 활용할 수 없기 때문입니다. 적어도 현재의 커뮤니케이션 환경에서는 3차원보다는 2차원 네트워크 시각화가 훨씬 더 유용하고 효과적인 경우가 많습니다.

끝으로, 필자의 개인적인 의견으로는 3차원 네트워크 시각화가 목적이라면 R보다는 다른 소프트웨어를 쓰는 것이 낫다고 봅니다. 네트워크 시각화에만 초점을 맞춘다면 Gephi라는 오픈소스 소프트웨어를 추천합니다. R의 경우 네트워크 데이터를 분석하고, 네트워크 데이터를 기반으로 자신의 연구모형의 타당성을 점검하거나 연구가설을 테스트한다는 점에서 다른 소프트웨어보다 분명한 강점이 있습니다. 그러나 효과적인 시각화로만 목적을 한정한다면 꼭 R을 고집해야 할 이유는 없다고 생각합니다.

위와 같은 이유로 본서에서는 3차원 네트워크 시각화에 대해 아주 간단하게만 소개하고 마무리 짓겠습니다. 여기서 소개할 3차원 네트워크 시각화 함수는 gplot3d() 함수로 statnet/sna 패키지에서 제공되는 함수입니다. 우선 3차원 네트워크 시각화를 위해 rgl 패키지(본서의 경우 version 0.110.2)를 설치하기 바랍니다. rgl 패키지는 오픈 그래픽 라이브러리(OpenGL, open graphics library) 규격에 맞는 R 그래픽 함수들을 모아둔 패키지입니다. 참고로 오픈 그래픽 라이브러리는 2차원과 3차원 그래픽의 표준 규격입니다. 만약 rgl 패키지를 설치한 적이 없다면 먼저 설치한 후에 아래 제시된 과정을 따라하기 바랍니다. gplot3d() 함수 사용방법은 statnet/network 패키지의 plot() 함수와 상당히 비슷합니다. 물론 함수의 옵션 이름이 조금 다르기는 하지만 statnet/network 패키지의 plot() 함수를 이해하였다면 쉽게 적용할 수 있을 것입니다.

이제 3차원 네트워크 시각화를 진행해봅시다. gplot3d() 함수에 네트워크 오브젝트를 투입하면 "RGL device"라는 이름을 갖는 별도의 창(window)이 뜰 것입니다. [그림 7-20]은 다음 R 코드를 실행했을 때 나타난 창을 화면캡처한 것입니다. 참고로 gplot3d() 함수로 얻은 3차원 네트워크 시각화 레이아웃 역시 프룻처먼-라인골드 레이아웃(디폴트 레이아웃)입니다.

```
> # 3D 네트워크 시각화
> set.seed(20230109) # 교재와 동일한 창이 뜨길 원한다면
> gplot3d(eies)
필요한 네임스페이스를 로딩합니다: rgl
```

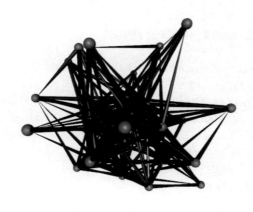

그림 7-20

RGL device 창에 마우스를 갖다 댄 후 이리저리 움직여보면, 3차원 네트워크 시각화 결과물이 변화하는 것을 확인할 수 있습니다. 3차원 네트워크 시각화 결과물을 얻는 데 성공하였지만, 이 시각화 결과물로는 네트워크를 이해하는 것이 쉽지 않습니다. 앞에서와 마찬가지로 네트워크의 노드와 링크 속성을 재설정하여 조금 더 알아보기 쉬운 결과물로 바꾸어보겠습니다. 앞서와 비슷하게 다음과 같은 사항들을 반영하였습니다.

첫째, 노드라벨을 붙였습니다. 이때 노드라벨은 검정색으로 설정하였습니다. 노드라벨의 경우 label 옵션을, 노드라벨의 색깔은 label.col 옵션을 이용하면 됩니다.

둘째, 연구자(노드)의 활동분과에 따라 노드색을 다르게 설정하였고, 노드의 전체 연결중심성을 4개 수준으로 등급화한 결과를 토대로 노드의 크기를 다르게 설정한 후, 노드가 겹치는 것을 반영하기 위해서 투명도를 높였습니다. 각각 vertex.col, vertex.radius, vertex.alpha 옵션을 설정하면 됩니다. gplot3d() 함수의 vertex.radius 옵션은 statnet/network 패키지의 plot() 함수의 vertex.cex 옵션과 개념적으로 동일합니다.

셋째, 링크색을 오렌지색으로 변경하였고, 두께는 줄이고 투명도를 높였습니다. 이를 위해 각각 edge.col, edge.lwd, edge.alpha 옵션을 조정하였습니다.

위와 같은 방식을 적용하여 얻은 3차원 네트워크 시각화 역시 RGL device 창에 투

영됩니다. [그림 7-21]은 다음을 실행하였을 때 나타나는 RGL device 창을 화면캡처한 것입니다. 마우스를 이용하여 상하좌우로 움직여보면 3차원 공간에 어떻게 네트워크가 시각화되었는지 확인할 수 있습니다.

```
> set.seed(20230109)  # 교재와 동일한 창이 뜨길 원한다면
> gplot3d(eies,
+           label=(eies %v% "vertex.names"),  # 1)노드이름을 붙이고
+           label.col = "black",  # 2)노드이름의 색깔은 검정색으로
+           vertex.col = (eies %v% "dp_color"),  # 3)활동분과에 따라 색을 다르게
+           vertex.radius = (eies %v% "ttDC4"),  # 4)노드의 지름(크기)은 연결중심도 지수에 따라
+           vertex.alpha = 0.5,  # 노드의 투명도
+           edge.col = "orange",   # 링크색은 오렌지색으로
+           edge.lwd = 0.1,  # 링크두께는 매우 얇게
+           edge.alpha = 0.2)  # 링크의 투명도
```

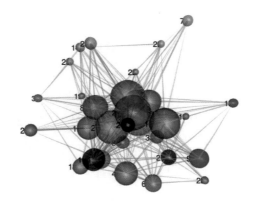

그림 7-21

지금까지 R 베이스 접근방법에 기초한 statnet/network 패키지와 igraph 패키지, 타이디버스 접근방법을 따르는 ggraph 패키지를 소개하고, 3차원 네트워크 시각화 방법으로 gplot3d() 함수를 이용한 몇 가지 네트워크 시각화 방법들에 대해서 살펴보았습니다. 네트워크 시각화는 네트워크를 이해하기에 좋은 방법임이 틀림없습니다. 그러나 네트워크를 시각화하기 전 다음과 같은 점들을 한번 고려해보면 좋을 것 같습니다.

- 네트워크 시각화를 통해서 독자나 청중에게 무엇을 전달하고자 하는가? 네트워크 시각화를 통해 전달하려는 주장이 불분명할 경우, 네트워크 시각화 결과물은 단순한 시각적 장식품에 불과할 수도 있습니다.

- 네트워크 시각화 결과물에 연구자의 연구모형이나 연구가설과 관련된 내용이 효과적으로 반영되어 있는가? 예를 들어 연구자가 "X라는 속성을 갖는 행위자에게서 연결중심성 지수값이 더 높게 나타날 것이다"라는 연구가설을 테스트하고자 한다면, X속성 보유 여부를 노드색에 반영하는 것이 좋을 것입니다.

- 네트워크 시각화 결과와 관련된 네트워크 분석 통계치가 연구 논문이나 보고서에 같이 보고되어 있는가? 앞서 살펴보았듯 네트워크 시각화 결과물은 다양한 요인들(랜덤시드 넘버, 레이아웃, 시각화 방식, 시각화 소프트웨어 등)에 따라 상이한 '인상'을 줄 수 있습니다. 즉 네트워크 분석 통계치를 같이 제시하는 것이 바람직합니다.

- 네트워크 시각화 과정에서 어떤 절차를 거쳤는지, 그리고 어떤 소프트웨어를 사용해 어떤 조건에서 생성했는지 등의 정보 역시 상세하게 밝힐 것을 권장합니다.

08장

그래프수준 통계치

5장에서는 네트워크의 노드수준 기술통계분석을, 6장에서는 링크수준 기술통계분석을 살펴보았습니다. 반복해서 언급했듯이 네트워크 혹은 그래프는 $G = \{V, E\}$를 의미합니다. 7장에서 소개한 네트워크 시각화 결과물은 노드와 링크를 전체적으로 조망할 수 있도록 도와줍니다. 8장에서는 네트워크, 즉 그래프수준에서 계산되는 통계치들을 소개하겠습니다. 5~7장에서와 마찬가지로 주로 활용하였던 statnet 패키지, igraph 패키지의 내장함수들을 병행하여 설명하였으니 연구목적과 개인의 선호에 따라 적절한 방식을 선택하면 됩니다.

이번 장에서 소개할 그래프수준 통계치를 [표 8-1]로 정리하였습니다. 상대적으로 활용도가 높지 않다고 생각하는 그래프수준 통계치들은 표에서 제시하지 않고, 8장 말미에 간단하게 언급하였습니다. statnet 패키지, igraph 패키지 내장함수들의 활용방식은 앞서 다루었던 eies 오브젝트(igraph 패키지의 경우 eies_messages 오브젝트)와 flo 오브젝트(igraph 패키지의 경우 flo_marriage 오브젝트)를 통해 살펴보겠습니다.

① 네트워크 규모

가장 간단한 그래프수준 통계치는 그래프를 구성하는 노드와 링크의 개수, 즉 네트워크 규모(network size)입니다. 네트워크 규모 통계치는 5장과 6장에서도 이미 언급한 바 있기 때문에 따로 추가 설명을 제시하지 않겠습니다.

[표 8-1] 그래프수준 통계치 계산을 위한 R 패키지 함수들

	statnet 패키지	igraph 패키지
네트워크 규모 – 노드 개수 – 링크 개수	network.size() network.edgecount()	vcount() ecount()
연결노드비율	수계산 방식	수계산 방식
그래프 밀도(graph density)	gden()	edge_density()

그래프 중심성(graph centralization)
– 그래프 연결중심성
  (graph degree centralization)
– 그래프 근접중심성
  (graph closeness centralization)
– 그래프 사이중심성
  (graph betweenness centralization)
	centralization(...,*,...)
	centralization(...,
	  degree,...)
	centralization(...,
	  closeness,...)
	centralization(...,
	  betweenness,...)
		centr_*()
		centr_degree()
		
		centr_clo()
		
		centr_betw()

그래프 전이성(transitivity; clustering coefficient)	gtrans()	transitivity()
그래프 직경(지름, diameter)		diameter()
그래프 동류성(assortativity)		assortativity_ degree()

statnet 패키지

statnet 패키지, 보다 구체적으로는 statnet/network 패키지에서는 그래프를 구성하는 노드 개수와 링크 개수 계산을 위해 network.size(), network.edgecount() 함수를 제공하고 있습니다. 각 함수 사용방법은 아래와 같이 매우 간단합니다.

```
> library(tidyverse)          # 데이터 관리
> library(statnet)            # 네트워크 분석 패키지
> library(networkdata)        # 네트워크 분석 예시 데이터
> library(ggraph)             # 네트워크 시각화
> eies <- intergraph::asNetwork(eies_messages)   # 유방향 네트워크
> flo  <- intergraph::asNetwork(flo_marriage)    # 무방향 네트워크
> # statnet 패키지
> # 그래프규모(노드 개수 & 링크 개수)
> network.size(eies)
[1] 32
> network.size(flo)
[1] 16
```

```
> network.edgecount(eies)
[1] 460
> network.edgecount(flo)
[1] 20
```

igraph 패키지

igraph 패키지는 그래프를 구성하는 노드 개수와 링크 개수 계산을 위해 vcount(), ecount() 함수를 제공하고 있습니다. 사용방법 또한 아래와 같이 어렵지 않습니다.

```
> # igraph 패키지
> # 그래프 규모(노드 개수)
> igraph::vcount(eies_messages)
[1] 32
> igraph::vcount(flo_marriage)
[1] 16
> igraph::ecount(eies_messages)
[1] 460
> igraph::ecount(flo_marriage)
[1] 20
```

❷ 네트워크 연결노드비율 및 그래프 밀도

다음으로 살펴볼 그래프수준 통계치는 연결노드비율과 그래프 밀도(graph density)입니다. 연결노드비율은 전체 노드 중 연결된 노드의 비율이 얼마인지를 의미하며, 그래프 밀도는 연결 가능한 링크 중 실제로 연결된 링크의 비율을 의미합니다. 연결노드비율의 경우 자주 활용되지는 않지만, 네트워크에서 고립노드의 비율이 얼마인지 가늠할 때 유용합니다. 반면 그래프 밀도는 매우 자주 활용되며, ERGM과 같은 네트워크 모형 추정기법을 이해하기 위해 매우 중요한 개념이기에 반드시 숙지해야 합니다.

먼저 네트워크 연결노드비율을 계산해봅시다. statnet 패키지든 igraph 패키지든 연결노드비율 계산을 위한 고유한 내장함수는 없습니다. 그러나 고립노드의 개수만 구하면 어렵지 않게 계산할 수 있습니다.

statnet 패키지

statnet/sna 패키지의 isolates() 함수를 이용하면 네트워크의 노드들 중 어떤 노드가 고립노드인지를 확인할 수 있습니다. 아래의 사례에서 알 수 있듯이 eies 오브젝트의 경우 고립노드가 없지만 flo 네트워크에는 고립노드가 1개 존재합니다.

```
> # 연결노드비율
> isolates(eies)  # 고립된 점의 ID 출력
integer(0)
> isolates(flo)  # 고립된 점의 ID 출력
[1] 12
```

즉 고립노드 개수와 네트워크의 노드 개수 정보를 활용하면 연결노드비율을 손쉽게 계산할 수 있습니다. 예를 들어 flo 오브젝트의 경우 전체 노드들 중 약 94%의 노드가 어떠한 방식으로든 다른 노드와 연결되어 있는 것을 확인할 수 있습니다.

```
> 1-(length(isolates(flo))/network.size(flo))
[1] 0.9375
```

다음으로 그래프 밀도를 계산해봅시다. statnet/sna 패키지에서는 그래프 밀도 계산을 위해 gden() 함수를 제공하고 있습니다. 사용방식은 아래와 같이 간단합니다.

```
> # 그래프 밀도(density)
> gden(eies,mode="digraph")
[1] 0.4435484
> gden(flo,mode="graph")
[1] 0.1666667
```

결과를 해석하면, 실현 가능한 모든 링크들 중 eies 오브젝트는 약 44%, flo 오브젝트는 약 17%의 링크가 실제로 연결된 것을 알 수 있습니다. 그래프 밀도 개념을 이해하고 있다면, gden() 함수의 출력결과는 다음과 같은 수계산 방식으로도 얻을 수 있습니다.

```
> # 실현 가능한 링크 개수
> poss_link <- (network.size(flo)*(network.size(flo)-1))/2
> poss_link
[1] 120
> # 실제로 실현된 링크 개수
> read_link <- network.edgecount(flo)
> read_link
[1] 20
> # 수계산된 그래프 밀도
> read_link/poss_link
[1] 0.1666667
```

igraph 패키지

igraph 패키지의 경우 고립노드를 확인하는 별도의 내장함수를 제공하지는 않습니다. 그러나 전체 연결중심성 지수를 활용하면 고립노드의 개수를 손쉽게 확인할 수 있습니다. 예를 들어 eies_messages와 flo_marriage 오브젝트의 전체 연결중심성 지수를 계산한 결과에 대한 빈도표를 확인하면 다음과 같습니다.

```
> # 연결노드비율
> table(igraph::degree(eies_messages,loops=F)==0) # 고립노드

FALSE
   32
> table(igraph::degree(flo_marriage,loops=F)==0) # 고립노드

FALSE TRUE
   15    1
```

위의 결과를 활용하여 연결노드비율을 다음과 같이 계산할 수 있습니다.

```
> myIsolates <- which(igraph::degree(flo_marriage,loops=F)==0)
> 1-(length(myIsolates)/igraph::vcount(flo_marriage))
[1] 0.9375
```

즉 고립노드 개수와 네트워크의 노드 개수 정보를 활용하면 연결노드비율을 손쉽게 계산할 수 있습니다. 예를 들어 flo 오브젝트의 경우 전체 노드들 중 약 94%의 노드가

어떠한 방식으로든 다른 노드와 연결되어 있는 것을 확인할 수 있습니다.

```
> 1-(length(isolates(flo))/network.size(flo))
[1] 0.9375
```

다음으로 그래프 밀도를 계산해봅시다. igraph 패키지에서는 그래프 밀도 계산을 위해 edge_density() 함수를 제공하고 있습니다. 사용방식은 어렵지 않지만, statnet/sna 패키지의 gden() 함수와는 디폴트 옵션이 다르기 때문에 사용 시 주의해야 합니다. 우선 igraph::edge_density() 함수의 디폴트를 그대로 사용하여 계산한 결과는 아래와 같습니다.

```
> # 그래프 밀도(density)
> igraph::edge_density(eies_messages)
[1] 0.4637097
> igraph::edge_density(flo_marriage)
[1] 0.1666667
```

eies_messages 오브젝트의 그래프 밀도 계산결과를 살펴보면 앞서 statnet/sna 패키지 gden() 함수로 얻은 계산결과와 다른 것을 알 수 있습니다. 계산결과가 다른 이유는 statnet/sna 패키지 접근방식의 경우 순환링크를 계산에 반영하지 않는 반면, igraph 패키지에서는 순환링크를 그래프 밀도 계산에 고려하기 때문입니다. 따라서 statnet/sna 패키지 gden() 함수로 얻은 계산결과와 동일한 결과를 얻고자 한다면, 아래와 같이 igraph::simply() 함수를 활용하여 순환링크를 제거한 다음 igraph::edge_density() 함수를 활용하면 됩니다.

```
> # 순환을 고려하지 않으면 statnet 방식과 동일
> igraph::edge_density(igraph::simplify(eies_messages))
[1] 0.4435484
```

❸ 그래프 중심성 지수

다음으로 살펴볼 그래프 중심성(graph centralization) 지수는 5장에서 소개한 여러 노드 수준 중심성(centrality) 지수를 토대로 계산된 그래프수준 통계치입니다. 일반적으로 가장 많이 활용되는 '연결중심성(degree centrality)', '근접중심성(closeness centrality)', '사이중심성(betweenness centrality)'을 활용한 3가지 그래프 중심성 지수의 개념과 계산방법을 살펴보겠습니다. 그래프 중심성 지수의 효과적 학습을 위해 [그림 8-1]과 같이 5개의 노드로 구성된 4가지 네트워크에 주목해봅시다.[1] 가장 '중앙집중'된 형태의 네트워크는 무엇이고, 가장 '분산'된 형태의 네트워크는 무엇일까요? 아마도 누구나 직관적으로 Case 1이 가장 중앙집중된 형태의 네트워크이고, Case 4가 가장 분산된 형태의 네트워크라고 답할 것입니다.

---

1 아래와 같은 방식으로 네트워크를 시각화하였습니다.

```
> ## 각주
> # 그래프 중심성 지수: 간단한 사례
> mymat <- matrix(0,5,5)
> rownames(mymat) <- colnames(mymat) <- LETTERS[1:5]
> g1 <- g2 <- g3 <- g4 <- mymat
> g1[2:5,1] <- 1
> g2[2:4,1] <- g2[5,4] <- g2[4,5] <- 1
> g3[2:3,1] <- g3[4,2] <- g3[5,3] <- 1
> g4[2:3,1] <- g4[4,2] <- g4[5,3] <- g4[5,4] <- 1
> netdraw <- function(myg,mytitle){
+ mynet <- set.network.attribute(network(myg),"directed",FALSE)
+ set.seed(1234);plot(mynet,label="vertex.names",vertex.cex=4,
+                vertex.col=scales::alpha("blue",0.3),
+                main=mytitle)
+ }
> png("P1_Ch08_Fig01.png",width=25,height=25,units="cm",res=300)
> par(mfrow=c(2,2))
> netdraw(g1,"Case 1")
> netdraw(g2,"Case 2")
> netdraw(g3,"Case 3")
> netdraw(g4,"Case 4")
> dev.off()
```

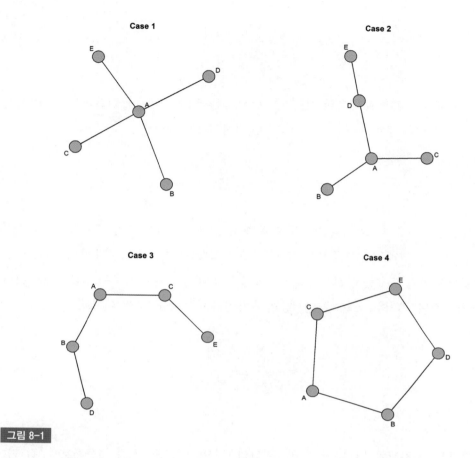

    5장에서 학습한 노드수준 중심성 지수들 중 가장 간단한 전체 연결중심성 지수를 통해 그래프 연결중심성 지수를 계산해보겠습니다.

    실제 계산을 하기 전에 한번 생각해봅시다. 고립된 노드가 전혀 없다고 가정할 때, n개의 노드로 구성된 네트워크에서 이론적으로 가장 최대의 연결중심성 지수는 $n-1$입니다(즉 자신을 제외한 다른 모든 노드와 연결됨). 아울러 이 노드를 제외한 다른 모든 노드들의 경우 가장 최소의 연결중심성 지수를 가졌다고 가정해봅시다. 고립된 노드가 전혀 없다고 가정했기 때문에 각 노드의 연결중심성 지수는 1입니다. 즉 5개 노드로 구성된 네트워크에서 우리가 기대할 수 있는 가장 중앙집중된 형태의 네트워크는 'Case 1'입니다. 이론적으로 가능한 최대 연결중심성 지수를 c^*라고 가정하고, 이론적으로 가장 낮은 연결중심성 지수인 1을 가정한 후, 노드별 그 차이값들을 모두 합산한 형태를 공식으로 나타내면 다음과 같습니다.

$$\max_G \sum_i [c^* - c_i]$$

이제 실제로 관측된 네트워크를 대상으로 c^*와 각 노드별 실제 연결중심성의 차이값들을 모두 합산한 형태를 공식으로 나타내면 다음과 같습니다.

$$\sum_i [c^* - c_i]$$

이렇게 얻은 2가지를 비율 형태로 아래와 같이 계산한 것이 바로 그래프 연결중심성 지수입니다. 즉 그래프 연결중심성 지수는 어떤 그래프에서 최대로 기대할 수 있는 중앙집중된 형태의 노드수준 연결중심성 차이의 합산값 대비 실제로 관측된 그래프에서 나타난 중앙집중된 형태의 노드수준 연결중심성 차이의 합산값을 의미합니다.

$$C = \frac{\sum_i [c^* - c_i]}{\max_G \sum_i [c^* - c_i]}$$

이제 [그림 8-1]에서 나타난 각 네트워크의 노드별 연결중심성을 계산해보죠. 결과는 [표 8-2]와 같습니다.

[표 8-2] [그림 8-1]의 네트워크 상황별 노드수준 연결중심성

	Case 1	Case 2	Case 3	Case 4
A	4	3	2	2
B	1	1	2	2
C	1	1	2	2
D	1	2	1	2
E	1	1	1	2

예시로 'Case 2'과 'Case 3'을 살펴봅시다. 먼저 그래프 연결중심성 지수 공식에서 분모에 해당되는 값을 먼저 구해봅시다. 하나의 노드는 다른 모든 노드와 연결되어 있기에 $c^* = 4$이며, 이 노드를 제외한 다른 모든 노드는 최소의 연결중심성을 갖기 때문에 1의 값을 갖습니다. 따라서 공식의 분모에 해당되는 값은 다음과 같습니다.

$$\max_G \sum_i [c^* - c_i]$$
$$= (4\text{-}4) + (4\text{-}1) + (4\text{-}1) + (4\text{-}1) + (4\text{-}1)$$
$$= 12$$

이제 공식의 분자 부분을 'Case 2'와 'Case 3'에 대입하여 각각 계산해봅시다. 먼저 'Case 2'의 경우 노드수준에서 최대 연결중심성 값은 3이기에 $c^* = 3$이며, 계산결과는 다음과 같습니다.

$$\sum_i [c^* - c_i]$$
$$= (3\text{-}3) + (3\text{-}1) + (3\text{-}1) + (3\text{-}2) + (3\text{-}1)$$
$$= 7$$

다음으로 'Case 3'은 노드수준에서 최대 연결중심성 값은 2이기에 $c^* = 2$이며, 계산결과는 다음과 같습니다.

$$\sum_i [c^* - c_i]$$
$$= (2\text{-}2) + (2\text{-}2) + (2\text{-}2) + (2\text{-}1) + (2\text{-}1)$$
$$= 2$$

즉 그래프 연결중심성 지수는 'Case 2'에서는 $\frac{7}{12} \approx 0.583$이며, 'Case 3'에서는 $\frac{2}{12} \approx 0.167$입니다.

이러한 방식으로 [그림 8-1]의 4가지 네트워크별 그래프 연결중심성 지수, 그래프 근접중심성 지수, 그래프 사이중심성 지수를 계산한 결과는 아래의 [표 8-3]과 같습니다.[2] [표 8-3]을 보면 중앙집중된 네트워크일수록 3가지 그래프 중심성 지수가 큰 값을 갖는 것을 알 수 있습니다.

[표 8-3] [그림 8-1]의 네트워크별 그래프 중심성 지수

	그래프 연결중심성 지수	그래프 근접중심성 지수	그래프 사이중심성 지수
Case 1	1.000	1.000	1.000
Case 2	0.583	0.635	0.708
Case 3	0.166	0.422	0.417
Case 4	0.000	0.000	0.000

이제 예시 데이터인 eies, flo 오브젝트를 대상으로 그래프 근접중심성 지수를 계산해보겠습니다.

statnet/sna 패키지 접근

statnet/sna 패키지의 경우 centralization() 함수를 통해 그래프 중심성 지수를 계산할 수 있으며, 함수 내부의 FUN 옵션을 어떻게 지정하는가에 따라 설정된 그래프 중

---

2 [표 8-3]은 아래와 같은 방식으로 계산하였습니다.

```
> centralization_score <- function(myg,mytitle){
+ mymat <- set.network.attribute(network(myg),"directed",FALSE)
+ cds <- centralization(mymat, FUN=degree, cmode='freeman')
+ ccs <- centralization(mymat, FUN=closeness, cmode='undirected')
+ bcs <- centralization(mymat, FUN=betweenness, cmode='undirected')
+ tibble(case=mytitle,degree_centralization=cds,
+        close_centralization=ccs,between_centralization=bcs)
+ }
> bind_rows(
+ centralization_score(g1,"Case 1"),
+ centralization_score(g2,"Case 2"),
+ centralization_score(g3,"Case 3"),
+ centralization_score(g4,"Case 4")
+ ) %>% mutate(across(
+ .cols=2:4,
+ .fns=function(x){format(round(x,3),nsmall=3)}
+ ))
```

심성 지수를 계산할 수 있습니다. 유방향 네트워크인 eies 오브젝트를 대상으로 그래프 연결중심성 지수를 계산하는 경우는 아래와 같습니다. 유방향 네트워크의 경우 연결중심성 종류별로 '그래프 전체(total) 연결중심성 지수', '그래프 내향(indegree) 연결중심성 지수', '그래프 외향(outdegree) 연결중심성 지수'를 각각 계산할 수 있습니다.

```
> # 유방향 네트워크, 그래프 연결중심성 지수
> centralization(eies, FUN=degree, cmode='freeman')
[1] 0.5591398
> centralization(eies, FUN=degree, cmode='indegree')
[1] 0.5078044
> centralization(eies, FUN=degree, cmode='outdegree')
[1] 0.5744017
```

반면 무방향 네트워크인 flo 오브젝트의 경우 내향 혹은 외향 연결중심성 지수를 계산하는 것이 무의미하며, 그래프 전체 연결중심성 지수만 계산하는 것이 타당합니다.

```
> # 무방향 네트워크, 그래프 연결중심성 지수
> centralization(flo, FUN=degree, cmode='freeman')
[1] 0.2666667
```

다음으로 그래프 근접중심성 지수를 계산해봅시다. 앞서 5장에서 statnet/sna 패키지에서는 유방향 네트워크의 근접중심성 지수를 계산할 때 방향성을 구분하며(cmode 옵션), 방향성을 고려한 계산결과(cmode='directed')는 외향 근접중심성 지수라고 설명하였습니다. 유방향 네트워크를 대상으로 그래프 외향 근접중심성 지수와 링크의 방향성을 고려하지 않은 그래프 근접중심성 지수를 계산하는 방법은 아래와 같습니다. centralization() 함수의 FUN 옵션을 closeness로 설정한 후 링크의 방향성을 고려할지 여부를 설정하면 됩니다.

```
> # 유방향 네트워크, 그래프 근접중심성 지수
> centralization(eies, FUN=closeness, cmode='undirected') # 외향
[1] 0.6135101
> centralization(eies, FUN=closeness, cmode='directed')
[1] 0.3489426
```

무방향 네트워크의 경우는 cmode='undirected'가 적절합니다. 일단 flo 오브젝트를 대상으로 계산된 그래프 근접중심성 지수를 계산하는 방법은 아래와 같습니다.

```
> # 무방향 네트워크, 그래프 근접중심성 지수
> centralization(flo, FUN=closeness, cmode='undirected')
[1] 0
```

계산결과가 0이 나와 이상해 보일 수 있습니다만, 어찌 보면 당연한 결과입니다. flo 오브젝트에는 고립노드가 1개 존재하며, 바로 이 점 때문에 모든 노드의 근접중심성 지수가 '0'이 나오기 때문입니다. 따라서 고립노드가 존재하는 네트워크를 대상으로 그래프 근접중심성 지수는 계산이 불가능하며, 만약 반드시 계산하고자 한다면 아래와 같이 고립노드를 제거한 후 계산할 수 있습니다. 물론 고립노드를 제거하기 전 네트워크와 제거 이후의 네트워크가 같은 네트워크라고 할 수 있을지는 진지하게 고민할 필요가 있습니다.

```
> # 고립노드가 있기 때문에 0으로 계산, 고립노드 제거하면
> flo2 <- flo
> centralization(delete.vertices(flo2,isolates(flo2)),
+                FUN=closeness, cmode='undirected')
[1] 0.3224523
```

끝으로 그래프 사이중심성 지수를 계산해봅시다. 노드수준 근접중심성 지수와 마찬가지로 statnet/sna 패키지에서는 유방향 네트워크의 사이중심성 지수를 계산할 때도 방향성을 구분하여 계산합니다(cmode 옵션). 즉 유방향 네트워크의 경우 그래프 사이중심성 지수를 계산할 때 링크의 방향성을 고려할 수도 있고, 고려하지 않을 수도 있습니다. 다음과 같이 centralization() 함수의 FUN 옵션을 betweenness로 설정한 후 연구 목적에 맞게 링크의 방향성 옵션(cmode)을 선택해 그래프 사이중심성 지수를 계산합니다.

```
> # 유방향 네트워크, 그래프 사이중심성 지수
> centralization(eies, FUN=betweenness, cmode='directed')
[1] 0.1254014
> centralization(eies, FUN=betweenness, cmode='undirected')
[1] 0.05476297
```

무방향 네트워크의 경우는 cmode='undirected'로 설정하면 됩니다. 계산방법은
아래와 같습니다.

```
> # 무방향 네트워크, 그래프 사이중심성 지수
> centralization(flo, FUN=betweenness, cmode='undirected')
[1] 0.3834921
```

igraph 패키지 접근

igraph 패키지에서는 'centr_'로 시작하는 여러 함수들을 활용하여 그래프 중심성 지
수를 계산할 수 있습니다. 먼저 유방향 네트워크인 eies_messages 오브젝트를 대상으
로 그래프 연결중심성 지수를 계산하는 경우는 아래와 같습니다. centr_degree() 함
수를 활용하고, mode 옵션에 원하는 형식의 연결중심성 지수를 지정하면 됩니다. 그러나
여러 차례 언급했듯이 statnet 패키지와 igraph 패키지는 디폴트 옵션이 다르게 설정
되어 있으므로 주의해야 합니다. 먼저 그래프 전체 연결중심성 지수를 계산해보겠습니다.

```
> # 그래프 중심성 지수: 연결/근접/사이중심성 지수 기반
> igraph::centr_degree(eies_messages,mode="total")
$res
 [1] 62 54 14 38 36 30  9 47 24 40 40 20 12 18 16 28 34 24 20 10 14 14 16 47 15 13
[27] 33 14 55 30 57 36

$centralization
[1] 0.55359

$theoretical_max
[1] 1922
```

먼저 출력결과의 첫 부분, 즉 $res 부분은 각 노드별 전체 연결중심성 지수입니다. 그
리고 출력결과의 마지막 $theoretical_max 부분은 주어진 네트워크에서 기대할 수 있
는 가장 중앙집중화된 네트워크의 전체 연결중심성 차이의 합산값을 의미합니다. 출력결
과의 중간 $centralization이 바로 그래프 전체 연결중심성 지수입니다. 이 값을 앞서
statnet/sna 패키지의 centralization(eies, FUN=degree, cmode='freeman')으
로 얻은 결과와 비교해보면 계산결과가 살짝 다른 것을 확인할 수 있습니다(각각 0.5536,

0.5591). 이러한 차이는 바로 eies_messages 오브젝트에 순환링크가 존재하기 때문입니다. 따라서 statnet/sna 패키지로 얻은 결과와 동일한 결과를 얻고자 하면 5장의 설명과 마찬가지로 loops=FALSE 옵션을 추가해야 합니다. 순환링크를 고려하지 않을 경우, 아래와 같이 statnet/sna 패키지로 얻은 결과와 동일한 계산결과를 얻을 수 있습니다.

```
> # 유방향 네트워크, 그래프 연결중심성 지수
> # 순환을 고려하지 않아야 statnet 방식과 동일함
> igraph::centr_degree(eies_messages,mode="total",loops=F)$centralization
[1] 0.5591398
```

아울러 mode 옵션을 조정하면 아래와 같이 그래프 내향 연결중심성 지수, 그래프 외향 연결중심성 지수도 얻을 수 있습니다.

```
> igraph::centr_degree(eies_messages,mode="in",loops=F)$centralization
[1] 0.5078044
> igraph::centr_degree(eies_messages,mode="out",loops=F)$centralization
[1] 0.5744017
```

반면 무방향 네트워크인 flo 오브젝트의 경우 내향 혹은 외향 연결중심성 지수는 별 의미가 없으며, 그래프 전체 연결중심성 지수만 계산하는 것이 타당합니다.

```
> # 무방향 네트워크, 그래프 연결중심성 지수
> igraph::centr_degree(flo_marriage,mode="total",loops=F)$centralization
[1] 0.2666667
```

그래프 근접중심성 지수의 경우 igraph::center_clo() 함수를 활용해서 계산할 수 있습니다. 유방향 네트워크를 분석할 때 igraph::center_clo() 함수의 한 가지 좋은 점은 statnet/sna 패키지로는 계산할 수 없는 그래프 내향 근접인접성 지수를 계산할 수 있다는 것입니다. 계산방법은 아래와 같습니다. mode 옵션을 조정해주면 됩니다.

```
> # 유방향 네트워크, 그래프 근접중심성 지수
> igraph::centr_clo(eies_messages,mode="total")$centralization
[1] 0.6135101
```

```
> # statnet 패키지의 directed 옵션은 외향 근접중심성을 기반으로 한 것
> igraph::centr_clo(eies_messages,mode="out")$centralization
[1] 0.3489426
> # 내향 근접중심성의 경우 statnet에서는 불가능하지만 igraph 가능
> igraph::centr_clo(eies_messages,mode="in")$centralization
[1] 0.3052117
```

무방향 네트워크의 경우는 cmode='undirected'가 적절합니다. 다만 앞서 설명한 것처럼, 고립노드가 존재하는 네트워크의 경우 근접중심성 지수를 계산할 수 없기 때문에 고립노드가 존재하는 네트워크를 대상으로 그래프 근접중심성 지수는 계산이 불가능합니다(사소한 것이지만, 고립노드가 존재하는 네트워크의 경우 statnet/sna 패키지 접근에서는 0이, igraph 패키지 접근에서는 NaN이 출력결과로 제시됩니다). 만약 반드시 그래프 근접중심성 지수를 계산하고자 한다면 고립노드를 제거해야 합니다. 그리고 앞서와 마찬가지로, 고립노드를 제거해도 네트워크가 과연 바뀌지 않았다고 확신할 수 있는지에 대해서는 고민이 필요합니다.

```
> # 무방향 네트워크, 그래프 근접중심성 지수
> igraph::centr_clo(flo_marriage,mode="total")$centralization
[1] NaN
> # 고립노드가 있기 때문에 NaN으로 계산
> igraph::centr_clo(igraph::delete.vertices(flo_marriage,myIsolates),
+                   mode="total")$centralization
[1] 0.3224523
```

그래프 사이중심성 지수를 계산해봅시다. igraph 패키지에서는 centr_betw() 함수를 활용하여 계산할 수 있습니다. eies_messages와 같은 유방향 네트워크의 경우 사이중심성 지수를 계산할 때 링크의 방향성을 고려하는 것이 적절할 것입니다. directed=TRUE 옵션을 적용하여 링크 방향성을 고려한 그래프 사이중심성 지수를 계산하는 방식은 아래와 같으며, 계산결과는 statnet/sna 패키지로 얻은 결과와 동일합니다.

```
> # 유방향 네트워크, 그래프 사이중심성 지수
> igraph::centr_betw(eies_messages,directed=TRUE)$centralization
[1] 0.1254014
```

그러나 링크 방향성을 고려하지 않은 사이중심성 지수의 경우, 5장에서처럼 계산결과가 상이합니다. 단순히 directed=FALSE를 설정해서 얻은 결과는 아래와 같으며, 이는 statnet/sna 패키지로 계산한 결과인 0.0548과 꽤 크게 차이가 있습니다.

```
> #링크 방향성 고려하지 않을 경우 statnet 패키지와 다른 계산결과
> igraph::centr_betw(eies_messages,directed=FALSE)$centralization
[1] 0.08807179
```

만약 statnet/sna 패키지로 얻은 결과와 동일한 그래프 사이연결성 지수를 얻고자 한다면, 다음과 같이 eies_messages 오브젝트를 무방향 네트워크로 전환한 후에 계산해야 합니다. 계산방법은 아래와 같습니다.

```
> # statnet 방식과 다른 이유는 유방향 네트워크 오브젝트이기 때문
> igraph::centr_betw(igraph::as.undirected(eies_messages),
+                     directed=FALSE)$centralization
[1] 0.05476297
```

무방향 네트워크의 그래프 사이연결성 지수를 계산하는 방법도 크게 다르지 않아 어렵지 않습니다.

```
> # 무방향 네트워크, 그래프 사이중심성 지수
> igraph::centr_betw(flo_marriage,directed=FALSE)$centralization
[1] 0.3834921
```

지금까지 네트워크 분석에서 자주 활용되는 중심성 지수들인 '연결중심성', '근접중심성', '사이중심성' 지수를 활용하여 어떻게 그래프 중심성 지수를 계산할 수 있는지 살펴보았습니다. 본문에서 소개하지는 않았지만, 연구 맥락에 따라 그래프 아이겐벡터 중심성(eigen-vector centrality) 지수를 계산하기도 합니다. 만약 그래프 아이겐벡터 중심성 지수를 계산하고자 한다면, statnet/sna 패키지의 centralization() 함수의 FUN 옵션을 evcent로 설정하거나, igraph::centr_eigen() 함수를 사용하면 됩니다. 다만 두 패키지의 아이겐벡터 중심성 지수를 계산하는 방식이 상이하기 때문에 서로 다른 계산결과를 얻을 것입니다. 따라서 그래프 중심성 지수를 계산하여 보고할 때는 어떤 중심성 지

수를 활용하였는지, 어떤 조건에서 계산하였는지와 함께 어떤 프로그램과 패키지를 사용하였는지도 보고하는 것이 좋습니다.

④ 그래프 전이성 지수(군집계수)

이번에 소개할 그래프 전이성(transitivity) 지수는 자연과학 분과의 네트워크 연구자들이 많이 활용하며, 소위 융합학문으로서의 '네트워크' 개념의 유용성을 보여주는 데 매우 유용합니다. 그래프 전이성 지수는 흔히 '군집계수(clustering coefficient)'라고도 합니다.[3] 전이성 지수 역시 statnet 패키지와 igraph 패키지의 내장함수를 통해 계산할 수 있습니다. 여기서는 각 지수의 정의와 의미, 활용 예시를 설명한 후에 계산하는 방법을 예시하겠습니다.

전이성 지수는 그래프수준에서는 물론 노드수준에서도 계산할 수 있지만, 주로 그래프수준에서 활용됩니다(즉 수준에 따라 노드수준 통계치로 계산 가능합니다). 노드수준 전이성 지수는 네트워크의 특정 노드의 주변 노드들이 연결될 확률을 의미합니다. 예를 들어 [그림 8-2]와 같이 4개의 노드로 구성된 네트워크를 생각해봅시다.

```
> # 그림 8-2
> myedges <- data.frame(i=c("A","A","B","B"),
+                       j=c("B","C","C","D"))
> mynet <- network(myedges)
> png("P1_Ch08_Fig02.png",width=9,height=9,units="cm",res=300)
> set.seed(20220201); plot(mynet,label="vertex.names",vertex.cex=5)
> dev.off()
```

---

3 전이성(transitivity)과 군집계수(clustering coefficient)는 비슷하지만, 엄밀히 따지면 다릅니다. 본서에서는 igraph 패키지의 함수, 즉 transitivity() 함수를 토대로 이 둘을 같은 것으로 취급하였습니다만, 군집계수는 전이성을 토대로 계산된 통계치이므로 상황에 따라 두 통계치가 매우 상이한 결과를 초래할 수 있습니다(구체적으로 어떤 상황에서 다른지에 대해서는 Rohe, 2023 참조).

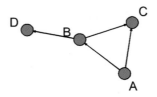

그림 8-2

[그림 8-2]에서 A노드의 경우 인접노드에 B와 C가 있는데, B와 C는 서로 연결되어 있습니다. 즉 A노드의 전이성 지수는 1.00입니다. 반면 B노드의 경우 A, C, D 노드가 인접해 있는데, 이 중 A와 C는 연결되어 있지만, A와 D, C와 D는 연결되어 있지 않습니다. 즉 B노드의 전이성 지수는 $0.33 \approx \frac{1}{3}$ 입니다. C의 경우는 A와 동일하게 1.00의 값을 갖습니다. 반면 D노드의 경우 인접한 노드가 B 하나뿐이기 때문에 군집계수를 계산할 수 없습니다. 수계산된 전이성 지수는 igraph 패키지의 transitivity() 함수에서 type 옵션을 "local"로 정의하는 방식으로도 계산할 수 있습니다.

그러나 일반적으로 더 많이 활용되는 것은 그래프 수준에서의 전이성 지수(군집계수)입니다. [그림 8-2]처럼 간단한 네트워크라고 하더라도 수계산은 생각보다 까다롭습니다. statnet 패키지의 gtrans() 함수와 igraph 패키지의 transitivity() 함수의 경우 그래프의 전이성 지수를 '네트워크 내부 연결된 트리플 개수(triples) 대비 트라이앵글 개수(triangles)의 비율'로 정의합니다.[4] [그림 8-2]의 모든 트리플과 트라이앵글을 나열하면 다음과 같습니다. 즉 수계산으로 계산된 그래프 전이성 지수는 $\frac{6}{10}$ 입니다.

트리플(triples)	트라이앵글(triangles)
A-B-C A-C-B A-B-D B-A-C B-C-A C-A-B C-B-A C-B-D D-B-A D-B-C	A-B-C-A A-C-B-A B-A-C-B B-C-A-B C-A-B-C C-B-A-C

---

4 연구자(일례로, Clemente & Grassi, 2018)에 따라 그래프 전이성 지수를 노드수준 전이성 지수의 평균으로 정의하기도 하니 소속분과에서 어떤 관례를 따르는지 주의하기 바랍니다. 아울러 statnet 패키지의 gtrans() 함수의 경우 measure 옵션을 디폴트인 "weak"에서 "strong"으로 바꿀 경우 계산결과가 달라집니다. 2가지 옵션의 차이는 추후 '콤포넌트'에서 다시 언급할 예정입니다.

이렇게 계산된 결과는 아래와 같이 손쉽게 계산할 수 있습니다. 그래프 전이성이 1에 가까울수록 해당 네트워크는 특정 노드와 연결된 다른 노드들의 관계가 더 쉽게 형성된다는 것을 의미합니다.

```
> myig <- intergraph::asIgraph(mynet)
> igraph::transitivity(myig) #type="global"가 디폴트임
[1] 0.6
> #아래와 같이 하지 않으면 statnet의 경우 igraph와 조금 다른 방식으로 계산됨
> #gtrans(set.network.attribute(mynet,"directed",FALSE))
```

이제는 앞서 살펴본 예시 데이터를 대상으로 그래프 전이성을 계산해보겠습니다. 링크가중 없는 무방향 네트워크의 경우 큰 문제는 없습니다만, 링크가중치가 존재하거나 유방향 네트워크인 경우에는 그래프 전이성을 계산할 때 조금 주의해야 합니다.

먼저 링크가중 없는 무방향 네트워크인 flo 오브젝트를 대상으로 그래프 전이성 지수를 계산하면 아래와 같습니다.

```
> #전이성 지수
> #무방향 네트워크
> gtrans(flo,mode="graph")
[1] 0.1914894
```

무방향 네트워크의 경우 igraph 패키지와 statnet 패키지는 동일한 결과를 산출합니다. 예를 들어 flo_marriage 오브젝트를 대상으로 그래프 전이성 지수를 계산하면 다음과 같습니다.

```
> #무방향 네트워크(링크가중 없음)
> igraph::transitivity(flo_marriage)
[1] 0.1914894
```

반면 링크가중치가 존재하는 유방향 네트워크인 eies_messages 오브젝트의 경우는 다음과 같은 점에 주의해야 합니다. 첫째, igraph 패키지(version 1.3.1)의 경우, 링크의

방향성을 반영한 전이성 지수 계산이 불가능합니다.[5] 둘째, 링크 방향성을 반영할 경우 statnet 패키지의 gtrans() 함수를 이용하여 전이성을 계산할 수 있지만, 노드수준에 서는 계산이 불가능합니다. 반면 igraph 패키지의 경우 노드수준과 그래프수준에서의 전이성 지수, 2가지 모두 계산 가능합니다. 셋째, 디폴트 설정의 차이로 인해 statnet 패 키지와 igraph 패키지 내장함수의 계산결과가 조금 다를 수 있습니다. 따라서 연구목적 에 따라 적절한 방법을 선택하기 바랍니다.

```
> # 유방향 네트워크
> gtrans(eies,mode="digraph")
[1] 0.6385525
> # 유방향 네트워크 계산시 링크의 방향성 무시됨; 그래프수준 전이성 계산시 링크가중 무시됨
> igraph::transitivity(eies_messages)
[1] 0.6569428
> # statnet 으로 동일한 결과를 얻고자 할 경우는 아래와 같아야
> eies_undirected <- eies
> sna::gtrans(network::set.network.attribute(eies_undirected,"directed",FALSE))
[1] 0.6569428
```

⑤ 그래프 직경

사회과학분과의 네트워크 분석에서는 자주 등장하지 않지만, 종종 사용되는 그래프수준 통 계치는 그래프 직경(혹은 지름)입니다. 그래프 직경은 네트워크에서 연결된 가장 긴 거리를 의미합니다. 그래프 직경의 경우 statnet 패키지에서는 별도의 내장함수를 제공하지 않지 만, igraph 패키지에서는 diameter() 함수를 통해 쉽게 계산이 가능합니다. 예를 들어 무방향 네트워크인 flo_marriage 오브젝트에서 가장 긴 거리는 어떠한지 살펴봅시다.

```
> # statnet 패키지에서는 제공되지 않지만 igraph 패키지에서 제공되는 유명함수
> # 그래프 직경(diameter)
```

---

[5] 링크가중된 유방향 네트워크를 대상으로 어떻게 전이성 지수를 계산할 수 있을지에 대해서는 클레멘테와 그라시 (Clemente & Grassi, 2018)를 참조하세요. 아쉽지만 제가 아는 범위에서 이들의 공식을 반영하여 계산하는 함수 를 제공하는 R 패키지는 없습니다.

```
> detach(package:statnet) # statnet 중지
> library(igraph)
> diameter(flo_marriage)
[1] 5
```

그렇다면 5의 길이를 구성하는 하위네트워크는 어떨까요? 자세한 정보는 get_diameter() 함수로 확인할 수 있습니다.

```
> get_diameter(flo_marriage)
+ 6/16 vertices, named, from bc7fb16:
[1] Bischeri Guadagni Albizzi Medici  Salviati Pazzi
```

어떤 노드들이 연결된 거리가 어떤지 시각화를 하면 더 효과적으로 그래프 직경을 알 수 있습니다. 7장에서 소개한 방식을 활용하여 직경에 해당되는 노드들이 어떤지를 시각화한 네트워크는 plot() 함수를 이용하여 어렵지 않게 그릴 수 있습니다.

```
> nodes_diameter <- V(flo_marriage)$name %in% attr(get_diameter(flo_marriage),"names")
> V(flo_marriage)$diameter <- ifelse(nodes_diameter,"lightblue","pink")
> png("P1_Ch08_Fig04.png",width=14,height=14,units="cm",res=300)
> set.seed(20220201)
> plot(flo_marriage,
+       vertex.color=V(flo_marriage)$diameter,
+       vertex.node.color="black",
+       edge.color=adjustcolor("blue", alpha.f = .5)
+       )
> dev.off()
```

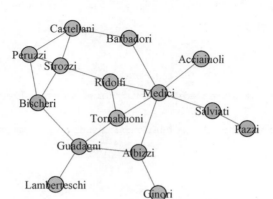

그림 8-3

링크가중이 포함된 유방향 네트워크의 경우는 상황이 다소 복잡합니다. 첫째, 링크 방향성을 그래프 직경 계산에 포함할지 여부를 결정해야 합니다. 특별한 이유가 없다면, 유방향 네트워크의 경우 그래프 직경 계산 시 링크의 방향성을 고려하는 것이 타당하다고 생각합니다. 둘째, 링크가중치를 직경 계산에 반영할지 여부입니다. 반영하는 것 자체는 어려운 일이 아니지만, 그래프 직경 수치가 무엇을 의미하는지 해석하는 것은 쉬운 일이 아닙니다. 그래프 직경에 포함된 양끝단의 2개 노드의 관계를 어떻게 해석할지가 모호하기 때문입니다. eies_messages 오브젝트의 경우 링크가중치는 두 노드 사이의 메시지 발송빈도를 의미합니다. 그렇다면 그래프 직경이 크다는 것은 긴밀한 관계로 해석해야 할까요? 아니면 소원한 관계로 해석해야 할까요? 최종 판단은 네트워크를 어떻게 개념화하는가와 관련되어 있을 것입니다.

링크가중이 포함된 유방향 네트워크를 대상으로 그래프 직경을 계산해봅시다. 먼저 방향성을 고려하지 않았을 경우의 eies_messages 오브젝트에서 나타난 그래프 직경은 다음과 같이 어렵지 않게 계산할 수 있습니다. 링크가중 반영 여부는 igraph 패키지의 함수들에서 몇 차례 weights 옵션을 설명하면서 다룬 바 있습니다.

```
> #방향성 비고려
> diameter(eies_messages,directed=F,weights=E(eies_messages)$weight) #링크가중 반영함
[1] 14
> diameter(eies_messages,directed=F,weights=rep(1,ecount(eies_messages))) #링크가중 반영 없음
[1] 2
```

위의 출력결과에서 알 수 있듯 링크가중 반영 여부에 따라 그래프 직경이 달라집니다. 다음으로 방향성을 고려한 경우의 그래프 직경을 계산해봅시다. directed 옵션만 TRUE로 바꾸어주면 됩니다.

```
> #방향성 고려
> diameter(eies_messages,directed=T,weights=E(eies_messages)$weight) #링크가중 반영함
[1] 29
> diameter(eies_messages,directed=T,weights=rep(1,ecount(eies_messages))) #링크가중 반영 없음
[1] 3
```

링크가중을 반영하는지, 링크의 방향성을 고려하는지에 따라 계산된 결과가 상이한 것을 확인할 수 있습니다. 즉 네트워크를 어떤 관점에서 바라보고 노드 간 연결관계를 어떻게 개념화하는가에 따라 그래프 직경의 수치는 달라지며, 그 의미 또한 다르게 해석될 수 있습니다.

⑥ 그래프 동류성 지수

다음으로 동류성(assortativity) 지수를 살펴보겠습니다. 동류성 지수는 네트워크 내부의 '동종선호(homophily)'를 측정할 때 매우 유용합니다. 동류성 지수를 보다 구체적으로 이해하기 위해 우선 [그림 8-4]와 같이 동일하게 6개 노드로 구성된 네트워크를 살펴봅시다.[6] 두 네트워크 모두 하늘색 사각형 노드(A, B, C)는 남성, 핑크색 원형 노드(D, E F)는

---

6 아래 과정을 통해서 생성하였습니다. 네트워크 데이터 입력 및 네트워크 시각화 방법에 대해서는 앞서 설명한 바 있습니다.

```
> # 그림 8-4
> myedges1 <- data.frame(i=c("A","A","B","C","D","D","E"),
+                        j=c("B","C","D","B","E","F","F"))
> myedges2 <- data.frame(i=c("A","A","B","B","B","C","C"),
+                        j=c("D","E","D","E","F","D","F"))
> myig1 <- graph_from_data_frame(myedges1,directed=FALSE)
> myig2 <- graph_from_data_frame(myedges2,directed=FALSE)
> V(myig1)$shape <- ifelse(V(myig1)$name %in% LETTERS[1:3],"csquare","circle")
> V(myig2)$shape <- ifelse(V(myig2)$name %in% LETTERS[1:3],"csquare","circle")
> V(myig1)$col <- ifelse(V(myig1)$name %in% LETTERS[1:3],"lightblue","pink")
> V(myig2)$col <- ifelse(V(myig2)$name %in% LETTERS[1:3],"lightblue","pink")
> V(myig1)$sex <- ifelse(V(myig1)$name %in% LETTERS[1:3],1,2)
> V(myig2)$sex <- ifelse(V(myig2)$name %in% LETTERS[1:3],1,2)
> png("P1_Ch08_Fig04.png",width=17,height=9,units="cm",res=300)
> par(mfrow=c(1,2))
> set.seed(20220201); plot(myig1,vertex.size=30,
+                     vertex.shape=V(myig1)$shape,
+                     vertex.color=V(myig1)$col,
+                     main="Strong Homophily")
> set.seed(20220201); plot(myig2,vertex.size=30,
+                     vertex.shape=V(myig2)$shape,
+                     vertex.color=V(myig2)$col,
+                     main="No Homophily")
> dev.off()
```

여성이라고 가정해봅시다. 그림에서 쉽게 계산할 수 있듯이 두 네트워크 모두 A, C, E, F 노드는 2의 연결중심성을, B와 D는 3의 연결중심성을 보이고 있습니다.

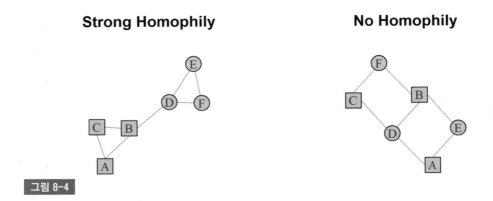

그림 8-4

직관적으로 알 수 있듯이 왼쪽 네트워크의 경우 B와 D만 빼고 남성은 남성끼리, 여성은 여성끼리 연결되어 있습니다. 반면 오른쪽 네트워크는 다른 성별끼리 연결되어 있습니다. 같은 성별 범주끼리 연결된 성향, 즉 '동종선호'라는 점에서 볼 때 왼쪽 네트워크가 오른쪽 네트워크보다 더욱 강한 경향을 보인다고 짐작할 수 있습니다. 동류성 지수는 바로 네트워크 내부에서 특정 속성을 갖는 노드가 동일한 속성을 갖는 노드와 연결을 맺는 경향을 정량화한 것입니다.

igraph 패키지에서는 그래프의 동류성 지수 계산을 위하여 assortativity_nominal(), assortativity(), assortativity_degree() 세 함수를 제공합니다. 먼저 assortativity_nominal() 함수는 노드속성이 범주형 변수일 때(예를 들어 성별, 종교 등), assortativity() 함수는 노드속성이 연속형 변수일 때(예를 들어, 재산이나 정보량 등), assortativity_degree() 함수는 노드의 연결중심성 지수를 반영하여 동류성 지수를 계산합니다. [그림 8-4]의 경우는 '성별'이라는 범주형 변수가 노드속성으로 반영되어 있기 때문에 assortativity_nominal() 함수를 사용할 수 있으며, 두 네트워크의 노드별 연결중심성 지수가 동일하다는 점을 감안하면 assortativity_degree() 함수의 추정결과는 동일할 것으로 예상할 수 있습니다. 실제로 성별 변수를 노드속성으로 반영한 그래프 동류성의 경우 왼쪽 네트워크에서는 0.7143, 오른쪽 네트워크에서는

−1.000의 값을 갖습니다.[7] 반면 노드의 연결중심성 지수를 활용한 그래프 동류성의 경우 두 네트워크 모두 −0.1667로 동일합니다.[8]

이제 예시 네트워크 데이터를 대상으로 그래프 동류성을 계산해봅시다. 우선 유방향 네트워크든 무방향 네트워크든 그래프 동류성을 계산할 때는 링크가중을 반영하지 않습니다.

링크가중 없는 무방향 네트워크인 flo_marriage 오브젝트부터 살펴보겠습니다. 여기에는 가문(즉, 노드)의 경제적 지위와 정치적 지위를 추정할 수 있는 변수로 각각 wealth, `#priors`가 포함되어 있습니다. 여기서는 두 변수를 모두 연속형 변수라고 가정하였습니다. 다시 말해 두 변수를 활용하면 "flo_marriage 네트워크에서 재산이 많은(혹은 의석이 많은) 가문들끼리 서로 혼인관계를 맺을까?"라는 문제에 대해 답할 수 있습니다.

```
> # 무방향 네트워크
> assortativity(flo_marriage, types1=V(flo_marriage)$wealth)
[1] -0.3024048
> assortativity(flo_marriage, types1=V(flo_marriage)$`#priors`)
[1] -0.1213794
```

출력결과에서 확인할 수 있듯이 경제적 지위나 정치적 지위라는 점에서 동종선호가 나타나지 않는 것을 알 수 있습니다(왜냐하면 그래프 동류성 지수가 모두 음수이기 때문). 다음으로 노드 연결중심성을 고려하여 연결중심성이 높은 노드들끼리 동종선호 현상을 보이는지를 살펴본 결과는 다음과 같습니다. 위와 마찬가지로 연결중심성이 높은 노드들일수록 더 많이 연결되는 동종선호 현상 대신 이종선호 현상이 나타났습니다.

---

7 앞의 각주의 myig1과 myig2의 범주형 변수 반영 그래프 동질성 추정결과는 아래와 같습니다.
```
> assortativity_nominal(myig1,types=V(myig2)$sex)
[1] 0.7142857
> assortativity_nominal(myig2,types=V(myig1)$sex)
[1] -1
```

8 앞의 각주의 myig1과 myig2의 노드 연결중심성 반영 그래프 동질성 추정결과는 아래와 같습니다.
```
> assortativity_degree(myig1)
[1] -0.1666667
> assortativity_degree(myig2)
[1] -0.1666667
```

```
> assortativity_degree(flo_marriage)
[1] -0.3748379
```

이번에는 유방향 네트워크를 살펴보겠습니다. 유방향 네트워크의 경우 그래프 동류성 지수를 계산할 때 directed 옵션을 TRUE로 설정합니다(만약 igraph 오브젝트에 그래프 속성이 유방향으로 지정되어 있다면 설정하지 않아도 무방합니다). 다음으로 측정된 네트워크 노드속성에 따라 적절한 그래프 동류성 계산함수를 적용하면 됩니다. eies_messages 오브젝트에는 연속형 변수인 'Citations'(피인용 횟수)와 범주형 변수인 'Discipline'(소속분과) 2가지 노드수준 변수가 입력되어 있습니다. 여기서 eies_messages 오브젝트의 순환링크는 그래프 동류성 지수를 계산할 때 고려하지 않았습니다. 왜냐하면 자신과 자신의 관계는 그 정의상 언제나 동일하며, 이를 고려하면 결국 동류성 지수를 올릴 수밖에 없기 때문입니다. 먼저 범주형 변수인 Discipline 수준에 따라 동종선호 현상(즉, 자신과 동일한 분과의 연구자와 커뮤니케이션하려는 성향)이 나타나는지 살펴보면 다음과 같습니다.

```
> assortativity_nominal(simplify(eies_messages),
+                       types=V(eies_messages)$Discipline,
+                       directed=TRUE)
[1] -0.0205137
```

위의 결과를 보면 소속분과에 따른 동종선호는 나타나지 않습니다. 물론 다른 소속분과를 선호하는 이종선호(heterophily) 현상도 거의 존재하지 않습니다. 이제 연구자의 피인용지수에 따른 동종선호(즉, 피인용수가 높은 연구자들끼리 커뮤니케이션하려는 성향)가 나타나는지 살펴보면 다음과 같습니다. 소속분과와 마찬가지로 피인용지수에 따른 동종선호, 혹은 이종선호 현상은 나타나지 않습니다.

```
> assortativity(simplify(eies_messages),
+               types1=V(eies_messages)$Citations,
+               directed=TRUE)
[1] -0.01524425
```

유방향 네트워크의 경우 연속형 변수 형태의 노드속성을 그 방향성에 따라 구분할 수 있습니다. 구체적으로 assortativity() 함수의 types1 옵션은 외향(outgoing) 링크를, types2 옵션은 내향(incoming) 링크를 지정할 수 있습니다. 방금 살펴본 것처럼 types1만 지정하면 외향링크와 내향링크를 동일하게 지정한 것입니다. 예를 들어 노드의 피인용수에 따른 외향링크와 노드의 내향 연결성 지수에 따른 내향링크 사이에 동종선호가 발생하는지를 살펴보는 방법은 아래와 같습니다.

```
> assortativity(simplify(eies_messages),
+                types1=V(eies_messages)$Citations,
+                types2=degree(eies_messages,loops=F,mode="in"),
+                directed=TRUE)
[1] 0.1237151
```

반대로 노드의 외향 연결성 지수에 따른 외향링크와 노드의 피인용수에 따른 내향링크 사이의 동종선호는 다음과 같이 계산할 수 있습니다.

```
> assortativity(simplify(eies_messages),
+                types1=degree(eies_messages,loops=F,mode="out"),
+                types2=V(eies_messages)$Citations,
+                directed=TRUE)
[1] 0.07236724
```

끝으로 노드 연결중심성을 고려하여 연결중심성이 높은 노드들끼리 동종선호 현상을 보이는지를 살펴보기 위해서는 assortativity_degree() 함수를 사용하면 됩니다. 아래 추정결과를 통해 연결중심성이 높을수록 이종선호 현상이 나타나는 것을 확인할 수 있습니다.

```
> assortativity_degree(simplify(eies_messages),
+                      directed=TRUE)
[1] -0.4101159
```

⑦ 기타 그래프수준 통계치

앞에서 자세하게 다루지 않은 기타 그래프수준 통계치들 몇 가지를 간략하게 소개하겠습니다. 전통적으로 사회학에서는 '사회구조(social structure)' 관점에서 '네트워크'를 개념화하고 있습니다. 이러한 사회학적 문제의식은 statnet/sna 패키지의 4가지 크랙하트 지수(Krackhardt's indices; Krackhardt, 1994)에 잘 반영되어 있습니다. 크랙하트 지수는 네트워크의 위계적 구조(hierarchical structure)를 정량화한 것입니다. 4가지 크랙하트 지수를 계산하는 함수는 connectedness(), efficiency(), hierarchy(), lubness() 입니다.

첫째, connectedness() 함수는 네트워크의 '연결성(connectivity)' 지수를 계산합니다. 연결성 지수는 분석대상 네트워크가 얼마나 하나의 하위네트워크(subgraph, component)에 가까운지 정량화한 것으로 '0'이면 완전하게 단절된 네트워크를, '1'이면 하나로 연결 가능한 네트워크(one weak component)를 의미합니다. 하위네트워크 개념에 대해서는 9장에서 보다 자세히 소개할 예정입니다.

둘째, efficiency() 함수는 네트워크의 '효율성(efficiency)' 지수를 계산합니다. 효율성 지수는 네트워크에 중복된 링크가 어느 정도나 존재하는지를 정량화한 것입니다. '1'에 가까울수록 측정 링크를 제거해도 네트워크의 연결성이 훼손되지 않는다는 것을 의미합니다.

셋째, hierarchy() 함수는 네트워크의 '위계성(hierarchy)' 지수를 계산합니다. 위계성 지수는 유방향 네트워크에서 노드 상호연결(reciprocal)되지 않은 링크의 비중을 정량화한 것입니다. '0'인 경우는 모든 노드들이 상호연결된 링크를 가진다는 것이고, '1'에 가까울수록 노드들이 특정 방향으로 연결된 링크를 가진다는 것을 의미합니다.

넷째, lubness() 함수는 '최소상한(LUB, least upper boundedness)' 지수를 산출합니다. 최소상한 지수는 어떤 '노드쌍(pair of nodes)'이 공통의 고유한 상위노드를 얼마나 공유하는지 정량화한 것입니다. 만약 어떤 네트워크에서 모든 노드쌍들이 공통적으로 최소상한 이상의 값을 갖는다면 '1'의 값을 갖지만, 이 조건이 달성되지 않을 경우 점점 '0'에 가까워집니다.

4가지 크랙하트 지수(Krackhardt, 1994)가 모두 '1'의 값을 갖는 네트워크는 매우 강력한 위계성을 갖는 네트워크입니다(예를 들어, 기업의 조직구성도와 같은 경우). 네트워크의 위계적 구조를 평가하는 경우라면 충분히 흥미로운 측정치이겠지만, 현실적으로 사용하기는 어려운 점이 많습니다. 무방향 네트워크의 경우 사용하기 어렵고(혹은 제한적이고), 네트워크의 특징에 따라 크랙하트 지수를 계산하는 것이 불가능한 경우도 종종 발생합니다(이를테면, 네트워크에 고립된 노드 혹은 노드쌍이 공유하는 노드가 존재하지 않는 경우 등). 만약 크랙하트 지수가 연구목적에 부합한다면 statnet 패키지를 활용하면 됩니다. 이번 장에 소개된 내용을 숙지하였다면 connectedness(), efficiency(), hierarchy(), lubness() 함수 등을 어렵지 않게 활용할 수 있을 것입니다.

⑧ 그래프수준 통계치를 활용한 네트워크 비교

5장과 6장에서 소개한 노드수준, 링크수준 통계치의 경우 특정 네트워크 내부를 분석하는 것을 주요 목적으로 합니다. 반면 그래프수준 통계치의 경우에는 보통 어떤 하나의 네트워크보다는 여러 네트워크들을 비교하여 네트워크의 특성을 이해하기 위해 활용합니다. 즉 다양한 네트워크를 비교하여 네트워크들에서 나타나는 공통된 패턴이 무엇인지를 발견하거나, 네트워크의 성격에 따라 네트워크 구조가 어떻게 다르게 나타나는지를 설명할 때 그래프수준 통계치를 유용하게 활용할 수 있습니다(예를 들어, Newman, 2002, 2003 참조).

여기서는 앞서 살펴본 예시 데이터와 달리 조금 더 규모가 큰 네트워크 데이터들을 대상으로 그래프수준 통계치를 계산하고 비교해보겠습니다. networkdata 패키지의 '온라인 커뮤니케이션' 관련 유방향 네트워크로 polblogs와 ucsocial 오브젝트를, '공동연구(co-authorship)' 관련 무방향 네트워크로 netsci와 sn_auth 오브젝트를 살펴보겠습니다. 분석대상 오브젝트에 대한 보다 자세한 설명은 각 오브젝트별 networkdata 패키지의 도움말을 참조하기 바랍니다.

앞에서 예시하였던 그래프수준 통계치들을 모두 계산할 수 있도록 function(){} 함수를 이용하여 graph_level_statistics()라는 이름의 이용자 함수를 생성했습니다. 이때 다음의 사항들을 고려하였습니다. 첫째, statnet 패키지 내장함수들을 기본으로 하고 igraph 패키지에서만 지원되는 통계치인 경우 추가적으로 제시하였습니다. 둘째,

네트워크에 링크가중치가 있을 경우 분석과정에서 고려하지 않았습니다. 셋째, 그래프 근접중심성 지수를 계산할 때 고립노드가 존재할 경우 이를 제거한 후 계산하였습니다. 고립노드를 제거한 후 계산한 그래프 근접중심성 지수에는 *표를 붙였습니다. 넷째, 동류성 지수의 경우 서로 다른 네트워크를 비교한다는 점에서 igraph::assortativity_degree() 함수만을 사용하였습니다.

위에서 언급한 사항들을 반영하고 앞에서 다룬 통계치들을 일괄 계산할 수 있는 graph_level_statistics() 함수는 아래와 같습니다.

```
> # 앞에서 소개한 지수들을 일괄적으로 계산하는 이용자 함수 설정
> # statnet 위주로 하되 igraph에서는 diameter, transitivity, assortativity 추가
> graph_level_statistics <- function(graph_name, mynet, mygraph){
+ mynet <- intergraph::asNetwork(mynet)  # statnet 기준
+ n_node <- network.size(mynet)
+ n_link <- network.edgecount(mynet)
+ complete_node <- (n_node-length(isolates(mynet)))/n_node
+ graph_dense <- gden(mynet)
+ graph_dia_uwt <- igraph::diameter(intergraph::asIgraph(mynet),
+                                    weights=rep(1,n_link))
+ mynet2 <- mynet
+ mynet2 <- delete.vertices(mynet2,isolates(mynet2))
+ if (mygraph=="graph") {
+  graphD_in_ctrlztn <- graphD_ot_ctrlztn <- NA
+  graphD_tt_ctrlztn <- centralization(mynet, degree, cmode='freeman')
+  graphC_in_ctrlztn <- graphC_ot_ctrlztn <- NA
+  graphC_tt_ctrlztn <- centralization(mynet2, closeness)
+  graphB_yd_ctrlztn <- NA
+  graphB_nd_ctrlztn <- centralization(mynet, betweenness)
+ } else {
+  graphD_in_ctrlztn <- centralization(mynet, degree, cmode='indegree')
+  graphD_ot_ctrlztn <- centralization(mynet, degree, cmode='outdegree')
+  graphD_tt_ctrlztn <- centralization(mynet, degree, cmode='freeman')
+  graphC_ot_ctrlztn <- centralization(mynet2, closeness, cmode='directed')
+  graphC_tt_ctrlztn <- centralization(mynet2, closeness, cmode='undirected')
+  graphC_in_ctrlztn <- igraph::centr_clo(intergraph::asIgraph(mynet2),
+                                         mode="in")$centralization
+  graphC_in_ctrlztn <- ifelse(graphC_in_ctrlztn=="NaN",0,graphC_in_ctrlztn)
+  graphB_yd_ctrlztn <- centralization(mynet, betweenness, cmode='directed')
+  graphB_nd_ctrlztn <- centralization(mynet, betweenness, cmode='undirected')
+ }
```

```
+ graph_cc <- igraph::transitivity(intergraph::asIgraph(mynet))
+ graph_as <- igraph::assortativity_degree(intergraph::asIgraph(mynet))
+ tibble(network_name=graph_name,
+        allnode=n_node, #점의 수
+        compnode=complete_node, #연결된 점들의 비율
+        alllink=n_link, #선의 수
+        density=graph_dense, #그래프 밀도
+        dia_uwt=graph_dia_uwt, #직경
+        clustering=graph_cc, #군집계수(전이성)
+        assortative=graph_as, #군집계수(전이성)
+        inD_GC=graphD_in_ctrlztn,
+        otD_GC=graphD_ot_ctrlztn,
+        ttD_GC=graphD_tt_ctrlztn,
+        inC_GC=graphC_in_ctrlztn,
+        otC_GC=graphC_ot_ctrlztn,
+        ttC_GC=graphC_tt_ctrlztn,
+        drB_GC=graphB_yd_ctrlztn,
+        udB_GC=graphB_nd_ctrlztn) %>%
+  mutate(across(
+   .cols=allnode:udB_GC,
+   .fns=function(x){format(round(x,4),nsmall=4)}
+  )) %>%
+  mutate(across(
+   .cols=ends_with("C_GC"),
+   .fns=function(x){
+   ifelse(compnode=="1.0000",x,str_c(x,"*"))
+   }
+  )) %>%
+  mutate(across(
+   .cols=allnode:udB_GC,
+   .fns=function(x){str_remove(x,".0000")}
+  ))
+ }
```

이제 언급한 polblogs, ucsocial, netsci, sn_auth 4가지 네트워크의 그래프
수준 통계치를 계산하였습니다. 이때 링크가중치 변수인 weight가 입력된 ucsocial,
netsci, sn_auth의 경우 igraph::delete_edge_attr(...,"weight") 함수를 활용
하여 링크가중치를 제거한 후 그래프수준 통계치를 계산하였습니다.

```
> # 유방향 네트워크
> drg1 <- graph_level_statistics("Political Blogs",
+                                  polblogs,
+                                  "digraph")
> drg2 <- graph_level_statistics("UC forum (messages sent)",
+                                  igraph::delete_edge_attr(ucsocial,"weight"),
+                                  "digraph")
> DR <- bind_rows(drg1,drg2) %>%
+ pivot_longer(cols=allnode:udB_GC) %>%
+ pivot_wider(names_from="network_name",values_from="value")
> # 무방향
> udg1 <- graph_level_statistics("Netscience Coauthorship",
+                                  igraph::delete_edge_attr(netsci,"weight"),
+                                  "graph")
> udg2 <- graph_level_statistics("Social Networks Coauthors",
+                                  igraph::delete_edge_attr(sn_auth,"weight"),
+                                  "graph")
> UD <- bind_rows(udg1,udg2) %>%
+ pivot_longer(cols=allnode:udB_GC) %>%
+ filter(!str_detect(value,"NA")) %>%
+ pivot_wider(names_from="network_name",values_from="value")
```

　　[표 8-4]는 위와 같은 과정으로 얻은 그래프수준 통계치를 정리한 것입니다. 비교되는 네트워크가 많지 않지만, 결과를 살펴보면 비슷한 종류의 네트워크의 경우 그래프수준 통계치 역시 비슷한 것을 어렴풋이 느낄 수 있습니다. 좀 더 관심이 있는 독자들은 여러 네트워크를 분석한 다음 분석결과를 비교해보기 바랍니다.

　　지금까지 전체네트워크, 즉 그래프수준의 통계치에는 무엇이 있으며 어떻게 계산할 수 있는지 살펴보았습니다. 다음 장에서는 전체네트워크 내부의 하위네트워크들을 추출하고 분류하는 방법들에 대해 살펴보겠습니다.

통계치	유방향 네트워크		무방향 네트워크	
	Political Blogs (polblogs)	UC forum (messages sent) (ucsocial)	Netscience Coauthorship (netsci)	Social Networks Coauthors (sn_auth)
노드 개수	1490	1899	1589	475
연결노드비율	0.8215	1.0000	0.9194	1.0000
링크 개수	19025	20296	2742	625
그래프 밀도	0.0086	0.0056	0.0022	0.0056
그래프 직경	9	8	17	17
군집계수(전이성)	0.2260	0.0568	0.6934	0.6125
동류성(연결중심성 기반)	−0.2308	−0.1375	0.4616	0.3485
그래프 내향 연결중심성	0.2179	0.0666	NA	NA
그래프 외향 연결중심성	0.1635	0.1193	NA	NA
그래프 전체 연결중심성	0.1484	0.0838	0.0193	0.0262
그래프 내향 근접중심성	0*	0	NA	NA
그래프 외향 근접중심성	0*	0	NA	NA
그래프 전체 근접중심성	0*	0	0*	0
그래프 사이중심성(유방향)	0.0980	0.0404	NA	NA
그래프 사이중심성(무방향)	0.0652	0.0636	0.0223	0.0373

알림. *표시는 고립노드를 제외한 후 계산한 그래프 근접중심성 지수임을 의미함. NA는 무방향 네트워크의 경우 방향성을 고려한 그래프 중심성 지수를 계산할 수 없음을 의미함.

09장

하위네트워크 분석

통상적인 데이터 분석의 경우, 사례의 특성(예를 들면 '남성 응답자')을 토대로 데이터의 일부를 따로 분류합니다. 또한 군집분석(cluster analysis)과 같이 데이터의 사례들을 지정된 개수의 군집으로 분류하기도 합니다. 네트워크 분석도 다르지 않습니다. 이번 장에서는 전체네트워크(whole network; whole graph) 내부의 하위네트워크(부분 네트워크; subnetwork, subgraph)를 추출하거나 분류하는 방법을 살펴보겠습니다. 일반적으로 우리는 어떤 조직 내부에 '파벌(clique)' 혹은 '핵심집단(core group)' 등이 존재한다고 이야기합니다. 즉 전체 조직을 '전체네트워크'라고 간주한다면, '파벌'은 '하위네트워크'라고 간주할 수 있습니다. 또한 세계 무역구조를 '전체네트워크'라고 볼 때 핵심적 지위(위상, position)를 차지하는 중심국가들 역시 '하위네트워크'라고 간주할 수 있습니다. 이렇듯 사회과학 네트워크 문헌에서 하위네트워크 개념은 이론적으로 큰 관심을 받아왔습니다.

엄밀하게 말하면, 본서에서는 하위네트워크를 추출하는 방법들 중 간단한 사례 몇 가지를 이미 소개한 바 있습니다. 하위네트워크 추출방법은 크게 2가지로 나눌 수 있습니다. 첫째, 연구자의 연구목적에 따라 하위네트워크에 대한 개념을 정의한 후 이에 따라 네트워크의 노드들을 분류하는 방법입니다. 예를 들어 네트워크 내부의 고립노드를 삭제한 후 노드수준 근접중심성(5장), 혹은 그래프 수준 근접중심성(8장)을 계산한 바 있습니다. 전체네트워크에서 고립되지 않은 노드들로만 구성된 하위네트워크를 추출한 후 하위네트워크를 대상으로 네트워크 통계치를 계산한 것입니다. 이는 연구자의 연구목적에 맞는 노드들로 구성된 하위네트워크를 추출하는 사례로 볼 수 있습니다.

둘째, 전체네트워크를 구성하는 수많은 노드들을 간단한 노드들의 군집으로 분류함으로써 전체네트워크를 몇 개의 하위네트워크로 축약하는 방법입니다. 6장에서는 링크수준 사이중심성 지수를 소개하면서 이를 활용하여 네트워크의 노드집단들을 어떻게 찾아낼 수 있는지를 뉴만-거반 노드집단 탐색 알고리즘(Newman-Girvan community detection algorithm)을 통해 살펴본 바 있습니다. 이는 데이터를 기반으로 네트워크를 구성하는 노드집단들을 탐색한 후 전체네트워크를 몇 개의 하위네트워크로 축약하는 방법이라고 이해할 수 있습니다.

9장에서는 하위네트워크 분석기법들을 보다 자세히 살펴보겠습니다.

1 연구자가 지정한 노드속성 혹은 링크속성을 기반으로 한 하위네트워크 추출

하위네트워크를 추출하는 가장 명확하고 쉬운 방법은 연구자가 원하는 속성의 노드로만 구성된, 혹은 연구자가 지정한 속성의 링크로만 구성된 하위네트워크를 추출하는 것입니다. 예를 들어 5명의 남성과 5명의 여성으로 구성된 어떤 네트워크를 가정해봅시다. 이때 '남성들로만 구성된 하위네트워크' 혹은 '여성들로만 구성된 하위네트워크'를 추출할 수도 있습니다. 아니면 해당 네트워크의 링크들 중 '동종선호(homophily)'를 보이는 링크들 (이를테면, '남성-남성' 혹은 '여성-여성' 링크)로만 구성된 하위네트워크를 추출할 수도 있습니다.

간단한 사례를 하나 들어보죠. [그림 9-1]의 가운데 시각화 결과는 남성 5명(청색)과 여성(적색) 5명, 총 10명의 행위자로 구성된 네트워크입니다. 링크의 색깔에서도 쉽게 알 수 있듯이 같은 성별 노드끼리 엮인 링크는 '흑색'으로, 다른 성별 노드끼리 엮인 링크는

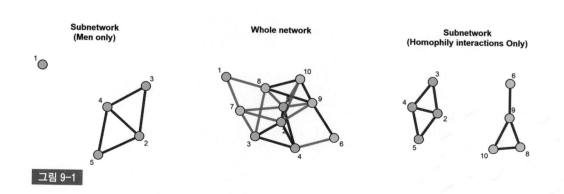

그림 9-1

'보라색'으로 표기되어 있습니다. [그림 9-1]의 왼쪽 시각화 결과는 남성 노드들만 추출한 하위네트워크입니다. 반면 [그림 9-2]의 오른쪽 시각화 결과는 같은 성별 노드끼리 엮인 동종선호 링크들로만 구성된 하위네트워크입니다.[1]

하위네트워크 추출 역시 statnet 패키지와 igraph 패키지 접근방식 모두 가능합니다. 여기서는 statnet 패키지 접근을 소개한 후 igraph 패키지 접근을 설명하겠습니다.

statnet 패키지 접근

유방향 네트워크인 eies 오브젝트를 대상으로 하위네트워크를 추출하는 방법을 실습해봅시다. 분석에 필요한 기본 패키지들을 실행한 후 eies 오브젝트의 노드수준 변수인

---

1 예시 사례는 아래의 과정을 통해 생성하였습니다.

```
> # 가상사례: 각주
> set.seed(20230228)
> mynet <- rgraph(10,tpro=0.5,mode="graph") %>% network() # 네트워크 생성
> mynet <- as.data.frame(mynet,unit="edges") %>%
+ mutate(
+ sex_tail=ifelse(.tail>5.5, 1, -1), # 남성1, 여성-1
+ sex_head=ifelse(.head>5.5, 1, -1), # 남성1, 여성-1
+ homosex=ifelse(sex_head*sex_tail==1,"black","purple") # 동성교류 black, 이성교류 purple
+ ) %>% select(-sex_tail,-sex_head) %>% network()
> mynet%v%"sex" <- ifelse(mynet%v%"vertex.names">5.5,"red","blue") # 남성 blue, 여성 red
> mysubnet1 <- get.inducedSubgraph(mynet,v=which(mynet%v%"sex"=="blue")) # 남성노드만 선별
> mysubnet2 <- get.inducedSubgraph(mynet,eid=which(mynet%e%"homosex"=="black")) # 동종선호 링크만 선별
> # 시각화
> png("P1_Ch09_Fig01.png",width=22,height=8,units="cm",res=300)
> par(mfrow=c(1,3))
> set.seed(20230228)
> plot(mysubnet1,label="vertex.names",vertex.cex=4,edge.lwd=15,
+     vertex.col=scales::alpha(mysubnet1%v%"sex",0.3),
+     edge.col=scales::alpha(mysubnet1%e%"homosex",0.5),
+     main="Subnetwork\n(Men only)")
> plot(mynet,label="vertex.names",vertex.cex=4,edge.lwd=15,
+     vertex.col=scales::alpha(mynet%v%"sex",0.3),
+     edge.col=scales::alpha(mynet%e%"homosex",0.5),
+     main="Whole network\n")
> plot(mysubnet2,label="vertex.names",vertex.cex=4,edge.lwd=15,
+     vertex.col=scales::alpha(mysubnet2%v%"sex",0.3),
+     edge.col=scales::alpha(mysubnet2%e%"homosex",0.5),
+     main="Subnetwork\n(Homophily interactions Only)")
> dev.off()
```

Discipline의 값에 따라 사회학은 적색, 인류학은 청색, 통계학·전산학은 흑색, 기타의 경우 보라색의 노드색을 부여할 수 있도록 dp_color 변수를 생성하였습니다.

```
> library(tidyverse)
> library(statnet)
> library(networkdata)
> library(ggraph)
> library(patchwork)
> eies <- intergraph::asNetwork(eies_messages)
> flo <- intergraph::asNetwork(flo_marriage)
> eies %v% 'dp_color' <- as.character(factor((eies %v% 'Discipline'),
+                            labels=c("red","blue","black","purple")))
```

여기서 노드의 소속분과가 사회학과 인류학인 경우의 하위네트워크를 추출해봅시다. statnet/network 패키지의 get.inducedSubgraph() 함수의 v 옵션에 원하는 노드 번호를 부여하면, 지정된 노드들로만 구성된 하위네트워크를 추출할 수 있습니다. 노드수 준 변수의 조건을 지정한 후 which() 함수를 이용하면, 원하는 노드속성으로 구성된 하위네트워크를 편리하게 추출할 수 있습니다.

```
> # 사회학, 인류학분과소속 연구자들 하위그래프
> eies12 <- get.inducedSubgraph(eies,
+           v=which(eies %v% 'Discipline'==2|eies %v% 'Discipline'==1))
```

이렇게 해서 추출된 하위그래프와 전체네트워크를 시각화한 결과는 [그림 9-2]와 같습니다. 시각화 결과를 통해 하위그래프에는 사회학과 인류학 소속 연구자들만 제시된 것을 명확히 확인할 수 있습니다.

```
> png("P1_Ch09_Fig02.png",width=30,height=14,units="cm",res=300)
> par(mfrow=c(1,2))
> set.seed(20230228)
> plot(eies12,label="vertex.names",vertex.cex=2,
+      vertex.col=scales::alpha(eies12 %v% 'dp_color',0.5),
+      edge.col=scales::alpha("orange",0.4),
+      main="Subgraph (Sociology & Anthropology)")
> legend("bottomright",
+        legend=c("Sociology","Anthropology","Math/Stat","Etc."),
```

```
+          fill=c("red","blue","black","purple"),
+          cex=0.8,box.lty=0)
> plot(eies,label="vertex.names",vertex.cex=2,
+      vertex.col=scales::alpha(eies %v% 'dp_color',0.5),
+      edge.col=scales::alpha("orange",0.4),
+      main="Subgraph (Sociology & Anthropology)")
> legend("bottomright",
+        legend=c("Sociology","Anthropology","Math/Stat","Etc."),
+        fill=c("red","blue","black","purple"),
+        cex=0.8,box.lty=0)
> dev.off()
```

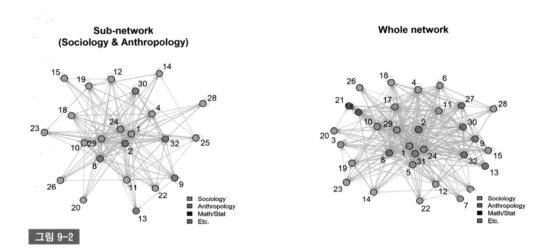

그림 9-2

　　연구목적에 따라서는 다음과 같은 분석을 통해 노드수준에 따른 하위네트워크의 그래프수준 통계치를 비교할 수도 있습니다. 예를 들어 행위자의 소속분과별 하위네트워크의 그래프 밀도를 비교해보면 아래와 같습니다. 분석결과에 따르면 인류학과 소속 행위자들의 경우 다른 분과 소속행위자들에 비해 그래프 밀도가 더 높게 나타났으며, 이를 통해 인류학 전공자들의 메시지 교류빈도가 다른 학과 전공자에 비해서 높다고 추정할 수 있습니다.

```
> # 각 분과내부의 의사소통구조의 그래프 밀도를 구해보자.
> get.inducedSubgraph(eies,v=which(eies%v%"Discipline"==1)) %>% gden()
[1] 0.3897059
> get.inducedSubgraph(eies,v=which(eies%v%"Discipline"==2)) %>% gden()
[1] 0.6666667
```

```
> get.inducedSubgraph(eies,v=which(eies%v%"Discipline"==3)) %>% gden()
[1] 0.3333333
> get.inducedSubgraph(eies,v=which(eies%v%"Discipline"==4)) %>% gden()
[1] 0.5333333
```

연구목적에 따라 전체네트워크의 노드별 에고네트워크(ego-network, 즉 특정 노드와 연결된 노드들로만 구성된 네트워크)라는 하위네트워크를 추출할 수도 있습니다. 구체적으로 1번 노드를 중심으로 1번 노드와 연결된 모든 노드를 추출해보겠습니다. statnet/sna 패키지의 ego.extract() 함수를 활용하면 손쉽게 에고네트워크를 추출할 수 있습니다. ego 옵션에 추출하고자 하는 에고네트워크의 에고노드(ego-node) 번호를 지정하면 됩니다. 유방향 네트워크의 경우 neighborhood 옵션을 "combined"로 설정하면 링크 방향성과 무관하게 연결된 모든 노드를 추출합니다. 그리고 "in"을 설정하면 내향링크로 연결된 모든 노드를, "out"을 설정하면 외향링크로 연결된 모든 노드를 추출합니다. 여기서는 아래와 같이 내향링크로 연결된 모든 노드를 추출하였습니다. 1번 노드의 에고네트워크 그래프 밀도는 0.47을 보였습니다.

```
> # 각 노드의 에고네트워크의 그래프 밀도를 구해보자.
> # 예를 들어 1번 노드의 에고네트워크는 다음과 같이 얻을 수 있다.
> ego1 <- ego.extract(eies,ego=1,neighborhood="in")
> gden(ego1)
        1
0.4735632
```

이를 모든 노드에 대해 반복한 후, 노드번호에 따라 정리하여 데이터 오브젝트를 생성하면 아래와 같습니다.

```
> # 모든 노드에 대해서 반복하면 다음과 같다.
> mysummary <- list()
> for (i in 1:32){
+ myegonet <- ego.extract(eies,ego=i,neighborhood="in")
+ myegonet <- network(myegonet[[1]])
+ mysummary <- bind_rows(mysummary,
+                        tibble(id=i,nsize=network.size(myegonet),
+                               density=gden(myegonet)))
+ }
```

예를 들어 네트워크 규모가 12인 에고네트워크의 그래프 밀도를 살펴보면 다음과 같습니다. 즉 총 4개의 에고네트워크 중 3번 노드의 에고네트워크는 0.76의 그래프 밀도를 갖는 반면, 9번 노드의 에고네트워크는 0.96의 그래프 밀도를 갖고 있습니다.

```
> # 예를 들어 네트워크 규모가 12인 경우만 살펴보자.
> mysummary %>% filter(nsize==12) %>% arrange(density)
# A tibble: 4 × 3
    id nsize density
  <int> <dbl>  <dbl>
1    3    12   0.758
2   19    12   0.758
3   18    12   0.924
4    9    12   0.955
```

두 에고네트워크를 시각화해 비교해보면, 9번 노드를 중심으로 한 에고네트워크에서 노드들 관계가 훨씬 더 촘촘하게 연결된 것을 확인할 수 있습니다.

```
> png("P1_Ch09_Fig03.png",width=30,height=14,units="cm",res=300)
> par(mfrow=c(1,2))
> set.seed(20230228)
> plot(network(ego.extract(eies,ego=3,neighborhood="in")[[1]]),
+      label="vertex.names",vertex.cex=2,
+      vertex.col=scales::alpha("red",0.5),
+      edge.col=scales::alpha("orange",0.4),
+      main="Ego-network (node 3)")
> plot(network(ego.extract(eies,ego=9,neighborhood="in")[[1]]),
+      label="vertex.names",vertex.cex=2,
+      vertex.col=scales::alpha("red",0.5),
+      edge.col=scales::alpha("orange",0.4),
+      main="Ego-network (node 9)")
> dev.off()
```

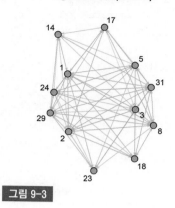

Ego-network (node 3)

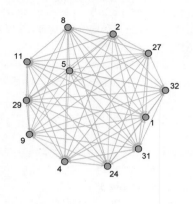

Ego-network (node 9)

그림 9-3

노드속성 대신 링크속성을 기준으로 하위네트워크를 선발할 수도 있습니다. 예를 들어 eies 오브젝트의 링크가중치 변수인 **weight**의 중앙값인 15 이상의 값을 갖는 링크들로만 구성된 하위네트워크를 추출하면 다음과 같습니다.

```
> # 링크를 중심으로 뽑을 수도 있다. 예를 들어 링크가중 중앙값 기준으로
> # 하위그래프를 뽑으면
> mysub_w15 <- get.inducedSubgraph(eies,eid=which(eies%e%"weight">=15))
> # 확인
> network.edgecount(mysub_w15)
[1] 236
> table(eies%e%"weight">=15)
FALSE TRUE
  224   236
```

또 하나의 사례를 들어보겠습니다. 만약 노드의 소속분과가 동일한 링크들로만 구성된 하위네트워크를 추출하려면 어떻게 해야 할까요? 여기서는 아래와 같은 방식으로 두 노드가 동일한 분과에 속한 경우 1, 그렇지 않은 경우 0의 값을 부여한 same이라는 이름의 링크수준 변수를 생성한 후, get.inducedSubgraph() 함수를 이용하여 하위네트워크를 추출하였습니다.

```
> # 동일한 소속분과들 사이의 링크인 경우는 1, 아니면 0
> df_link <- as.data.frame(eies,unit="edges") # 링크목록 데이터
> df_node <- as.data.frame(eies,unit="vertices") %>%
```

```
+   select(vertex.names,Discipline) # 노드수준 데이터
> df_link <- df_node %>% rename(.tail=vertex.names,tail_disc=Discipline) %>%
+   full_join(df_link) %>% # 링크목록 데이터를 출발노드의 소속분과와 합침
+   full_join(
+     df_node %>% rename(.head=vertex.names,head_disc=Discipline)
+   ) %>% # 위의 데이터를 도착노드의 소속분과와 합침
+   mutate(
+     same=ifelse(head_disc==tail_disc,1,0) # 같은 분과인 경우 1, 아니면 0
+   ) %>%
+   select(.tail, .head, weight, same) # 필요한 변수만 선별
Joining, by = ".tail"
Joining, by = ".head"
> # 링크목록 데이터와 노드수준 데이터를 network 오브젝트로 변환
> eies2 <- network(df_link,loops=T,vertices=as.data.frame(eies,unit="vertices"))
> # 하위네트워크 생성
> mysub_samedisc <- get.inducedSubgraph(eies2,eid=which(eies2%e%"same"==1))
```

이후 전체네트워크와 하위네트워크를 시각화해 비교한 결과는 [그림 9-4]와 같습니다.

```
> png("P1_Ch09_Fig04.png",width=30,height=14,units="cm",res=300)
> par(mfrow=c(2,1))
> set.seed(20230228)
> plot(eies2,label="vertex.names",vertex.cex=2,
+       vertex.col=scales::alpha(eies2 %v% 'dp_color',0.5),
+       edge.col=scales::alpha(ifelse(eies2%e%"same"==1,"red","lightblue"),0.4),
+       main="Whole network")
> legend("bottomright",
+        legend=c("Same","Different"),
+        col=c("red","lightblue"),
+        lwd=2,box.lty=0)
> set.seed(20230228)
> plot(mysub_samedisc,label="vertex.names",vertex.cex=2,
+       vertex.col=scales::alpha(mysub_samedisc %v% 'dp_color',0.5),
+       edge.col=scales::alpha(ifelse(mysub_samedisc%e%"same"==1,"red","lightblue"),0.4),
+       main="Sub-network")
> legend("bottomright",
+        legend=c("Same","Different"),
+        col=c("red","lightblue"),
+        lwd=2,box.lty=0)
> dev.off()
```

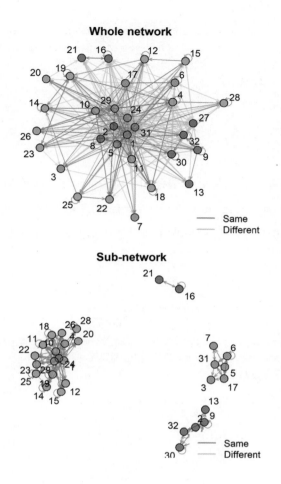

그림 9-4

igraph 패키지 접근

앞서 소개한 작업들을 igraph 패키지로 어떻게 진행하는지 살펴봅시다. 먼저 eies 네트 워크에서 행위자의 소속분과가 '사회학' 혹은 '인류학'인 경우에 해당되는 노드들로만 구 성된 하위네트워크를 추출하려면, induced_subgraph() 함수의 vids 옵션에 원하는 노드특성을 적용하면 됩니다.

```
> detach(package:statnet) # 앞에서 statnet 사용 중이었기 때문
> library(igraph)
> # 사회학, 인류학분과소속 연구자들 하위그래프
> eies12 <- induced_subgraph(eies_messages,
```

```
+                                    vids=c(V(eies_messages)$Discipline==1|
+                                          V(eies_messages)$Discipline==2))
> # 확인
> table(V(eies12)$Discipline)

 1 2
17 6
```

각 학문분과에 속한 노드들로 구성된 하위네트워크의 그래프 밀도를 구하면 아래와 같습니다. 여기서는 statnet/sna 패키지의 gden()으로 얻은 추정결과와 동일한 값이 나오도록 simplify() 함수를 활용하여 자기순환링크를 고려하지 않은 그래프 밀도를 계산하였습니다.

```
> # 각 분과내부의 의사소통구조의 그래프 밀도를 구해보자.
> for (i in 1:4){
+ induced_subgraph(eies_messages,vids=V(eies_messages)$Discipline==i) %>%
+   simplify() %>% # statnet 결과와 동일하도록 자기순환링크 제거
+   edge_density() %>% print()
+ }
[1] 0.3897059
[1] 0.6666667
[1] 0.3333333
[1] 0.5333333
```

이번에는 에고네트워크를 추출하는 방법을 살펴봅시다. ego() 함수를 설정하고, 에고네트워크의 에고노드를 nodes 옵션에 지정한 후 mode에 "out", "in" 옵션을 지정하여 링크의 방향성에 맞는 링크를 고려합니다. 또는 mode에 "all" 옵션을 지정하여 방향에 상관없이 모든 링크를 고려해 에고네트워크를 구성할 수도 있습니다. 예를 들어, 1번 노드와 내향링크로 연결된 노드들로 구성된 하위네트워크를 추출하는 방법은 아래와 같습니다.

```
> # 각 노드의 에고네트워크의 그래프 밀도를 구해보자
> # 예를 들어 1번 노드의 에고네트워크는 다음과 같이 얻을 수 있다.
> ego1 <- ego(eies_messages,nodes=1,mode="in")
> ego1
```

```
[[1]]
+ 30/32 vertices, from a1641ca:
 [1]  1  2  3  4 5 6 7 8 9 10 11 13 14 15 16 17 18 19 21 22 23 24 25 26 27 28
[27] 29 30 31 32

> induced_subgraph(eies_messages,
+                        vids=ego1[[1]]) %>%
+ simplify() %>% edge_density()
[1] 0.4735632
```

전체네트워크에 속한 모든 노드를 대상으로 위의 작업을 반복하면 다음과 같습니다. 아울러 계산된 결과 중 네트워크 규모가 12인 각 에고네트워크의 그래프 밀도 계산결과를 살펴보면 아래와 같습니다. 이 결과 역시 statnet 패키지로 얻은 결과와 동일한 것을 확인할 수 있습니다.

```
> # 모든 노드에 대해서 반복하면 다음과 같다.
> mysummary <- list()
> for (i in 1:32){
+ myegonet <- ego(eies_messages,nodes=i,mode="in")
+ myegonet <- induced_subgraph(eies_messages,vids=myegonet[[1]])
+ mysummary <- bind_rows(mysummary,
+                        tibble(id=i,nsize=vcount(myegonet),
+                               density=edge_density(simplify(myegonet))))
+ }
> # 예를 들어 네트워크 규모가 12인 경우만 살펴보자.
> mysummary %>% filter(nsize==12) %>% arrange(density)
# A tibble: 4 × 3
     id nsize density
  <int> <int>   <dbl>
1     3    12   0.758
2    19    12   0.758
3    18    12   0.924
4     9    12   0.955
```

마찬가지로 링크수준 변수를 활용하여 하위네트워크를 추출할 수도 있습니다. 링크수준 변수 속성에 따라 하위네트워크를 추출하려면 subgraph.edges() 함수의 eids 옵션을 지정하면 됩니다. 예를 들어 링크가중치가 15 이상인 링크들로만 구성된 하위네트워크는 다음과 같이 추출할 수 있습니다.

```
> # 링크를 중심으로 뽑을 수도 있다. 예를 들어 링크가중 중앙값 기준으로
> # 하위그래프를 뽑으면
> mysub_w15 <- subgraph.edges(eies_messages,
+                              eids=c(E(eies_messages)[E(eies_messages)$weight>=15]))
> # 확인
> ecount(mysub_w15)
[1] 236
> table(E(eies_messages)$weight >= 15)

FALSE TRUE
  224   236
```

　　여기서는 eies_messages 오브젝트를 링크목록 데이터와 노드수준 데이터로 저장한 후, 노드수준 데이터의 출발노드의 소속분과와 도착노드의 소속분과가 동일한 경우에는 1, 그렇지 않은 경우에는 0의 값을 부여하였습니다. 이렇게 링크목록 데이터를 정리하고 이를 igraph 오브젝트로 전환한 후 eies_messages1 오브젝트로 정리하였습니다. 이후 링크수준의 same 변수를 토대로 하위네트워크를 추출하였습니다. 이때 분과에 따라, 그리고 동일분과 노드를 연결한 링크인지 여부에 따라 색깔을 다르게 부여하였습니다.

```
> # 동일한 소속분과들 사이의 링크인 경우는 1, 아니면 0
> df <- as_data_frame(eies_messages,what="both") # 링크목록&노드수준데이터
> df_from <- df$vertices %>% mutate(from=row_number(),from_disc=Discipline) %>%
+ select(starts_with("from"))
> df_to <- df$vertices %>% mutate(to=row_number(),to_disc=Discipline) %>%
+ select(starts_with("to"))
> df_link <- full_join(df$edges,df_from,by="from") %>%
+ full_join(df_to,by="to") %>%
+ mutate(
+   same=ifelse(from_disc==to_disc,1,0) # 같은 분과인 경우 1, 아니면 0
+ ) %>%
+ select(from, to, weight, same) # 필요변수만 선별
> # 링크목록 데이터와 노드수준 데이터를 network 오브젝트로 변환
> df_node <- df$vertices %>% mutate(name=row_number()) %>%
+ select(name, Citations, Discipline)
> eies_messages1 <- graph_from_data_frame(df_link,
+                                          vertices=df_node)
> V(eies_messages1)$Ncolor <- as.character(factor(V(eies_messages1)$Discipline,
```

```
+                                                      labels=c("red","blue","black","purple")))
> E(eies_messages1)$Lcolor <- ifelse(E(eies_messages1)$same==1,"red","lightblue")
> #하위네트워크 생성
> mysub_samedisc <- subgraph.edges(eies_messages1,
+                          eids=c(E(eies_messages1))[E(eies_messages1)$same==1])
```

위의 과정을 통해 도출한 하위네트워크와 전체네트워크를 비교하여 시각화한 결과는 [그림 9-5]와 같습니다.

```
> png("P1_Ch09_Fig05.png",width=30,height=14,units="cm",res=300)
> par(mfrow=c(1,2))
> set.seed(20230228)
> plot(eies_messages1,
+      vertex.size=10,vertex.label.color="grey80",
+      vertex.color=adjustcolor(V(eies_messages1)$Ncolor,alpha.f=.4),
+      edge.color=adjustcolor(E(eies_messages1)$Lcolor,alpha.f=.4),
+      edge.arrow.size=0.2,
+      main="Whole network")
> legend("bottomright",
+        legend=c("Same","Different"),
+        col=c("red","lightblue"),
+        lwd=2,box.lty=0)
> set.seed(20230228)
> plot(mysub_samedisc,
+      vertex.size=10,vertex.label.color="grey80",
+      vertex.color=adjustcolor(V(mysub_samedisc)$Ncolor,alpha.f=.4),
+      edge.color=adjustcolor(E(mysub_samedisc)$Lcolor,alpha.f=.4),
+      edge.arrow.size=0.2,
+      main="Sub-network")
> legend("bottomright",
+        legend=c("Same","Different"),
+        col=c("red","lightblue"),
+        lwd=2,box.lty=0)
> dev.off()
```

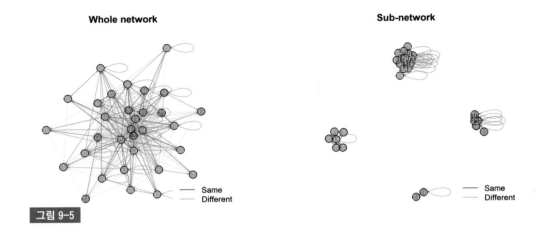

Whole network   **Sub-network**

—— Same
—— Different

—— Same
—— Different

그림 9-5

지금까지 노드수준 혹은 링크수준 변수의 속성에 따라 하위네트워크를 추출하는 방법을 살펴보았습니다. 여기에 소개한 방법은 다음에 설명할 개념 및 방법으로 확인된 하위네트워크를 분석하거나 시각화 작업에 반영할 때 필수적 작업인 만큼 충실하게 학습하기 바랍니다.

❷ 응집력 강한 소집단 개념 기반 하위네트워크: 파벌, 핵심집단, 콤포넌트

일반적으로 조직에는 매우 밀접하게 연결되어 상호작용을 하는 '응집력 강한 소집단(cohesive subgroup)'이 존재합니다. 이러한 소집단은 다양한 이름으로 불립니다. 지금부터 살펴볼 파벌, 핵심집단(core), 콤포넌트(component)는 모두 전체네트워크 내부의 노드들의 연결 형태를 기준으로 추출한 하위네트워크입니다. 여기서는 먼저 파벌, 핵심집단, 콤포넌트의 개념을 간략하게 살펴본 후 예시 데이터를 대상으로 분석을 실시해보겠습니다.

첫째, 파벌은 '최대로 완전연결된 소집단(maximally complete subgroups)'을 의미합니다. 즉 '파벌'로 불리는 하위네트워크의 노드는 파벌에 속한 다른 노드들과 완전하게 연결되며, 따라서 파벌에 속하는 노드들이 구성하는 하위네트워크의 그래프 밀도는 '1.00'의 값을 갖습니다. 가장 간단한 파벌의 예로는 연결된 두 노드를 들 수 있으며, 이런 파벌을

'2의 규모를 갖는 파벌(clique of size two)'이라고 부릅니다. 그러나 일반적으로 파벌 통계치를 계산할 때는 파벌의 규모를 최소 3 이상으로 잡습니다.

둘째, k핵심집단은 '소집단의 모든 노드가 해당 소집단의 다른 노드들과 k규모로 연결된 집단[a maximal group of actors, all of whom are connected to some number (k) of other members of the group]'을 의미합니다. 예를 들어 A, B, C로 상호 연결된 세 노드로 구성된 네트워크의 경우, 각 노드는 $k = 2$로 연결된 '2-핵심집단'입니다(왜냐하면 A, B, C 모두 노드수준 연결중심성이 2이기 때문).

셋째, 콤포넌트란 '전체 그래프의 하위그래프로서, 해당 하위그래프 내부에서는 노드들이 서로 연결되어 있지만 다른 하위그래프와는 연결되어 있지 않은 하위그래프'를 의미합니다. 유방향 네트워크의 경우 링크의 방향성을 고려하지 않았을 때, 하위그래프 내부에서 노드들이 연결된 하위그래프를 '약한 콤포넌트(weak component)'라고 부릅니다. 반면 링크의 방향성을 고려하였을 때, 노드들이 연결된 하위그래프를 '강한 콤포넌트(strong component)'라고 부릅니다. 따라서 강한 콤포넌트는 언제나 약한 콤포넌트이지만, 약한 콤포넌트는 반드시 강한 콤포넌트라고 부를 수는 없습니다.

말로 설명하면 조금 모호하게 들릴 수 있습니다. [그림 9-6][2]과 같은 소규모 네트워크를 대상으로 파벌, k핵심집단, 콤포넌트를 계산해보겠습니다.

---

2 아래의 과정을 통해 생성하였습니다.

```
> # 각주
> mynet <- data.frame(
+ .tail=c('A','B','A','C','A','D','B','C','D','C','D','D','E','F','E','G','F','G'),
+ .head=c('B','A','C','A','D','A','C','B','B','D','C','E','F','E','G','E','G','F')
+ ) %>% network()
> png("P1_Ch09_Fig06.png",width=14,height=14,units="cm",res=300)
> set.seed(20230317)
> plot(mynet,label="vertex.names",
+      vertex.cex=4,edge.lwd=10,arrowhead.cex=3,
+      edge.col=scales::alpha("blue",0.5),
+      vertex.col=scales::alpha("red",0.3))
> dev.off()
```

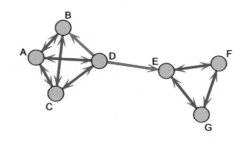

그림 9-6

　[그림 9-6]에는 3의 규모를 갖는 3개의 파벌이 존재하며, 그 이상의 규모를 갖는 파벌은 존재하지 않습니다. 구체적으로 3개의 파벌이란 {A, B, C}, {A, C, D}, {E, F, G}입니다. {A, B, D}의 경우는 파벌이 아닙니다. 왜냐하면 D는 B를 지목하였지만, B는 D를 지목하지 않았기 때문입니다(마찬가지로 {A, C, D} 혹은 {B, C, D}도 파벌이 아님). 그리고 {B, D, E}의 경우는 애초에 B와 E의 링크가 존재하지 않기 때문에 파벌이 될 수 없습니다({C, D, E}도 마찬가지).[3]

　다음으로 전체 연결중심성을 이용하여 k핵심집단을 계산하면 총 2개의 k핵심집단이 존재합니다. 먼저 {E, F, G}는 '4-핵심집단'이라고 할 수 있습니다. 왜냐하면 E는 F, G와 각각 2개씩의 링크(외향링크와 내향링크)를 갖고 있으며, 이는 F와 G 모두에서 마찬가지이기 때문입니다. 또한 {A, B, C, D}는 '5-핵심집단'입니다. 왜냐하면 A는 B, C, D와 총 6개의 링크를, C는 A, B, D와 총 6개의 링크를 갖고 있지만, B는 A, C, D와 총 5개의 링크를, D는 A, B, C와 총 5개의 링크를 갖고 있기 때문입니다. 즉 {A, B, C, D}는 최소 5개의 링크를 공통으로 갖고 있으며 연결된 소집단입니다.[4]

　끝으로 콤포넌트를 계산해보겠습니다. 첫째, 어떠한 방향이든 링크가 존재하는 것을 기준으로 보면 {A, B, C, D, E, F, G}는 모두 연결되어 있습니다. 다시 말해 [그림 9-6]에는 7규모의 약한 콤포넌트가 1개 존재하며, 여기에는 전체네트워크를 구성하는 모든 노드가 포함됩니다. 둘째, 링크의 방향성을 간주할 때는 {A, B, C, D}와 {E, F, G} 2개의

3　아래와 같이 파벌을 계산할 수 있습니다. 구체적인 출력결과는 제시하지 않았습니다.

> # clique.census(mynet,mode="digraph")

4　아래와 같이 k핵심집단을 계산할 수 있습니다. 구체적인 출력결과는 제시하지 않았습니다.

> # kcores(mynet,mode="digraph",cmode="freeman")

강한 콤포넌트가 존재합니다. 왜냐하면 D에서는 E로 이동할 수 있지만, E에서는 D로 이동하기 어렵기 때문입니다.[5]

개념들을 이해하고 간단한 사례를 통해 어떻게 계산하였는지를 살펴보았으니, 예시 네트워크 데이터에 파벌, k핵심집단, 콤포넌트 분석을 적용해보겠습니다. statnet 패키지 접근방법과 igraph 접근방법을 차례로 살펴보았습니다.

statnet 패키지 접근

먼저 유방향 네트워크인 eies 오브젝트를 대상으로 파벌을 분석해봅시다. clique.census() 함수에 네트워크 데이터 오브젝트를 입력한 후 유방향 네트워크인 경우 mode="digraph"로 지정하면 됩니다. 일단 출력결과는 아래와 같습니다. 네트워크 규모가 클수록 출력결과가 매우 길게 나옵니다. 분량상의 이유로 일부 출력결과만 제시하였습니다.

```
> # 파벌(Cliques)
> # 방향성 고려
> clique.census(eies,mode="digraph")
$clique.count
   Agg 1 2 3 4 5 6 7 8 9 10 11 12 13 14 15 16 17 18 19 20 21 22 23 24 25 26 27 28 29 30 31 32
1    0 0 0 0 0 0 0 0 0 0  0  0  0  0  0  0  0  0  0  0  0  0  0  0  0  0  0  0  0  0  0  0  0
2    1 0 0 0 0 0 0 0 0 0  0  0  0  0  0  0  0  0  0  0  0  1  0  0  0  0  0  0  1  0  0  0
3    2 2 0 0 0 0 1 1 0 0  0  0  0  0  0  0  0  0  0  0  0  0  0  0  0  0  1  0  0  0  1  0
4    7 7 3 1 0 0 0 0 1 0  0  1  0  1  1  0  0  0  0  2  0  0  0  1  1  2  0  0  1  0  0  5  1
5    6 6 0 0 1 0 1 0 1 0  0  1  0  0  1  2  2  0  0  1  0  1  1  0  1  0  0  1  0  5  0  4  1
6    3 2 3 0 0 0 0 0 0 1  0  2  0  1  0  0  0  0  0  0  0  0  1  0  0  1  0  0  3  0  3  1
7    1 1 0 0 0 1 0 0 1 0  0  0  0  0  0  0  0  0  0  0  0  0  1  0  0  0  0  1  0  1  1
8    2 2 2 0 1 1 0 0 2 0  0  0  0  0  0  0  0  1  0  0  0  0  0  0  0  0  0  2  2  1
9    5 5 1 0 5 0 3 0 5 0  4  4  0  0  0  1  2  1  0  0  0  0  2  0  0  1  0  5  1  5  0
10   4 4 3 0 4 0 0 0 0 4  1  3  3  0  0  0  0  1  2  0  0  0  0  0  1  0  2  0  4  1  4  3
11   1 1 1 0 1 0 0 0 0 1  0  1  1  0  0  0  0  0  1  0  0  0  0  0  0  0  0  1  0  1  0  1  1
```

---

5 아래와 같이 약한(weak) 콤포넌트와 강한(strong) 콤포넌트를 계산할 수 있습니다. 구체적인 출력결과는 제시하지 않았습니다.

```
> # component.dist(mynet,connected="weak")
> # component.dist(mynet,connected="strong")
```

```
$cliques
$cliques[[1]]
NULL
                [분량 조절을 위하여 중간 부분의 출력결과는 제시하지 않았음]

$cliques[[10]][[3]]
 [1]  1  4  8 10 11 24 27 29 31 32

$cliques[[10]][[4]]
 [1]  1  2  4  8  9 11 27 29 31 32


$cliques[[11]]
$cliques[[11]][[1]]
 [1]  1  2  4  8 10 11 17 27 29 31 32
```

    clique.census() 함수 출력결과는 크게 $clique.count와 $cliques 두 부분으로 구분됩니다. 먼저 $clique.count는 파벌분석 결과를 빈도표 형태로 요약한 것입니다. 맨 앞의 가로줄 수(1부터 11)는 파벌규모를 말합니다. 앞에서 언급했듯이 파벌의 최소규모는 보통 '3'입니다. 위의 결과에서는 eies 네트워크에 최대 11규모의 파벌이 존재하는 것을 확인할 수 있습니다. Agg는 각 규모별 파벌이 몇 개인지를 집산한(aggregate) 것입니다. 예를 들어 9규모의 파벌은 총 5개가 존재하며, 10규모의 파벌은 총 4개가 존재합니다. 그다음에 제시된 세로줄의 라벨인 1부터 32는 노드번호별로 몇 개의 파벌에 속해 있는지를 보여줍니다. 예를 들어 2번 노드의 경우 10규모 파벌 4개 중 3개 파벌에 속해 있으며, 9규모의 파벌 5개 중 1개에만 속해 있습니다.

    다음으로 $cliques 부분은 규모별 파벌에 속한 노드들을 보여줍니다. 출력결과 하단부의 $cliques[[10]][[4]]은 10규모의 4번째 파벌을 의미합니다. 예를 들어 3규모 파벌 2개가 궁금하다면 다음과 같이 확인할 수 있으며, 2개의 3규모 파벌을 시각화하면 [그림 9-7]과 같습니다.

```
> #구체적으로 3개 노드로 구성된 파벌의 경우
> clique.census(eies,mode="digraph")$cliques[[3]]
[[1]]
[1]  1  7 31

[[2]]
[1]  1  6 28
```

```
> png("P1_Ch09_Fig07.png",width=17,height=9,units="cm",res=300)
> par(mfrow=c(1,2))
> for (i in 1:2){
+   set.seed(202303015)
+   get.inducedSubgraph(eies,v=clique.census(eies,mode="digraph")$cliques[[3]][[i]]) %>%
+   plot(label="vertex.names",vertex.col=scales::alpha("pink",0.5),
+       vertex.cex=10,main="Clique with 3 nodes")
+ }
> dev.off()
```

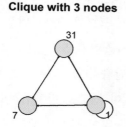
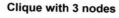
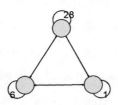

그림 9-7

연구목적에 따라 각 노드가 파벌을 얼마나 공유하는지를 합산값으로 보여주기도 합니다. 예를 들어 아래와 같이 clique.comembership 옵션을 "sum"으로 지정하면 출력결과에 $clique.comemb라는 부분이 추가됩니다. 아래 출력결과에서 확인할 수 있듯이 총 32개 노드별 공유파벌 개수의 합산값이 도출됩니다. 예를 들어, 아래 결과에서 1번 가로줄과 2번 세로줄의 교차점에 있는 12라는 숫자는 1번 노드와 2번 노드가 공유하는 파벌이 총 12개임을 의미합니다.

```
> # 연구목적에 따라
> clique.census(eies,mode="digraph",clique.comembership="sum")$clique.comemb
    1  2 3  4 5 6 7  8 9 10 11 12 13 14 15 16 17 18 19 20 21 22 23 24 25 26 27 28 29 30
1  30 12 1 12 2 5 1 15 1 10 10  0  1  2  2  4  5  2  3  0  1  1  2  6  2  1  5  2 20  4
2  12 13 1  6 1 0 0  9 1  5  4  1  0  0  0  1  3  2  0  0  0  0  1  0  1  1  3  1 10  3
           [분량 조절을 위하여 이하의 출력결과는 제시하지 않았음]
```

만약 파벌의 규모에 따라 32×32 행렬을 별도로 계산하고자 할 때는 clique.comembership 옵션을 "bysize"로 바꾸면 됩니다. 앞서 보았듯 최대규모의 파벌은 11이므로 $clique.comemb의 오브젝트는 11×32×32의 어레이(array)로 제시됩니다.

```
> comembership <- clique.census(eies,mode="digraph",
+                     clique.comembership="bysize")$clique.comemb
> dim(comembership)
[1] 11 32 32
> class(comembership)
[1] "array"
```

    이렇게 얻은 공유된 파벌정보는 네트워크 시각화에 종종 활용되기도 합니다. 즉 공유되는 파벌이 많은 노드들은 서로 더 가까이 배치되도록 시각화하는 방식입니다. 예를 들어, 앞에서 저장한 comembership 오브젝트에서 규모가 5인 파벌을 공유하는 노드 간 공통멤버십 행렬을 토대로 다차원척도분석(MDS)을 통해 노드 간 거리를 좌표로 나타낸 후 그 결과를 시각화하면 [그림 9-8]의 왼쪽과 같습니다. [그림 9-8]을 보면 파벌공유가 많을수록 노드들이 겹쳐 있는 것을 알 수 있습니다. 참고로 다차원척도분석을 통해 얻은 노드 간 거리를 그대로 사용할 경우 노드가 너무 많이 겹치기 때문에 약간의 오차를 포함하는 지터링(jittering)을 반영한 것이 [그림 9-8]의 오른쪽 시각화 결과입니다.

```
> # 파벌공유인 경우 더 가깝게 하고자 한다면
> mycoordinates <- cmdscale(1/(1+comembership[5,,])) # MDS
> mycoordinates2 <- mycoordinates
> set.seed(202303015)
> mycoordinates2[,1] <- mycoordinates[,1]+rnorm(32,0,0.05)
> mycoordinates2[,2] <- mycoordinates[,2]+rnorm(32,0,0.05)
> png("P1_Ch09_Fig08.png",width=18,height=10,units="cm",res=300)
> par(mfrow=c(1,2))
> plot(eies,coord=mycoordinates,
+       label="vertex.names",
+       vertex.col=scales::alpha("red",0.3),vertex.cex=3,
+       label.col=scales::alpha("black",0.4),
+       edge.col=scales::alpha("lightblue",0.3),
+       main="MDS without jittering")
> plot(eies,coord=mycoordinates2,
+       label="vertex.names",
+       vertex.col=scales::alpha("red",0.3),vertex.cex=3,
+       label.col=scales::alpha("black",0.4),
+       edge.col=scales::alpha("lightblue",0.3),
+       main="MDS with jittering")
> dev.off()
```

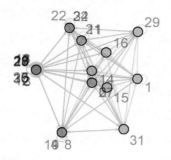

MDS without jittering

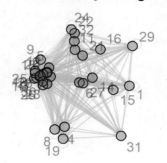

MDS with jittering

그림 9-8

만약 eies와 같은 유방향 네트워크에 대해 무방향성을 가정한 파벌 소집단을 계산하고자 한다면, 아래와 같이 네트워크의 유방향성 속성을 무방향성으로 바꾸고 진행하면 됩니다. 이를 위해 set.network.attribute() 함수의 "directed" 옵션을 FALSE로 재지정한 후 clique.census() 함수의 mode 옵션을 "graph"로 지정하는 방식을 취했습니다.

```
> # 무방향성 가정
> un_eies <- eies
> set.network.attribute(un_eies,"directed",FALSE) # 무방향 네트워크로 전환
> clique.census(un_eies,mode="graph")$clique.count
  Agg 1 2 3 4 5 6 7 8 9 10 11 12 13 14 15 16 17 18 19 20 21 22 23 24 25 26 27 28 29 30 31 32
1   0 0 0 0 0 0 0 0 0 0  0  0  0  0  0  0  0  0  0  0  0  0  0  0  0  0  0  0  0  0  0  0  0
2   0 0 0 0 0 0 0 0 0 0  0  0  0  0  0  0  0  0  0  0  0  0  0  0  0  0  0  0  0  0  0  0  0
3   0 0 0 0 0 0 0 0 0 0  0  0  0  0  0  0  0  0  0  0  0  0  0  0  0  0  0  0  0  0  0  0  0
4   0 0 0 0 0 0 0 0 0 0  0  0  0  0  0  0  0  0  0  0  0  0  0  0  0  0  0  0  0  0  0  0  0
5   0 0 0 0 0 0 0 0 0 0  0  0  0  0  0  0  0  0  0  0  0  0  0  0  0  0  0  0  0  0  0  0  0
6   0 0 0 0 0 0 0 0 0 0  0  0  0  0  0  0  0  0  0  0  0  0  0  0  0  0  0  0  0  0  0  0  0
7   4 4 4 0 0 4 0 0 0 0  0  1  0  0  1  0  0  0  0  0  0  0  1  0  4  4  0  0  0  0  1  4  0
8   6 6 6 0 2 3 1 1 1 0  0  1  1  0  1  1  0  1  0  1  1  1  0  6  0  0  2  2  3  0  6  1
9   8 8 8 4 0 6 1 0 5 0  2  1  0  0  2  1  1  4  1  0  1  0  0  1  8  0  1  1  0  8  0  8  0
10  6 6 6 0 1 6 0 0 4 1  4  2  1  1  0  0  1  1  0  3  0  1  1  1  6  0  0  1  0  6  0  6  1
11  0 0 0 0 0 0 0 0 0 0  0  0  0  0  0  0  0  0  0  0  0  0  0  0  0  0  0  0  0  0  0  0  0
12  3 3 3 0 2 3 0 0 0 3  0  3  1  1  0  0  0  0  1  2  0  0  0  0  3  0  0  2  0  3  2  3  1
13  6 6 6 0 6 6 3 0 6 1  5  4  0  0  0  0  1  6  0  0  0  0  0  6  0  0  5  0  6  2  6  3
```

위의 출력결과에서 가장 큰 파벌의 규모가 13(총 6개)으로 바뀐 것을 쉽게 알 수 있습니다. 즉 링크의 방향성을 가정한 경우에 비해 방향성을 가정하지 않은 경우에 파벌의 규모와 개수가 대폭 증가한 것을 확인할 수 있습니다. 또한 방향성 고려 유무에 따라 파벌 소집단이 다르게 계산되는 것을 알 수 있습니다. 일단 유방향 네트워크의 경우, 특별한 이유가 없다면 무방향 네트워크로 가정할 필요가 없다고 생각합니다. 그럼에도 불구하고 유방향 네트워크를 대상으로 방향성을 가정하지 않은 채 파벌분석을 실시하는 이유는 (조금 후 소개할) igraph 패키지의 경우 유방향 네트워크를 대상으로 파벌 소집단 분석을 실시할 때 링크의 방향성을 고려하지 못하기 때문입니다. 이런 점에서 적어도 네트워크의 파벌 소집단을 분석하는 것이 목적이라면 igraph 패키지보다 statnet 패키지를 사용하는 것이 더 낫다고 생각합니다. 아무튼 이 부분은 igraph 패키지 접근을 소개하면서 다시 설명하겠습니다.

다음으로 무방향 네트워크인 flo 오브젝트를 살펴보겠습니다. 분석방법은 mode를 "graph"로 설정하는 것을 빼면 유방향 네트워크에 대한 파벌 소집단 분석과 크게 다르지 않습니다.

```
> # 무방향 네트워크
> clique.census(flo,mode="graph")$clique.count
  Agg Acciaiuoli Albizzi Barbadori Bischeri Castellani Ginori Guadagni
1   1          0       0         0        0          0      0        0
2  12          1       3         2        1          1      1        4
3   3          0       0         0        1          1      0        0
  Lamberteschi Medici Pazzi Peruzzi Pucci Ridolfi Salviati Strozzi Tornabuoni
1            0      0     0       0     1       0        0       0          0
2            1      4     1       0     0       1        2       1          1
3            0      1     0       2     0       1        0       2          1
```

출력결과를 보면 가장 큰 파벌 집단의 규모는 3으로 총 3개가 존재합니다. 3규모를 갖는 파벌집단을 구성하는 노드들을 다음과 같이 확인해보았습니다.

```
> # 구체적으로 3개 노드로 구성된 파벌의 경우
> for (i in 1:3){
+ (flo %v% "vertex.names")[clique.census(flo,mode="graph")$cliques[[3]][[i]]] %>%
+   print()
```

```
+ }
[1] "Medici"      "Ridolfi"  "Tornabuoni"
[1] "Bischeri"    "Peruzzi"  "Strozzi"
[1] "Castellani"  "Peruzzi"  "Strozzi"
```

[그림 9-9]와 같이 전체네트워크에서 3규모의 세 파벌을 시각화해보면, 파벌이 어떻게 구성되어 있는지 효과적으로 파악할 수 있습니다.

```
> png("P1_Ch09_Fig09.png",width=22,height=9,units="cm",res=300)
> par(mfrow=c(1,3))
> for (i in 1:3){
+ cliquename <- clique.census(flo,mode="graph")$cliques[[3]][[i]]
+ nid <- 1:network.size(flo)
+ famname <- (flo %v% "vertex.names")
+ myclique <- ifelse((nid %in% cliquename),famname,"")
+ mycliqueclr <- ifelse(myclique=="","grey90","grey10")
+ set.seed(202303015)
+ plot(flo,
+     label=ifelse((1:network.size(flo) %in% cliquename),famname,""),
+     vertex.col=mycliqueclr,vertex.cex=3,
+     edge.col=scales::alpha("lightblue",0.6),
+     main=str_c("Clique - #",i))
+ }
> dev.off()
```

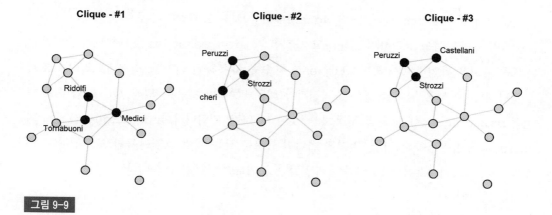

그림 9-9

igraph 패키지 접근

유방향 네트워크를 대상으로 한 파벌분석에서는 igraph 패키지보다 statnet 패키지의 함수가 더 효과적이라고 앞서 이야기했습니다. 그 이유는 igraph 패키지에서는 파벌분석에서 링크의 방향성이 존재하지 않는다고 가정하기 때문입니다. 먼저 유방향 네트워크인 eies_messages 오브젝트의 파벌들 중 가장 큰 규모의 파벌규모를 살펴볼 경우, igraph 패키지의 clique_num() 함수를 사용하면 됩니다. 일단 유방향 네트워크가 입력값으로 들어간 이 함수의 출력결과를 살펴보면 다음과 같은 경고메시지를 볼 수 있습니다.

```
> # 파벌(cliques)의 경우 igraph에서는 방향성을 가정할 수 없음
> clique_num(eies_messages)
[1] 13
Warning message:
In clique_num(eies_messages) :
  At core/cliques/maximal_cliques_template.h:268 : Edge directions are ignored for
maximal clique calculation.
```

경고메시지에서 명확하게 나타나듯이 igraph 패키지 clique_num() 함수에서는 파벌분석 과정에서 링크의 방향성을 무시합니다. 앞서 statnet 패키지 내장함수로 분석한 결과에서는 링크의 방향성을 고려할 경우 총 11개의 파벌이, 링크의 방향성을 고려하지 않을 경우 총 13개의 파벌이 발견되었습니다. 즉 유방향 네트워크를 대상으로 하는 파벌분석의 경우 statnet 패키지가 igraph 패키지보다 효과적입니다.

링크 방향성을 고려하지 않는다고 가정할 때 eies_messages 오브젝트에 존재하는 모든 파벌을 확인하고자 하면 cliques() 함수를 사용하면 되지만, 전체네트워크 규모가 일정 수준 이상을 넘어설 경우 출력결과가 너무 많아 별 도움이 되지 않는 듯합니다. 대신 max_cliques() 함수를 사용하는 것이 더 나을 것입니다. max_cliques() 함수의 min, max 옵션을 지정하면, 지정된 범위의 규모를 갖는 파벌 소집단들만 보고됩니다. 예를 들어 규모가 12 이상 13 이하인 파벌들만 살펴보면 아래와 같습니다.

```
> # 너무 많은 출력결과가 나타남
> # cliques(eies_messages)
> # 너무 많은 출력결과가 나타남
```

```
> # cliques(eies_messages)
> max_cliques(eies_messages,min=12,max=13)
[[1]]
+ 12/32 vertices, from a1641ca:
 [1] 12  1 32 31 30 29 24 17 10  8  5  2
```
[분량 조절을 위하여 중간 부분의 출력결과는 제시하지 않았음]

```
[[9]]
+ 12/32 vertices, from a1641ca:
 [1]  5  1 31 29 24  8  4  2 27 18 10 30
```

```
Warning message:
In max_cliques(eies_messages, min = 12, max = 13) :
  At core/cliques/maximal_cliques_template.h:268 : Edge directions are ignored for
maximal clique calculation.
```

만약 전체네트워크에서 가장 큰 규모의 파벌만 살펴보는 것이 목적이라면 larges_cliques() 함수를 사용하면 됩니다.

```
> largest_cliques(eies_messages)
[[1]]
+ 13/32 vertices, from a1641ca:
 [1]  5  1 31 29 24  8  4  2 16 17 11 10  6
```
[분량 조절을 위하여 이하의 출력결과는 제시하지 않았음]

만약 무방향 네트워크라면 igraph 패키지든 statnet 패키지든 별 차이가 없습니다. flo_marriage 오브젝트를 대상으로 앞서 실시했던 파벌분석을 실시하면 다음과 같습니다.

```
> # 무방향 네트워크의 경우 statnet과 별반 다르지 않음
> clique_num(flo_marriage)
[1] 3
> max_cliques(flo_marriage,min=3,max=3) # 다음과 동일 largest.cliques(flo_marriage)
[[1]]
+ 3/16 vertices, named, from bc7fb16:
[1] Medici   Ridolfi  Tornabuoni

[[2]]
```

```
+ 3/16 vertices, named, from bc7fb16:
[1] Peruzzi Strozzi Bischeri

[[3]]
+ 3/16 vertices, named, from bc7fb16:
[1] Peruzzi  Strozzi  Castellani
```

다음으로 k핵심집단(k-core) 분석을 실습해보겠습니다. 마찬가지로 statnet 패키지 내장함수를 소개한 후 igraph 패키지 내장함수들을 소개하겠습니다.

statnet 패키지 접근

k핵심집단 분석 실습의 경우, 먼저 무방향 네트워크인 flo 오브젝트를 분석해보겠습니다. statnet 패키지에서는 k핵심집단 분석을 위해 kcores() 함수를 제공합니다. 먼저 무방향 네트워크의 경우 링크의 방향성이 존재하지 않기 때문에 kcores() 함수를 적용할 때 '전체 연결중심성'을 지정하면 됩니다(cmode="freeman"). 출력결과를 통해 각 노드가 속한 k핵심집단을 알 수 있습니다. 빈도분석을 해보면 전체네트워크에 어느 정도의 k핵심집단이 존재하는지를 파악할 수 있습니다.

```
> detach(package:igraph)
> library(statnet)
> # K-core
> kcores(flo,mode="graph",cmode="freeman")
   Acciaiuoli        Albizzi    Barbadori      Bischeri   Castellani      Ginori
            1              2            2             2            2           1
     Guadagni   Lamberteschi       Medici         Pazzi      Peruzzi       Pucci
            2              1            2             1            2           0
       Ridolfi       Salviati      Strozzi    Tornabuoni
            2              1            2             2
> kcores(flo,mode="graph",cmode="freeman") %>% table()
.
 0  1  2
 1  5 10
```

즉 $k = 2$인 '2-핵심집단'이 가장 큰 k핵심집단이며, 이를 구성하는 노드는 총 10개입니다. 참고로 '0-핵심집단'은 고립된 노드를 의미하며, '1-핵심집단'은 다른 하나의 노드와 연결되어 있는 2개 노드로 구성된 하위네트워크입니다. 다시 말해 $k = 0$, $k = 1$인 핵심집단은 그다지 큰 의미가 없는 하위네트워크이며, 따라서 분석에서 고려되지 않는 것이 일반적입니다. 시각화를 통해 '2-핵심집단'을 구성하는 노드들이 어떠한지 구체적으로 살펴봅시다. [그림 9-10]은 시각화 결과를 보여줍니다.

```
> # 시각화
> kcore_color <- factor(kcores(flo,mode="graph",cmode="freeman"),
+                        labels=c("black","red","blue")) %>% as.character()
> png("P1_Ch09_Fig10.png",width=18,height=18,units="cm",res=300)
> set.seed(202303018)
> plot(flo,label="vertex.names",
+      vertex.col=kcore_color,vertex.cex=3)
> dev.off()
```

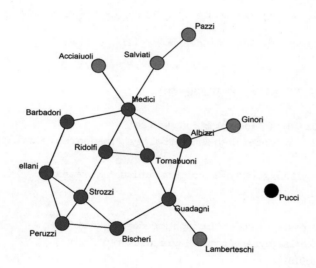

그림 9-10

유방향 네트워크의 경우 연결중심성 지수 계산 시 방향성을 고려할 수 있습니다. 즉 무방향 네트워크와 같이 전체 연결중심성만 고려할 수도 있고, 아니면 내향 연결중심성이나 외향 연결중심성과 같이 특정한 방향성을 고려할 수도 있습니다. 다음의 출력결과에서 확인할 수 있듯이 노드수준 연결중심성 지수를 어떻게 설정하는가에 따라 k핵심집단을 다르게 파악하게 됩니다.

```
> # 유방향 네트워크의 경우 방향을 고려할 수 있음
> kcores(eies,mode="digraph",cmode="freeman") %>% table()
.
 9 10 12 13 14 15 16 21 22
 1  1  2  4  3  2  1  2 16
> kcores(eies,mode="digraph",cmode="indegree") %>% table()
.
 6  7  8 10
 1  1 12 18
> kcores(eies,mode="digraph",cmode="outdegree") %>% table()
.
 2  3  4  5  6 10 11
 2  2  3  3  4  3 15
```

위에서 얻은 3가지의 *k*핵심집단 분석결과를 시각화를 통해 살펴봅시다. 여기서는 각 분석결과에서 *k*가 가장 큰 핵심집단을 구성하는 노드의 경우 '적색'으로, 그렇지 않은 노드는 '청색'으로 표시하였습니다. 시각화 결과는 [그림 9–11]과 같습니다.

```
> # 가장 큰 코어집단의 경우는 적색, 나머지 코어는 청색
> # 시각화
> mydegree <- c("freeman","indegree","outdegree")
> mydegreelabel <- c("total degree centrality","in-degree centrality","out-degree
centrality")
> png("P1_Ch09_Fig11.png",width=22,height=9,units="cm",res=300)
> par(mfrow=c(3,1))
> for (i in 1:3){
+ myresult <- kcores(eies,mode="digraph",cmode=mydegree[i])
+ mylargestK <- ifelse(myresult==max(myresult),"red","blue")
+ set.seed(202303018)
+ plot(eies,label="vertex.names",vertex.cex=3,
+       vertex.col=scales::alpha(mylargestK,0.3),
+       edge.col="grey80",
+       main=str_c("k-core subgroup, based on\n",mydegreelabel[i],"\n(k=",
+                 max(myresult),")"))
+ }
> dev.off()
```

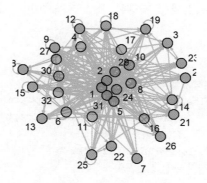

k-core subgroup, based on total degree centrality (k=22)

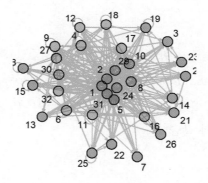

k-core subgroup, based on in-degree centrality (k=10)

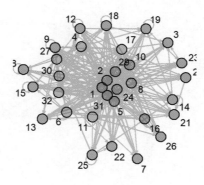

k-core subgroup, based on out-degree centrality (k=11)

그림 9-11

필요할 경우에는 *k*핵심집단 분석결과를 노드수준 변수로 저장한 후 목적에 따라 사후분석에 활용할 수도 있습니다. 예를 들어 eies 네트워크에서 전체 연결중심성을 기반으로 도출된 *k*핵심집단 분석결과를 저장한 후, 노드속성 변수와 어떤 관련성을 맺는지 살펴보는 것도 가능합니다.

```
> # 노드수준 변수 저장 후 사후분석에 활용
> eies %v% "kcore_L" <- ifelse(kcores(eies,mode="digraph",cmode="freeman")==
+                              max(kcores(eies,mode="digraph",cmode="freeman")),
+                              1,0) # 가장 큰 k핵심집단
> table(eies %v% "kcore_L",eies%v%"Discipline") %>%
+  prop.table(2) # 분과별 가장 큰 k핵심집단 포함 노드비율

          1         2         3         4
 0 0.6470588 0.3333333 0.3333333 0.3333333
 1 0.3529412 0.6666667 0.6666667 0.6666667
```

igraph 패키지 접근

igraph 패키지의 coreness() 함수를 활용하면 *k*핵심집단 분석을 실시할 수 있습니다. 함수를 활용하는 방법은 statnet 패키지의 kcores() 함수와 거의 동일합니다(노드수준 연결중심성 지수를 지정하는 옵션은 mode). 일단 무방향 네트워크를 대상으로 *k*핵심집단 분석을 실시한 결과는 다음과 같습니다.

```
> detach(package:statnet)
> library(igraph)
> # K-core
> coreness(flo_marriage,mode="all")
    Acciaiuoli        Albizzi      Barbadori       Bischeri     Castellani        Ginori
             1              2              2              2              2             1
      Guadagni   Lamberteschi         Medici          Pazzi        Peruzzi         Pucci
             2              1              2              1              2             0
       Ridolfi       Salviati        Strozzi     Tornabuoni
             2              1              2              2
> coreness(flo_marriage,mode="all") %>% table()
.
 0  1  2
 1  5 10
```

그런데 무방향 네트워크의 경우는 별문제 없지만, 자기순환링크가 포함된 유방향 네트워크의 경우 igraph 패키지의 coreness() 함수 추정결과와 statnet 패키지의 kcores() 함수 추정결과가 조금 다릅니다. 앞서 몇 차례 언급한 바와 같이 자기순환링크가 포함된 경우에는 두 패키지의 계산방식 디폴트가 다르기 때문입니다.

```
> # 자기순환링크가 있는 경우 statnet 접근과 계산결과가 다를 수 있음
> coreness(eies_messages, mode="all")
 [1] 24 24 14 24 23 24  9 24 23 24 24 18 12 16 16 23 24 23 16 10 13 14 15 24 14
[26] 13 24 14 24 24 24 24
> coreness(eies_messages, mode="all") %>% table()
.
 9 10 12 13 14 15 16 18 23 24
 1  1  2  4  1  3  1  4 14
```

만약 statnet 패키지로 얻은 결과와 동일한 결과를 원한다면, 자기순환링크를 제거한 후 사용하면 됩니다.

```
> # statnet 접근 동일한 결과를 얻고자 할 경우
> coreness(simplify(eies_messages), mode="all") %>% table()
.
 9 10 12 13 14 15 16 21 22
 1  1  2  4  3  2  1  2 16
> coreness(simplify(eies_messages), mode="in") %>% table()
.
 6  7  8 10
 1  1 12 18
> coreness(simplify(eies_messages), mode="out") %>% table()
.
 2  3  4  5  6 10 11
 2  2  3  3  4  3 15
```

이제 마지막으로 콤포넌트 분석을 살펴보겠습니다. 마찬가지로 statnet 패키지 내장함수를 소개한 후 igraph 패키지 내장함수들을 소개하겠습니다.

statnet 패키지 접근

콤포넌트는 흔히 '강한 콤포넌트'와 '약한 콤포넌트' 2가지로 분류된다는 것을 이야기하였습니다. 강한 콤포넌트는 링크의 방향성을 분석에 고려한 것이며, 약한 콤포넌트는 방향성과 상관없이 링크의 존재 유무만을 살펴봅니다. 다시 말해 유방향 네트워크의 경우 강한 콤포넌트와 약한 콤포넌트가 다른 경우가 대부분이지만(즉 반드시 동일하지 않지만), 무방향 네트워크의 경우에는 2가지 콤포넌트가 정확하게 동일합니다.

이런 차이를 보다 확실하게 이해하기 위하여 먼저 무방향 네트워크인 flo 오브젝트를 대상으로 약한 콤포넌트 분석과 강한 콤포넌트 분석을 실시해봅니다. statnet 패키지 component.dist() 함수의 connected 옵션을 지정하면 됩니다. 아래 출력결과를 통해 2가지 콤포넌트가 정확하게 일치하는 것을 확인할 수 있습니다.

```
> detach(package:igraph)
> library(statnet)
> #콤포넌트: 약한 콤포넌트와 강한 콤포넌트 예시
> # 원래의 flo는 무방향 네트워크: 아래의 결과 참조
> component.dist(flo,connected="weak")
$membership
 [1] 1 1 1 1 1 1 1 1 1 1 1 2 1 1 1 1

$csize
[1] 15 1

$cdist
 [1] 1 0 0 0 0 0 0 0 0 0 0 0 0 0 1 0

> component.dist(flo,connected="strong")
$membership
 [1] 1 1 1 1 1 1 1 1 1 1 1 2 1 1 1 1

$csize
[1] 15 1

$cdist
 [1] 1 0 0 0 0 0 0 0 0 0 0 0 0 0 1 0
```

출력결과를 보면 flo 오브젝트에는 15개 노드로 구성된 콤포넌트와 1개 노드로 구성된 콤포넌트(즉, 고립노드)가 존재합니다. 여기서 강한 콤포넌트와 약한 콤포넌트의 차

이를 이해하기 위해 무방향 네트워크인 flo 오브젝트를 유방향 네트워크로 전환해보겠습니다. 이러한 변환은 '강한 콤포넌트와 약한 콤포넌트의 차이를 이해하기 위한 목적'에서 하는 것이지, 실제 분석에서 이러한 변환을 거치는 것은 당연히 매우 부적절한 일이라는 점을 명확히 밝힙니다. 아무튼 set.network.attribute() 함수를 이용하여 유방향 네트워크로 전환한 오브젝트의 이름은 flo2로 설정하였습니다.

```
> # 유방향 네트워크로 전환
> flo2 <- flo
> set.network.attribute(flo2,"directed",TRUE)
> # 약한 콤포넌트는 그대로, 강한 콤포넌트가 바뀐 것 확인
> component.dist(flo2,connected="weak")
$membership
 [1] 1 1 1 1 1 1 1 1 1 1 1 2 1 1 1 1

$csize
[1] 15 1

$cdist
 [1] 1 0 0 0 0 0 0 0 0 0 0 0 0 0 1 0

> component.dist(flo2,connected="strong")
$membership
 [1]  1  2  3  4  5  6  7  8  9 10 11 12 13 14 15 16

$csize
 [1] 1 1 1 1 1 1 1 1 1 1 1 1 1 1 1 1

$cdist
 [1] 16 0 0 0 0 0 0 0 0 0 0 0 0 0 0 0
```

출력결과에서 명확하게 확인할 수 있듯이 유방향 네트워크로 전환된 후에도 '약한 콤포넌트' 분석결과는 전혀 변하지 않았습니다. 그러나 '강한 콤포넌트' 분석결과는 매우 크게 달라졌습니다. 즉 각 노드가 하나의 콤포넌트인 것으로 나타났습니다. 강한 콤포넌트 분석결과가 이렇게 다르게 나타난 이유는 flo2 오브젝트에서 어떠한 링크도 상호연결되지 않았기 때문입니다.

강한 콤포넌트를 이해하기 위하여 flo2 오브젝트에 대해 메디치(Medici) 노드의 경우 다른 노드들과 상호연결(reciprocal)링크를 갖고 있다고 가정하였습니다. 이를 위하여

메디치와 연결된 노드들이 무엇인지를 다음과 같이 파악하였습니다.

```
> # Medici 가문의 경우 모든 가문과 상호연결관계를 갖고 있다고 가정
> link_medici <- as.data.frame(flo2) %>%
+   mutate(rid=row_number()) %>%
+   filter(.tail=="Medici"|.head=="Medici")
> link_medici
        .tail      .head rid
1 Acciaiuoli     Medici   1
2    Albizzi     Medici   4
3  Barbadori     Medici   6
4     Medici    Ridolfi  14
5     Medici   Salviati  15
6     Medici  Tornabuoni  16
```

이제 위의 정보를 토대로 메디치 노드와 다른 노드들이 상호연결링크를 갖는 flo3 오브젝트를 새로 생성하였습니다. 링크를 추가하기 위해 add.edges() 함수를 활용하였습니다.

```
> flo3 <- flo2
> flo3Nid <- 1:network.size(flo3)
> flo3Nname <- flo3 %v% "vertex.names"
> add.edges(flo3, tail=flo3Nid[flo3Nname=="Medici"],
+           head=flo3Nid[flo3Nname=="Acciaiuoli"])
> add.edges(flo3, tail=flo3Nid[flo3Nname=="Medici"],
+           head=flo3Nid[flo3Nname=="Albizzi"])
> add.edges(flo3, tail=flo3Nid[flo3Nname=="Medici"],
+           head=flo3Nid[flo3Nname=="Barbadori"])
> add.edges(flo3, tail=flo3Nid[flo3Nname=="Ridolfi"],
+           head=flo3Nid[flo3Nname=="Medici"])
> add.edges(flo3, tail=flo3Nid[flo3Nname=="Salviati"],
+           head=flo3Nid[flo3Nname=="Medici"])
> add.edges(flo3, tail=flo3Nid[flo3Nname=="Medici"],
+           head=flo3Nid[flo3Nname=="Tornabuoni"])
```

flo3 오브젝트를 대상으로 약한 콤포넌트 분석과 강한 콤포넌트 분석을 실시한 결과는 다음과 같습니다. 약한 콤포넌트 분석의 경우 이전과 동일한 결과이기에 별도로 출력결과를 제시하지 않았습니다.

```
> # 강한 콤포넌트 관계를 갖는 가문은 Medici와 연계가문 존재하는 것 확인
> component.dist(flo3,connected="weak")
           [분석결과가 이전과 동일하기 때문에 이하의 출력결과는 제시하지 않았음]

> component.dist(flo3,connected="strong")
$membership
 [1] 1 1 1 2 3 4 5 6 1 7 8 9 1 1 10 11

$csize
 [1] 6 1 1 1 1 1 1 1 1 1 1

$cdist
 [1] 10 0 0 0 0 1 0 0 0 0 0 0 0 0 0 0
```

다음과 같이 6규모의 강한 콤포넌트가 나타났습니다. 이 콤포넌트에 속한 노드들의 목록을 보면, 모두 메디치 가문이거나 혹은 메디치 가문과 연결된 가문들인 것을 확인할 수 있습니다.

```
> table(flo3Nname[component.dist(flo3,connected="strong")$membership==1])

Acciaiuoli Albizzi Barbadori Medici Ridolfi Salviati
        1         1         1       1       1        1

flo, flo2, flo3
```

오브젝트들을 대상으로 얻은 '강한 콤포넌트' 분석결과가 어떻게 다른지를 시각화하면 [그림 9-12]와 같습니다.

```
> # 강한 콤포넌트 분석결과 저장
> membership1 <- as.character(component.dist(flo,connected="strong")$membership)
> membership2 <- as.character(component.dist(flo2,connected="strong")$membership)
> membership3 <- as.character(component.dist(flo3,connected="strong")$membership)
> # 3가지 결과들 종합
> temp_fun <- function(mymembership){
+ set.seed(20230228)
+ flo %>% ggraph(layout='fr')+
+ geom_node_point(
+  aes(colour=mymembership),size=10,alpha=0.5
+ )+
```

```
+ geom_node_text(
+   aes(label=flo %v% 'vertex.names')
+ )+
+ geom_edge_link(
+   alpha=0.3,colour="grey50"
+ )+theme_void()+theme(legend.position="bottom")
+ }
> (temp_fun(membership1)+ggtitle("flo (Undirected network)\n"))/
+ (temp_fun(membership2)+ggtitle("flo2 (Converting to directed network)\n"))/
+ (temp_fun(membership3)+ggtitle("flo3 (Reciprocal links with Medici)\n"))
> ggsave("P1_Ch09_Fig12.png",width=33,height=14,units="cm")
```

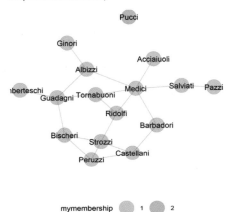

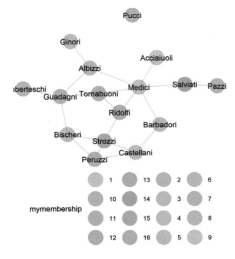

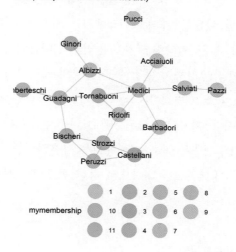

그림 9-12

약한 콤포넌트와 강한 콤포넌트의 차이를 확인했으니, 이제 유방향 네트워크를 분석해봅시다. eies 오브젝트를 대상으로 약한 콤포넌트 및 강한 콤포넌트 분석을 실시한 결과는 아래와 같습니다.

```
> # 유방향 네트워크
> component.dist(eies,connected="weak")
$membership
 [1] 1 1 1 1 1 1 1 1 1 1 1 1 1 1 1 1 1 1 1 1 1 1 1 1 1 1 1 1 1 1 1 1

$csize
[1] 32

$cdist
 [1] 0 0 0 0 0 0 0 0 0 0 0 0 0 0 0 0 0 0 0 0 0 0 0 0 0 0 0 0 0 0 0 1

> component.dist(eies,connected="strong")
$membership
 [1] 1 1 1 1 1 1 1 1 1 1 1 1 1 1 1 1 1 1 1 1 1 1 1 1 1 1 1 1 1 1 1 1

$csize
[1] 32

$cdist
 [1] 0 0 0 0 0 0 0 0 0 0 0 0 0 0 0 0 0 0 0 0 0 0 0 0 0 0 0 0 0 0 0 1
```

2가지 콤포넌트 분석결과가 정확하게 동일한 것을 확인할 수 있습니다. 유방향 네트워크임에도 이렇게 나타난 이유는 이 네트워크에서는 최소 1회의 메시지 전송이나 수신만 확인되어도 '내향링크' 혹은 '외향링크'라고 정의되기 때문입니다.

이번에는 링크가중성을 고려하여 특정 수준 이상의 메시지 전송이나 수신이 된 경우만 링크로 인정해봅시다. 다소 자의적이지만, 링크가중치의 중앙값보다 큰 경우에만 링크가 존재한다고 가정해봅시다. 여기서는 상위 50%보다 작은 링크가중치의 경우 delete.edges() 함수를 이용하여 링크를 삭제하는 방식을 사용하였습니다. 링크가중치 중앙값보다 큰 링크들로 구성된 네트워크를 대상으로 강한 콤포넌트 분석을 실시한 결과는 다음과 같습니다.

```
> #링크가중치 중앙값보다 큰 링크만 인정
> link_50 <- ifelse(eies %e% "weight">quantile(eies %e% "weight",prob=0.5),F,T)
> mylinks <- (1:network.edgecount(eies))[link_50]
> eies50 <- eies
> delete.edges(eies50,eid=mylinks)
> component.dist(eies50,connected="weak")
$membership
 [1] 1 1 1 1 1 1 1 1 1 1 1 1 1 1 1 1 1 1 1 1 1 1 1 1 1 1 1 1 1 1 1 1

$csize
[1] 32

$cdist
 [1] 0 0 0 0 0 0 0 0 0 0 0 0 0 0 0 0 0 0 0 0 0 0 0 0 0 0 0 0 0 0 0 1

> component.dist(eies50,connected="strong")
$membership
 [1] 1 1 2 1 1 1 3 1 1 1 1 1 4 1 1 1 1 1 1 5 6 1 1 1 1 1 1 7 1 1 1 1

$csize
[1] 26 1 1 1 1 1 1

$cdist
 [1] 6 0 0 0 0 0 0 0 0 0 0 0 0 0 0 0 0 0 0 0 0 0 0 0 0 1 0 0 0 0 0 0
```

26규모의 강한 콤포넌트가 1개 확인된 것을 알 수 있습니다. 그렇다면 링크가중치의 기준을 상위 50%(즉, 중앙값)에서 점점 올려보면 어떨까요? 예상하건대 링크가중치의 기준을 올리면 올릴수록 강한 콤포넌트의 규모는 점점 더 감소할 것입니다. 여기서는 링크가중치를 상위 50%, 상위 30%, 상위 10%로 지속적으로 증가시킬 때 '가장 큰 강한 콤포넌트(the largest strong component)'의 규모가 어떻게 바뀌는지, 그리고 전체네트워크에서 어떤 노드에 해당되는지를 네트워크 시각화를 통해 살펴봅시다. [그림 9–13]에서 잘 드러나듯이 가장 큰 강한 콤포넌트의 규모는 링크가중치의 선별기준을 강화할수록 점차 감소합니다. 그러나 네트워크 시각화에서 가장 중심에 위치하는 노드들은 선별기준이 강화되어도 끝까지 강한 콤포넌트를 유지하는 것을 확인할 수 있습니다.

```
> #링크가중치 기준을 상위 50%, 30%, 10%로 변경
> eies3 <- eies2 <- eies1 <- eies
> mythreshold=c(0.5,0.7,0.9)
> temp_function <- function(mynet,i){
+ link_threshold <- ifelse(eies%e%"weight">quantile(eies%e%"weight",prob=mythreshold[i]),F,T)
+ mydeletelinks <- (1:network.edgecount(eies))[link_threshold]
+ delete.edges(mynet,eid=mydeletelinks)
+ mymembership <- component.dist(mynet,connected="strong")$membership
+ mymembership <- ifelse(mymembership==1,"1","2")
+ set.seed(20230318)
+ eies %>% ggraph(layout='fr')+
+   geom_edge_link(
+     aes(edge_width=log(eies %e% "weight")),alpha=0.2,colour="grey80"
+   )+
+   geom_node_point(
+     aes(color=mymembership),size=5,alpha=0.7
+   )+
+   guides(edge_width="none",color="none")+theme_void()+
+   theme(plot.margin=margin(1,1,0.3,1,"cm"))
+ }
> (temp_function(eies1, 1)+ggtitle("Top 50% weighted links selected"))/
+ (temp_function(eies2, 2)+ggtitle("Top 30% weighted links selected"))/
+ (temp_function(eies3, 3)+ggtitle("Top 10% weighted links selected"))
> ggsave("P1_Ch09_Fig13.png",width=33,height=14,units="cm")
> dev.off()
```

Top 50% weighted links selected

Top 30% weighted links selected

Top 10% weighted links selected

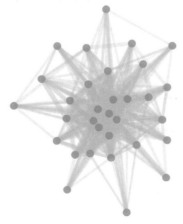

그림 9-13

끝으로 component.largest() 함수를 소개하겠습니다. 이 함수는 전체네트워크에서 가장 규모가 큰 콤포넌트를 형성하는 부분 네트워크를 추출하는 함수입니다. 사용방법은 아래와 같이 간단합니다. 만약 가장 큰 규모의 강한 콤포넌트인 하위네트워크를 얻고자 한다면, 다음과 같이 get.inducedSubgraph() 함수의 v 옵션을 지정하면 됩니다. 만약 가장 큰 규모의 약한 콤포넌트인 하위네트워크를 얻고자 한다면, conneted 옵션을 "weak"로 바꾸면 됩니다.

```
> # 상위 50% 링크가중치만 링크로 고려한 후 가장 큰 규모의 강한 콤포넌트
> component.largest(eies50,connected="strong")
 [1] TRUE  TRUE FALSE TRUE TRUE TRUE FALSE  TRUE TRUE TRUE  TRUE TRUE FALSE
[14] TRUE  TRUE  TRUE TRUE TRUE  TRUE FALSE FALSE TRUE TRUE TRUE  TRUE  TRUE
[27] TRUE FALSE  TRUE TRUE TRUE TRUE
> largest_comp_eies <- component.largest(eies50,connected="strong")
> get.inducedSubgraph(eies50,v=(1:network.size(eies50))[largest_comp_eies])
Network attributes:
 vertices = 26
 directed = TRUE
 hyper = FALSE
 loops = TRUE
 multiple = FALSE
 bipartite = FALSE
 total edges= 191
  missing edges= 0
  non-missing edges= 191

Vertex attribute names:
  Citations Discipline dp_color vertex.names

Edge attribute names:
  weight
```

igraph 패키지 접근

igraph 패키지의 components() 함수를 이용하면 콤포넌트 분석을 실시할 수 있으며, mode 옵션 지정방식에 따라 강한 콤포넌트("strong")와 약한 콤포넌트 분석("weak")을 실시할 수 있습니다. 앞에서 statnet 패키지로 실시한 콤포넌트 분석을 igraph 패키지를 이용하여 동일하게 실시해보겠습니다. 먼저 무방향 네트워크인 flo_marriage 오브젝트를 대상으로 약한 콤포넌트와 강한 콤포넌트 분석을 실시해보겠습니다. 예상할

수 있듯이 무방향 네트워크에서는 2가지 콤포넌트 분석결과가 동일합니다. 출력결과에서 $membership은 콤포넌트 번호를, $csize는 콤포넌트별 규모를, $no는 전체네트워크에서 발견된 콤포넌트 개수를 의미합니다.

```
> detach(package:statnet)
> library(igraph)
> #콤포넌트 분석
> components(flo_marriage,mode="weak")
$membership
  Acciaiuoli      Albizzi    Barbadori    Bischeri   Castellani
           1            1            1           1            1
       Ginori     Guadagni Lamberteschi      Medici        Pazzi
           1            1            1           1            1
      Peruzzi        Pucci      Ridolfi    Salviati      Strozzi
           1            2            1           1            1
   Tornabuoni
           1

$csize
[1] 15 1

$no
[1] 2

> components(flo_marriage,mode="strong")
$membership
  Acciaiuoli      Albizzi    Barbadori    Bischeri   Castellani
           1            1            1           1            1
       Ginori     Guadagni Lamberteschi      Medici        Pazzi
           1            1            1           1            1
      Peruzzi        Pucci      Ridolfi    Salviati      Strozzi
           1            2            1           1            1
   Tornabuoni
           1

$csize
[1] 15 1

$no
[1] 2
```

앞에서 약한 콤포넌트와 강한 콤포넌트의 개념 차이를 설명하기 위하여 `flo_marriage` 오브젝트를 다음과 같이 변경한 바 있습니다. 첫째, 무방향 네트워크인 `flo_marriage` 오브젝트를 유방향 네트워크로 변경하였습니다. `statnet` 패키지 접근의 경우 `set.network.attribute()` 함수를 이용하였습니다. `igraph` 패키지에서는 `as.directed()` 함수를 이용하면 무방향 네트워크를 유방향 네트워크로 변경할 수 있습니다. 이때 `statnet` 패키지의 `set.network.attribute()` 함수의 디폴트에 맞추기 위해 `as.directed()` 함수의 mode 옵션을 "acyclic"으로 설정하였습니다. 이렇게 유방향 네트워크로 전환한 결과는 아래와 같습니다. 즉 약한 콤포넌트의 경우 동일한 결과가 나타나지만, 강한 콤포넌트의 경우 모든 노드가 각각 콤포넌트를 구성하는 것으로 나타납니다.

```
> # 유방향 네트워크 전환
> flo_marriage2 <- as.directed(flo_marriage,mode="acyclic")
> components(flo_marriage2,mode="weak")
$membership
  Acciaiuoli        Albizzi   Barbadori      Bischeri   Castellani    Ginori
           1              1           1             1            1         1
    Guadagni   Lamberteschi      Medici         Pazzi      Peruzzi     Pucci
           1              1           1             1            1         2
     Ridolfi       Salviati     Strozzi   Tornabuoni
           1              1           1             1

$csize
[1] 15 1

$no
[1] 2


> components(flo_marriage2,mode="strong")
$membership
  Acciaiuoli        Albizzi   Barbadori      Bischeri   Castellani    Ginori
          11              7           4             3            5        10
    Guadagni   Lamberteschi      Medici         Pazzi      Peruzzi     Pucci
           8              9          12             2            6         1
     Ridolfi       Salviati     Strozzi   Tornabuoni
          14             13          16            15

$csize
 [1] 1 1 1 1 1 1 1 1 1 1 1 1 1 1 1 1

$no
[1] 16
```

둘째, Medici 가문과 연결된 가문의 경우 모두 상호연결(reciprocal) 링크를 설정하였습니다. statnet 패키지 접근의 경우 add.edges() 함수를 이용하였는데, 이를 위해 igraph 패키지의 add_edges() 함수를 활용하였습니다. 이렇게 링크들을 새로 연결한 후 실시한 강한 콤포넌트 분석결과는 statnet 패키지를 적용한 결과와 정확히 일치합니다.

```
> flo_marriage3 <- add_edges(flo_marriage2,
+                  c(V(flo_marriage2)[V(flo_marriage2)$name=="Medici"],
+                  V(flo_marriage2)[V(flo_marriage2)$name=="Acciaiuoli"]))
> flo_marriage3 <- add_edges(flo_marriage3,
+                  c(V(flo_marriage3)[V(flo_marriage3)$name=="Medici"],
+                  V(flo_marriage3)[V(flo_marriage3)$name=="Albizzi"]))
> flo_marriage3 <- add_edges(flo_marriage3,
+                  c(V(flo_marriage3)[V(flo_marriage3)$name=="Medici"],
+                  V(flo_marriage3)[V(flo_marriage3)$name=="Barbadori"]))
> flo_marriage3 <- add_edges(flo_marriage3,
+                  c(V(flo_marriage3)[V(flo_marriage3)$name=="Ridolfi"],
+                  V(flo_marriage3)[V(flo_marriage3)$name=="Medici"]))
> flo_marriage3 <- add_edges(flo_marriage3,
+                  c(V(flo_marriage3)[V(flo_marriage3)$name=="Salviati"],
+                  V(flo_marriage3)[V(flo_marriage3)$name=="Medici"]))
> flo_marriage3 <- add_edges(flo_marriage3,
+                  c(V(flo_marriage3)[V(flo_marriage3)$name=="Medici"],
+                  V(flo_marriage3)[V(flo_marriage3)$name=="Tornabuoni"]))
> # components(flo_marriage3,mode="weak")
> components(flo_marriage3,mode="strong")
$membership
  Acciaiuoli       Albizzi    Barbadori      Bischeri   Castellani    Ginori
           4             4            4             3            5        11
    Guadagni  Lamberteschi       Medici         Pazzi      Peruzzi     Pucci
           8            10            4             2            6         1
     Ridolfi      Salviati      Strozzi    Tornabuoni
           4             4            7             9

$csize
 [1] 1 1 1 6 1 1 1 1 1 1 1

$no
[1] 11
```

다음으로 유방향 네트워크인 eies_messages 오브젝트를 대상으로 콤포넌트 분석을 실시하겠습니다. statnet 패키지로 실시한 결과에서도 나타났듯이 eies_messages 오브젝트의 링크에서는 1회 이상의 메시지 송신과 수신이 발생했을 경우 외향링크 혹은 내향링크가 발생한 것으로 간주됩니다. 이에 따라 다소 자의적 판단이지만, 링크가중치가 중위값 이상(상위 50%)인 경우만 링크가 연결된 것으로 간주한 후, 강한 콤포넌트 분석을 실시한 바 있습니다. 마찬가지 분석을 *igraph* 패키지를 활용하여 진행해봅시다. 먼저 상위 50%의 링크가중치를 갖는 링크들만 선별하여 네트워크를 변환하면 다음과 같습니다. 여기서는 *igraph* 패키지의 E() 함수를 활용하여 weight 변수를 지정한 후, 이를 토대로 하위 50%의 링크가중치를 갖는 링크를 delete.edges() 함수를 활용하여 제거하는 방식을 사용하였습니다. 이렇게 변환한 네트워크를 대상으로 강한 콤포넌트 분석을 실시한 아래 결과를 보면, statnet 패키지로 얻은 분석결과와 동일하다는 것을 확인할 수 있습니다.

```
> # 유방향 네트워크 대상 강한 콤포넌트 분석
> link_50 <- ifelse(E(eies_messages)$weight>quantile(E(eies_messages)$weight,prob=0.50),F,T)
> mylinks <- E(eies_messages)[link_50]
> eies_messages50 <- delete.edges(eies_messages,edges=mylinks)
> components(eies_messages50,mode="strong")
$membership
 [1] 1 1 7 1 1 1 6 1 1 1 1 1 5 1 1 1 1 1 1 4 3 1 1 1 1 1 1 2 1 1 1 1

$csize
[1] 26  1  1  1  1  1  1

$no
[1] 7
```

끝으로 26규모의 강한 콤포넌트를 구성하는 노드들이 무엇인지 확인해봅시다. statnet 패키지에서는 component.largest() 함수를 제공하고 있지만, 아쉽게도 *igraph* 패키지에서는 별도의 코딩작업을 통해 가장 큰 규모의 콤포넌트를 식별한 후 이를 토대로 콤포넌트를 구성하는 노드들을 찾아야 합니다. R 프로그래밍에 익숙하다면 그리 어렵지 않습니다만, statnet 패키지에 비해 다소 번거로운 것은 사실입니다. 여기서는 다음과 같이 components() 함수의 $membership 출력결과를 토대로 가장 큰 규모의 콤포넌트 번호를 which() 함수를 이용하여 지정하는 방식을 활용하였습니다.

```
> # 강한 콤포넌트 분류
> table(components(eies_messages50,mode="strong")$membership)
```

```
 1 2 3 4 5 6 7
26 1 1 1 1 1 1
> # 가장 큰 규모의 강한 콤포넌트 번호 확인
> largest_component <- which(components(eies_messages50,mode="strong")$csize==
+                                 max(components(eies_messages50,mode="strong")$csize))
```

이어서 가장 큰 규모의 강한 콤포넌트 번호와 일치하는 $membership을 갖는 노드들을 선별하는 방식을 취했습니다. 아래는 가장 큰 규모의 강한 콤포넌트에 속한 노드번호와 이렇게 확인된 노드들의 개수를 확인한 결과입니다.

```
> # 강한 콤포넌트 분류
> mymembership <- components(eies_messages50,mode="strong")$membership
> table(mymembership)
mymembership
 1 2 3 4 5 6 7
26 1 1 1 1 1 1
> # 가장 큰 규모의 강한 콤포넌트 번호 확인
> mycompsize <- components(eies_messages50,mode="strong")$csize
> largest_component <- which(mycompsize==max(mycompsize))
> # 가장 큰 규모의 강한 콤포넌트 소속 노드들 확인
> (1:vcount(eies_messages50))[mymembership==largest_component]
 [1]  1  2  4  5  6  8  9 10 11 12 14 15 16 17 18 19 22 23 24 25 26 27 29 30 31 32
> (1:vcount(eies_messages50))[mymembership==largest_component] %>%
+ length()
[1] 26
```

지금까지 전체네트워크 내부의 응집력 있는 소집단 하위네트워크를 의미하는 개념으로 파벌, k핵심집단, 콤포넌트에 대하여 살펴보았습니다. 그리고 statnet 패키지와 igraph 패키지를 활용하여 이들 하위네트워크를 어떻게 찾고 분류할 수 있는지 살펴보았습니다. 여기서 살펴본 소집단 하위네트워크 측정치들은 사전정의된(predefined) 공식에 부합하는 노드들 사이의 연결관계가 무엇이고, 또 얼마나 되는지 계산하는 방식으로 알아본 것입니다.

다음에 소개할 위상분석 기법들은 전체네트워크에서 비슷한 위상을 차지하는 혹은 유사한 역할을 수행하는 노드들을 하위네트워크로 분류한다는 점에서 노드들의 연결관계에 초점을 맞추는 파벌, k핵심집단, 콤포넌트와 구분됩니다.

❸ 위상분석: 유사한 위상의 노드들로 구성된 하위네트워크들로 분류

이번에는 전체네트워크에서 노드가 차지하는 '위상(position)'이나 노드가 수행하는 '역할(role)'에 따라 하위네트워크를 추출하는 분석기법들을 살펴보겠습니다. 여기서 소개할 기법은 'CONCOR 알고리즘', '위계적 군집분석(hierarchical clustering)', '블록모델링(block-modeling)' 이렇게 3가지입니다. 맥락에 따라 이 3가지 기법을 '블록모델링'으로 통칭하기도 하지만, 여기서는 '위상분석(positional analysis)'으로 통칭하였습니다. '위상분석'이라는 이름을 택한 이유는 와서맨과 파우스트(Wasserman & Faust, 1994)에서 앞의 2가지 기법과 블록모델링 기법을, 구조적 동등성(structural equivalence)이라는 개념적 유사성을 공유함에도 불구하고, 상이한 것으로 분류하기 때문입니다.

구체적인 설명을 제시하기에 앞서 위상분석 기법들이 공통적으로 집중하는 '구조적 동등성' 개념을 살펴봅시다. 위상분석에서는 분석단위의 위계에서 가장 높은 수준의 전체네트워크(그래프)와 가장 낮은 수준의 개별 노드 사이에 존재하는 중간단위(meso-level) 개념을 제시하는데, 이것이 바로 위상이 비슷한 노드들로 구성된 하위네트워크입니다. 예를 들어보죠. 기업과 같은 조직은 최고의사결정권자를 정점으로 하는 위계적 구조를 갖습니다. 이때 기업에 속한 '팀장들'은 특정한 위상을 차지하는 구성원(즉 노드)들을 의미합니다. 아울러 팀장들은 사안과 상황에 따라 서로 협조하기도(호의적 관계), 혹은 서로 경쟁·견제하기도(적대적 관계) 합니다. 그러나 이들 팀장들은 조직 내에서 비슷한 위상을 차지하고 유사한 역할을 수행한다는 점에서 전체네트워크 구조에서 동등한 위상(structurally equivalent role)을 갖는 하위네트워크라고 볼 수 있습니다. 이러한 구조적 동등성은 가족관계나 친족관계를 묘사하는 용어에서도 쉽게 확인할 수 있습니다. 예를 들어 '조카'라는 용어는 친족관계 네트워크에서 특정한 위상을 차지하는 사람에게 부여되는 용어이며, '조카들로 구성된 하위네트워크'를 추출하는 것 역시 가능합니다.

즉 구조적 동등성을 갖는 노드들은 전체네트워크에서 유사한 위상(position)을 갖고 비슷한 역할(role)을 수행합니다. 위상분석 기법들은 바로 구조적으로 동등하다고 볼 수 있는 노드들이 무엇이며, 어떤 방식으로 이들 노드를 확인하고 추출할 수 있는지를 다루는 네트워크 분석기법입니다.

와서맨과 파우스트(Wasserman & Faust, 1994)는 위상분석 과정을 다음과 같이 4단계로 구분하였습니다.

- **1단계**: 구조적 동등성에 대한 개념을 정의한다.
- **2단계**: 구조적 동등성 개념을 타당하게 반영하는 측정치를 정의한다.
- **3단계**: 구조적 동등성에 따라 노드들을 분류하여 복수의(plural) 하위네트워크들을 추출한 재현결과(representation)를 제시한다.
- **4단계**: 재현결과를 평가한 후 최종 확정한다.

각 단계를 이해하는 것 자체는 어렵지 않을 수 있습니다. 정말 어려운 점은 어떻게 개념을 정의하고, 어떤 과정으로 해당 개념을 측정할지, 그리고 어떤 방식으로 최상의 재현결과를 얻을지에 관한 것입니다. 예를 들어보죠. 1단계 개념을 정의하는 부분에서는 구조적 동등성 조건 충족을 위한 유사성의 수준을 설정하는 것이 쉽지 않습니다. 완전하게 구조적으로 동등한 위상을 갖는 노드들을 구조적으로 동등하다고 취급하는 것이 이상적이겠지만, 현실성이 떨어지는 경우가 많습니다. 2단계 측정치를 파악하는 단계에서도 어떤 측정치가 가장 타당성이 높은 측정치인가를 결정하는 것이 쉽지 않습니다. 예를 들어 **CONCOR** 알고리즘의 경우는 피어슨 상관계수를 구조적 동등성을 측정하는 통계치로 사용하며, 위계적 군집분석의 경우 보통 노드 간 유클리드 거리를 활용하여 구조적 동등성을 측정합니다. 물론 본서에서 소개하지 않은 여러 방식들도 존재합니다. 3단계에서는 하위네트워크의 범위를 확정하고, 분류된 하위네트워크 내부의 노드들 사이의 관계, 하위네트워크들 사이의 관계를 평가할 수 있는 적절한 방법이 무엇인지 논란이 될 수 있습니다. 마지막으로 추출된 하위네트워크들이 정당하다고 하더라도, 하위네트워크 내부 및 하위네트워크 사이의 관계를 어떤 방식으로 평가하고 제시하며 해석할지에 대한 논란이 없지 않습니다.

이러한 여러 가지 실행단계에서의 논란과 어려움을 해결하는 가장 좋은 방법은 이론적 타당성을 토대로 위상분석 결과를 적절하게 해석하는 것입니다(Wasserman & Faust, 1994). 물론 이 역시 모호하게 들릴 수밖에 없지만, 네트워크 데이터가 수집된 배경이나 맥락 등을 고려할 때 이론적 타당성은 가장 적절한 분석 가이드라인이라고 생각합니다. 따라서 여기에 제시한 예시 데이터 분석결과를 해석할 때 독자들은 어떤 확정된 (established) 분석방법으로 받아들이지 말고 하나의 분석예시로 받아들이길 권합니다.

CONCOR 알고리즘 기반 위상분석

CONCOR 알고리즘 기반 위상분석은 주성분분석(PCA, principal component analysis) 과 개념적으로 상당히 유사합니다(Wasserman & Faust, 1994). 'CONCOR'라는 이름은 'CONvergence of iterated CORrelations'를 약칭한 것입니다. 이름에서 유추할 수 있 듯이 CONCOR 알고리즘은 상관계수, 보다 정확하게는 피어슨 상관계수를 반복적으로 (iterated) 활용하여 노드들을 분류합니다. 분석대상이 되는 네트워크 데이터를 인접행렬 (adjacency matrix)로 전환하고 노드 간 상관계수 행렬을 저장한 후, 다시금 상관계수 행렬 을 도출합니다. 이 과정을 노드 간 상관계수 행렬이 +1.00이나 –1.00이 될 때까지 반복합 니다. 이러한 과정을 통해 +1.00의 값을 갖는 경우 동일한 노드로, –1.00의 값을 갖는 경 우 상이한 노드로 간주할 수 있습니다.

　　예를 들어 예시 데이터인 flo에서 고립노드를 제거한 후 인접행렬로 전환한 다음, CONCOR 알고리즘을 수계산 방식으로 적용해보겠습니다. 고립노드를 제거한 flo2 오 브젝트에서 인접행렬 flomat을 대상으로 총 10회에 걸쳐 반복적으로 상관계수를 계산 하였습니다. 이후 1번 노드인 Acciaiuoli 가문과 다른 가문들의 상관계수가 어떻게 점점 변해가는지 살펴본 결과는 아래와 같습니다.

```
> #반드시 인접행렬 형태로 입력
> #상관계수 행렬을 기반으로 하기에 고립노드 제거
> flo2 <- flo
> flomat <- delete.vertices(flo2,isolates(flo2)) %>%
+ as.matrix(matrix.type="adjacency")
> myresult <- list()
> mysavefunction <- function(myinputmat, myi){
+ myiter <- myi
+ mymat <- cor(myinputmat)
+ mytibble <- tibble(myiter,mymat=list(mymat))
+ mytibble
+ }
> myresult <- mysavefunction(flomat,1)
> for (i in 2:10){
+ myinputmat <- myresult[i-1,2][[1]][[1]]
```

```
+ myresult <- bind_rows(myresult,mysavefunction(myinputmat,i))
+ }
> example_concor <- tibble()
> for (i in 1:10){
+ myiter <- i
+ cor <- (myresult[i,2][[1]][[1]])[2:15,1]
+ nodename <- names((myresult[i,2][[1]][[1]])[2:15,1])
+ example_concor <- bind_rows(
+   example_concor,tibble(i=myiter,cor=cor,nid=nodename))
+ }
> example_concor %>%
+ ggplot(aes(x=i, y=cor))+geom_point(size=2)+geom_line()+
+ geom_hline(yintercept=c(-1,0,1),lty=2,colour="red")+
+ scale_x_continuous(breaks=1:10)+
+ labs(x="Iterations",y="Correlation coefficients")+
+ theme_bw()+facet_wrap(~nid)
> ggsave("P1_Ch09_Fig14.png",width=30,height=20,units="cm")
```

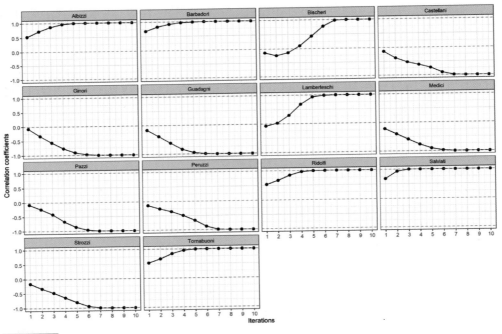

그림 9-14

[그림 9-14]에서 아주 잘 드러나듯이 반복계산 횟수가 증가할 때마다 1번 노드인 Acciaiuoli 가문 노드와 맺는 상관계수가 점점 더 극단적으로 변해갑니다. 즉 +1.00이나 −1.00으로 수렴해가는 것을 확인할 수 있습니다. 따라서 CONCOR 알고리즘으로는 전체 노드를 2개의 집단(+1.00과 −1.00)으로 분할(partition)할 수 있음을 알 수 있습니다.

현재 R의 CRAN에는 CONCOR 알고리즘 기반 위상분석을 지원해주는 패키지가 없습니다. 그러나 애덤 슬레즈(Adam Slez)라는 연구자가 깃허브에 업로드해둔 concoR라는 패키지의 내장함수를 활용하면 CONCOR 알고리즘 기반 위상분석을 실행할 수 있습니다. 아래와 같이 `devtools::install_github()` 함수를 활용하면 concoR 패키지를 설치할 수 있습니다. concoR 패키지를 설치해 구동한 후 `concor_hca()` 함수를 활용하면 CONCOR 알고리즘 기반 위상분석을 실행할 수 있습니다. 이때의 입력값은 반드시 인접행렬 형식이어야 하며, 반드시 `list()` 함수로 인접행렬을 입력해야 합니다. 동일한 노드들로 구성된 인접행렬 형식 일원네트워크 데이터라면 여러 개를 투입할 수도 있습니다. 여기서는 2차원에서 분할작업을 실시하여(p=2), 총 4개(2×2)의 하위네트워크를 추출하였습니다.

```
> # devtools::install_github("aslez/concoR")
> library(concoR)
> # 2개 차원으로 구획
> grp_concor <- concor_hca(list(flomat), p=2)
> grp_concor
   block        vertex
1      1     Acciaiuoli
5      2        Albizzi
2      1      Barbadori
6      2       Bischeri
9      3      Castellani
12     4         Ginori
13     4       Guadagni
7      2   Lamberteschi
14     4         Medici
15     4          Pazzi
10     3        Peruzzi
3      1        Ridolfi
4      1       Salviati
11     3        Strozzi
8      2     Tornabuoni
```

분석결과는 어렵지 않게 이해할 수 있습니다. 각각의 하위네트워크가 전체네트워크에서 어떻게 나타나는지를 효과적으로 살펴보기 위해 네트워크 시각화를 실시한 결과는 아래와 같습니다.

```
> # 시각화
> png("P1_Ch09_Fig15.png",width=22,height=22,units="cm",res=300)
> set.seed(202303020)
> color_concor <- factor(grp_concor$block,
+                        labels=c("red","blue","green","orange"))%>%
+ as.character()
> plot(flo2, label="vertex.names", vertex.cex=3,
+      vertex.col=scales::alpha(color_concor,0.4),
+      edge.col="grey80",
+      main="Position analysis\n(CONCOR algorithm)")
> dev.off()
```

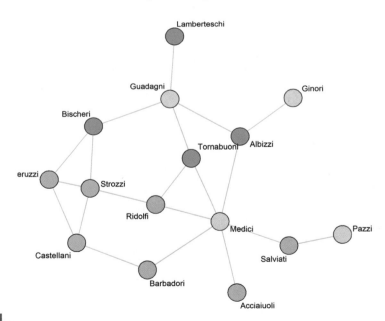

Position analysis
(CONCOR algorithm)

그림 9-15

[그림 9-15]에서 매우 잘 드러나듯이 CONCOR 알고리즘 기반 위상분석 결과는 앞에서 살펴본 파벌이나 콤포넌트 분석결과와 상이한 방식으로 하위네트워크를 추출합니다. 각 색깔별로 노드는 네트워크에서의 위상(position)이 어떠한지 잘 보여줍니다. 그러나 직관적으로 잘 이해되지 않는 결과도 존재합니다. 예를 들어 Pazzi와 Ginori 가문을 살펴보죠. 과연 Medici나 Guadagni 가문과 비슷한 위상이라고 볼 수 있을까요? 저는 그렇게 볼 수 없을 것 같습니다.

CONCOR 알고리즘 기반 위상분석을 마무리하기 전에 몇 가지 우려사항을 언급하고 마무리 짓겠습니다. 와서만과 파우스트는 CONCOR 알고리즘 기반 위상분석과 관련한 네트워크 연구자들의 우려사항을 다음의 3가지로 요약하고 있습니다(Wasserman & Faust, 1994, pp.380-381). 첫째, CONCOR 알고리즘 기반 위상분석 분석결과는 이론적으로 설명하기 어려운 결과를 산출하기도 합니다. 바로 앞에서 살펴본 것처럼 Pazzi와 Ginori 가문을 Medici나 Guadagni 가문과 동등한 위상이라고 볼 수 없을 듯합니다. 문제는 CONCOR 알고리즘 기반 위상분석을 실시하면 이런 결과를 매우 자주 마주친다는 점입니다. 둘째, CONCOR 알고리즘 기반 위상분석에서는 전체네트워크를 언제나 2의 제곱수만큼의 하위네트워크들로 분할합니다. 왜냐하면 알고리즘의 특성상 차원별로 +1.00과 -1.00으로 노드들을 구분하기 때문입니다(bi-partition). 즉 알고리즘 고유의 특성으로 인해 전체네트워크를 특정한 방식으로만 분할할 수밖에 없습니다. 셋째, CONCOR 알고리즘에 대한 학문적 근거가 불확실합니다. 앞서 언급했듯이 구조적 동등성을 추론하기 위한 측정치로 상관계수를 활용하는 것이 과연 타당할까요? 그리고 CONCOR 알고리즘은 이론적 토대가 과연 확실한 것일까요? 이런 의문에 확답을 하는 것은 쉽지 않습니다.

지금까지 무방향 네트워크를 대상으로 CONCOR 알고리즘 기반 위상분석을 실습했습니다. 유방향 네트워크에 대한 분석결과는 위계적 군집분석 기반 위상분석과 블록모델링에 대한 설명과 예시를 마친 후 실습해보겠습니다.

위계적 군집분석 기반 위상분석

위계적 군집분석(hierachical clustering)은 네트워크 데이터가 아닌 일반적 데이터 분석에서도 매우 자주 활용되는 기법입니다. 일반적 데이터 분석 맥락에서도 상황은 비슷합니다만, 개체와 개체의 거리를 어떻게 계산할지, 그리고 어떤 방식으로 몇 개의 군집을 나눌지에 대해서는 어떤 정해진 답이 없습니다. 여기서는 노드들 사이의 유클리드 거리 (Euclidean distance)를 계산한 후, 이를 토대로 계산된 노드와 노드 사이의 거리를 시각화한 덴드로그램(dendrogram)을 토대로 위상분석을 실행하겠습니다.

위계적 군집분석 기반 위상분석은 statnet 패키지의 내장함수인 equiv.clust() 함수와 blockmodel() 함수를 이용하여 실행할 수 있습니다. 먼저 equiv.clust() 함수는 노드와 노드 사이의 거리를 계산한 후 이를 토대로 군집분석을 실시한 함수이며, 단일 네트워크 혹은 복수의 네트워크를 입력값으로 사용할 수 있습니다. statnet 패키지 내장함수이기 때문에 당연히 network 오브젝트를 투입할 수 있습니다. 일단 여기서는 equiv.clust() 함수에서 유클리드 거리 공식으로 노드 간 거리를 계산하였습니다 (method="euclidean"). equiv.clust() 함수 출력결과는 myec라는 이름의 오브젝트로 저장한 후 [그림 9-16]과 같은 덴드로그램을 그렸습니다.

```
> # 위계적 군집 접근
> myec <- equiv.clust(flo2,method="euclidean")
> # 덴드로그램 시각화
> png("P1_Ch09_Fig16.png",width=16,height=18,units="cm",res=300)
> plot(myec,label=flo2%v%"vertex.names")
> dev.off()
```

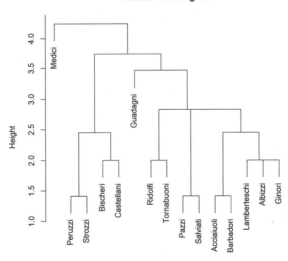

Cluster Dendrogram

as.dist(equiv.dist)
hclust (*, "complete")

그림 9-16

[그림 9-16]에서는 어떤 Y축의 값을 기준으로 하는가에 따라 계산된 하위네트워크의 숫자가 달라집니다. 즉 4에 가까울수록 전체네트워크 내부의 하위네트워크 개수는 적어지고, 1에 가까울수록 하위네트워크 개수는 많아집니다. 여기서는 4개의 하위네트워크를 추출할 수 있도록 3.3을 기준으로 선택하겠습니다(자의적 기준이며, 해당 데이터의 맥락과 이론적 판단에 따라 얼마든지 다른 기준을 선택할 수 있습니다).

```
> # Height = 3.3 기준으로
> myHC <- blockmodel(flo,myec,h=3.3)
> myHC

Network Blockmodel:

Block membership:

  Acciaiuoli        Albizzi    Barbadori   Bischeri   Castellani    Ginori
           1              1            1          2            2         1
    Guadagni   Lamberteschi       Medici      Pazzi     Peruzzi   Ridolfi
           3              1            4          1            2         1
    Salviati        Strozzi   Tornabuoni
           1              2            1

Reduced form blockmodel:

     Acciaiuoli Albizzi Barbadori Bischeri Castellani Ginori Guadagni
Lamberteschi Medici Pazzi Peruzzi Ridolfi Salviati Strozzi Tornabuoni
           Block 1     Block 2  Block 3  Block 4
Block 1  0.06666667  0.1250000     0.30     0.50
Block 2  0.12500000  0.3333333     0.25     0.25
Block 3  0.30000000  0.2500000      NaN     0.00
Block 4  0.50000000  0.2500000     0.00      NaN
```

출력결과 Block이 바로 하위네트워크를 말합니다. 예를 들어 Medici 노드와 Guadagni 노드의 경우 단일한 하위네트워크를 구성하고 있으며, {Bischeri, Castellani, Peruzzi, Strozzi} 노드들의 경우 2번 하위네트워크를 구성하고 있고, 나머지 다른 노드들은 모두 1번 하위네트워크를 구성하고 있습니다. 여기서 주의 깊게 살펴보아야 할 결과는 Reduced form blockmodel: 출력결과입니다. 이 결과는 각 하위집단 내부와 하위집단 사이의 노드들 사이의 연관관계를 '그래프 밀도(graph density)' 통계치로 제시한 것입니다. 예를 들어 2번 하위네트워크의 경우, 이 4개의 노드로 구성된 하위네트워크의 그래프 밀도는 0.33이며, 2번 하위네트워크에 속하는 4개의 노드와 4번 하위네트워크의 1개 노드 사이의 그래프 밀도는 0.25라는 것을 의미합니다. 이와 같이 하위네트워크 내부와 하위네트워크들 사이의 관계를 나타낸 행렬을 '(그래프)밀도표(density table)'라고 부르며, 흔히 아래의 [그림 9-17]과 같은 방식으로 시각화합니다. [그림 9-17]을 보면 2번 하위네트워크를 구성하는 4개 노드 중 가능한 링크의 개수는 6개이며, 이 중 2개가 실제로 연결된 링크입니다. 즉 밀도표에서 나타난 0.33이라는 값은 2를 6으로 나누어준 값입니다.

```
> # 블록 내/블록 간 관계를 시각화
> png("P1_Ch09_Fig17.png",width=25,height=25,units="cm",res=300)
> # 가문이름이 너무 길어 보기 좋지 않아 첫 4글자만 제시
> myHC2 <- myHC
> myHC2$plabels <- str_sub(myHC2$plabels,1,4)
> plot(myHC2)
> rm(myHC2)
> dev.off()
```

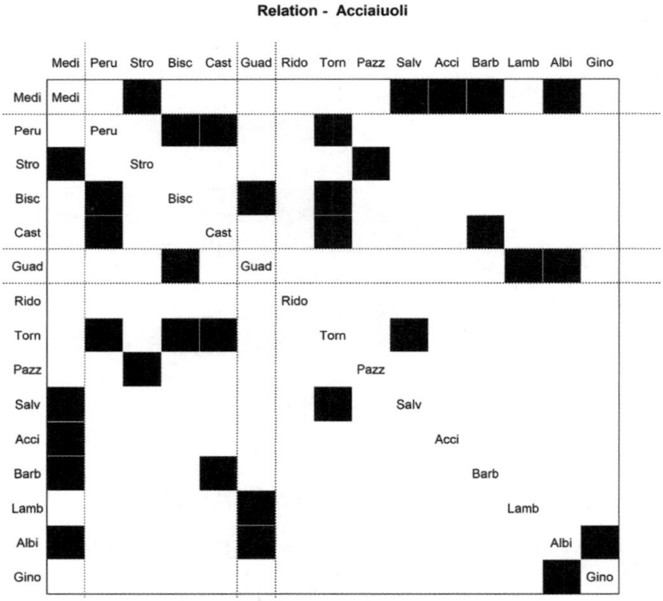

그림 9-17

이렇게 분류한 4개의 하위네트워크가 전체네트워크에서 어떻게 나타나는지를 살펴봅시다. blockmodel() 함수 출력결과에는 여러 하위오브젝트가 있는데, 이 중 $block. membership에는 각 노드가 속한 하위네트워크 번호가, $plabels에는 노드이름이 저

장되어 있습니다. 이때 분석결과가 저장된 노드순서가 노드이름 순서를 따르지 않는다는 점에 주의해야 합니다. 위계적 군집분석 기반 위상분석 결과를 반영한 네트워크 시각화 결과는 다음과 같습니다.

```
> #네트워크에 블록정보를 반영
> #출력결과가 노드순서가 아닌, 블록순서임에 주의
> myHC$plabels
 [1] "Medici"       "Peruzzi"     "Strozzi"      "Bischeri"  "Castellani"
 [6] "Guadagni"     "Ridolfi"     "Tornabuoni"   "Pazzi"     "Salviati"
[11] "Acciaiuoli"   "Barbadori"   "Lamberteschi" "Albizzi"   "Ginori"
> myHC$block.membership
 [1] 4 2 2 2 2 3 1 1 1 1 1 1 1 1 1
> HCmember <- tibble(node=myHC$plabels,HC=myHC$block.membership) %>%
+   arrange(node)
> #블록모델링 결과를 반영한 네트워크 시각화
> png("P1_Ch09_Fig18.png",width=25,height=25,units="cm",res=300)
> set.seed(202303020)
> color_HC <- factor(HCmember$HC,
+                     labels=c("red","blue","green","orange"))%>%
+ as.character()
> plot(flo2, label="vertex.names", vertex.cex=3,
+       vertex.col=scales::alpha(color_HC,0.4),
+       edge.col="grey80",
+       main="Position analysis\n(Hierarchical clustering)")
> dev.off()
```

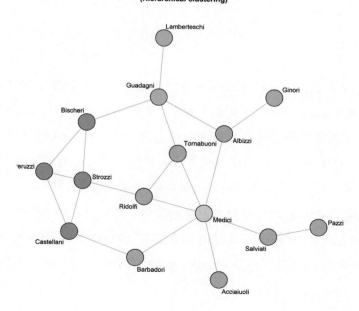

**Position analysis
(Hierarchical clustering)**

그림 9-18

시각화 결과를 이해하는 것은 어렵지 않아 보입니다. 즉 Medici 가문과 Guadagni 가문의 경우 개별 하위네트워크를 구성하고 있으며, 1번 하위네트워크를 구성하는 가문들은(Lamberteschi 가문 제외) Medici 가문과 주로 연결되어 있는 것을 확인할 수 있습니다. 아울러 2번 하위네트워크를 구성하는 가문들은 자신들끼리 밀접한 관련을 맺고 있는 것을 알 수 있습니다.

끝으로 위계적 군집분석 기반 위상분석으로 얻은 하위네트워크 분류결과와 각 가문별 경제적 지위(wealth)와 정치적 지위(X.priors) 간에 어떤 관계가 있는지를 살펴보기 위하여 기술통계분석을 실시할 수도 있습니다. 결과는 아래와 같습니다.

```
> # 예를 들어 각 블록별 경제적, 정치적 자원의 평균은?
> flo2 %v% "HC" <- as.character(factor(HCmember$HC,
+                                      labels=str_c("Blk(HC)-",1:4)))
> as.data.frame(flo2,unit="vertices") %>%
+ group_by(HC) %>%
+ summarise(
+ N=length(HC),
+ eco=mean(wealth),
+ pol=mean(X.priors)
+ )
#A tibble: 4 × 4
  HC           N    eco    pol
  <chr>    <int>  <dbl>  <dbl>
1 Blk(HC)-1    9   34.2   21.2
2 Blk(HC)-2    4   64.8   37.5
3 Blk(HC)-3    1      8     21
4 Blk(HC)-4    1    103     53
```

위의 결과에서 2번 하위네트워크에 속한 가문들이 1번 하위네트워크에 속한 가문들에 비하여 경제적으로도 정치적으로도 우월한 수준인 것을 확인할 수 있습니다.

위계적 군집분석 기반 위상분석 결과는 바로 앞에서 살펴본 CONCOR 알고리즘 기반 위상분석에 비해 해석이 훨씬 더 용이합니다. 또한 무엇보다 일반적 데이터 분석에서도 널리 사용되는 위계적 군집분석과 유사하다는 점에서 활용도가 높습니다. 그러나 아쉬운 점도 없지 않습니다. 위계적 군집분석 기반 위상분석 결과는 기술적 분석일 뿐, 연구자의 이론적 모형의 결과물이라고 보기 어렵습니다(Wasserman & Faust, 1994). 이러한 아쉬움을 반영하여 확률적 모형(stochastic model) 관점에서 실시되는 위상분석이 바로 다음에 소개할 블록모델링입니다.

　　CONCOR 알고리즘 기반 위상분석에서와 마찬가지로 유방향 네트워크에 대한 분석 결과는 블록모델링에 대한 설명과 예시를 마친 후 실습해보겠습니다.

블록모델링

블록모델링(blockmodeling)은 전체네트워크를 구성하는 노드들을 위상에 따라 분류하고 이를 토대로 블록(하위네트워크)들로 분할한다는 점에서 앞에서 소개한 CONCOR 알고리즘이나 위계적 군집분석을 기반으로 한 위상분석과 비슷합니다. 그러나 한 가지 다른 점이 있다면, 블록 내부의 노드들 그리고 블록 사이의 노드들의 관계에 대한 모형 추정작업을 실시한다는 점입니다. 다시 말해 앞서 다룬 2가지 위상분석 기법은 블록(하위네트워크)에 대한 연구자의 기대를 모형 추정과정에 반영하기 어렵지만(물론 사후적으로는 평가할 수 있음), 블록모델링 기법의 경우 이론을 토대로 연구자가 설정한 블록 구분이 얼마나 적절한지 평가할 수 있습니다(Doreian et al., 2005; Wasserman & Faust, 1994).

　　구체적인 예를 들어보겠습니다. 앞에서 실시했던 CONCOR 알고리즘 기반 위상분석과 위계적 군집분석 기반 위상분석 중 어떤 결과가 더 적절해 보일까요? 상식적으로 판단할 때 위계적 군집분석 기반 위상분석 결과가 더 나을 것 같습니다. 만약 이러한 판단이 옳다면, 위상분석 결과로 얻은 블록(하위네트워크) 분류결과의 오차는 CONCOR 알고리즘 기반 위상분석에서 더 크게 나타날 것으로 기대할 수 있습니다. 이 부분에 대한 것은 실제로 조금 후에 살펴겠습니다.

　　블록모델링 기법을 적용하기 위해서는 blockmodeling 패키지를 먼저 설치해야 합니다. install.packages() 함수를 이용해 blockmodeling 패키지를 설치한 후, 다음과 같은 3가지 블록모형을 설정하고 블록모델링 추정결과를 얻었습니다.

- CONCOR 알고리즘 기반 위상분석으로 얻은 4개 블록(하위네트워크)을 투입하여 얻은 블록모델링 추정결과
- 위계적 군집분석 기반 위상분석으로 얻은 4개 블록을 투입하여 얻은 블록모델링 추정결과
- blockmodeling 패키지 내장함수를 이용하여 분석대상 네트워크를 대상으로 최적의 4개 블록을 분류한 블록모델링 추정결과

먼저 연구자가 사전에 지정한 블록분류를 통해 추정한 블록모델링은 critFunC() 함수를 이용하여 실시하고, 입력된 네트워크 데이터를 대상으로 추정한 블록모델링은 optRandomParC() 함수를 이용하여 실시할 수 있습니다. 여기서는 다음과 같은 방식으로 블록모델링을 실시하였습니다. 첫째, 비교를 위하여 블록의 개수를 모두 4로 설정하였습니다. 둘째, 블록 내부의 차이 대비 블록 간 차이를 극대화하는 과정에서 블록 내부의 동질성(homogeneity)을 계산하였으며, 이때 블록 내부의 제곱합(sum of square)을 최소로 하는 기법을 적용하였습니다(Žiberna, 2007). 이를 위하여 두 함수 모두에서 approaches 옵션은 "hom"으로, homFun 옵션(즉, 블록 내부의 동질성을 추정하는 함수)은 "ss"(제곱합의 첫글자)로 설정하였습니다.[6] 셋째, 블록의 경우 완전블록(complete bock)으로 설정하였습니다. 이는 두 번째 접근을 사용할 때 일반적으로 추천되는 방식입니다(Žiberna, 2007). 3가지 블록모델링 추정결과는 아래와 같습니다.

```
> library("blockmodeling")
> # 4개 블록
> myBM_CC4 <- critFunC(M=flomat,clu=grp_concor$block, # CONCOR
+                    approaches="hom",homFun="ss",blocks="com")
> myBM_HC4 <- critFunC(M=flomat,clu=HCmember$HC, # Hierarchical clustering
+                    approaches="hom",homFun="ss",blocks="com")
> myBM4 <- optRandomParC(M=flomat,k=4,rep=100,seed=20230320,
+                      approach="hom",homFun="ss",blocks="com")

Starting optimization of the partiton 10 of 100 partitions.
            [분량 조절을 위하여 중간 부분의 출력결과는 제시하지 않음]
Optimization of all partitions completed
1 solution(s) with minimal error = 17.40833 found.
> # 추정결과 비교
> tibble(
+ Err=c("Err_CONCOR","Err_HC","Err_BM_random"),
+ error=c(myBM_CC4$err,myBM_HC4$err,min(myBM4$err)) )
# A tibble: 3 × 2
```

---

6 approaches 옵션은 "bin"으로 설정하는 것도 고려할 수 있습니다. 그러나 이 경우 3가지 방식의 블록모델링을 비교할 수가 없는 약점이 있습니다. 아울러 지버나(Žiberna, 2007)는 링크가 이진(binary) 변수로 입력된 네트워크를 링크가중치가 반영된 네트워크의 특수 형태로 간주하고 있습니다. 아울러 여기에서 제가 선택한 방식은 나중에 소개할 링크가중된 유방향 일원네트워크 분석에서도 일관되게 사용할 수 있다는 장점이 있습니다.

```
  Err            error
  <chr>          <dbl>
1 Err_CONCOR     23.3
2 Err_HC         20.4
3 Err_BM_random  17.4
```

출력결과의 맨 아래를 보면 CONCOR 알고리즘 기반 위상분석 결과가 가장 큰 오차를 보이며, blockmodeling 패키지 내장함수인 optRandomParC() 함수를 기반으로 추정된 블록모델링 결과가 가장 작은 오차를 보이는 것을 확인할 수 있습니다. 앞서 위계적 군집분석 기반 위상분석 결과로 얻은 [그림 9-17]과 비슷한 방식으로 optRandomParC() 함수를 이용해 얻은 블록모델링 결과 역시 '(그래프)밀도표' 방식으로 시각화할 수 있습니다. 시각화 결과는 [그림 9-19]와 같습니다.

```
> #그래프 밀도표
> png("P1_Ch09_Fig19.png",width=25,height=25,units="cm",res=300)
> plot(myBM4,main="Four Block Partition")
> dev.off()
```

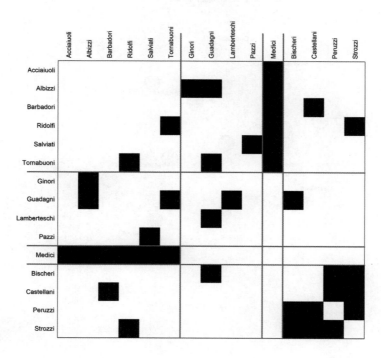

그림 9-19

끝으로 블록모델링으로 얻은 하위네트워크(블록)를 전체네트워크를 대상으로 시각화한 결과는 다음과 같습니다.

```
> # 블록별 노드 확인
> myBM4$best$best1$clu
[1] 1 1 1 4 4 2 2 2 3 2 4 1 1 4 1
> # 시각화
> png("P1_Ch09_Fig20.png",width=22,height=22,units="cm",res=300)
> set.seed(202303020)
> color_BM <- factor(myBM4$best$best1$clu,
+                     labels=c("red","blue","green","orange"))%>%
+ as.character()
> plot(flo2, label="vertex.names", vertex.cex=3,
+      vertex.col=scales::alpha(color_BM,0.4),
+      edge.col="grey80",
+      main="Position analysis\n(Blockmodeling)")
> dev.off()
```

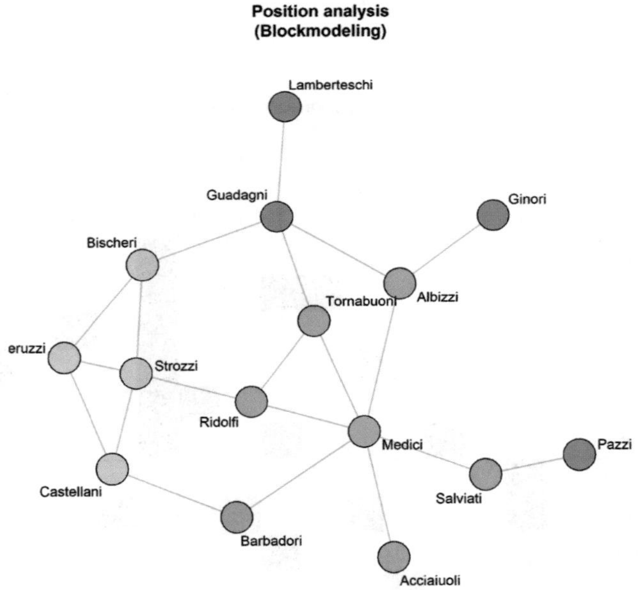

그림 9-20

[그림 9-20]에 나타난 블록모델링 위상분석 결과와 [그림 9-15]의 CONCOR 알고리즘 기반 위상분석 결과, [그림 9-18]의 위계적 군집분석 기반 위상분석 결과를 비교해보기 바랍니다. 상식적으로 볼 때 [그림 9-15]보다는 [그림 9-18]이, [그림 9-18]보다는 [그림 9-20]이 전체네트워크에서 각 노드의 위상이 보다 잘 분류되었다고 느낄 수 있을 것입니다.

이제 링크가중치가 반영된 유방향 일원네트워크를 대상으로 블록모델링을 진행해보겠습니다. 마찬가지로 CONCOR 알고리즘 및 위계적 군집분석 기반 위상분석 기법을 적용한 결과와도 비교해보겠습니다.

링크가중 반영 유방향 일원네트워크 대상 위상분석

여기서는 링크가중이 반영된 유방향 일원네트워크를 대상으로 지금까지 살펴본 3가지 위상분석 기법을 적용해보겠습니다. eies 오브젝트의 경우 링크가중치 변수인 weight를 포함하고 있으며, weight 변수를 반영하여 얻은 인접행렬의 경우 0과 1만으로 표현된 '이진행렬'과 달리 값이 부여된 '정가행렬(valued matrix)'입니다. 먼저 eies 오브젝트에서 weight 변수값이 행렬값으로 부여된 정가 인접행렬을 생성하면 다음과 같습니다.

```
> # 링크가중 반영된 유방향 네트워크 대상 위상분석
> eiesmat <- as.matrix(eies, matrix.type="adjacency", attr="weight")
```

이렇게 얻은 eiesmat 오브젝트를 노드별 위상에 따라 4개의 하위네트워크(블록)로 분류해보겠습니다.[7] 위상분석 기법들은 앞에서 다룬 'CONCOR 알고리즘 위상분석', '위계적 군집분석 기반 위상분석', '블록모델링'입니다. 네트워크 입력값이 다를 뿐 3가지 위상분석을 실시하는 방법은 동일합니다.

```
> # Concor (2개 차원: 4블록)
> grp_concor <- concor_hca(list(eiesmat), p=2)
> # Hierachical clustering
> detach(package:blockmodeling) # 분리하였다가 다시 구동할 예정
> myec <- equiv.clust(eiesmat)
> # 덴드로그램은 별도 확인: 4개 군집이 나타나는 Height, 2500을 설정하였음.
> # plot(myec)
```

```
> myHC <- blockmodel(eiesmat,myec,h=2500)
> HCmember <- tibble(node=myHC$plabels,HC=myHC$block.membership) %>%
+ arrange(node)
> # Blockmodeling
> library("blockmodeling")
```
[분량 조절을 위하여 출력결과는 제시하지 않음]
```
> myBM <- optRandomParC(M=eiesmat,k=8,rep=100,seed=20230320,
+            approach="hom",homFun="ss",blocks="com")
```
[분량 조절을 위하여 출력결과는 제시하지 않음]
```
Optimization of all partitions completed
1 solution(s) with minimal error = 468871.5 found.
```

위의 결과를 토대로 전체네트워크에서 위상분석 기법별로 하위네트워크 출력결과를
시각화한 결과는 다음과 같습니다.

---

7 8개로 분류한 근거는 아래와 같습니다. 앞에서 설명했듯이 CONCOR 알고리즘 기반 위상분석의 경우 전체네트워
크를 2^p 개수만큼의 하위네트워크로 분류합니다. 아래의 그림을 토대로, 전반적으로 4개로 블록 구분해도 충분한
설명력을 지닌 분류라고 판단하였습니다.

```
> # 각주
> mysummary <- tibble( ) 6
> for (i in 2:10){
+ temp <- optRandomParC(M=eiesmat,k=i,rep=100,seed=20230320,
+                    approach="hom",homFun="ss",blocks="com")
+ mysummary <- bind_rows(mysummary,tibble(i=i,err=min(temp$err)))
+ }
```
[분량 조절을 위하여 출력결과는 제시하지 않음]
```
> mysummary %>% ggplot(aes(x=i,y=err))+geom_point(size=3)+
+ geom_line( )+geom_vline(xintercept=c(2,4,8),color="red",lty=2)+
+ labs(x="# of blocks",y="Error")+
+ scale_x_continuous(breaks=2:10)+
+ theme_bw( )
```

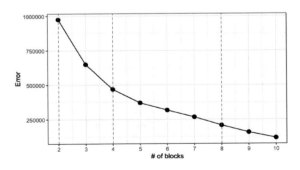

```
> # 블록별 노드색 구분
> concor4 <- as.character(grp_concor$block)
> HC4 <- as.character(HCmember$HC)
> BM4 <- as.character(myBM$best$best1$clu)
> temp_function <- function(mycluster){
+ set.seed(20230320)
+ eies %>% ggraph(layout='fr')+
+  geom_edge_link(
+   aes(edge_width=log(eies %e% "weight")),alpha=0.1,colour="grey80"
+  )+
+  geom_node_point(
+   aes(color=mycluster),size=8,alpha=0.5
+  )+
+  geom_node_text(
+   aes(label=eies %v% "vertex.names")
+  )+
+  guides(edge_width="none",color="none",label="none")+
+  theme_void()+
+  theme(plot.margin=margin(1,1,0.3,1,"cm"))
+ }
> (temp_function(concor4)+ggtitle("CONCOR algorithm\n"))/
+ (temp_function(HC4)+ggtitle("Hierarchical Clustering\n"))/
+ (temp_function(BM4)+ggtitle("Block-modeling\n"))
> ggsave("P1_Ch09_Fig21.png",width=32,height=11,units="cm")
> dev.off()
```

[그림 9-21]의 위상분석 결과는 적용된 기법에 따라 상이하게 나타납니다. 우선 CONCOR 알고리즘 위상분석 결과의 경우, 시각화 결과에서 잘 드러나듯 그리 효과적이지 않아 보입니다. '위계적 군집분석 기반 위상분석'과 '블록모델링'의 경우, 주변부 거의 대부분의 노드들을 하나의 하위네트워크(블록)로 분류하는 것을 확인할 수 있습니다. 그러나 네트워크 시각화 결과물에서 알 수 있듯이 블록모델링 결과가 전반적으로 더 타당해 보입니다(노드들이 비슷한 위상을 차지하는지 여부를 판단할 경우).

아울러 위상분석 결과의 오차를 다음과 같이 고려한 결과를 보면, 블록모델링 결과와 비교할 때 CONCOR 알고리즘 위상분석 결과는 약 3.99배, 위계적 군집분석 기반 위상분석 결과는 약 3.24배 더 많은 오차를 보이고 있습니다. 따라서 가급적이면 블록모델링을 실시하는 것이 여러 면에서 낫다는 것을 알 수 있습니다.

CONCOR algorithm

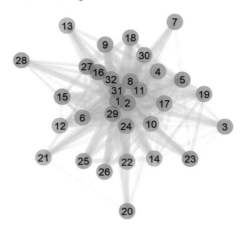

Hierarchical Clustering

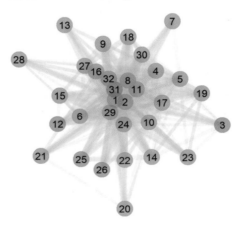

Block-modeling

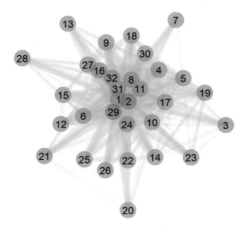

그림 9-21

```
> # 블록모델링 결과 대비 오차비
> myBM_CC4 <- critFunC(M=eiesmat,clu=grp_concor$block, # CONCOR
+                     approaches="hom",homFun="ss",blocks="com")
> myBM_CC4$err/min(myBM$err)
[1] 3.991854
> myBM_HC4 <- critFunC(M=eiesmat,clu=HCmember$HC, # Hierarchical clustering
+                     approaches="hom",homFun="ss",blocks="com")
> myBM_HC4$err/min(myBM$err)
[1] 3.239852
```

④ 데이터 기반 노드집단 탐색 알고리즘 활용 하위네트워크

끝으로 살펴볼 기법들은 노드집단 탐색 알고리즘(community detection algorithm)을 활용하여 전체네트워크를 복수의 하위네트워크로 분류하는 기법들입니다. 본서에서는 6장에서 소개했던 '뉴만-거반(Newman-Girvan) 알고리즘'과 함께 '스핀글래스(Spin-glass) 알고리즘', '루뱅(Louvain) 알고리즘'까지 총 3가지 알고리즘을 소개하겠습니다. 이들 기법은 네트워크의 규모가 매우 클 때 주로 활용합니다. 확신할 수는 없지만, 아마도 바로 이런 이유 때문에 여기서 소개할 노드집단 탐색 알고리즘들은 statnet 패키지에서 함수로 제공하지 않지만, igraph 패키지에서는 관련 함수들을 제공하는 듯합니다.

뉴만-거반 알고리즘

뉴만-거반 알고리즘(Newman & Girvan, 2004)은 6장에서 소개한 링크 사이중심성(edge betweenness) 지수를 활용하여 노드집단을 탐색하는 알고리즘입니다. 만약 '링크 사이중심성'이 높은 링크를 단절한다면, 해당 링크가 연결하던 노드집단과 노드집단이 분리될 수 있습니다. 이러한 원리를 활용하여 전체네트워크를 복수의 하위네트워크로 분리할 수 있습니다. 뉴만-거반 노드집단 탐색 알고리즘을 활용하여 하위네트워크들을 추출하려면 igraph 패키지 내장함수인 cluster_edge_betweenness() 함수를 사용하면 됩니다. 먼저 무방향 네트워크인 flo_marriage 오브젝트에서 고립노드를 제거한 후, 뉴만-거반 알고리즘을 적용하여 노드집단 탐색을 실시한 결과는 다음과 같습니다.

```
> detach(package:statnet)
> library(igraph)
> # 고립노드 제거
> flo_marriage2 <- induced_subgraph(flo_marriage,
+                                   vids=(V(flo_marriage)$name != "Pucci"))
> # flo2_marriage2 오브젝트 대상
> cluster_eb_flo <- cluster_edge_betweenness(flo_marriage2)
> cluster_eb_flo$membership
 [1] 1 2 3 3 3 2 2 2 1 4 3 1 4 3 1
```

eies_messages 오브젝트의 경우는 다음과 같은 절차를 거친 후 노드집단 탐색 알고리즘을 적용하였습니다. 6장에서 언급한 바와 같이 링크가중치가 반영된 네트워크는 링크 사이중심성 지수를 해석하는 방법이 모호한 경우가 많습니다. 이에 링크가중치 중앙값을 기준으로 링크가중치가 중앙값보다 큰 경우만 링크가 연결되어 있다고 가정하였으며, 3가지 알고리즘을 비교하기 위하여 유방향 네트워크를 as.undirected() 함수를 활용해 무방향 네트워크로 전환하였습니다.

```
> # 가중치가 반영된 경우 해석이 쉽지 않아
> # 여기서는 중앙값을 기준으로 링크연결을 이분한 후 살펴보았다.
> # 이 과정에서 고립노드들은 분석에서 배제하였다.
> eies_messages2 <- subgraph.edges(eies_messages,
+                       eids=c(E(eies_messages)[E(eies_messages)$weight>33])) %>%
+ delete_edge_attr("weight") %>%
+ as.undirected(mode="collapse")
> V(eies_messages2)$name <- str_c("n",1:vcount(eies_messages2))
> # eies_messages2 오브젝트 대상
> cluster_eb_eies <- cluster_edge_betweenness(eies_messages2)
> cluster_eb_eies$membership
 [1] 1 1 2 3 4 1 1 5 1 6 7 8 9 1 10 11 2 12 13 1 14 15 1 1 16 1 1
```

스핀글래스 알고리즘

스핀글래스(spin-glass)[8] 알고리즘(Reichardt & Bornholdt, 2006)이 작동하는 기본 아이디어는 앞서 소개한 블록모델링 기법과 매우 유사합니다. 즉 스핀글래스 알고리즘에서는 동일한 노드집단(community) 내부에서는 링크의 수가 가급적 많도록 노드집단을 분류하고, 서로 다른 노드집단 사이에서는 링크의 수가 가급적 적도록 노드집단을 분류합니다. igraph 패키지의 cluster_spinglass() 함수를 활용하면 스핀글래스 알고리즘 기반 노드집단 탐색을 실행할 수 있습니다. flo2_marriage2 오브젝트와 eies_messages2 오브젝트를 대상으로 스핀글래스 알고리즘 기반 노드집단 탐색을 실시한 결과는 다음과 같습니다. 아래 제시된 결과와 동일한 결과를 원할 경우 동일한 시드넘버를 설정해야 합니다.

```
> # 스핀글래스 알고리즘: 무방향성 가정, 링크가중치가 클수록 더 긴밀하다고 가정
> # flo2_marriage2 오브젝트 대상
> set.seed(20230320)
> cluster_sg_flo <- cluster_spinglass(flo_marriage2)
> cluster_sg_flo$membership
 [1] 4 3 1 1 1 3 3 3 4 2 1 4 2 1 4
> # eies_messages2 오브젝트 대상
> set.seed(20230320)
> cluster_sg_eies <- cluster_spinglass(eies_messages2)
> cluster_sg_eies$membership
 [1] 1 3 1 2 1 2 3 1 3 4 4 4 4 2 1 1 4 4 4 1 1 2 4 2 3 3
```

루뱅 알고리즘

루뱅(Louvain)[9] 알고리즘(Blondel et al., 2008)은 위계적 방식(hierarchical approach)으로 노드집단을 분류합니다. 알고리즘은 두 단계로 이루어져 있으며 반복계산을 통해 진행합니다. 첫 단계는 모듈속성(modularity) 계산 단계로, 노드를 집단에 배치한 후 모듈

---

8 '스핀글래스(스핀유리)'라는 용어는 응집물질물리학(condensed matter physics) 용어로 강자성 결합과 반-강자성 결합이 동시에 존재하는 물질로 알려져 있습니다. 물리학 복잡계 연구에서 '복잡계'의 사례로 종종 등장합니다. 2021년에 노벨 물리학상을 받은 조르지오 파리시(Giorgio Parisi)를 통해 주목받기도 했습니다.

9 '루뱅'은 유럽 국가인 벨기에의 도시 이름으로, 해당 알고리즘 개발자인 빈센트 D. 블로델(Vincent D. Blodel)이 소속된 대학교의 이름이기도 합니다.

속성 수치를 계산합니다. 두 번째 단계에서는 첫 단계의 노드집단을 집산합니다. 루뱅 알고리즘에서는 모듈속성이 더 이상 증가하지 않는 순간까지, 즉 가장 최적화된 집단별 노드배열이 나타날 때까지 반복계산합니다. 다른 알고리즘과 비교할 때, 계산속도가 빠르다는 점에서 상대적으로 효율성이 높은 노드군집 탐색 알고리즘으로 알려져 있습니다. igraph 패키지의 cluster_louvain() 함수를 활용하면 루뱅 알고리즘 기반 노드집단 탐색을 실행할 수 있습니다. flo2_marriage2 오브젝트와 eies_messages2 오브젝트를 대상으로 루뱅 알고리즘 기반 노드집단 탐색을 실시한 결과는 아래와 같습니다.

```
> # 루뱅 알고리즘: 무방향 네트워크만 가능함
> # flo2_marriage2 오브젝트 대상
> cluster_lv_flo <- cluster_louvain(flo_marriage2)
> cluster_lv_flo$membership
[1] 1 2 3 3 3 2 2 2 1 1 3 1 1 3 1
> # eies_messages2 오브젝트 대상
> cluster_lv_eies <- cluster_louvain(eies_messages2)
> cluster_lv_eies$membership
[1] 1 2 1 3 1 3 2 1 2 4 4 1 4 4 3 1 1 4 4 4 1 1 3 4 3 2 2
```

알고리즘 비교

3가지 알고리즘을 적용한 노드집단 탐색 결과를 비교해봅시다. 먼저 flo2_marriage2 오브젝트를 적용한 결과는 아래와 같습니다. 편의를 위해 스핀글래스 알고리즘으로 얻은 노드집단 번호를 재배열한 뒤 비교하였습니다.

```
> # flo2_marriage2 오브젝트: 알고리즘 비교
> result_CD <- tibble(node=cluster_sg_flo$names,
+                     sg=cluster_sg_flo$membership) %>%
+ full_join(tibble(node=cluster_eb_flo$names,
+                  eb=cluster_eb_flo$membership)) %>%
+ full_join(tibble(node=cluster_lv_flo$names,
+                  lv=cluster_lv_flo$membership))
Joining, by = "node"
Joining, by = "node"
> # 비교의 편의를 위하여
> result_CD <- result_CD %>%
+ mutate(
+   sg2=NA,sg2=ifelse(sg==2,4,sg2),sg2=ifelse(sg==3,2,sg2),
```

```
+   sg2=ifelse(sg==1,3,sg2),sg2=ifelse(sg==4,1,sg2)
+ )
> # Neman-Givan VS. Spin-galss
> xtabs(~eb+sg2,result_CD)
  sg2
eb 1 2 3 4
 1 4 0 0 0
 2 0 4 0 0
 3 0 0 5 0
 4 0 0 0 2
> # Neman-Givan VS. Lovain
> xtabs(~eb+lv,result_CD)
  lv
eb 1 2 3
 1 4 0 0
 2 0 4 0
 3 0 0 5
 4 2 0 0
> # Spin-galss VS. Lovain
> xtabs(~sg2+lv,result_CD)
   lv
sg2 1 2 3
  1 4 0 0
  2 0 4 0
  3 0 0 5
  4 2 0 0
```

    3가지 알고리즘으로 얻은 추정결과를 비교해 정리하면 다음과 같습니다. 첫째, 루뱅 알고리즘을 적용한 경우 3개의 노드집단이 도출된 반면, 뉴만–거반 알고리즘이나 스핀글 래스 알고리즘을 적용한 경우 4개의 노드집단이 도출되었습니다. 둘째, 4개의 노드집단 이 도출된 뉴만–거반 알고리즘과 스핀글래스 알고리즘의 경우 추정결과가 동일합니다(만 약 스핀글래스 알고리즘의 랜덤시드 번호를 다르게 설정한다면 추정결과가 다를 수 있습니다). 셋 째, 루뱅 알고리즘의 경우 다른 두 알고리즘을 적용한 결과와 비교할 때 2개의 노드가 불 일치합니다.

    정리하면 노드집단 분류결과가 조금씩 다르기는 하지만 전반적으로 3가지 알고리즘 으로 분류한 하위네트워크들은 비슷합니다. 세 알고리즘을 적용하여 얻은 하위네트워크 분류결과를 시각화하여 비교하면 [그림 9-22]와 같습니다. 구체적으로 Pazzi, Salviati

가문의 경우 루뱅 알고리즘에서는 Medici 가문과 같은 가문으로 분류한 반면, 뉴만–거반 알고리즘과 스핀글래스 알고리즘에서는 두 가문을 별개의 집단으로 묶은 것을 알 수 있습니다.

```
> png("P1_Ch09_Fig22.png",width=27,height=9,units="cm",res=300)
> par(mfrow=c(3,1))
> set.seed(20230318);plot(cluster_eb_flo,
+                         flo_marriage2,main="Newman-Girvan")
> set.seed(20230318);plot(cluster_sg_flo,
+                         flo_marriage2,main="Spin-glass")
> set.seed(20230318);plot(cluster_lv_flo,
+                         flo_marriage2,main="Louvain")
> dev.off()
```

Newman-Girvan

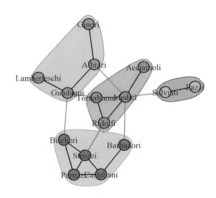

Spin-glass

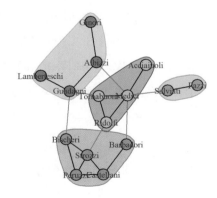

Louvain

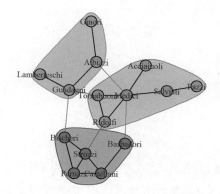

그림 9-22

다음으로 eies2_messages2 오브젝트를 적용한 결과는 아래와 같습니다. 편의를 위하여 스핀글래스 알고리즘으로 얻은 노드집단 번호를 재배열한 뒤 비교하였습니다.

```
> # eies2_messages2 오브젝트: 알고리즘 비교
> result_CD <- tibble(node=cluster_sg_eies$names,
+                     sg=cluster_sg_eies$membership) %>%
+ full_join(tibble(node=cluster_eb_eies$names,
+                  eb=cluster_eb_eies$membership)) %>%
+ full_join(tibble(node=cluster_lv_eies$names,
+                  lv=cluster_lv_eies$membership))
Joining, by = "node"
Joining, by = "node"
> result_CD <- result_CD %>%
+ mutate(
+   sg2=NA,sg2=ifelse(sg==1,3,sg2),sg2=ifelse(sg==2,4,sg2),
+   sg2=ifelse(sg==3,2,sg2),sg2=ifelse(sg==4,1,sg2)
+ ) # 비교의 편의를 위하여
> xtabs(~sg2+lv,result_CD)
   lv
sg2 1 2 3 4
  1 3 0 0 0
  2 1 5 0 0
  3 4 0 5 0
  4 1 0 0 8
> xtabs(~sg2+eb,result_CD)
   eb
sg2 1 2 3 4 5 6 7 8 9 10 11 12 13 14 15 16
  1 0 2 0 0 1 0 0 0 0  0  0  0  0  0  0  0
  2 5 0 0 0 0 0 0 0 0  0  1  0  0  0  0  0
```

```
  3 3 0 1 1 0 0 0 0 0   1   0   0 0 1 1 1
  4 3 0 0 0 0 1 1 1 1   0   0   1 1 0 0 0
> xtabs(~lv+eb,result_CD)
 eb
lv  1 2 3 4 5 6 7 8 9 10 11 12 13 14 15 16
 1  1 2 0 1 1 0 0 1 0  0  1  0  0  1 1  0
 2  5 0 0 0 0 0 0 0 0  0  0  0  0  0 0  0
 3  2 0 1 0 0 0 0 0 0  1  0  0  0  0 0  1
 4  3 0 0 0 0 1 1 1 0  1  0  0  1  1 0  0
```

이번에도 3가지 알고리즘으로 얻은 추정결과를 비교해보겠습니다. 내용을 정리하면 다음과 같습니다. 첫째, 스핀글래스 알고리즘과 루뱅 알고리즘을 적용할 경우 총 4개의 노드집단이 나타났지만, 뉴만-거반 알고리즘을 적용할 경우 총 16개의 노드집단이 나타났습니다. 다시 말해 뉴만-거반 알고리즘의 경우 상당수의 노드들을 독립된 집단으로 구분하였습니다. 둘째, 스핀글래스 알고리즘과 루뱅 알고리즘의 노드집단 구분은 단 하나의 노드를 제외하고 동일하게 나타났습니다.

정리하면 스핀글래스 알고리즘과 루뱅 알고리즘은 거의 동일하게 하위네트워크들을 분류한 반면, 뉴만-거반 알고리즘은 다른 두 알고리즘과 매우 상이한 하위네트워크 분류결과를 보여주고 있습니다. 세 알고리즘을 적용하여 얻은 하위네트워크 분류결과를 시각화하여 비교한 [그림 9-23]을 살펴봅시다.

```
> png("P1_Ch09_Fig23.png",width=27,height=9,units="cm",res=300)
> par(mfrow=c(3,1))
> set.seed(20230318)
> plot(cluster_eb_eies,eies_messages2,
+       edge.color=adjustcolor("grey80",alpha.f=.4),
+       main="Newman-Girvan")
> set.seed(20230318)
> plot(cluster_sg_eies,eies_messages2,
+       edge.color=adjustcolor("grey80",alpha.f=.4),
+       main="Spin-glass")
> set.seed(20230318)
> plot(cluster_lv_eies,eies_messages2,
+       edge.color=adjustcolor("grey80",alpha.f=.4),
+       main="Louvain")
> dev.off()
```

Newman-Girvan

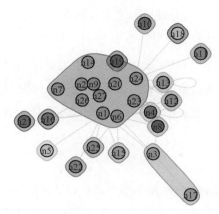

Spin-glass

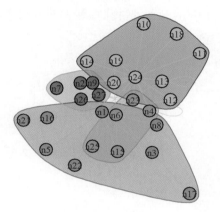

Louvain

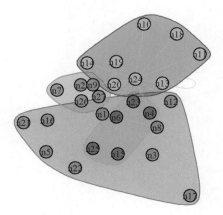

그림 9-23

[그림 9-23]은 노드집단 분류결과가 어떻게 다른지를 잘 보여줍니다. 즉 뉴만-거반 알고리즘의 경우에는 링크 사이중심성을 중심으로 노드집단을 분류한다는 점에서 네트워크 시각화 결과에서 중심부에 위치한 노드들을 하나의 집단으로 묶고, 다른 노드들은 모두 개별적인 노드집단으로 처리하고 있습니다. 반면 스핀글래스 알고리즘과 루뱅 알고리즘의 경우에는 노드와 집단의 관계를 최적화하는 방식을 사용하여 주변부의 노드들 역시 하나의 노드집단으로 구분하고 있습니다. 이에 따라 [그림 9-23]에서 알 수 있듯이 12번 노드를 제외한다면 두 알고리즘은 노드집단을 동일하게 구분하고 있습니다.

이번 9장에서는 전체네트워크에서 하위네트워크를 추출하고 분류하는 방법을 살펴보았습니다. 2부 4장에서 9장까지는 네트워크 데이터를 기술하는 방법들을 다루었습니다. 다음 3부 10장과 11장에서는 네트워크 데이터 분석기법에서 시뮬레이션과 순열(permutation)을 기반으로 네트워크 통계치에 대한 통계적 유의도 테스트를 어떻게 실시할 수 있는지 살펴보겠습니다.

3부에서는 네트워크 데이터에 대한 추리통계분석 기법들을 살펴보겠습니다. 2부에서는 네트워크 통계치에 대한 추리통계분석 결과가 우연에 의한 것인지, 우연이라고 보기 어려운지를 판단하는 데 도움을 주는 추리통계치를 제공하지 않았습니다. 통계적 유의도 테스트 결과가 절대적 판단기준은 아니지만, 연구자의 이론적 판단을 도와주며 연구가설을 평가하는 데 매우 중요한 역할을 한다는 것은 누구도 부정하기 어려울 것입니다. 3부에서는 네트워크 데이터에 대한 통계적 유의도 테스트 방법 중 시뮬레이션과 순열을 기반으로 하는 방법을 소개하겠습니다. 10장에서는 단일 네트워크의 특성에 대한 확인 혹은 2개의 네트워크 사이의 관계를 다루는 기법들을 소개하고, 11장에서는 3개 이상의 네트워크의 관계를 살펴보는 기법들을 소개하겠습니다.

3부

네트워크 데이터 추리통계분석

10장

일변량 및
이변량 네트워크 데이터 분석

10장에서 소개할 기법들은 어떤 특정 네트워크에서 발견된 통계치가 동일한 조건을 갖는 네트워크와 비교할 때 쉽사리 관찰되기 어려운 수치인지, 비교 가능한 두 네트워크가 유사한지 아니면 상이한지 여부에 대한 테스트 기법입니다. 10장에서는 단일 네트워크 통계치에 대한 통계적 유의도 테스트 점검 기법으로 '조건부 단일 그래프 테스트(CUG test)'를, 두 네트워크 사이의 유사성을 살펴보기 위한 점검 기법으로 '이차순열할당과정 테스트(QAP test)'를 소개하였습니다. 두 테스트 모두 statnet 패키지 내장함수를 통해 진행할 수 있습니다. 그러나 아쉽게도 igraph 패키지에서는 2가지 테스트에 대한 내장함수를 제공하지 않습니다.[1]

❶ 단일 네트워크 통계치 대상 CUG 테스트

통상적 데이터 분석기법들의 경우 특정한 모수분포를 가정합니다. 예를 들어 어떤 변수의 평균값(M)이 알려진 모집단 평균값(μ)과 상이한지 여부를 테스트하는 일표본 티-테스

---

1 본서에서 소개하지는 않았지만, 최근 개발된 migraph 패키지(version 0.13.2)는 다양한 시뮬레이션 기반 및 순열 기반 네트워크 추리통계기법을 지원하는 내장함수들을 제공하고 있습니다. CUG 테스트는 migraph::test_random() 함수를, QAP 테스트는 migraph::test_permutation() 함수를 이용해 진행할 수 있습니다. 비록 R 기반 네트워크 연구자들에게 널리 알려지지는 않은 듯합니다만, migraph 패키지는 statnet 패키지에 비해 훨씬 더 다양한 그래프수준 통계치 산출 함수들을 제공하며, tidyverse 방식의 보다 나은 분석결과 시각화 함수들을 제공하고 있습니다. 관심 있는 독자들은 시도해보기 바랍니다.

트(one-sample *t*-test)에서는 티-분포(*t*-distribution)를 기반으로 테스트를 진행합니다. 그렇다면 네트워크 통계치의 경우에는 어떤 알려진 분포를 활용할 수 있을까요? 이 질문에 대해 선뜻 답하기가 쉽지 않을 것입니다. 왜냐하면 앞에서도 몇 차례 언급했듯이 통상적 데이터 분석에서 가정되는 독립성 가정(independence assumption)을 관계성(relationship)을 특징으로 하는 네트워크 데이터에 도입하는 것이 개념적으로 불가능하기 때문입니다. 네트워크 연구자들은 이 문제를 극복하기 위해 관측된 네트워크의 핵심적 특징들(예를 들어 노드 개수와 링크발생 확률 등)을 공유하는 네트워크를 시뮬레이션하거나 '순열(permutation)'을 활용합니다. 이후 관측된 네트워크 데이터의 통계치가 새로 생성된 비교 가능한 가상 네트워크들과 비교하여 우연히 생성될 가능성은 어느 정도인지를 가늠하는 방식으로 통계적 유의도 테스트를 진행합니다.

시뮬레이션을 통해 관측된 네트워크 통계치의 통계적 유의도를 가늠하는 방법에는 '조건부 단일 그래프(CUG, conditional uniform graph)' 테스트가 있습니다. CUG 테스트는 네트워크의 규모(노드의 개수)나 링크발생 확률(그래프 밀도)과 같이 관측된 네트워크의 기초 통계치가 동일한 조건에서 수많은 그래프들을 시뮬레이션한 후, 계산된 분포를 토대로 관측된 네트워크 통계치가 우연에 의해 발생할 수 있는 정도 가늠하는 기법입니다. 예를 들어 앞서 살펴본 flo 데이터의 경우, 아래에서 알 수 있듯 총 16개의 노드가 존재하며 두 노드 사이에 링크가 존재할 확률은 약 0.17입니다.

```
> # 예시 데이터
> flo <- intergraph::asNetwork(flo_marriage)
> eies <- intergraph::asNetwork(eies_messages)
> flo %>% network.size() # 그래프 규모
[1] 16
> flo %>% gden() # 그래프 밀도
[1] 0.1666667
```

이렇게 얻은 노드 개수와 링크발생 확률이라는 2가지 조건을 토대로 총 10,000개의 무방향 네트워크를 무작위로(random) 생성하면 다음과 같습니다. 여기서는 statnet 패키지의 rgraph() 함수를 활용하였습니다. rgraph() 함수의 m 옵션을 2 이상으로 지정하면, 총 10,000×16×16 어레이(array) 오브젝트가 생성됩니다.

```
> # 노드숫자와 링크 확률이 유사한 상황의 네트워크를 10,000개 시뮬레이션
> set.seed(20230320)
> sim10000 <- rgraph(16,m=10000,tprob=0.17,mode="graph")
> dim(sim10000)
[1] 10000  16  16
```

이제 예시 데이터인 flo 네트워크와 16개의 노드와 0.17의 링크발생 확률에 따라 무작위로 생성된 10,000개의 네트워크를 대상으로 그래프 사이중심성(betweenness centralization)을 계산해보겠습니다. flo 네트워크의 경우 약 0.3835의 그래프 사이중심성값을 가지며, 10,000개의 시뮬레이션에 대한 그래프 사이중심성 계산결과는 mysim_gcentral이라는 오브젝트로 저장합니다.

```
> # 10,000개 네트워크 대상 그래프 사이중심성 지수를 계산하고 1-10,000 순위를 부여
> mysim_gcentral <- tibble(gcentral=centralization(sim10000,
+   FUN=betweenness,mode="graph")) %>%
+   arrange(gcentral) %>% mutate(rank=row_number())
```

이제 예시 데이터 flo 네트워크의 그래프 사이중심성 값은 1-10,000 순위 중 대략 어느 정도에 해당되는지 살펴봅시다. 아래에서 확인할 수 있듯이 예시 데이터 flo 네트워크의 그래프 사이중심성은 대략 8,760번째쯤 존재합니다. 이를 시각적으로 표현하면 [그림 10-1]과 같습니다.

```
> # 0.3835는 어디쯤에?
> mysim_gcentral %>% filter(round(gcentral,4)==0.3835) %>%
+   summarise(min(rank),max(rank))
# A tibble: 1 × 2
  `min(rank)`  `max(rank)`
        <int>        <int>
1        8759         8765
> # 10,000개 기준으로 약 8860번째이기 때문에 확률값으로 계산하면 약 p = 0.124
> # 시각화를 하면 아래와 같음
> mysim_gcentral %>%
+   ggplot(aes(x=gcentral))+
+   geom_histogram(bins=30, fill="lightblue")+
+   geom_vline(xintercept=centralization(flo,FUN=betweenness,mode="graph"),color="red")+
```

```
+ labs(x="Graph-level betweenness centralization score")+
+ theme_bw()
> ggsave("P1_Ch10_Fig01.png",width=16,height=9,units="cm")
> dev.off()
```

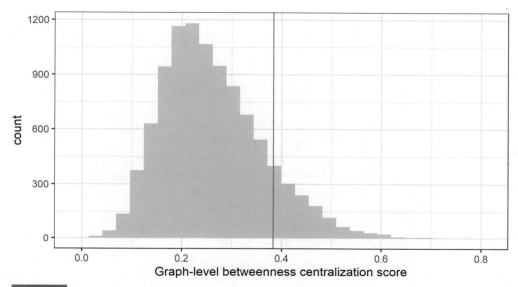

그림 10-1

flo 네트워크의 그래프 사이중심성 값 0.3835는 통상적인 95% 신뢰구간을 기준으로 판단할 때, 우연에 의해 나타날 수 있는 값이라고 판단하는 것이 적절합니다. 다시 말해 통계적으로 유의미하게 독특한 사이중심성이라고 보기 어렵습니다.

현재 statnet 패키지에서는 위와 같은 방식에 따른 CUG 테스트 진행을 위한 cug.test() 함수를 제공하고 있습니다. cug.test() 함수를 이용하면 앞에서 예시하였던 그래프 사이중심성은 물론, statnet 패키지 내장함수로 계산할 수 있는 그래프수준 통계치라면 어떤 함수든 CUG 테스트에 활용할 수 있습니다. 아울러 cug.test() 함수의 cmode 옵션을 조정하면 시뮬레이션의 조건을 다르게 설정할 수 있습니다. 먼저 cmode 옵션을 "size"로 설정하면 노드 개수(즉 네트워크 규모)만 시뮬레이션 조건으로 설정하며, "edges"로 설정하면 노드 개수와 링크발생 확률 2가지를 시뮬레이션 조건으로 설정합니다(즉 앞에서 생성한 sim10000과 같은 조건). 끝으로 "dyad.census"를 cmode 옵션으로 설정하면, 추가적으로 상호연결된 링크(이를테면, *A↔B*)인지 아니면 일방향으로 연결된 링크(이를테면, *A→B*)인지를 구분한 후 시뮬레이션을 실시합니다. 예를 들어 위에서 수작업으로 실시했던 과정은 다음과 같이 설정된 cug.test() 함수를 활용하여 동일하게 실시할 수 있습니다(물론 무작위로 시뮬레이션 데이터를 생성한다는 점에서 결과가 완전히 동일하지는 않습니다). 현재 statnet 패키지에서는 cug.test() 함수 출력결과를 plot() 함수를 통해 [그림 10-2]와 같은 히스토그램 시각화 결과물을 제공하고 있습니다.

```
> # 조건부 단일분포 그래프(CUG, conditional uniform graph) 테스트
> # Graph-level의 통계치라면 뭐든지 가능
> set.seed(20230320)  # 완전하게 동일한 결과를 원한다면
> cug_edges <- cug.test(flo, mode="graph", # 무방향 네트워크
+                       centralization,FUN.arg=list(FUN=betweenness), # 그래프 사이중심성
+                       cmode="edges", # 노드 개수와 링크발생 확률 조건을 동일하게
+                       reps = 10000)  # 총10,000회 시뮬레이션
> cug_edges

Univariate Conditional Uniform Graph Test

Conditioning Method: edges
Graph Type: graph
Diagonal Used: FALSE
Replications: 10000

Observed Value: 0.3834921
Pr(X>=Obs): 0.1541
Pr(X<=Obs): 0.8463

> png("P1_Ch10_Fig02.png",width=20,height=12,units="cm",res=300)
> plot(cug_edges)
> dev.off()
```

Univariate CUG Test

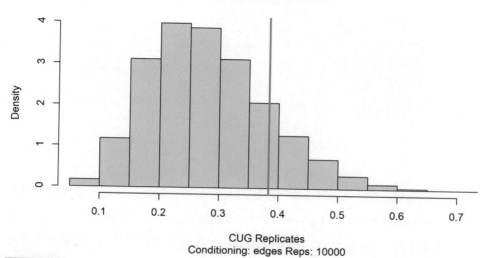

CUG Replicates
Conditioning: edges Reps: 10000

그림 10-2

위의 결과에서 알 수 있듯이 flo 네트워크에서 나타난 그래프 사이중심성 0.38은 동일한 노드 개수와 그래프 밀도를 갖는 네트워크에서 흔히 얻을 수 있는 수치로 나타납니다. 비록 추정된 확률값이 0.124와 0.154로 조금 다른데, 이는 시뮬레이션을 활용한 거의 모든 통계기법에서 나타나는 현상으로 큰 문제는 아닐 듯합니다.

다음으로 cmode 옵션을 "size"와 "dyad.census"으로 바꾼 후 CUG 테스트를 진행해보겠습니다. 먼저 cmode="size"는 활용도가 높지 않습니다. 노드 개수와 그래프 밀도는 네트워크의 특징을 결정짓는 매우 기초적이며 중요한 조건이기 때문입니다 (Anderson et al., 1999). 즉 노드 개수만을 동일하게 할 경우, 아래와 같이 관측된 네트워크가 통계적으로 발생하기 어려운 희귀한 사례로 나타나는 것이 보통입니다. 아래에서 확인할 수 있듯이 flo 네트워크의 그래프 사이중심성 0.38은 시뮬레이션 생성된 모든 네트워크의 그래프 사이중심성보다 큰 값입니다.

```
> # 노드 개수가 동일하도록 설정한 후 CUG 테스트 실시(그래프 사이중심성)
> set.seed(20230320)
> cug_size <- cug.test(flo,mode="graph",
+                      centralization,FUN.arg=list(FUN=betweenness),
+                      cmode="size",reps=10000)
> cug_size
```

```
Univariate Conditional Uniform Graph Test

Conditioning Method: size
Graph Type: graph
Diagonal Used: FALSE
Replications: 10000


Observed Value: 0.3834921
Pr(X>=Obs): 0
Pr(X<=Obs): 1
```

다음으로 cmode="dyad.census"의 경우를 살펴보겠습니다. 사실 flo 오브젝트와 같은 무방향 네트워크의 경우 cmode="dyad.census"는 별 의미가 없습니다. 왜냐하면 모든 링크가 상호연결링크이기 때문입니다(즉 일방향링크는 존재하지 않음). 따라서 아래 사례에서 살펴볼 수 있듯이 분석결과는 cmode="edges"와 별 차이가 없습니다.

```
> # "dyad.census" 옵션 지정 후 CUG 테스트 실시(그래프 사이중심성)
> set.seed(20230320)
> cug_dyad <- cug.test(flo,mode="graph",
+                   centralization,FUN.arg=list(FUN=betweenness),
+                   cmode="dyad.census",reps=10000)
> cug_dyad

Univariate Conditional Uniform Graph Test

Conditioning Method: dyad.census
Graph Type: graph
Diagonal Used: FALSE
Replications: 10000


Observed Value: 0.3834921
Pr(X>=Obs): 0.1501
Pr(X<=Obs): 0.85
```

다음으로 eies 오브젝트와 같은 유방향 네트워크를 대상으로 CUG 테스트를 진행해보겠습니다. 이제는 cmode를 "edges"로 설정하느냐 혹은 "dyad.census"로 설정하느냐에 따라 테스트 결과가 다르게 나타납니다. eies 오브젝트는 유방향 네트워크이기 때문에 mode 옵션을 "digraph"로 설정합니다. 2가지 CUG 테스트 결과를 히스토그램으로 시각화한 결과는 [그림 10-3]과 같습니다. 즉 eies 네트워크의 그래프 사이중심성 0.125는 노드 개수와 링크발생 확률 조건들이 같다고 해도 확률적으로 나타나기 어려운 수치이며, 또한 노드 개수 및 링크의 상호연결 여부에 따른 구분 조건들이 같다고 해도 확률적으로 나타나기 어려운 수치입니다.

```
> # 유방향 네트워크
> # "dyad.census" 옵션
> set.seed(20230320)
> cug_edge <- cug.test(eies,mode="digraph",
+                      centralization,FUN.arg=list(FUN=betweenness),
+                      cmode="edges",reps=10000)
> # "dyad.census" 옵션
> set.seed(20230320)
> cug_dyad <- cug.test(eies,mode="digraph",
+                      centralization,FUN.arg=list(FUN=betweenness),
+                      cmode="dyad.census",reps=10000)
```

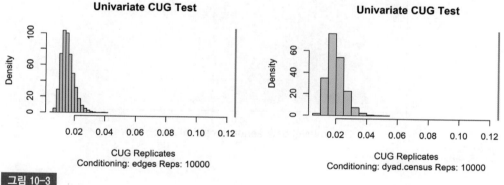

그림 10-3

아울러 cmode 옵션을 "edges"로 설정한 결과와 "dyad.census"로 설정한 결과를 비교하면, "dyad.census"로 설정하였을 때 시뮬레이션으로 얻은 네트워크의 그래프 사이중심성이 다소 높습니다. cug.test() 함수 출력결과의 $rep.stat은 시뮬레이션된 네트워크의 그래프수준 통계치가 저장된 것입니다. [그림 10-4]는 10,000번의 시뮬레이션으로 얻은 그래프 사이중심성 분포를 보여주는 그래프로, "dyad.census"로 설정하고 시뮬레이션 실시하였을 때 전반적으로 높은 그래프 사이중심성 수치가 나타나는 것을 확인할 수 있습니다.

```
> tibble(link=cug_edge$rep.stat,dyad=cug_dyad$rep.stat) %>%
+ pivot_longer(cols=everything()) %>%
+ mutate(name=ifelse(name=="link",'cmode="edges"','cmode="dyad.census"')) %>%
+ ggplot(aes(x=value,fill=name))+
+ geom_histogram(bins=100,position="identity",alpha=0.4)+
+ labs(x="Graph-level betweenness centralization score",
+      fill="CUG test")+
+ theme_bw()+theme(legend.position="top")
> ggsave("P1_Ch10_Fig04.png",width=13,height=9,units="cm")
> dev.off()
```

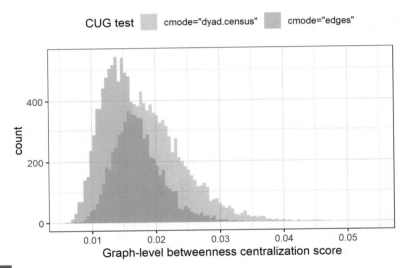

그림 10-4

이제 그래프 사이중심성이 아닌 다른 그래프수준 통계치를 대상으로 CUG 테스트를 실시해보겠습니다. flo 네트워크와 비슷한 flo_business 네트워크, eies 네트워크와 비슷한 eies_relations 네트워크를 대상으로 각 네트워크의 그래프수준 전체 연결중심성 지수에 대한 CUG 테스트를 실시하겠습니다. 우선 이를 위하여 다음과 같이 이용자 함수를 정의합니다.

```
> # 추가 예시 데이터 2개
> flo2 <- intergraph::asNetwork(flo_business)
> eies2 <- intergraph::asNetwork(eies_relations)
> # 예시 네트워크 4개를 비교하기 위한 이용자 함수
> CUG_test <- function(mynet, myFUN, mydirect, myreps){
+   cug_edges <- cug.test(mynet,myFUN,mode=mydirect,
+                         cmode="edges",reps=myreps)
+   cug_dyad <- cug.test(mynet,myFUN,mode=mydirect,
+                        cmode="dyad.census",reps=myreps)
+   STAT <- c(cug_edges$obs.stat,cug_dyad$obs.stat)
+   pGT <- c(cug_edges$pgteobs,cug_dyad$pgteobs) # Pr(X>=Obs)
+   pLT <- c(cug_edges$plteobs,cug_dyad$plteobs) # Pr(X<=Obs)
+   tibble(cmode=c("Edge","DyadCensus"),STAT,pGT,pLT)
+ }
```

　　이후 이용자 함수에 맞도록 4가지 예시 네트워크, 그래프수준 통계치 계산을 위한 함수, 네트워크의 방향성, 시뮬레이션 횟수(10,000번)를 지정하고 CUG 테스트를 실시합니다. 아래 결과를 보면 flo, flo2 네트워크에서 나타난 그래프수준 전체 연결중심성 지수의 경우 확률적으로 충분히 나타날 수 있는 수준인 반면, eies, eies2 네트워크의 경우 확률적으로 나타나기 어려운 드문 상황인 것을 알 수 있습니다.

```
> # 그래프 연결중심성의 경우
> set.seed(20230320)
> temp <- function(x){centralization(x,degree,cmode="freeman")}
> tt_cent_degree <- bind_rows(
+ CUG_test(flo,temp,"graph",10000) %>% mutate(net="flo"),
+ CUG_test(flo2,temp,"graph",10000) %>% mutate(net="flo2"),
+ CUG_test(eies,temp,"digraph",10000) %>% mutate(net="eies"),
+ CUG_test(eies2,temp,"digraph",10000) %>% mutate(net="eies2")
+ )
> tt_cent_degree
# A tibble: 8 x 5
```

cmode	STAT	pGT	pLT	net
\<chr\>	\<dbl\>	\<dbl\>	\<dbl\>	\<chr\>
1 Edge	0.267	0.288	0.943	flo
2 DyadCensus	0.267	0.291	0.943	flo
3 Edge	0.238	0.326	0.944	flo2
4 DyadCensus	0.238	0.315	0.947	flo2
5 Edge	0.559	0	1	eies

```
6 DyadCensus    0.559    0       1        eies
7 Edge          0.241    0       1        eies2
8 DyadCensus    0.241    0.0001  1        eies2
```

이번에는 예시 네트워크 데이터별 그래프 전이성 지수에 대한 CUG 테스트를 실시해 봅시다. 이용자 함수의 지정함수에 gtrans() 함수를 지정하면 됩니다. 계산결과는 아래와 같습니다. 앞의 eies, eies2 네트워크에서 나타난 그래프 전이성이 확률적으로 나타나기 어려운 드문 상황인 것과 마찬가지로, flo2 네트워크 역시 확률적으로 나타나기 어려운 그래프 전이성 지수를 보이는 것을 알 수 있습니다.

```
> # 예를 들어 그래프 전이성의 경우
> set.seed(20230320)
> graph_transitivity <- bind_rows(
+  CUG_test(flo,gtrans,"graph",10000) %>% mutate(net="flo"),
+  CUG_test(flo2,gtrans,"graph",10000) %>% mutate(net="flo2"),
+  CUG_test(eies,gtrans,"digraph",10000) %>% mutate(net="eies"),
+  CUG_test(eies2,gtrans,"digraph",10000) %>% mutate(net="eies2")
+ )
> graph_transitivity
# A tibble: 8 x 5
   cmode         STAT    pGT     pLT     net
   <chr>         <dbl>   <dbl>   <dbl>   <chr>
1 Edge          0.191   0.325   0.694   flo
2 DyadCensus    0.191   0.328   0.690   flo
3 Edge          0.417   0.0034  0.997   flo2
4 DyadCensus    0.417   0.0034  0.997   flo2
5 Edge          0.639   0       1       eies
6 DyadCensus    0.639   0       1       eies
7 Edge          0.839   0       1       eies2
8 DyadCensus    0.839   0       1       eies2
```

② 비교 가능한 두 네트워크 관계에 대한 QAP 테스트

변수 간 상관계수(correlation coefficient) 점검은 통상적 데이터를 분석할 때 거의 언제나 진행할 정도로 기초적이고 중요한 절차입니다. 그렇다면 네트워크 분석에서는 어떨까요? 예를 들어 앞서 살펴본 예시 데이터에서 flo 네트워크는 가문들 사이의 혼인관계를 나타내며, flo2 네트워크는 가문들 사이의 사업관계를 다루고 있습니다. 즉 네트워크를 구성하는 노드들이 동일하다면, 두 네트워크의 상관계수가 얼마인지, 그리고 이 상관계수가 우연히 나타났다고 무시하기 어려운 정도의 값인지 테스트하고 싶을 것입니다. 이번에 소개할 '이차순열할당과정(QAP, quadratic assignment procedure)' 테스트는 네트워크들 사이의 상관관계, 더 나아가 다음 장에서 소개할 네트워크 회귀모형 추정결과를 테스트할 때 등장하는 통계적 유의도 테스트 방식입니다.

이름에서도 짐작할 수 있지만, QAP 테스트는 2차원의 '행렬(가로줄과 세로줄)'에 대한 순열(permutation)을 통해 그 값들을 할당(assign)[2]하는 방식으로 진행합니다. 가상의 네트워크를 생성하고 이를 토대로 상관관계 분포를 계산한 후, 관측된 네트워크 상관관계가 어느 정도 우연히 발견될 수 있는지를 가늠하는 방식으로 진행합니다. 즉 통계적 유의도 테스트를 진행하는 과정은 CUG 테스트와 QAP 테스트 모두 개념적으로 유사합니다. 여기서는 QAP 테스트를 활용하여 두 네트워크 사이의 상관계수가 확률적으로 어느 정도나 우연히 발견될 수 있는지를 살펴보겠습니다. 예시 데이터인 flo와 flo2 네트워크 사이의 네트워크 상관계수를 계산하기 위해 gcor() 함수를 활용하면 다음과 같습니다.

```
> # QAP(Quadratic Assignment Procedure) 테스트 기반 네트워크 상관관계분석
> gcor(flo, flo2, g1=1, g2=2, mode="graph")
[1] 0.3718679
```

---

2 네트워크 분석에서 '할당(assignment)'한다는 것은 관계구조 내부에 노드를 할당, 혹은 배정하는 과정의 진행을 뜻합니다(Hubert, 1987). 즉 순열방식에 기반하여 무작위로 할당하는 방식을 취하면, 주어진 네트워크에서 확률적으로 생성 가능한 네트워크들과 각 네트워크에서 계산된 그래프수준 통계치를 계산할 수 있습니다.

두 네트워크의 상관계수 0.37이 통계적으로 우연이라고 치부할 수 있는지에 대해 테스트하는 과정은 다음과 같습니다. statnet 패키지의 qaptest() 함수에 상관계수 계산을 위한 network 오브젝트를 list() 함수로 묶은 후, 적용하고자 하는 네트워크의 위치를 각각 g1, g2에 배정하고, resp 옵션에는 순열을 통해 얻고자 하는 시뮬레이션 횟수(여기서는 10,000번을 선택)를 지정합니다. 아울러 CUG 테스트와 마찬가지로 plot() 함수를 활용하면 [그림 10-5]와 같이 QAP 테스트 결과가 어떤지 쉽게 시각화할 수 있습니다.

```
> set.seed(20230320) # 동일한 결과를 원하면
> gcor_flo <- qaptest(list(flo,flo2),FUN=gcor,g1=1,g2=2,reps=10000)
> gcor_flo

QAP Test Results

Estimated p-values:
        p(f(perm) >= f(d)): 2e-04
        p(f(perm) <= f(d)): 0.9999
> png("P1_Ch10_Fig05.png",width=12,height=7,units="cm",res=300)
> plot(gcor_flo)
> dev.off()
```

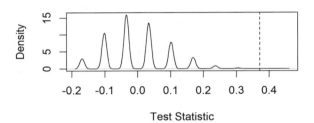

Estimated Density of QAP Replications

그림 10-5

출력결과에서 확인할 수 있듯이 관측된 네트워크 상관계수 0.37은 통계적으로 우연이라고 보기 어렵습니다. 즉 가문들 사이의 혼인관계는 가문들 사이의 사업관계와 우연으로 치부하기 어려운 연관관계를 갖는다고 볼 수 있습니다.

그렇다면 여러 개의 네트워크를 대상으로 상관계수를 계산해보면 어떨까요? 지난 6장에서 노드수준 변수를 활용하여 노드 간 관계에 대한 네트워크를 구성하는 방법에 대해 설명한 바 있습니다. 즉 각 가문의 경제적 위상(Wealth 변수)이나 정치적 위상

(X.priors 변수)의 격차를 링크로 반영한 인접행렬을 생성하는 것에 대해 설명했습니다. 여기서는 이 방법을 활용하여 ①혼인관계 네트워크, ②사업관계 네트워크, ③경제적 위상 격차 네트워크, ④정치적 위상 격차 네트워크 사이의 상관관계를 계산해보겠습니다. 먼저 ③과 ④의 네트워크를 생성하면 다음과 같습니다.

```
> # 가문 간 경제적 위상(Wealth 변수) 격차
> gap_wealth <- array(0,rep(network.size(flo),2))
> node_wealth <- flo %v% "wealth"
> for (i in 1:network.size(flo)){
+   gap_wealth[i,-i] <- abs(node_wealth[i] - node_wealth[-i])
+ }
> # 가문 간 정치적 위상(X.priors 변수) 격차
> gap_prior <- array(0,rep(network.size(flo),2))
> node_prior <- flo %v% "X.priors"
> for (i in 1:network.size(flo)){
+   gap_prior[i,-i] <- abs(node_prior[i] - node_prior[-i])
+ }
```

여러 네트워크 사이의 상관계수를 계산하고자 할 때는 network 오브젝트가 아니라 어레이(array) 형식으로 네트워크들을 하나의 오브젝트로 묶어놓고 반복계산을 하는 것이 훨씬 더 효율적입니다. 여기서는 flo, flo2 네트워크를 인접행렬로 변환한 후 각각 1번과 2번 네트워크로 입력하고, 경제적 위상 격차 네트워크인 gap_wealth와 정치적 위상 격차 네트워크인 gap_prior를 각각 3번과 4번 네트워크로 입력한 flomat4라는 이름의 어레이 오브젝트를 생성하였습니다. 이후 myqaptest()라는 이용자 함수를 설정하였습니다. 이 함수는 QAP 테스트 결과를 관측된 네트워크 상관계수와 QAP 테스트의 확률 추정결과를 정리한 후 출력결과로 제시합니다. 예를 들어 ①과 ④번 네트워크 사이의 네트워크 상관계수는 0.045이며, 이 상관계수는 확률적으로 드물다고 보기 어려운 수치로 나타났습니다.

```
> # QAP 테스트 결과 정리 이용자 함수
> myqaptest <- function(mymat,myfunc,mygraph,myj,myi,mysim){
+   temp <- qaptest(mymat,myfunc,mode=mygraph,g1=myj,g2=myi,reps=mysim)
+   mycor <- format(round(temp$testval,3),nsmall=3)
+   myll <- format(round(temp$pgreq,3),nsmall=3)
+   myul <- format(round(temp$pleeq,3),nsmall=3)
```

```
+  str_c(mycor,"\n(",myll,", ",myul,")")
+ }
> # 4가지 네트워크 상관계수 정리
> set.seed(20230329)
> cormat <- matrix(NA,4,4)
> cormat[1,4] <- myqaptest(flomat4,gcor,"graph",4,1,10000)
> cormat[1,4]
[1] "0.045\n((0.310, 0.694)"
```

4가지 네트워크 사이의 상관계수를 정리한 결과는 아래와 같습니다. 여기서는 for (){}
구분을 활용하였습니다.

```
> for (i in 1:3){
+  j <- i+1
+  k <- i+2; k <- ifelse(k>4,4,k)
+  cormat[i,j] <- myqaptest(flomat4,gcor,"graph",j,i,10000)
+  cormat[i,k] <- myqaptest(flomat4,gcor,"graph",k,i,10000)
+ }
> colnames(cormat) <- rownames(cormat) <- c("marriage","business","wealth","politics")
> cormat[-4,-1]
            business                  wealth                    politics
marriage    "0.372\n(0.001, 1.000)"   "0.241\n(0.016, 0.984)"   "0.045\n(0.310, 0.694)"
business    NA                        "-0.035\n(0.594, 0.407)"  "0.005\n(0.484, 0.521)"
wealth      NA                        NA                        "0.336\n(0.018, 0.982)"
```

출력결과를 보면, 혼인관계는 사업관계나 경제적 위상 격차와 뚜렷한 상관관계를 가지며, 경제적 위상 격차와 정치적 위상 격차 역시 뚜렷한 상관관계를 가지는 것을 알 수 있습니다. 그러나 다른 상관계수의 경우 상관관계가 아주 미미한 것으로 나타났습니다.

다음으로 유방향 네트워크인 경우, 네트워크 상관계수를 계산해보겠습니다. 본서에서는 다음과 같이 총 4개의 네트워크를 설정하였습니다.

① 노드 간 메시지 발송 여부(eies 오브젝트 인접행렬)

② 노드 간 메시지 발송량(weight 변수) 반영 정가(valued) 인접행렬

③ 자연로그 전환된 노드 간 메시지 발송량 반영 정가 인접행렬

④ 노드 간 피인용수 격차 행렬

먼저 32개 노드의 관계를 나타내는 4개의 네트워크를 하나의 어레이 오브젝트로 설정하였습니다. 순서대로 그 과정을 정리하면 아래와 같습니다.

```
> # 유방향 네트워크
> # 4개 그래프를 어레이 형식으로 묶기
> eiesmat4 <- array(NA,dim=c(4,32,32))
> eiesmat4[1,,] <- as.matrix(eies,type="adjacency")
> eiesmat4[2,,] <- as.matrix(eies,type="adjacency",attrname="weight")
> # 메시지 발송량
> eies %e% 'lgwgt' <- log(eies %e% 'weight')
> eiesmat4[3,,] <- as.matrix(eies,type="adjacency",attrname="lgwgt")
> # 인용수 격차를 반영
> gap_cite <- array(0,dim=c(32,32))
> node_cite <- eies %v% "Citations"
> for (i in 1:32){
+   gap_cite[i,-i] <- (node_cite[i] - node_cite[-i])
+ }
> eiesmat4[4,,] <- gap_cite
```

이렇게 정리한 4개의 네트워크 사이의 상관계수를 정리한 결과는 아래와 같습니다. 결과를 보면, 노드 간 피인용수 격차 네트워크는 메시지 발송 여부 네트워크 및 자연로그 전환 노드 간 메시지 발송량 네트워크와 음의 상관관계를 갖는 것으로 나타났습니다(즉, 송신자가 수신자보다 피인용수가 높을수록 메시지를 보낼 가능성이 더 낮고, 자연로그 변환된 메시지량이 더 적게 나타남). 반면 메시지 발신량을 어떠한 변환 없이 링크로 반영한 네트워크의 경우 노드 간 피인용수 격차 네트워크와 별다른 관계를 보이지 않는 것으로 나타났습니다.

```
> # QAP 테스트 결과
> set.seed(20230329)
> cormat <- matrix(NA,4,4)
> cormat[1,4] <- myqaptest(eiesmat4,gcor,"digraph",4,1,10000)
> for (i in 1:3){
+   j <- i+1
+   k <- i+2; k <- ifelse(k>4,4,k)
+   cormat[i,j] <- myqaptest(eiesmat4,gcor,"digraph",j,i,10000)
+   cormat[i,k] <- myqaptest(eiesmat4,gcor,"digraph",k,i,10000)
+ }
```

```
> colnames(cormat) <- rownames(cormat) <- c("binary","weight","log_wgt","gap_cite")
> cormat[-4,-1]
            weight                  log_wgt                  gap_cite
binary      "0.388\n(0.000, 1.000)"  "0.871\n(0.000, 1.000)"  "-0.089\n(0.993, 0.007)"
weight      NA                       "0.684\n(0.000, 1.000)"  "-0.012\n(0.722, 0.278)"
log_wgt     NA                       NA                       "-0.065\n(0.988, 0.012)"
```

지금까지 두 네트워크 사이의 상관계수를 계산하고, QAP 테스트를 통해 통계적 유의도를 가늠하는 방법을 살펴보았습니다. 어쩌면 몇몇 독자는 '링크의 존재 유무를 나타내는 네트워크들 사이의 상관계수를 계산하는 것이 과연 적절한지'에 대해 의문을 제기할지도 모르겠습니다. 구체적으로 flo 네트워크(혼인관계 유무)와 flo2 네트워크(거래관계 유무) 사이의 상관계수를 구하는 것은 과연 적절할까요? 일반적인 데이터 분석에서 이분변수들 사이의 피어슨 상관계수를 구하는 경우가 아주 없지는 않지만, 이는 사실 적절하지 않습니다. 특히 종속변수가 이분변수인 경우에 피어슨 상관계수를 계산하거나 OLS 회귀분석을 실시하지는 않습니다. 이는 네트워크 분석에서도 마찬가지입니다. 즉 연구자가 설명하고자 하는 결과(outcome) 네트워크가 링크의 존재 유무와 같은 이분변수인 경우라면, 위와 같은 gcor() 함수를 활용한 상관계수는 적절하지 않은 방법이라고 볼 수 있습니다.

11장에서는 네트워크 회귀모형에 대해 설명하겠습니다. 아울러 '링크존재 여부만 반영된 네트워크'를 대상으로 하는지, 아니면 '링크가중이 반영된 네트워크'를 대상으로 하는지에 따라 어떤 네트워크 회귀모형을 적용해야 되는지를 살펴보겠습니다.

11장

다변량 네트워크 데이터 분석

10장에서는 단일 네트워크에서 얻은 통계치에 대한 CUG 테스트, 두 네트워크 사이에 존재하는 관계에 대한 QAP 테스트를 통해 네트워크 통계치의 통계적 유의도를 어떻게 가늠할 수 있는지 살펴보았습니다. 11장에서는 네트워크 데이터를 대상으로 다변량 회귀모형을 실시해보겠습니다. 통상적 데이터 분석에서 사용되는 회귀모형은 결과변수의 분포를 어떻게 가정하는가에 따라 달라집니다. 결과변수에 대해 정규분포를 가정할 수 있는 경우 OLS(Ordinary Least Square) 회귀모형을 사용하고, {0, 1}로 구성된 이분변수인 경우에는 로지스틱(logistic) 회귀모형을 사용하는 것이 보통입니다.

네트워크 데이터의 경우도 상황은 비슷합니다. 그러나 독립성 가정(independence assumption)을 적용할 수 있는 통상적 데이터와 비교할 때 분석과정은 조금 더 복잡합니다. 11장에서는 다음의 2가지를 고려하여 [표 11-1]과 같이 총 3가지 네트워크 회귀모형을 소개하겠습니다.

첫째, 회귀모형에 투입되는 결과변수(outcome), 다시 말해 회귀모형을 통해 연구자가 특정 예측변수들을 활용하여 설명하고자 하는 대상이 네트워크(보다 정확하게는 네트워크를 구성하는 노드 사이의 연결관계)일 수도 있지만, 반대로 네트워크를 구성하는 노드 속성(즉 노드수준 변수)일 수도 있습니다. 본서의 예시 데이터인 flo 오브젝트(혼인관계)와 flo2 오브젝트(사업관계)를 떠올려봅시다. 연구자에 따라 사업관계 네트워크가 혼인관계 네트워크에 어떤 영향을 미치는지 탐구할 수도 있고(즉 결과변수가 '가문들 사이의 혼인관계'인 경우), 사업관계 네트워크와 혼인관계 네트워크가 각 노드(가문)의 경제적 지위를 얼마나 잘 설명하는지를 살펴볼 수도 있습니다(즉 결과변수가 '경제적 지위'라는 노드속성 변수 wealth인 경우).

둘째, 결과변수의 분포를 어떻게 가정할 수 있는가에 따라 사용할 수 있는 네트워크 회귀모형이 달라집니다. 통상적 데이터에 대한 회귀모형과 마찬가지로 네트워크의 링크 혹은 노드수준 속성변수가 정규분포를 가정할 수 있는 연속형 변수 형태인지, 아니면 0이나 1로 측정된 이분변수인지를 판단한 후 각 상황에 맞는 네트워크 회귀모형을 선택하면 됩니다.

[표 11-1] 네트워크 회귀모형 분류

결과물 분포 / 결과물 유형	연속형 변수 (정규분포 가정)	이분변수 (0 혹은 1로 측정)
네트워크	• 선형 네트워크 회귀모형 (linear regression for network data) • statnet/sna 패키지 netlm() 함수 • 예: 링크가중된 eies 오브젝트 노드 간 메시지 교류 네트워크를 결과변수로 투입하고, 이를 친분관계 네트워크 (eies2 오브젝트)로 설명하는 네트워크 회귀모형	• 로지스틱 네트워크 회귀모형 (logistic regression for network data) • statnet/sna 패키지 netlogit() 함수 • 예: flo 오브젝트의 혼인관계(가문 간 혼인관계 형성 여부)를 결과변수로 투입하고, 이를 가문 간 사업관계(flo2 오브젝트)를 활용하여 설명하는 네트워크 회귀모형
노드속성	• 선형 네트워크 자기상관 모형 (linear network autocorrelation model) • statnet/sna 패키지 lnam() 함수 • 예: flo 오브젝트 노드의 경제적 수준(wealth)을 결과변수로 투입하고, 이를 노드 간 혼인관계와 사업관계로 설명하는 네트워크 회귀모형	

이제 [표 11-1]에서 분류한 네트워크 회귀모형을 소개한 후 예시 데이터를 통해 추정방법을 소개하겠습니다. 10장과 마찬가지로 무방향 네트워크로는 flo 오브젝트(혼인관계)와 flo2 네트워크(사업관계)를, 유방향 네트워크로는 eies 네트워크(메시지 교류)와 eies1 네트워크(친분관계)를 예시 데이터로 활용하였습니다. 네트워크 회귀모형 추정을 위해 statnet/sna 패키지의 내장함수들을 활용하였지만,[1] 10장과 마찬가지로 아쉽게

---

1 선형 네트워크 회귀모형과 로지스틱 네트워크 회귀모형의 경우 migraph 패키지(version 0.13.2)의 network_reg() 함수를 활용하여 추정할 수 있습니다. 그러나 R 기반 네트워크 분석 이용자들에게 migraph 패키지보다는 statnet 패키지가 더 친숙하고 유명하다는 점에서 본서에서는 migraph 패키지의 network_reg() 함수를 소개하지는 않았습니다. tidyverse 이용자라면 statnet 패키지보다 migraph 패키지의 구성방식이 좀 더 편하게 느껴질 것입니다.

도 igraph 패키지에서는 네트워크 회귀모형 추정을 위한 함수들을 제공하지 않고 있습니다. 이번 장에서 실습을 위해 필요한 패키지와 예시 데이터를 호출하는 과정은 다음과 같습니다.

```
> # 11장 다변량 네트워크 회귀분석
> library(statnet)
> library(tidyverse)
> library(networkdata)
> library(patchwork)
> # 예시 데이터
> flo <- intergraph::asNetwork(flo_marriage)
> flo2 <- intergraph::asNetwork(flo_business)
> eies <- intergraph::asNetwork(eies_messages)
> eies2 <- intergraph::asNetwork(eies_relations)
```

① 선형 네트워크 회귀모형

선형 네트워크 회귀모형에서는 결과변수에 네트워크, 보다 구체적으로 정규분포를 가정할 수 있는 연속형 변수 형태의 노드 간 연결관계를 투입하며, 동일한 노드들로 구성된 다른 네트워크 혹은 노드 간 연결관계 등을 설명변수로 투입하여 추정합니다. 통상적 OLS 회귀모형과 마찬가지로 절편(intercept)과 회귀계수(coefficient)와 같은 모수들을 추정할 수 있습니다. 단, 모수통계기법을 토대로 모수에 대한 통계적 유의도 테스트 결과를 제시하는 OLS 회귀모형과 달리 선형 네트워크 회귀모형에서는 10장에서 소개한 QAP 테스트를 토대로 절편과 회귀계수의 통계적 유의도를 가늠합니다. 이런 점으로 인해 선형 네트워크 회귀모형은 흔히 '다중회귀 QAP(Multiple Regression Quadratic Assignment Procedure, MRQAP) 테스트'라고 불립니다(Dekker et al., 2007; Krackhardt, 1988). 즉 선형 네트워크 회귀모형에서는 QAP 테스트와 동일하게 순열(permutation) 방식을 활용하여 설명변수로 투입된 네트워크와 결과변수로 투입된 네트워크의 관계(즉 선형 네트워크 회귀계수)가 우연히 나타날 수 있는지, 아니면 우연이라고 보기 어려운 관계인지를 가늠합니다.

여기서는 먼저 eies 오브젝트를 대상으로 선형 네트워크 회귀모형을 추정하였습니다. eies 오브젝트의 링크가중치(weight)를 반영한 인접행렬(즉 노드 간 메시지 전송량)을 선형 네트워크 회귀모형의 결과변수로 투입하였습니다. 이때 링크가중치인 weight의 편포를 조정하기 위해 자연로그를 이용하여 변환한 후 추출된 인접행렬을 선형 네트워크 회귀모형의 결과변수로 투입하였습니다. 이 인접행렬을 설명하기 위한 선형 네트워크 회귀모형으로 3가지 모형을 추정하였으며 각 모형에 투입한 설명변수는 아래와 같습니다.

- **모형1**: 연구자 간 친구관계(연구 프로젝트 시작 이전에 친구관계였으면 1, 아니면 0)
- **모형2**: 모형1에 소속분과 동일 여부(연구자의 소속분과가 동일하면 1, 아니면 0)를 추가
- **모형3**: 모형2에 연구자 간 피인용빈도 격차(발신자의 피인용수와 수신자의 피인용수 격차)를 추가

선형 네트워크 회귀모형 추정에는 statnet/sna 패키지의 netlm() 함수를 활용합니다. 추정하기 전 먼저 분석에 투입할 4가지 변수를 준비합니다. 결과변수는 아래와 같은 과정을 통해 준비하였습니다. 링크수준의 weight 변수에 대해 자연로그를 이용하여 변환한 lgwgt 변수를 생성한 후 as.matrix() 함수 옵션으로 type에는 인접행렬생성을 위한 "adjacency"를 지정하고, attrname에는 lgwgt 변수를 지정하였습니다. 이렇게 하여 얻은 인접행렬에서 대각요소를 모두 0으로 변환하였습니다. 왜냐하면 대각요소의 값에는 자신에게 보낸 메시지, 즉 자기순환링크를 분석에서 반영하는 것이 타당하지 않기 때문입니다.

```
> # 선형 네트워크 회귀모형: MRQAP
> # 결과변수: 자연로그전환 메시지 발송량 반영 인접행렬
> eies %e% 'lgwgt' <- log(eies %e% 'weight')
> eiesmat <- as.matrix(eies,type="adjacency",attrname="lgwgt")
> diag(mat_logmsg) <- 0 # 자기순환링크의 경우 0으로
```

설명변수들은 다음과 같은 방식으로 정리하였습니다. 먼저 연구자 간 친구관계의 경우, eies2 오브젝트의 링크수준 변수 rank_1을 리코딩한 후 인접행렬로 변환해 사용하였습니다. 이후 다른 설명변수들과의 통합할 목적으로 3×32×32의 어레이 오브젝트(즉 3개의

행렬, 각 행렬의 가로줄과 세로줄은 각각 32)를 생성한 후, 이 어레이 오브젝트의 첫 번째 차원에 연구자 간 친구관계 인접행렬을 지정하였습니다. 이렇게 생성된 연구자 간 친구관계 인접행렬의 경우 결측값이 존재합니다. 이들 결측값은 연결되지 않은 링크를 의미합니다. 여기서는 연결되지 않은 링크의 경우도 0의 값을 부여했습니다(즉 '친구관계 아님'을 의미함).

```
> # 연구자 간 친구관계
> table(eies2 %e% 'rank_1') # 3,4의 경우 친구 혹은 친한 친구

  1   2   3   4
137 360 111  42
> eies2 %e% 'friend' <- ifelse(eies2 %e% 'rank_1'>2,1,0)
> # 설명변수들을 한데 모을 수 있는 어레이 오브젝트 생성
> mypredmat <- array(NA,dim=c(3,dim(mat_logmsg)))
> mypredmat[1,,] <- as.matrix(eies2,type="adjacency",attrname="friend")
> summary(mypredmat[1,,]) # 결측값 확인
       V1              V2              V3             V4
 Min.   :0.0000  Min.   :0.0000  Min.   :0.000  Min.   :0.0000
 1st Qu.:0.0000  1st Qu.:0.0000  1st Qu.:0.000  1st Qu.:0.0000
 Median :1.0000  Median :0.0000  Median :0.000  Median :0.0000
 Mean   :0.5312  Mean   :0.2759  Mean   :0.125  Mean   :0.2414
 3rd Qu.:1.0000  3rd Qu.:1.0000  3rd Qu.:0.000  3rd Qu.:0.0000
 Max.   :1.0000  Max.   :1.0000  Max.   :1.000  Max.   :1.0000
                 NA's   :3                      NA's   :3
```

[분량 조절을 위하여 이후의 출력결과는 제시하지 않았음]

```
> # 링크가 없는 경우는 친구관계가 아닌 것으로 설정
> for (i in 1:32){
+  for (j in 1:32){
+   mypredmat[1,i,j] <- ifelse(is.na(mypredmat[1,i,j]),0,mypredmat[1,i,j])
+  }
+ }
> # summary(mypredmat[1,,]) # 결측값이 0으로 변환된 것 확인
```

다음으로 소속분과 동일 여부와 연구자 간 피인용빈도 격차를 다음과 같이 생성한 후 mypredmat 어레이 오브젝트의 두 번째, 세 번째 차원에 각각 지정하였습니다. 이들 두 네트워크의 경우, 소속분과 동일 여부는 대각요소가 모두 1이며(즉 자신은 자신과 동일한 분과에 속함), 연구자 간 피인용빈도 격차는 모두 0입니다(즉 자신의 피인용수는 자신의 피인용수와 격차가 존재하지 않음).

```
> # 소속분과 동일 여부: 분과가 다르면 0, 분과가 같으면 1
> node_disc <- eies %v% "Discipline"
> for (i in 1:32){
+   for (j in 1:32){
+     mypredmat[2,i,j] <- as.numeric(node_disc[i] == node_disc[j])
+   }
+ }
> # 연구자 간 피인용빈도 격차
> node_cite <- eies %v% "Citations"
> for (i in 1:32){
+   for (j in 1:32){
+     mypredmat[3,i,j] <- (node_cite[i] - node_cite[j])
+   }
+ }
```

이제 netlm() 함수를 이용해 선형 네트워크 회귀모형을 추정해봅시다. 우선 모형1을 추정해보겠습니다. 추정결과를 살펴보기 전에 여기서 설정한 netlm() 함수의 옵션에 대해 간단히 설명하겠습니다. 첫째, y는 결과변수, 즉 연구자가 설명하고자 하는 네트워크 구성 노드들의 관계를 나타내는 변수로 지정합니다. 여기서는 자연로그로 전환된 메시지 발송분량을 나타내는 인접행렬을 y로 지정하였습니다. 둘째, x는 설명변수로, 모형1에서 추정하고자 하는 연구자 간 친구관계 행렬만을 우선 반영하였습니다. 즉 어레이 오브젝트의 첫 번째 차원 행렬만을 지정하는 방법을 취했습니다. 셋째, mode에는 "digraph"를 설정하였습니다. 왜냐하면 eies 오브젝트는 유방향 네트워크이기 때문입니다. 만약 무방향 네트워크를 결과변수로 투입했다면 mode를 "graph"로 바꾸어 설정하면 됩니다. 넷째, nullhyp 옵션은 "qap"을 선택하였습니다. netlm() 함수는 총 9개의 nullhyp 옵션을 제공하고 있습니다만, 특별한 이유가 없다면 "qap"을 선택하는 것이 적절합니다.[2] 다섯째, test.statistic 옵션은 "beta"를 설정하였는데, 이는 회귀계수에 대한 QAP 테스트 결과제시를 의미합니다. "t-value" 옵션을 선택할 수도 있지만, "beta" 옵션을

---

2 연구목적에 따라 "qapspp"나 "qapy"를 선택할 수도 있습니다(기타 다른 옵션들의 경우 활용도가 높지 않기에 소개하지 않았습니다). "qapy" 옵션은 결과변수로 투입된 네트워크에만 순열(permutation)을 기반으로 한 QAP 테스트를 실시한다는 의미입니다. "qapspp"는 데커 등(Dekker et al., 2007)이 제안한 DSP(Double Semi-Partialing) QAP 테스트를 의미합니다. "qap"보다 "qapspp"를 사용할 때 보다 강건한(robust) 결과를 얻을 수 있다고 하지만, netlm() 함수에서는 "qap" 옵션을 추천하고 있습니다.

지정하여 얻은 결과해석이 더 용이합니다. 끝으로 reps 옵션은 10장에서 설명한 cug. test() 함수나 qaptest() 함수의 reps 옵션과 동일합니다. 여기서는 10,000회를 설정하였습니다.

```
> # 선형 네트워크 회귀모형 추정결과
> set.seed(20230328)
> netlm1 <- netlm(y=mat_logmsg,x=mypredmat[1,,], # 결과변수와 예측변수
+              mode="digraph",              # 유방향 네트워크
+              nullhyp="qap",               # QAP 테스트
+              test.statistic="beta",       # 모수추정치 제시
+              reps=10000)                  # 10,000번
> summary(netlm1)

OLS Network Model

Residuals:
      0%        25%       50%       75%      100%
-1.925779 -1.096622 -1.096622 1.205964 5.229528

Coefficients:
            Estimate   Pr(<=b)  Pr(>=b)  Pr(>=|b|)
(intercept) 1.0966215  0.7250   0.2750   0.2750
x1          0.8291579  0.9992   0.0008   0.0008

Residual standard error: 1.548 on 990 degrees of freedom
Multiple R-squared: 0.03616      Adjusted R-squared: 0.03519
F-statistic: 37.15 on 1 and 990 degrees of freedom, p-value: 1.568e-09
Test Diagnostics:

        Null Hypothesis: qap
        Replications: 10000
        Coefficient Distribution Summary:

        (intercept)         x1
Min        0.908118   -0.750920
1stQ       1.038964   -0.180331
Median     1.070742   -0.019681
Mean       1.068233   -0.003846
3rdQ       1.099551    0.160839
Max        1.201195    0.969424
```

모형1의 추정결과에서 나타나듯이 선형 네트워크 회귀모형 추정결과는 OLS 회귀모형 추정을 위한 lm() 함수의 출력결과와 매우 유사합니다. 분석결과를 보면, 연구 프로젝트가 시작하기 전에 친구관계로 지내던 연구자에게는 메시지를 더 많이 보내는 것을 확인할 수 있습니다. 연구자 간 친구관계가 연구자 간 메시지 발송량에 미치는 효과를 추정한 회귀계수는 0.83 정도인데, 이는 Pr(>=b) 결과에서 확인할 수 있듯 통계적으로도 매우 드물게 나타나는 결과입니다(약 10,000번 중 8번 정도로 발생할 확률). 위의 절편과 회귀계수를 모두 해석하자면, 연구 프로젝트 시작 전 친구관계가 아닌 연구자에 대해서는 약 $3 \approx e^{1.10}$ 회 정도의 메시지를 발송하지만, 친구관계였던 연구자에 대해서는 약 $7 \approx e^{1.10 + 0.83}$ 회 정도의 메시지를 발송하였다는 뜻입니다.[3] 모수추정 결과 아래에 제시된 R^2이나 수정된 R^2에 대한 해석은 OLS 회귀모형에 대한 해석과 본질적으로 동일합니다.

다음으로 Test Diagnostics: 부분에 제시된 결과는 10,000회의 순열 기반 시뮬레이션으로 얻은 절편과 회귀계수 결과들의 분포를 요약한 것입니다. statnet 패키지의 경우 cug.test() 함수나 qaptest() 함수의 분석결과를 plot() 함수를 이용해 쉽게 시각화할 수 있지만, netlm() 함수의 경우 plot() 함수를 통한 분석결과 시각화를 지원하지 않습니다. 그러나 netlm() 함수 출력결과의 하위오브젝트인 $dist를 활용하면, 다음과 같이 모수추정 결과를 시각화할 수 있습니다.

```
> # 모수추정 통계적 유의도 시각화
> tibble(intercept=netlm1$dist[,1],coefficient1=netlm1$dist[,2]) %>%
+ pivot_longer(cols=everything()) %>%
+ mutate(
+   obs=ifelse(name=="intercept",netlm1$coefficients[1],netlm1$coefficients[2])
+ ) %>%
+ ggplot(aes(x=value))+
+ geom_histogram(bins=50,fill="pink")+
+ geom_vline(aes(xintercept=obs),color="blue",lty=2)+
+ labs(x="Distribution for simulated parameter estimates\n(10,000 permutations)")+
+ theme_bw()+
+ facet_grid(~name,scale="free")
> ggsave("P1_Ch11_Fig01.png",width=18,height=8,unit="cm")
```

---

3 지수함수로 바꾸어준 이유는 메시지 발송량(즉 weight 변수)을 자연로그로 전환(즉 lgwgt 변수)했기 때문입니다.

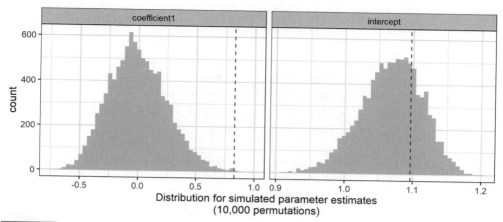

그림 11-1

이제는 모형2와 모형3을 추정해봅시다. netlm() 함수의 다른 옵션들은 그대로 두고, x 옵션만 조정하여 투입되는 설명변수들을 조정하였습니다.

```
> set.seed(20230328)
> netlm2 <- netlm(y=mat_logmsg,x=mypredmat[1:2,,],
+               mode="digraph",nullhyp="qap",
+               test.statistic="beta",reps=10000)
> netlm2
```

OLS Network Model

Coefficients:

	Estimate	Pr(<=b)	Pr(>=b)	Pr(>=|b|)
(intercept)	1.10211570	0.9538	0.0462	0.0462
x1	0.83270218	0.9988	0.0012	0.0012
x2	-0.01772932	0.4801	0.5199	0.9495

Residual standard error: 1.548 on 989 degrees of freedom
F-statistic: 18.57 on 2 and 989 degrees of freedom, p-value: 1.211e-08
Multiple R-squared: 0.03619   Adjusted R-squared: 0.03424

```
> set.seed(20230328)
> netlm3 <- netlm(y=mat_logmsg,x=mypredmat[,,],
+               mode="digraph",nullhyp="qap",
+               test.statistic="beta",reps=10000)
> netlm3
```

OLS Network Model

Coefficients:

	Estimate	Pr(<=b)	Pr(>=b)	Pr(>=|b|)
(intercept)	1.10092411	0.9536	0.0464	0.0464
x1	0.84309282	0.9989	0.0011	0.0011
x2	-0.01893557	0.4789	0.5211	0.9462
x3	-0.00245949	0.0126	0.9874	0.0646

Residual standard error: 1.545 on 988 degrees of freedom
F-statistic: 14.17 on 3 and 988 degrees of freedom, p-value: 4.761e-09
Multiple R-squared: 0.04126   Adjusted R-squared: 0.03835

모형2와 모형3의 추정결과를 통해 연구자의 소속분과가 동일한지 여부는 메시지 발송량 네트워크에 별다른 영향을 미치지 못하는 것을 확인하였습니다('모형2'와 '모형3' 모두 $b = -.018$, $p = ns$). 그러나 연구자 사이의 피인용수 격차의 경우, 약하지만 메시지 발송량과 무시하기 어려운 효과를 보이는 것으로 나타났습니다. 구체적으로 송신자가 수신자보다 피인용횟수가 더 높을 경우, 메시지 발송량은 더 적게 나타났습니다('모형3', $b = -.002$, 이 수치보다 작은 수치가 나올 확률은 약 0.01). 즉 고려된 설명변수들 중 메시지 발송량 네트워크에 영향을 미치는 통계적으로 유의미한 변수는, 연구 프로젝트 시작 이전 메시지 송신자와 수신자의 친구관계, 그리고 연구자 사이의 피인용수 격차로 나타났습니다.

❷ 로지스틱 네트워크 회귀모형

선형 네트워크 회귀모형에서는 결과변수로 투입된 네트워크 관계, 즉 링크수준 변수가 정규분포를 갖는 연속형 변수라고 가정합니다. 그러나 상당수 네트워크의 경우, 링크연결 여부에 따라 {0, 1}의 이분변수로 표현됩니다. 즉 노드 간 관계 유무가 입력된 네트워크를 결과변수로 투입할 경우에는 선형 네트워크 회귀모형을 사용할 수 없으며, 지금 소개할 로지스틱 네트워크 회귀모형을 사용하면 됩니다. 로지스틱 네트워크 회귀모형은 통상적 데이터 분석에서 자주 사용되는 '이분 로지스틱(binary logistic) 회귀모형'과 개념적으로 유사합니다.

여기서는 flo 오브젝트, 즉 가문 간 혼인관계 형성 여부를 설명하는 로지스틱 네트워크 회귀모형을 추정하였습니다. 아울러 가문 간 혼인관계 형성 여부의 설명변수들을 다음과 같이 투입하였습니다.

- **모형1**: 가문 간 사업관계(flo2 오브젝트; 사업관계가 존재하면 1, 존재하지 않으면 0)
- **모형2**: 모형1에 가문 간 경제적 지위(wealth) 격차를 추가
- **모형3**: 모형2에 가문 간 정치적 지위(X.priors) 격차를 추가

로지스틱 네트워크 회귀모형 추정에는 statnet/sna 패키지의 netlogit() 함수를 활용합니다. 회귀모형 추정 이전에 결과변수와 설명변수들을 준비하였습니다. 먼저 결과변수는 flo 오브젝트를 그대로 사용하였습니다. 왜냐하면 선형 네트워크 회귀분석과 달리 flo 오브젝트의 경우 링크가중을 고려할 필요가 없기 때문입니다.

다음으로 설명변수인 사업관계 네트워크와 가문 간 경제적 지위와 정치적 지위 격차 네트워크의 경우, 어레이 오브젝트로 통합하였습니다. 이를 위해 먼저 3×16×16의 어레이 오브젝트를 형성한 후, 순서대로 사업관계 네트워크와 가문 간 경제적 지위와 정치적 지위 격차 네트워크를 입력하였습니다.

```
> # QAP 테스트 기반 네트워크 로지스틱 회귀분석
> mypredmat <- array(NA,dim=c(3,16,16))
> # 가문 간 사업관계
> mypredmat[1,,] <- as.matrix(flo2,type="adjacency")
> # 가문 간 경제적 지위 격차
> node_wealth <- flo %v% "wealth"
> for (i in 1:16){
+  for (j in 1:16){
+   mypredmat[2,i,j] <- abs(node_wealth[i] - node_wealth[j])
+  }
+ }
> # 가문 간 정치적 지위 격차
> node_prior <- flo %v% "X.priors"
> for (i in 1:16){
+  for (j in 1:16){
+   mypredmat[3,i,j] <- abs(node_prior[i] - node_prior[j])
+  }
+ }
```

이제 netlogit() 함수를 이용하여 로지스틱 네트워크 회귀모형을 추정해보겠습니다. netlogit() 함수와 netlm() 함수는 투입되는 결과변수 분포에 대한 가정이 다를 뿐, 다른 옵션들은 동일합니다. 여기서는 앞서 netlm() 함수에서 설정한 옵션과 동일하게 netlogit() 함수 옵션을 설정하였습니다. 먼저, 모형1을 추정한 결과는 아래와 같습니다.

```
> # 모형1
> set.seed(20230328)
> netlogit1 <- netlogit(y=flo,x=mypredmat[1,,],
+                       mode="graph",nullhyp="qap",
+                       test.statistic="beta",reps=10000)
> summary(netlogit1)

Network Logit Model

Coefficients:
            Estimate    Exp(b)     Pr(<=b)   Pr(>=b)   Pr(>=|b|)
(intercept) -2.047693   0.1290323  0.3226    0.6774    0.3226
x1           2.181224   8.8571429  0.9996    0.0004    0.0561

Goodness of Fit Statistics:

Null deviance: 166.3553 on 120 degrees of freedom
Residual deviance: 95.35811 on 118 degrees of freedom
Chi-Squared test of fit improvement:
        70.99722 on 2 degrees of freedom, p-value 3.330669e-16
AIC: 99.35811      BIC: 104.9331
Pseudo-R^2 Measures:
        (Dn-Dr)/(Dn-Dr+dfn): 0.3717186
        (Dn-Dr)/Dn: 0.4267805
Contingency Table (predicted (rows) x actual (cols)):

        Actual
Predicted  0  1
        0 93 12
        1  7  8

        Total Fraction Correct: 0.8416667
        Fraction Predicted 1s Correct: 0.5333333
        Fraction Predicted 0s Correct: 0.8857143
```

```
        False Negative Rate: 0.6
        False Positive Rate: 0.07

Test Diagnostics:

        Null Hypothesis: qap
        Replications: 10000
        Distribution Summary:

        (intercept)        x1
Min         -2.6880   -17.1191
1stQ        -2.0794    -0.2963
Median      -1.9839    -0.2963
Mean        -1.9908    -0.9957
3rdQ        -1.8967     0.2578
Max         -1.6056     2.5509
```

　　모형 추정결과는 통상적 데이터 분석의 로지스틱 회귀모형 추정결과와 크게 다르지 않습니다. 먼저 Coefficients: 부분은 로지스틱 네트워크 회귀모형의 절편과 회귀계수를 의미합니다. 여기서 가문 간 사업관계 여부는 혼인관계 여부와 매우 밀접한 관련을 맺는 것으로 나타났습니다(즉 b = 2.18이며, 이 수치보다 더 큰 수치가 나타날 가능성은 0.004로 매우 낮음). 구체적으로 이 모형 추정결과는 "가문 간 사업관계가 존재할 경우 혼인관계를 맺을 확률은 약 0.53이며, 사업관계가 존재하지 않을 경우 혼인관계를 맺을 확률은 약 0.11[4]이고, 이 차이는 우연에 의해 발생한다고 보기 어렵다"라고 해석할 수 있습니다. 물론 추정결과 옆에 제시된 Exp(b)를 활용해서 오즈비(OR, odds ratio)로 해석할 수도 있습니다. 그다음에 나타나는 결과들 역시 로지스틱 회귀모형 추정결과와 크게 다르지 않습니다. 결과 마지막에 제시된 Test Diagnostics: 부분은 10,000번의 시뮬레이션으로 얻은 절편과 회귀계수들의 분포를 대략적으로 보여줍니다. 필요한 경우 `netlogit()` 함수 추정결과의 하위오브젝트인 `$dist`를 추출하면, 앞의 [그림11-1]과 비슷한 방식으로 MRQAP 테스트 결과를 시각화할 수 있습니다.

4　각 조건별 확률값은 R의 `plogis()` 함수를 이용해 계산하였습니다. 즉 사업관계를 맺지 않은 경우의 혼인관계 형성 확률은 `plogis(-2.05)`로, 사업관계를 맺는 경우의 혼인관계 형성 확률은 `plogis(2.18-2.05)`로 계산하였습니다.

다른 2개의 로지스틱 네트워크 회귀모형도 추정해봅시다. 동일한 옵션을 적용해 추정한 결과는 아래와 같습니다. 모형2와 모형3의 정보지수(AIC, BIC)를 비교해보면 모형2가 가장 적절하다는(더 작은 정보지수를 보임) 것을 쉽게 알 수 있습니다. 즉 가문 사이 혼인관계 여부의 경우, 모형1에서 확인한 것과 마찬가지로 가문 간에 사업관계가 존재할수록 더 높아집니다. 아울러 가문 간 경제적 지위 격차가 더 클수록 혼인관계를 형성하지만, 가문 간 정치적 지위 격차는 가문 간 혼인관계 여부를 설명하지 못하는 것을 확인할 수 있습니다.

```
> set.seed(20230328)
> netlogit2 <- netlogit(y=flo,x=mypredmat[1:2,,],
+                       mode="graph",nullhyp="qap",
+                       test.statistic="beta",reps=10000)
> netlogit2

Network Logit Model

Coefficients:
             Estimate     Exp(b)   Pr(<=b)   Pr(>=b)   Pr(>=|b|)
(intercept)  -3.04177619  0.047750  0.0004    0.9996    0.0004
x1            2.49662276  12.141420  0.9998    0.0002    0.0559
x2            0.01994758  1.020148  0.9983    0.0017    0.0347

Goodness of Fit Statistics:

Null deviance: 166.3553 on 120 degrees of freedom
Residual deviance: 86.96187 on 117 degrees of freedom
Chi-Squared test of fit improvement:
        79.39345 on 3 degrees of freedom, p-value 0
AIC: 92.96187     BIC: 101.3243
Pseudo-R^2 Measures:
        (Dn-Dr)/(Dn-Dr+dfn): 0.3981748
        (Dn-Dr)/Dn: 0.4772523
> set.seed(20230328)
> netlogit3 <- netlogit(y=flo,x=mypredmat[,,],
+                       mode="graph",nullhyp="qap",
+                       test.statistic="beta",reps=10000)
> netlogit3

Network Logit Model
```

```
Coefficients:
              Estimate        Exp(b)    Pr(<=b)   Pr(>=b)   Pr(>=|b|)
(intercept)   -2.879298869   0.05617413   0.0013    0.9987    0.0013
x1             2.522188964  12.45583222   0.9998    0.0002    0.0559
x2             0.021880815   1.02212196   0.9958    0.0042    0.0260
x3            -0.008440815   0.99159471   0.2790    0.7210    0.5589
```

Goodness of Fit Statistics:

```
Null deviance: 166.3553 on 120 degrees of freedom
Residual deviance: 86.58977 on 116 degrees of freedom
Chi-Squared test of fit improvement:
        79.76555 on 4 degrees of freedom, p-value 2.220446e-16
AIC: 94.58977     BIC: 105.7397
Pseudo-R^2 Measures:
        (Dn-Dr)/(Dn-Dr+dfn): 0.3992958
        (Dn-Dr)/Dn: 0.479489
```

❸ 선형 네트워크 자기상관 회귀모형

네트워크의 특정 노드속성은 해당 노드와 연결될 다른 노드속성과 완전히 독립적이라고 보기 어렵습니다. 네트워크 데이터에서 나타나는 이러한 특성을 흔히 '자기상관(AR, autocorrelation)'이라고 부르며, 이를 네트워크 회귀모형 추정과정에 반영한 것이 바로 여기서 소개하는 '선형 네트워크 자기상관 회귀모형(LNAM)'입니다. 네트워크 연구에서 흔히 등장하는 '사회적 영향력(social influence)'은 바로 '자기상관' 현상의 일종으로 볼 수 있습니다(Leenders, 2002).

자기상관과 아울러 LNAM에서는 AR 외에도 '이동평균(MA, moving average)' 역시 통제합니다. 아마 ARIMA(autoregressive integrated moving average) 모형과 같은 시계열 데이터 분석에 익숙하다면 AR과 MA가 무엇을 의미하는지 이해할 수 있을 것입니다. LNAM에서 AR은 특정 노드의 결과변수가 연결된 노드의 결과변수에 의해 영향을 받는다는 것을 의미하며, MA는 특정 노드의 회귀모형 잔차항이 다른 노드의 회귀모형 잔차항에 영향을 받는다는 것을 의미합니다(Butts, 2008b). 2가지 항 모두 네트워크 효과,

즉 노드들을 둘러싼 맥락이 결과변수 그 자체, 혹은 잔차항에 어떤 영향을 주는지를 추정합니다.

LNAM은 statnet/sna 패키지의 lnam() 함수로 추정할 수 있습니다. 여기서는 무방향 네트워크 데이터를 대상으로 LNAM을 적용해보겠습니다(유방향 네트워크의 경우도 본질적으로 동일합니다). flo 오브젝트의 노드수준 변수인 경제적 지위(wealth)를 결과변수로 투입하였으며, 다음과 같이 설명변수들을 순차적으로 투입하는 방식으로 총 3개의 LNAM 모형을 투입하였습니다.

	설명변수	자기상관(AR)	이동평균(MA)
모형1	• 가문의 정치적 지위 (X.priors)	없음	없음
모형2	• 가문의 정치적 지위 (X.priors)	• 혼인관계 네트워크(flo) • 사업관계 네트워크(flo2)	없음
모형3	• 가문의 정치적 지위 (X.priors)	• 혼인관계 네트워크(flo) • 사업관계 네트워크(flo2)	• 혼인관계 네트워크(flo) • 사업관계 네트워크(flo2)

LNAM 모형 추정에 앞서 노드수준의 변수를 벡터 형식으로 별도 저장합니다(왜냐하면 %v% 오퍼레이터를 사용하면 코드의 가독성이 떨어지기 때문입니다). 여기서는 결과변수인 가문의 경제적 지위는 fam_eco라는 오브젝트로, 정치적 지위는 fam_pol이라는 오브젝트로 저장하였습니다.

```
> # 무방향 네트워크 데이터의 경우
> # 결과변수(노드수준)는 가문의 경제적 지위(재산)
> fam_eco <- (flo %v% 'wealth')
> # 설명변수(노드수준): 정치적 지위(의석수)
> # 설명변수(네트워크수준): 혼인관계 네트워크
> fam_pol <- (flo %v% 'X.priors')
```

이제 LNAM을 lnam() 함수를 이용해 추정해보겠습니다. lnam() 함수의 경우 모형 구성요소 4가지를 지정해야 합니다. 첫째, y 옵션에는 노드수준 결과변수를 지정합니다. 앞서 밝혔듯이 여기서는 fam_eco로 저장된 가문의 경제적 지위를 지정하였습니다. 둘째, x 옵션에는 노드수준 설명변수들을 지정합니다. 여기서는 `fam_pol`로 저장된 가문의 정치적 지위를 지정하였습니다. 이때 '절편'을 추정하는 방법에 주의하여야 합니다. 일반적 회귀모형의 경우 보통 절편 추정이 디폴트 옵션으로 설정됩니다. 그러나 `lnam()` 함수의 경우에는 별도로 절편을 지정하지 않으면 절편추정이 이루어지지 않습니다. 여기서는 절편 추정을 위하여 `cbind()` 함수를 활용해 x 옵션에 1을 설명변수인 `fam_pol`과 묶어 지정하였습니다. 셋째, `W1` 옵션에는 '자기상관(AR)', 즉 사회적 영향력을 추정하기 위한 네트워크를 지정합니다. 입력되는 네트워크는 `network` 오브젝트일 수도 있고, 인접행렬 형태의 `matrix` 혹은 `array` 오브젝트 형식일 수도 있습니다. 만약 2개 이상의 `network` 오브젝트를 지정할 경우 `list()` 함수를 이용하면 됩니다. 넷째, `W2` 옵션에는 '이동평균(MA)'을 추정하기 위한 네트워크를 지정합니다. 지정방식은 `W1` 옵션과 동일합니다.

우선 모형1을 추정해보겠습니다. 앞에서 설명한 바와 같이 AR과 MA를 지정하지 않습니다(둘 다 NULL이라고 지정됨). 모형 추정과 별도로 모형1의 경우, 굳이 `lnam()` 함수를 이용할 필요가 없습니다. 왜냐하면 모형1에는 네트워크 데이터가 전혀 사용되지 않기 때문입니다. 다시 말해 `lnam()` 함수를 이용하여 추정한 모형1은 `lm()` 함수를 이용하여 추정한 OLS 모형과 본질적으로 다를 바가 없습니다. 아래의 결과를 보면 추정된 절편과 회귀계수는 `lnam()` 함수든 `lm()` 함수든 동일합니다. 그러나 모형 추정방식의 차이로 인해 테스트 통계치와 그에 따른 통계적 유의도 추정결과는 다릅니다.

```
> # 모형1
> set.seed(20220331)
> lnam1 <- lnam(y=fam_eco,x=cbind(1, fam_pol),
+                W1=NULL, # AR없음
+                W2=NULL) # MA없음
> summary(lnam1)

Call:
lnam(y = fam_eco, x = cbind(1, fam_pol), W1 = NULL, W2 = NULL)

Residuals:
    Min      1Q  Median      3Q     Max
-48.8145 -25.4948  0.9027 21.0139 74.5742

Coefficients:
         Estimate  Std. Error  Z value  Pr(>|z|)
          26.9861     11.6453    2.317    0.0205 *
fam_pol    0.6005      0.3228    1.860    0.0628 .
```

Signif. codes: 0 '***' 0.001 '**' 0.01 '*' 0.05 '.' 0.1 ' ' 1

	Estimate	Std. Error
Sigma	32.37	32.75

Goodness-of-Fit:

    Residual standard error: 34.61 on 14 degrees of freedom (w/o Sigma)
    Multiple R-Squared: 0.1778, Adjusted R-Squared: 0.06038
    Model log likelihood: -78.34 on 13 degrees of freedom (w/Sigma)
    AIC: 162.7 BIC: 165

    Null model: meanstd
    Null log likelihood: -79.92 on 14 degrees of freedom
    AIC: 163.8 BIC: 165.4
    AIC difference (model versus null): 1.166
    Heuristic Log Bayes Factor (model versus null): 0.3929[5]

```
> # 모형 추정결과(절편과 회귀계수)는 아래와 동일함(테스트 통계치는 다름). 구체적 결과는 각자 확인함
> # lm(fam_eco~fam_pol) %>% summary()
```

그러나 모형2와 모형3과 같이 AR과 MA를 반영할 경우에는 lnam() 함수의 진가가 드러납니다. 모형2의 추정결과는 다음과 같습니다. W2의 경우 NULL을 입력하여 MA는 고려하지 않았지만, W1의 경우 flo, flo2 오브젝트를 list() 함수로 묶어 제시함으로써 두 네트워크에서 나타나는 네트워크 효과를 추정하였습니다. 다음 결과를 보면 혼인관계든 사업관계든 가문의 경제적 지위에는 별다른 영향을 미치지 않는다는 점을 명확히 확인할 수 있습니다. 그러나 AR을 반영하자 가문의 정치적 지위와 경제적 지위의 관계가 매우 강한 연관관계를 갖는 것으로 나타났습니다.

---

5 본서의 목적과는 맞지 않지만, 로그변환 베이스팩터(Log Bayes Factor)에 대해 간단하게 설명하면 다음과 같습니다. 로그변환 베이스팩터는 이름 그대로 베이스팩터(Bayes Factor)를 로그변환한 것입니다. 베이스팩터는 기저모형(null model)과 테스트모형의 가능도의 비율을 의미합니다. 구체적으로 기저모형의 가능도를 분모에, 테스트모형의 가능도를 분자에 배치합니다. 즉 베이스팩터가 크면 클수록 연구자의 기대를 토대로 구성된 테스트모형의 가능도가 기저모형보다 더 우수하다는 뜻이 됩니다. 피셔 경(Sir R. Fisher)의 전통을 따르는 통계적 유의도 테스트에 대한 베이지안 통계학의 대안으로 종종 언급됩니다. 제프레스(Jeffreys, 1961)의 제안을 따를 때, 현재 제시된 약 0.39의 로그변환 베이스팩터는 기저모형과 테스트모형이 별반 다르지 않다는 것을 의미합니다("Not worth more than a bare mention"). 반면 조금 후에 제시할 '모형3'의 로그변환 베이스팩터는 약 5.96인데, 이는 기저모형에 비해 테스트모형이 상당히 다르다는 증거로 해석됩니다("Substantial evidence").

```
> # 모형2
> set.seed(20220331)
> lnam2 <- lnam(y=fam_eco,x=cbind(1, fam_pol),
+                 W1=list(flo,flo2),  # AR반영: 혼인/사업 관계
+                 W2=NULL) # MA 없음
> summary(lnam2)
```

Call:
lnam(y = fam_eco, x = cbind(1, fam_pol), W1 = list(flo, flo2),
  W2 = NULL)

Residuals:
   Min   1Q Median   3Q   Max
-49.086 -24.559 -5.238 18.897 78.091

Coefficients:
          Estimate   Std. Error   Z value   Pr(>|z|)
          16.21733   15.76250   1.029   0.3035
fam_pol   0.91787   0.35390   2.594   0.0095 **
rho1.1   -0.08839   0.08626   -1.025   0.3055
rho1.2   0.15723   0.09518   1.652   0.0985 .

Signif. codes: 0 '***' 0.001 '**' 0.01 '*' 0.05 '.' 0.1 ' ' 1

          Estimate   Std. Error
Sigma   29.31   27.5

Goodness-of-Fit:
        Residual standard error: 37.05 on 12 degrees of freedom (w/o Sigma)
        Multiple R-Squared: 0.2301, Adjusted R-Squared: -0.02659
        Model log likelihood: -77.09 on 11 degrees of freedom (w/Sigma)
        AIC: 164.2 BIC: 168.1

        Null model: meanstd
        Null log likelihood: -79.92 on 14 degrees of freedom
        AIC: 163.8 BIC: 165.4
        AIC difference (model versus null): -0.3428
        Heuristic Log Bayes Factor (model versus null): -2.661

끝으로 모형3의 추정결과는 다음과 같습니다. 혼인관계 및 사업관계 네트워크의 MA를 모형에 반영하자 혼인관계 네트워크 효과가 매우 뚜렷하게 나타났습니다. 즉 가문의 경제적 지위는 해당 가문과 혼인관계로 연결된 다른 가문의 경제적 지위에 따라 달라지지만(AR: rho1.1 결과), 동시에 특정 가문의 잔차항 역시 혼맥으로 연결된 다른 가문의 잔차항에 의해 영향을 받습니다(MA: rho2.1 결과). 반면 사업관계 네트워크의 경우, 가문의 경제적 지위에 별다른 네트워크 효과를 미치지 않는 것으로 나타났습니다. 즉 가문의 경제적 지위는 가문의 정치적 지위가 높을수록(fam_pol 추정결과), 그리고 혼인관계로 연결된 가문의 경제적 지위에 따라 경제적 지위가 높아지지만(rho1.1 추정결과), 혼인으로 연결된 가문의 어떤 특정하기 어려운 요인의 네트워크 효과도 존재한다는 것(rho2.1 추정결과)을 발견할 수 있습니다.

```
> # 모형3
> set.seed(20220331)
> lnam3 <- lnam(y=fam_eco,x=cbind(1, fam_pol),
+               W1=list(flo,flo2), #AR반영: 혼인/사업 관계
+               W2=list(flo,flo2)) #MA반영: 혼인/사업 관계
> summary(lnam3)

Call:
lnam(y = fam_eco, x = cbind(1, fam_pol), W1 = list(flo, flo2),
  W2 = list(flo, flo2))

Residuals:
   Min     1Q Median    3Q    Max
-35.230 -29.958  2.124 17.213 66.155

Coefficients:
         Estimate  Std. Error  Z value   Pr(>|z|)
         -3.48755     7.71958   -0.452    0.65143
fam_pol   0.56279     0.21385    2.632    0.00849 **
rho1.1    0.19266     0.04249    4.534  5.79e-06 ***
rho1.2    0.05849     0.04558    1.283    0.19941
rho2.1   -0.57946     0.04691  -12.353    < 2e-16 ***
rho2.2   -0.21655     0.12295   -1.761    0.07819 .
---
Signif. codes: 0 '***' 0.001 '**' 0.01 '*' 0.05 '.' 0.1 ' ' 1
```

```
          Estimate   Std. Error
Sigma       14.97       7.934
```

Goodness-of-Fit:

      Residual standard error: 36.67 on 10 degrees of freedom (w/o Sigma)

      Multiple R-Squared: 0.4052, Adjusted R-Squared: 0.04832

      Model log likelihood: -70.01 on 9 degrees of freedom (w/Sigma)

      AIC: 154 BIC: 159.4

      Null model: meanstd

      Null log likelihood: -79.92 on 14 degrees of freedom

      AIC: 163.8 BIC: 165.4

      AIC difference (model versus null): 9.825

      Heuristic Log Bayes Factor (model versus null): 5.962

지금까지 시뮬레이션 및 순열에 기초하여 네트워크 데이터 통계치에 대한 통계적 유의도를 가늠하는 방법들을 살펴보았습니다. 10장과 11장에서 소개한 네트워크 데이터 분석기법들은 UCINET이나 Pajek과 같은 네트워크 데이터 분석 패키지에서도 지원할 정도로 널리 사용되는 것입니다.

한편, 최근에는 '지수족 랜덤그래프 모형(ERGM, exponential random graph model)'과 '시뮬레이션 기반 네트워크 분석(SIENA, simulation investigation for empirical network analysis) 모형'과 같은 같은 네트워크 모형 추정기법들이 인기를 끌면서 10장과 11장에서 소개한 기법들이 예전에 비해서는 적게 활용되는 듯합니다. 아마도 가장 큰 이유는 이들 기법보다 ERGM과 SIENA 등이 적용범위가 훨씬 더 넓고 다양하기 때문일 것입니다. 구체적으로 로지스틱 네트워크 분석은 이진(binary) ERGM으로, 선형 네트워크 분석은 정가(valued)-ERGM으로 추정할 수 있으며, 선형 네트워크 자기상관 회귀모형(LNAM)은 SIENA로 추정할 수 있습니다. 그러나 ERGM이나 SIENA로 추정할 수 있는 모형들 중 일부 모형만이 10장과 11장에서 소개한 네트워크 분석기법들과 비슷합니다. 다시 말해 4부에서 소개할 모형들이 10장과 11장에서 소개한 모형들에 비해 활용 범위가 보다 더 넓습니다.

3부에서는 시뮬레이션 혹은 순열을 기반으로 하는 네트워크 추리통계 기법들을 살펴보았습니다. 4부에서는 최근 널리 사용되고 있는 네트워크 모형 추정(network modeling) 기법인 '지수족 랜덤그래프 모형(ERGM, exponential random graph model)'과 '시뮬레이션 기반 네트워크 분석(SIENA, simulation investigation for empirical network analysis) 모형'을 살펴보겠습니다.

4부

네트워크 데이터 모형 추정기법

12장

지수족 랜덤그래프 모형(ERGM)

① ERGM 개요

'지수족(族) 랜덤그래프 모형(ERGM)'이 무엇을 하는가와 관련하여 statnet 패키지의 ergm 패키지 개발자들은 다음과 같이 정의하고 있습니다.

> "간단히 말해, ERGM의 목적은 네트워크의 전반적 구조에 영향을 미치는 국소적 선택과정 발생요인들을 간략하게 묘사하는 것이다(The purpose of ERGMs, in a nutshell, is to describe parsimoniously the local selection forces that shape the global structure of a network)."
>
> (Hunter et al., 2008, p. 2).

선뜻 와닿지 않는 표현일 수 있습니다. 예를 들어 살펴보겠습니다. 먼저 ERGM은 전체네트워크 구조가 어떻게 생성되었는지를 설명하고자 합니다. 예를 들어 네트워크 내부에서 행위자(노드) 사이의 동종선호(homophily)가 발생하면, 동일하거나 유사한 속성을 갖는 노드들 간의 폐쇄적인 혹은 강력한 링크(예를 들어 앞에서 소개했던 파벌이나 k핵심집단, 콤포넌트 등)가 형성될 것입니다. 아울러 이러한 과정이 장기적으로 고착되면 전체네트워크 구조가 형성될 것입니다. 즉 "local selection forces"라는 표현은 바로 노드들 사이의 동종선호를 의미하며, 이로 인한 전체적 네트워크의 발현 결과가 "global structure of a network"를 의미합니다. 물론 네트워크의 형태를 결정짓는 요인들은 예시로 언급한 '동종선호' 외에도 다양하며, 어떤 맥락 그리고 어떤 시점의 네트워크인가에 따라 네트워크에 대한 연구자의 이론적 관점 역시 다양할 것입니다.

다시 ERGM의 정의로 돌아가겠습니다. ERGM에서 설명하고자 하는 대상, 즉 일반 선형모형에 비유할 때 결과변수와 개념적으로 비교할 수 있는 것은 '네트워크의 전반적 구조(global structure of a network)'이며, 예측변수와 개념적으로 유사한 것은 '국소적 선택과정 발생요인들(local selection forces)'입니다. 먼저 네트워크의 전반적 구조는 어떻게 이해해야 할까요? 이와 관련하여, 네트워크의 전체적인 구조를 살펴보기에는 너무 단순하지만 여전히 유용한 ERGM의 초창기 모형인 p_1모형(Holland & Leinhardt, 1981)을 이해할 필요가 있습니다. p_1모형은 네트워크를 구성하는 가장 기본 단위인 두 노드 간의 연결관계를 로지스틱 회귀모형 관점으로 모형화한 것입니다. p_1모형은 네트워크를 구성하는 두 노드 i, j의 연결관계인 양자관계(dyad, y_{ij})가 다른 양자관계의 발생 여부와 무관하다고 가정한 모형입니다. 예를 들어 A와 C, B와 C가 예전부터 서로 알고 지내던 관계였다고 하더라도, A–B 교류확률이 A–C, B–C의 관계설정 여부와 무관하다는 가정입니다. 이러한 가정은 상당히 비현실적으로 보이지만, ERGM을 이해하기 위해 일단 p_1모형의 가정을 받아들여봅시다. 양자관계($D_{i,j}$)는 연결 여부에 따라 다음과 같은 4가지 상황으로 구분할 수 있습니다.

$$y_{ij} = \begin{cases} (0,0), \text{연결되지 않은 양자관계} \\ (1,0), \text{비대칭 양자관계}(i \rightarrow j) \\ (0,1), \text{비대칭 양자관계}(j \rightarrow i) \\ (1,1), \text{대칭 양자관계}(i \leftrightarrow j) \end{cases}$$

위와 같은 양자관계가 네트워크 y에서 나타날 경우를 각각 y_{ij00}, y_{ij10}, y_{ij01}, y_{ij11}이라고 표현할 때, 4가지 링크가 네트워크에서 나타날 확률을 로짓 형태로 표현하면 아래와 같습니다.

- 연결되지 않은 양자관계 : $\log p(y_{ij00} = 1) = \lambda_{ij}$
- $i \rightarrow j$ 비대칭 양자관계 : $\log p(y_{ij10} = 1) = \lambda_{ij} + \theta + \alpha_i + \beta_j$
- $j \rightarrow i$ 비대칭 양자관계 : $\log p(y_{ij01} = 1) = \lambda_{ij} + \theta + \alpha_j + \beta_i$
- $i \leftrightarrow j$ 대칭 양자관계 : $\log p(y_{ij11} = 1) = \lambda_{ij} + 2\theta + \alpha_i + \alpha_j + \beta_i + \beta_j + \rho$

위에 제시한 방정식에서 θ는 모든 관계에서 발견되는 일종의 상수, 즉 링크가 전반적으로 나타나는 효과를 나타내는 모수입니다. α는 특정노드의 발신효과 모수[보통 '송신자 효과(sender effect; outgoing effect)' 모수라고 불림]를 의미하고, β는 특정노드의 수신효과 모수[보통 '수신자 효과(receiver effect; incoming effect)' 모수라고 불림]를 의미합니다. ρ[1]는 상호관계 효과(mutuality effect; reciprocity effect) 모수를 의미하며,

$\log \left(\dfrac{p(y_{ij00})\,p(y_{ij11})}{p(y_{ij01})\,p(y_{ij10})} \right)$ 와 같이 정의합니다. 여기서 λ_{ij}는 계산을 위해 반드시 필요한 모수로, 4가지 방식의 양자관계의 확률값 총합을 '1'로 만들어주는 모수이며, 흔히 정규화 상수(normalizing constant)라고 부르기도 합니다. λ_{ij}는 ERGM의 일반 공식에서 다시 등장합니다.

4가지 양자관계가 나타날 확률들을 통합하여 하나의 공식으로 정리하면 아래와 같습니다.

$$P(Y = y) = \frac{\exp[\theta_{y..} + \sum_i \alpha_i y_{i.} + \sum_i \beta_i y_{.j} + \rho \sum_i y_{ij} y_{ji}]}{\sum \eta_{ij}}$$

위의 공식의 오른쪽 분자 부분에 주목해봅시다. 총 4가지로 분류됩니다. 가장 오른쪽의 $\rho \sum y_{ij} y_{ji}$은 두 노드 i와 j의 링크에 '상호관계(mutuality)'가 나타날 가능성을 의미하며, 가장 왼쪽의 $\theta_{y..}$은 모든 모드에서 나타날 수 있는 가능성을 의미합니다. 가운데 두 부분 중 $\sum_i \alpha_i y_{i.}$은 수신노드인 j와 무관하게 나타나는 송신노드 i에서의 발신링크 가능성을 의미하고, $\sum_j \beta_i y_{.j}$은 발신노드인 노드 i와 무관하게 나타나는 수신노드 j에서의 송신링크 가능성을 의미합니다. 다음으로 공식의 오른쪽의 분모 부분은 분자의 합, 즉 확률의 총합이 '1'이 되도록 정규화하는 역할을 수행합니다.

위와 같은 방식을 적용한 네트워크 모형이 p_1모형입니다. p_1모형은 링크들 사이의 독립성을 가정한다는 점에서 '양자관계 독립모형(dyadic independence model)'을 의미합니다. 네트워크에 대해 비현실적 가정을 요구한다는 한계에도 불구하고 p_1모형은 다음과 같

---

1 와써만과 파우스트(Wasserman & Faust, 1994)에서는 $\alpha\beta$로 제시되었으나, 여기서는 와써만과 패티슨(Wasserman & Pattison, 1996)의 표기를 따라 ρ로 표기하였습니다.

은 점에서 매우 중요합니다. 첫째, 로지스틱 회귀모형 관점에서 네트워크의 링크관계를 생성할 수 있는 모형이라는 점입니다. 즉 전체네트워크를 설명하는 모형수립이 가능합니다. 둘째, 전체네트워크를 구성하는 모수들, 구체적으로 그래프 밀도, 송신자효과, 수신자효과, 상호관계 효과와 같은 모수들에 대한 추정을 통해 네트워크의 특성을 설명할 수 있습니다. 다시 말해 앞서 ERGM의 정의에서 이야기한 것처럼 '국소적 선택과정 발생요인들'의 가중치를 추정하는 방식으로 전체네트워크의 구조를 설명할 수 있습니다.

ERGM은 p_1모형을 확장한 네트워크 모형 추정기법(다시 말해 p_1모형은 ERGM의 특수사례입니다)으로 다음과 같은 특징을 지닙니다. 첫째, p_1모형과 달리 ERGM에서는 양자관계 독립성(dyadic independence)을 가정하지 않아도 됩니다. 즉 네트워크 내부의 국소적 구조특징(local structural property)을 모형 추정과정에 반영할 수 있습니다. 네트워크 문헌들에서 흔히 언급되는 '삼자관계(triangle)', 'k-스타(k-star)', 'k-패스(k-path)', '순환형 트리플(cyclic triple)', '전이형 트리플(transitive triple)' 등은 양자관계 독립성을 가정할 수 없는 국소적 구조를 나타내는 ERGM 모형 추정항입니다. 양자관계 독립성 가정이 불가능한 국소적 구조항(term)에 대해서는 나중에 다시 설명하겠습니다.

둘째, 네트워크의 링크, 즉 연결관계를 이진형 변수가 아닌 다른 형태의 변수로도 가정할 수 있습니다. 즉 링크 여부에 따라 0과 1로 인코딩된 네트워크가 아닌 정가(valued)-네트워크에 대해서도 ERGM을 적용할 수 있습니다. 이를 위해 statnet 패키지에는 ergm 패키지 외에도 필요시 ergm.rank 패키지와 ergm.count 패키지를 활용할 수 있습니다. 나중에 다시 설명하겠지만, 이진형 변수로 인코딩된 네트워크가 아닌 다른 네트워크의 경우 ergm() 함수의 reference 옵션을 네트워크의 성격에 맞게 조절하면 됩니다.

셋째, 단일 네트워크(single network)가 아닌 동일한 노드로 구성된 비교 가능한 여러 네트워크들을 하나의 ERGM에 투입할 수 있습니다. 지난 11장에서 살펴본 선형 네트워크 회귀모형 혹은 로지스틱 네트워크 회귀모형과 마찬가지로 설명하고자 하는 네트워크(개념적으로 결과변수에 해당)와 동일한 노드로 구성된 다른 형태의 네트워크(개념적으로 예측변수에 해당)들 역시 하나의 ERGM에 투입할 수 있습니다. 아울러 네트워크가 어떻게 형성되는가는 물론이고, 시간 변화를 반영한 여러 시점에서 측정된 네트워크들이 어떻게 유지·소멸되는지 역시 ERGM, 보다 시간적(temporal) ERGM(TERGM)을 통해 추정할 수 있습니다.

p_1모형에서 ERGM으로 어떻게 확장되는지 보다 자세히 이해하고 싶다면 다른 참

고문헌들(Anderson et al., 1999; Hunter, Handcock et al., 2008; Pattison & Wasserman, 1999; Robins & Lusher, 2012; Robins et al., 1999; Wasserman & Faust, 1994; Wasserman & Pattison, 1996)을 참조하기 바랍니다. 그러나 한 가지 강조하고 싶은 것은 ERGM 추정 과정에서 MCMC(Markov Chain Monte Carlo; Frank & Strauss, 1986) 기법을 활용한다는 점입니다. MCMC 기법을 이용하는 가장 큰 이유는 ERGM에서 지정된 모수를 최대 우도 추정법(MLE, maximum-likelihood estimation)으로 추정하기 어렵기 때문입니다. 이러한 이유 때문에 ERGM을 추정한 후에는 단순히 summary() 함수를 활용해 ERGM 추정결과만 확인하고 모형 추정과정을 종료하면 안 됩니다. 반드시 MCMC 추정과정에서 수렴(convergence) 문제가 없었는지를 MCMC 진단통계치(diagnostics)를 통해 확인해야 합니다. statnet 패키지의 mcmc.diagnostics() 함수에서는 ERGM 모형 추정과정의 MCMC 추정과정에서 수렴이 적절했는지를 평가할 수 있는 결과들을 제공하고 있습니다. 아울러 gof() 함수를 통해 MCMC 알고리즘을 기반으로 얻은 시뮬레이션된 네트워크와 관측된 네트워크의 특성을 비교하여 추정된 ERGM의 모형적합도(Hunter et al., 2008) 역시 적절한지 여부를 살펴보기 바랍니다.

이제 ERGM 공식이 어떤 형태를 갖는지 살펴봅시다. ERGM은 어떤 특정 네트워크 y에서의 확률 혹은 그래프 밀도(density)를 추정하는 모형으로 아래의 공식을 따릅니다. 앞서 살펴본 p_1모형과 다르지만, 전반적 형태가 상당히 유사한 것을 확인할 수 있습니다.

$$h(y) = \frac{\exp[\theta g(y)]}{\kappa(\theta)}$$

공식을 구성하는 요소들을 차례대로 살펴보면 다음과 같습니다. 첫째, $h(y)$는 준거분포(reference distribution)입니다. 링크존재 여부만을 다루는 이진형(binary)-ERGM이 디폴트로 설정되어 있습니다. 네트워크의 링크 특성에 맞는 준거분포를 상이하게 설정할 수 있습니다. 예를 들어 링크가중치가 횟수형 변수(count variable)인 네트워크인 경우, 준거분포를 포아송(Poisson) 분포로 지정할 수 있습니다. 현재 statnet 패키지의 ergm. count 패키지에서는 이항분포의 경우 Binomial() 함수와 CMB() 함수[2]를, 포아송분포

---

2 CMB() 함수는 Conway-Maxwell-Binomial의 두음자입니다. 과대분포(overdispersion)가 존재할 경우, 사용을 고려해볼 수 있습니다.

의 경우 Poisson() 함수[3]를 준거분포 함수로 사용할 수 있습니다. 또한 ergm.rank 패키지에서는 CompleteOrder 함수를 준거분포 함수로 사용할 수 있습니다. 본서에서는 이진형-ERGM을 추정한 후 횟수형-ERGM을 추정해보겠습니다.

둘째, $g(y)$는 네트워크 g의 네트워크 통계치들을 의미하며, $\eta(\theta)$는 각 네트워크 통계치의 모수(parameter)를 의미합니다. GLM에 비유하여 설명하면 개념적으로 $g(y)$는 종속변수를 설명·예측하기 위해 투입한 독립변수들을 의미하며, $\eta(\theta)$는 각 독립변수의 추정된 회귀계수라고 볼 수 있습니다. ERGM에는 정말 다양한 네트워크 통계치들, 즉 주어진 네트워크를 설명하기 위한 노드수준, 링크수준, 하위네트워크수준의 다양한 통계치들을 투입할 수 있으며, 네트워크 구조속성(structural property), 링크수준 공변량(edge covariate), 링크수준 양자관계-독립 공변량(dyad-independent covariate), 노드속성(node)과 같이 4가지 집단으로 묶을 수 있습니다. 현재 statnet 패키지의 ergm() 함수에서 제공하는 네트워크 통계치 추정항(term)이 이미 150개 이상입니다(2023년 1월 기준). 이들 중 빈번하게 사용되는 네트워크 통계치 추정항 몇 가지는 본서에 소개하였지만, 현실적으로 모든 추정항을 소개할 수는 없었습니다. ERGM에 관심 있는 독자들은 여기에 소개된 추정항들은 물론이고, ?`ergm-terms`를 실행한 후 statnet 패키지에서 어떤 ERGM 추정항들이 제공되는지 한번 훑어보기를 강력히 권장합니다.

셋째, $\kappa(\theta)$는 실현 가능한 모든 y의 집합에서 계산된 통계치 집합입니다. 일반적으로 $\kappa(\theta)$는 관측된 네트워크와 동일한 노드들로 구성된 실현 가능한 모든 네트워크들의 합으로 계산됩니다. 즉 $\kappa(\theta)$는 위 공식의 분자에서 얻은 추정모수가 실현 가능한 모든 네트워크들과 비교해 어느 정도인지를 표준화시켜 보여주는 역할을 수행합니다. 이는 추정모수에 대한 통계적 유의도를 가늠하는 목적으로 사용됩니다. 앞서 p_1모형에서 소개한 정규화 상수인 η_{ij}와 개념적으로 동일한 역할을 수행합니다.

ERGM에 대해서 충분히 설명하지는 못했지만, 적어도 어떻게 모형이 구성되고 작동하는지는 어느 정도 이해하였을 것입니다. 다음에는 ERGM 추정을 위해 고려할 사항에 대해서 살펴보겠습니다.

---

3 이외에도 CMP() 함수를 고려할 수 있지만, ergm.count 패키지(version 4.1.1) 개발자들의 경우 이 준거분포를 권장하지 않고 있습니다.

② ERGM 추정 시 고려사항: 추정항 및 모형퇴행

통상적 데이터 분석기법들과 ERGM은 상당히 다릅니다. 예를 들어 일반화선형모형의 경우 결과변수와 이를 예측·설명하는 변수들의 관계를 모형으로 구상한 후 모수(parameter), 즉 회귀계수를 추정합니다. 그러나 ERGM의 경우 네트워크의 전반적 구조라는 결과변수를 설명하기 위해 네트워크를 구성하는 노드 링크의 속성(즉, 노드수준 및 링크수준 예측변수)은 물론 네트워크 데이터의 특성, 즉 네트워크 내부의 구조적 특성(structural property)이라는 추정항을 모형 추정과정에 반영합니다. 앞서 p_1모형을 설명하면서 이야기한 것과 같이 p_1모형을 확장한 ERGM에서는 추정과정에서 '그래프 밀도(graph density)'를 반드시 투입해야 하며(마치 GLM에서 상수를 추정하듯), 유방향 네트워크의 경우에는 p_1모형을 설명하며 언급했던 상호관계 효과(mutuality effect) 역시 일반적으로 추정해야 합니다. 아울러 연구자는 연구대상 네트워크의 속성 및 연구자의 연구문제에 따라 양자관계 독립성 가정이 유효하지 않은 네트워크 특성들을 반영하는 ERGM 추정항들을 포함하여야 합니다.

문제는 다양한 ERGM 추정항들을 포함한 ERGM을 추정할 때 발생하는 '모형 추정실패', 이른바 '모형퇴행(model degeneracy)' 혹은 '모형 근사퇴행(model near-degeneracy)' 현상입니다. 모형퇴행 혹은 근사퇴행 현상이 나타나는 이유는 다양합니다. 로지스틱 회귀모형에서 간혹 나타나는 '완전분리(complete separation)'[4]로 인해 나타나기도 하고, 모수추정치가 양봉분포(binomial distribution)를 나타내면서 자주 발생하기도[5] 합니다. 혹자는 사회적 네트워크에서는 ERGM 추정과정에서의 퇴행 현상, 특히 근사퇴행

---

4 예를 들어 '출산 여부'를 결과변수로 하고 '성별'을 예측변수로 하는 로지스틱 회귀모형을 추정했다고 가정해봅시다. 이 경우, 남성은 '출산 여부' 변수에서 모두 '경험 없음'의 값(즉 0)을 가질 것이며, 여성은 '경험 없음'과 '경험 있음'의 값 2가지 중 하나를 가질 것으로 예상할 수 있습니다. 즉 이렇게 설정된 로지스틱 회귀모형의 경우, 성별에 따라 결과변수의 값이 완전하게 분리되기에 모형 추정이 불가능하며, 이를 '완전분리'라고 부릅니다. ERGM 역시도 넓게 보면 일종의 로지스틱 회귀모형이라는 점에서 완전분리 현상이 나타날 경우 모형 추정 자체가 불가능합니다. 완전분리로 인한 모형퇴행은 사실 ERGM의 문제가 아닌 분석대상이 되는 현상에 대한 개념화의 문제라고 보는 것이 맞을 듯합니다. 이를테면 출산 여부를 설명하는 모형을 구성할 때 여성만을 분석대상으로 하거나 남성정보를 반드시 포함해야 한다면, 여성과 관련된 남성정보(예를 들어 육아부담공유의향 등)만을 예측변수로 투입하는 등 현상에 대한 재개념화가 더 적절할 것입니다.

현상은 불가피하다고[6]까지 이야기하기도 합니다. 그러나 이유가 무엇이든 모형 추정결과를 얻을 수 없다는 점에서 이용자는 ERGM 사용을 주저하기 쉽습니다.

이번 섹션에서는 무방향 일원네트워크, 유방향 일원네트워크, 유방향 정가(valued) 일원네트워크를 대상으로 ERGM을 추정할 때 자주 사용되는 ERGM 추정항들은 무엇이며 어떤 의미를 갖는지 소개하겠습니다. 그런 다음 모형퇴행 혹은 근사퇴행 현상에 대처하는 방법들을 가급적 쉽게 설명하겠습니다.

먼저 ERGM 추정항들은 수준(level)에 따라 네트워크 구조속성(structural property), 링크수준 공변량(edge covariate), 링크수준 양자관계-독립 공변량(dyad-independent covariate), 노드속성(node)의 4가지로 묶을 수 있습니다. 각 유형별 추정항의 의미는 무엇이며, statnet/ergm 패키지에서 제공하는 함수에서 추정항을 어떻게 정의하는가에 대해 소개하면 아래와 같습니다. 참고로 본서에서는 무방향·유방향 일원네트워크에 활용할 수 있는 ERGM 추정항들만 설명하였습니다. 만약 이원네트워크에 대해 ERGM을 추정할 경우에는 statnet/ergm 패키지 매뉴얼을 참조하기 바랍니다. 여기 소개된 일원네트워크 대상 ERGM 추정항들을 잘 이해하였다면, 이원네트워크 대상 ERGM 추정항들의 의미를 어렵지 않게 이해할 수 있을 것입니다.

첫째, 노드속성 추정항들(node-level terms; nodal attribute terms)은 GLM의 예측변수와 크게 다르지 않기 때문에 이해하는 것이 어렵지 않습니다. 예를 들어, 성격이 외향적인 사람일수록 다른 사람에게 적극적으로 링크를 형성할 가능성이 높으며, 사람들은 많은 자원을 갖고 있는 사람(이를테면 재력가, 권력자 등)에게 적극적으로 접촉을 시도하는 것이 보통입니다. 즉 네트워크의 링크형성 가능성을 네트워크를 구성하는 노드의 속성으로 설명하고자 할 때 노드속성 추정항을 ERGM에 투입할 수 있습니다. ERGM에서 주로 활용되는 노드속성 추정항들을 소개하면 [표 12-1]과 같습니다. 추정항의 이름을 보면 그 목적과 역할이 무엇인지 쉽게 짐작할 수 있을 듯합니다. ERGM에 추정항을 투입하는 방

---

5 양봉구조를 갖는 분포에서 얻은 모수추정치는 데이터를 제대로 설명하기 어렵습니다. 예를 들어 양극화가 매우 극심한 국가에서 얻은 시민들의 정치이념성향 분포를 떠올려봅시다. 이를테면 40%의 진보성향 시민, 40%의 보수성향 시민, 20%의 중도성향 시민이 존재한다고 할 때, 모수추정치를 '중도성향'으로 볼 수 있을지 의구심이 들 것입니다. ERGM이 기반하고 있는 MCMC에서도 마찬가지입니다(보다 자세한 설명을 위해서는 Snijders et al., 2006, pp. 139-141 참조).

6 이와 관련해서는 코스키넨과 스나이더(Koskinen & Snijders, 2012b)를 참조하기 바랍니다(특히 12.7 섹션).

법과 결과에 대한 해석 부분은 예시 데이터 분석방법을 소개하는 다음 섹션에서 구체적으로 이야기하겠습니다.

[표 12-1] 노드속성 추정항

적용 상황	목적과 역할	추정항의 이름	네트워크 유형†
연속형 변수 성격을 갖는 노드속성 (예: 행위자의 나이나 소득수준)	노드속성의 변화가 외향링크발생 가능성에 미치는 효과를 추정함	nodeocov()	유방향 (directed)
	노드속성의 변화가 내향링크발생 가능성에 미치는 효과를 추정함	nodeicov()	유방향
	노드속성의 변화가 링크발생 가능성에 미치는 효과를 추정함	nodecov()	무방향 (undirected)
범주형 변수 성격을 갖는 노드속성 (예: 행위자의 성별이나 멤버십)	기준으로 설정된(base 옵션) 노드집단 대비 다른 집단에 속하는 노드인 경우, 외향링크발생 가능성에 미치는 효과를 추정함	nodeofactor()	유방향
	기준으로 설정된(base 옵션) 노드집단 대비 다른 집단에 속하는 노드인 경우, 내향링크발생 가능성에 미치는 효과를 추정함	nodeifactor()	유방향
	기준으로 설정된(base 옵션) 노드집단 대비 다른 집단에 속하는 노드인 경우, 링크발생 가능성에 미치는 효과를 추정함	nodefactor()	무방향
개별 노드의 속성	기준으로 설정된(base 옵션) 개별 노드 대비 다른 노드의 송신자 효과(개별 노드의 확장정도)를 추정함	sender()	유방향
	기준으로 설정된(base 옵션) 개별 노드 대비 다른 노드의 수신자 효과(개별 노드의 인기정도)를 추정함	receiver()	유방향

알림. †제시된 네트워크는 모두 일원네트워크임. 이원네트워크인 경우 사용되는 b1cov(), b2cov() 등과 같은 추정항은 제시하지 않았음.

둘째, 링크수준 양자관계-독립 공변량 추정항들(dyad-independent covariate terms)은 두 노드의 특성을 조합하여 생성된 링크수준 특성을 나타내는 예측변수입니다. 링크수준 양자관계 추정항의 경우, 앞서 6장에서 링크수준 변수에 대한 기술통계분석을 실시할 때, 그리고 10장과 11장에서 네트워크들 사이의 상관관계를 계산하거나 네트워크 회귀모형을 추정할 때 소개했던 QAP 테스트에서도 이미 설명한 바 있습니다. 가장 대표적인 사례로 네트워크에서 '동종선호'가 나타나는지를 살펴보기 위해 범주형 변수 형태의 노드속성 변수가 동일한 수준인 경우는 '1', 그렇지 않은 경우는 '0'을 부여하는 방식으로 링크수준 속성을 지정했던 것을 기억할 것입니다. 이외에도 앞서 본서에서는 두 노드속성의 차이값을 구하기도 했습니다(예를 들어 flo 오브젝트에서 가문의 경제적 지위 격차를 계산하고, eies 오브젝트에서 연구자의 피인용지수의 격차를 계산했던 것이 이에 속합니다). 즉 네트워크의 링크형성 가능성과 두 노드 사이의 속성조합이 어떤 관계를 맺는가를 설명하고자 할 때, 링크수준 양자관계 추정항을 ERGM에 투입할 수 있습니다. ERGM에서 주로 활용되는 링크수준 양자관계-독립 공변량 추정항들을 소개하면 [표 12-2]와 같습니다. 각 추정항을 구체적으로 어떻게 적용할지, 추정결과를 어떻게 해석할지에 대해서는 다음 섹션에서 구체적 모형 추정결과와 함께 소개하겠습니다.

[표 12-2] 양자관계-독립 공변량 추정항

적용 상황	목적과 역할	추정항의 이름	네트워크 유형†
연속형 변수 성격을 갖는 노드들로 구성된 양자관계 속성 (예: 두 행위자의 나이 차이나 소득수준 차이)	노드 쌍의 연속형 변수의 차이값 변화가 링크발생 가능성에 미치는 효과를 추정함	absdiff()	유방향 (directed)/ 무방향 (undirected)
	노드 쌍의 연속형 변수의 차이값이 지정된 수준(cutoff 옵션) 미만 대비 이상인 경우의 링크발생 가능성에 미치는 효과를 추정함	smalldiff()	유방향/무방향
범주형 변수 성격을 갖는 노드속성의 조합 (예: 두 행위자의 성별이 일치하는 경우, 혹은 백인 행위자와 흑인 행위자의 양자관계 여부)	노드 쌍의 범주형 변수 수준이 일치하는지 여부가 링크발생 가능성에 미치는 효과를 추정함. 이때 diff 옵션을 TRUE로 설정할 경우 노드의 범주형 수준별 차이를 고려하는 반면, FALSE로 설정할 경우는 노드의 범주형 수준별 차이를 고려함.	nodematch()	유방향/무방향
	노드 쌍의 범주형 변수 수준들을 교차하여 얻은 집단들 간의 차이가 링크발생 가능성에 미치는 효과를 추정함	nodemix()	유방향/무방향

알림. †제시된 네트워크는 모두 일원네트워크임. 이원네트워크인 경우 사용되는 b1nodematch(), b2nodematch() 등과 같은 추정항은 제시하지 않았음.

셋째, 링크수준 공변량 추정항들(edge covariate terms)은 네트워크의 링크형성 가능성을 설명할 수 있는 링크수준 예측변수를 의미합니다. 지난 10장과 11장에서 네트워크들 사이의 상관관계를 계산하거나 네트워크 회귀모형을 추정할 때도 이미 소개한 바 있습니다. 일반적으로 특정 네트워크는 노드들 사이에서 나타나는 모든 유형의 링크들을 측정하지 않습니다. 즉 동일한 노드들로 구성되었지만, 설명 대상인 네트워크와 다른 유형의 링크를 갖는 네트워크가 존재할 경우, 링크수준 공변량으로 투입할 수 있습니다. 예를 들어 flo2 오브젝트의 가문 간 사업관계가 flo 오브젝트에서의 가문 간 혼인관계에 어떤 영향을 미치는지 살펴보고자 할 때, '가문 간 사업관계'는 '가문 간 혼인관계' 설명을 위한 링크수준 공변량이 됩니다. ERGM에서 주로 활용되는 링크수준 공변량 추정항으로는 edgecov()가 있으며, 유방향 일원네트워크든 무방향 일원네트워크든 모두 사용할 수 있습니다. edgecov()의 경우 입력값으로 network 오브젝트 혹은 인접행렬(adjacency matrix)을 사용할 수 있으며, network 오브젝트의 경우 링크수준의 속성변수를 지정하면 정가(valued)-네트워크를 예측변수로 투입할 수도 있습니다. edgecov()는 네트워크 사이의 연결관계를 추정할 때 매우 유용합니다. 이를 구체적으로 어떻게 적용할지, 추정결과를 어떻게 해석할지에 대해서는 다음 섹션에서 구체적 모형 추정결과와 함께 소개하겠습니다.

넷째, 네트워크 구조속성 추정항들(structural property terms)은 네트워크 데이터의 특성인 관계적 속성을 파악할 수 있는 예측변수들을 의미합니다. ERGM이 GLM이나 앞서 소개했던 QAP 테스트를 기반으로 하는 네트워크 회귀모형과 결정적으로 구분되는 특징은 바로 네트워크 구조속성 추정항들을 모형 추정과정에 반영할 수 있다는 것입니다. 우선 가장 간단하면서도 ERGM을 추정할 때 거의 언제나 필수적으로 추정되는 것은 p_1모형에서 소개한 그래프 밀도나 상호관계 효과 추정항을 언급할 수 있습니다. 이외에도 매우 다양한 구조속성 추정항들이 존재합니다. ERGM에서의 네트워크 구조속성 추정항들 중 일반적으로 매우 빈번하게 활용되는 추정항들을 [표 12-3]에 제시하였으며, 각 추정항이 네트워크 내부에서 어떻게 나타나는가를 보여주는 몇몇 예시를 [그림 12-1]에 제시하였습니다.

[표 12-3] 네트워크 구조속성 추정항

적용 상황	목적과 역할	추정항의 이름	네트워크 유형†
두 노드의 연결구조	네트워크의 두 노드(i, j)의 연결(모든 ERGM에서 반드시 포함됨)	`edges` `kstar(1)`	유방향 (directed)/ 무방향 (undirected)
	네트워크의 두 노드의 특정 노드에서는 외향연결이, 다른 노드에서는 내향연결이 발생함. i를 중심으로 i노드에서 외향연결이 발생한 경우는 Out-1-star, 내향연결이 발생한 경우는 In-1-star.	`ostar(1)` `istar(1)`	유방향
	네트워크의 두 노드(i, j)가 모두 외향연결과 내향연결을 갖는 경우	`mutual`	유방향
3개 노드 간 연결구조	네트워크의 세 노드가 특정 노드를 경유하여 연결된 형태. 2-star에 대해서는 [그림 12-1] 참조.	`kstar(2)`	유방향/무방향
	네트워크의 세 노드가 특정 노드를 경유하여 단일방향으로 연결된 형태. 2-path에 대해서는 [그림 12-1] 참조.	`twopath`	유방향
	네트워크의 세 노드 중 특정 노드만이 다른 두 노드로 외향연결을 갖거나(Out-2-star), 특정 노드만이 다른 두 노드에서 내향연결된 경우(In-2-star). Out-2-star와 In-2-star의 경우 [그림 12-1] 참조.	`ostar(2)` `istar(2)`	유방향
	네트워크의 세 노드가 완전한 삼각구조로 상호연결된 형태. 만약 유방향 네트워크인 경우는 세 노드로 구성된 링크들에서 내향연결과 외향연결이 모두 나타나야 함.	`triangle`	유방향/무방향
	순환형 삼각구조(cyclic triple)는 2-path에서 연결되지 않은 두 노드가 연결되면서 세 노드가 특정한 방향성을 갖는 링크로 폐쇄적으로 연결된 삼각구조임. 예를 들어 [그림 12-1]의 경우, $i{\rightarrow}k$가 없으면 $k{\rightarrow}j{\rightarrow}i$인 2-path임.	`ctriple`	유방향
	전이형 삼각구조(transitive triple)는 2-star에서 연결되지 않은 두 노드가 연결된 형태의 삼각구조임. 예를 들어 [그림 12-1]의 경우, $k{\rightarrow}j$가 없는 경우는 Out-2-star임. [그림 12-1]은 전이형 삼각구조의 한 예시이며, 노드 k와 j는 $k{\rightarrow}j$, $j{\rightarrow}k$, $j{\rightarrow}k$와 같이 다양하게 연결될 수 있으며, 모두 전이형 감각구조라고 할 수 있음.	`ttriple`	유방향
국소적 노드들의 군집구조	ERGM에서 삼각구조를 추정하고자 할 때 모형 추정에 실패하는 경우, 즉 모형퇴행 혹은 근사퇴행 현상이 주로 나타남. 이를 극복하기 위해 네트워크 구조에 대한 기하가중 네트워크 통계치 (geometrically weighted network statistics)를 활용함(Hunter, 2007).	`gwesp()` `gwdsp()`	유방향/무방향

알림. †제시된 네트워크는 모두 일원네트워크임. 이원네트워크인 경우 사용되는 `b1star()`, `b2star()` 등과 같은 추정항은 제시하지 않았음. 아울러 `degree()`, `idegree()`, `odegree()`, `dgwdsp()`, `dgwesp()` 등과 같은 추정항의 경우 사용빈도가 높음에도 불구하고 본서에서는 별도 소개하지 않았음.

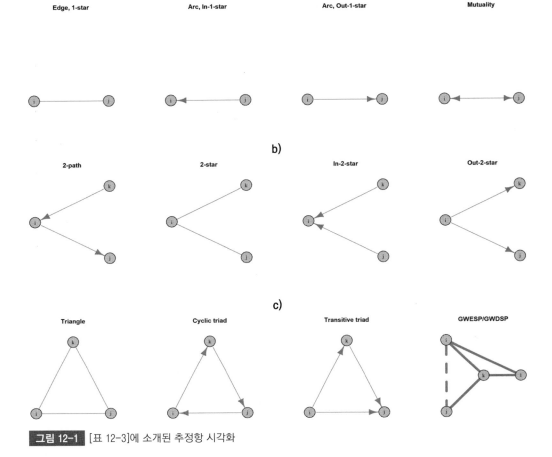

a)

Edge, 1-star   **Arc, In-1-star**   **Arc, Out-1-star**   **Mutuality**

b)

2-path   **2-star**   **In-2-star**   **Out-2-star**

c)

Triangle   **Cyclic triad**   **Transitive triad**   **GWESP/GWDSP**

그림 12-1 [표 12-3]에 소개된 추정항 시각화

ERGM을 추정할 때 제시된 모든 구조속성 추정항을 고려할 수 없는 경우가 적지 않으며, 또한 반드시 고려할 수도 없습니다. 그러나 필요에 따라 statnet 패키지의 'ergm-terms'를 통해 [그림 12-1]에 소개되지 않은 구조속성 추정항을 추가로 투입할 수 있습니다. 2023년 1월 현재 statnet 패키지에서 제공하는 ERGM 추정항은 약 150개에 육박하며, 연구대상이 되는 네트워크 특성에 따라 이용자가 별도로 ERGM 추정항을 정의할 수도 있습니다. 다시 말해 [표 12-1], [표 12-2], [표 12-3]과 [그림 12-1]에 소개된 ERGM 추정항들은 몇 가지 예시에 불과하므로 네트워크가 발현된 어떤 구조적 특성 혹은 활동하는 분과의 이론적 관점 등에 맞는 ERGM을 독자들 스스로 구성하고 추정해보기 바랍니다.

이제 [그림 12-1]을 살펴봅시다. a)는 별도의 설명을 덧붙일 필요가 없을 정도로 직관적으로 이해할 수 있습니다. a)의 맨 오른쪽(Mutuality)은 유방향 네트워크를 가정할 경우에 한정되며, 무방향 네트워크인 경우에는 a)의 맨 왼쪽(Edge, 1-star)을 사용하면 됩니다. 다시 말해 연구자가 유방향 네트워크를 대상으로 ERGM을 추정하면서 링크 추정항을 투입한다고 가정해봅시다. 만약 a)의 두 번째 추정항을 투입할 때 분석대상 유방향 네트워크가 잘 예측된다면, 분석대상 네트워크에는 내향 연결중심도가 높은 노드가 많다는 뜻입니다. 반면 a)의 세 번째 추정항을 투입하여 분석대상 유방향 네트워크가 잘 설명된다면, 해당 네트워크에는 외향 연결중심도가 높은 노드가 많다는 뜻입니다. 네 번째 추정항을 고려하여 네트워크가 잘 설명된다면 상호연결된 노드들의 쌍이 많은 네트워크라는 의미입니다. 곰곰이 생각해보면 알 수 있듯이 ERGM에서는 네트워크의 전체적 구조를 설명하는 것을 목적으로 합니다. 다시 말해 무방향 네트워크든, 유방향 네트워크든 edges 추정항은 기본적으로 추정되어야 합니다. 즉 개념적으로 edges 추정항은 GLM의 절편(intercept)과 유사합니다.

[그림 12-1] a)의 두 번째와 세 번째는 노드 i를 기준으로 내향링크와 외향링크를 의미합니다. 여기에서 'k-스타(k-star)' 개념을 이해하는 것이 필요합니다. k-스타의 k는 노드의 개수를 의미하며, [그림 12-1] a)의 경우 총 2개의 노드가 존재하기 때문에 '2-스타'라는 이름이 부여되었습니다. 링크의 방향성을 고려하지 않는 경우는 'k-스타'로, 링크의 방향성을 고려할 경우 '내향 k-스타'와 '외향 k-스타'로 분류합니다. 즉 [그림 12-1]의 a)와 같이 $k = 2$인 경우의 k-스타는 '링크'를 의미하기 때문에 보통 k-스타의 k값은 3 이상입니다.

[그림 12-1] b)는 세 노드의 관계를 나타내며, 공통적으로 세 노드로 구성된 3개의 링크 중 2개(즉, {i, k}와 {i, j})는 연결된 반면, 다른 1개(즉, {j, k})는 단절된 형태라는 구조적 특징을 공유하고 있습니다. 먼저 맨 왼쪽은 'k-패스(k-path)'를 의미하며, 유방향 네트워크인 경우에만 나타날 수 있는 구조적 특성입니다. 2-패스는 노드들 간의 자원(예를 들어 자금이나 정보, 혹은 호감 등)이 일방향으로 이동한다는 구조적 특징을 갖습니다. [그림 12-2] b)의 두 번째부터 네 번째는 $k = 3$인 상황의 'k-스타'입니다. 두 번째 '2-스타'의 경우 무방향 네트워크인 경우에만 해당되며, 만약 유방향 네트워크일 경우 세 번째와 네 번째 상황을 모두 포괄합니다. 방향성을 고려할 경우 노드 i를 중심으로 볼 때 '내향-k-스

타'는 일반적으로 i의 인기도(popularity)[7]를 의미하며, '외향-k-스타'는 일반적으로 i의 확장성(expansiveness)을 의미합니다. $k > 3$인 경우의 k-패스 혹은 k-스타도 고려할 수 있습니다. 예를 들어 statnet 패키지에서는 링크의 방향성을 고려하지 않는 4-스타의 경우 kstar(4), 유방향 네트워크를 대상으로 내향-4-스타를 추정할 경우는 istar(4), 외향-4-스타를 추정할 경우는 ostar(4)와 같은 방식으로 지정하면 됩니다. 만약 k의 값을 3부터 5까지 지정한 후, '3-스타', '4-스타', '5-스타' 3가지의 구조적 특성을 ERGM 추정에 반영하고자 할 때는 kstar(3:5)와 같이 입력하면 됩니다.

[그림 12-1] c)에서 첫 번째부터 세 번째 상황 역시 세 노드로 구성된 네트워크 내부의 구조적 특성을 나타냅니다. 첫 번째의 삼각구조는 무방향 네트워크 상황에서 세 노드가 폐쇄적(closed) 연결관계를 형성하는 것을 나타냅니다. 반면 두 번째의 순환형 삼각구조는 세 노드의 링크들이 폐쇄적인 순환관계를 형성하는 것을 나타내지만, 세 번째의 전이형 삼각구조는 세 노드의 링크들이 폐쇄적인 순환관계를 형성하지 않으면서 전이성을 띠는 관계를 나타냅니다. 일반적으로 네트워크의 구조변동 역학(dynamic)을 다루는 문헌들에 따르면, 유방향 네트워크의 경우 특정 시점에서 '2-패스' 관계를 보이는 세 노드가 다음 시점에서 '순환형 삼각구조'를 형성할 가능성이 높은 반면 '2-스타'([그림 12-1]의 경우 '외향-2-스타')는 '전이형 삼각구조'[8]를 형성할 가능성이 높다고 합니다. 비슷한 방식으로 무방향 네트워크에서의 '2-스타'는 시간이 지나면서 '삼각구조'를 형성할 가능성이 높다고 합니다.

네트워크를 구성하는 세 노드 사이의 삼각구조들은 가장 기본이 되는 네트워크의 구조적 특성이지만, 현실 네트워크를 대상으로 ERGM 추정을 진행할 때 매우 빈번하게 모형퇴행(degeneracy) 혹은 근사퇴행(near-degeneracy) 현상으로 이어집니다. 즉 네트워크 구조 특성이라는 내생효과를 추정하거나 통계적으로 통제할 수 있다는 것이 ERGM의 매우 중요한 강점이지만, 삼각구조와 관련된 추정항들을 포함할 경우 모형퇴행이나 근사퇴행으로 인해 ERGM 추정결과를 얻지 못하는 현실적 문제가 발생합니다.

---

7 상황에 따라 인기도가 아니라 고난 혹은 박해수준이라고 정의될 수 있습니다.

8 [그림 12-1]의 경우 전이형 삼각구조의 한 형태일 뿐입니다. [그림 12-1]에서는 제시하지 않았지만, $t = 1$인 경우의 $\{i{\rightarrow}j, i{\rightarrow}k\}$인 '외향-2-스타'가 $t = 2$가 되었을 때 [그림 12-1]의 c)와 같이 $k{\rightarrow}j$가 추가된 전이형 삼각구조가 형성될 수도 있지만, $j{\rightarrow}k$, 혹은 $j{\leftarrow}k$가 형성되는 전이형 삼각구조가 형성될 수도 있습니다.

모형퇴행이나 근사퇴행의 문제에 대처하기 위해 statnet 개발팀은 다양한 노력을 펼치고 있습니다. 본서에서는 statnet 개발팀의 2가지 대처방안을 소개하겠습니다. 첫 번째 대처방안은 바로 [그림 12-1] c)의 맨 오른쪽에 언급한 것과 같은 새로운 근사(近似) 네트워크 통계치들입니다. 본서에서는 일반적으로 많이 사용되는 2개의 근사 네트워크 통계치로, '기하가중 링크단위 공유연결도(GWESP, geometrically weighted edgewise shared partnership)'와 '기하가중 양자관계단위 공유연결도(GWDSP, geometrically weighted dyadwise shared partnership)'를 소개하겠습니다. 먼저 GWESP와 GWDSP 공식은 아래와 같습니다.

$$w_{GWESP} = e^{\alpha} \sum_{i=1}^{n-2} \{1 - (1 - e^{-\alpha})^i\} sp_i$$

$$w_{GWDSP} = e^{\alpha} \sum_{i=1}^{n-2} \{1 - (1 - e^{-\alpha})^i\} dp_i$$

공식에서 α는 감쇠모수(decay parameter)라고 부르며, 이 α값은 연구자가 별도로 지정해주어야 합니다. statnet 개발팀에서는 $\log_e 2$를 권장하며(Koskinen & Daraganova, 2013, p. 71), 많은 경우 $\alpha = 0.70(\log_e 2$가 약 0.693이기 때문)을 설정합니다. 아울러 sp_i는 정확히 i개 파트너에 공통으로 연결된 노드 개수를 의미하며, GWESP는 두 노드 i, j가 서로 연결되어 있는 동시에 제3의 노드 k와도 연결된 경우를 계산합니다. 반면 dp_i는 정확히 i개 파트너를 공통으로 가진 양자관계(dyad)의 개수로, GWDSP는 두 노드 i, j 사이의 연결 여부와 무관하게 공유되는 양자관계가 몇 개인지 계산합니다. $\sum$ 기호의 윗단에 $n-2$를 입력한 이유는 네트워크 구조를 구성하는 노드의 최솟값이 3이기 때문입니다.

GWESP와 GWDSP를 조금 더 구체적으로 이해하기 위해 [그림 12-1] c)의 맨 오른쪽 상황을 살펴봅시다. 먼저 GWESP에서 세 노드 i, j, k의 관계를 살펴보죠. 두 노드 i와 j가 서로 연결된 경우 '링크단위 공유연결(edgewise shared partnership)'은 3입니다. 왜냐하면 ① i와 j가 k를 공유하고, ② i와 k가 j를 공유하고, ③ k와 j가 i를 공유하기 때문입니다. 이제 두 노드 i와 j의 연결이 끊겼다고 가정해봅시다. 이때 i와 k, j와 k의 링크단위 공유연결 2개가 사라지게 됩니다. 즉 i와 j의 연결로 인한 GWESP w의 변화량을 δ_w라 하면 다음과 같은 방식으로 표현할 수 있습니다. 여기서는 $e^{\alpha} = 2$, 즉 $\alpha = 0.693$으로 설정하였습니다(통상적으로 권장되는 수치, Koskinen & Daraganova, 2013, p. 71)

- i와 j의 연결상황: $w = e^{0.693}\{1-(1-e^{-0.693})^1\} \times 3 = 3$
- i와 j의 단절상황: $w = e^{0.693}\{1-(1-e^{-0.693})^0\} \times 2 = 0$
- i와 j의 연결로 인한 w변화량: $\delta_w = 3-0 = 3$

즉 위의 통계치는 네트워크 내부에서 3개의 노드로 구성된 1개의 삼각구조가 형성될 때, 3개의 링크단위 공유연결이 필요하다는 것을 보여줍니다. 즉 ERGM 모형을 추정할 때 triangle 추정항을 넣어서 모형퇴행이나 근사퇴행 현상이 발생할 경우, gwesp() 추정항을 사용하는 방식으로 대체가 가능하다고 볼 수 있습니다.

다음으로 [그림 12-1] c)의 맨 오른쪽 상황에서 모든 노드들 i, j, k, l의 관계를 살펴봅시다. 우선 i와 j가 연결된 경우의 링크단위 공유연결을 어떻게 셀 수 있을지 살펴봅시다. 먼저 링크단위 공유연결이 '1', 즉 sp_1인 경우는 ①i와 j는 k를 공유하고, ②i와 l은 k를 공유하고, ③j와 k는 i를 공유하고, ④k와 l은 i를 공유하는 4가지가 존재합니다. 다음으로 링크단위 공유연결이 '2', 즉 sp_2인 경우는 ①i와 l은 k와 j를 공유하는 한 가지가 존재합니다. 그렇다면 i와 j가 단절되는 경우는 어떻게 될까요? 먼저 sp_2인 경우는 존재하지 않습니다. 다음으로 sp_1인 경우는 ①i와 k는 l을 공유하고, ②i와 l은 k를 공유하고, ③k와 l은 i를 공유하는 3가지가 존재합니다. 즉 $\alpha = 0.693$이라고 지정할 경우, δ_w는 다음과 같이 계산합니다.

- i와 j의 연결상황: $w = e^{0.693}\{1-(1-e^{-0.693})^1\} \times 4 + e^{0.693}\{1-(1-e^{-0.693})^2\} \times 1 = 5.5$
- i와 j의 단절상황: $w = e^{0.693}\{1-(1-e^{-0.693})^1\} \times 3 + e^{0.693}\{1-(1-e^{-0.693})^2\} \times 0 = 3.0$
- i와 j의 연결로 인한 w변화량: $\delta_w = 5.5-3.0 = 2.5$

첫 번째로 계산한 δ_w와 두 번째로 계산한 δ_w를 비교해보면 두 번째가 보다 작은 값을 갖습니다. 다시 말해 네트워크 내부에 폐쇄적 삼각구조가 자리 잡았을 경우, 링크단위 공유연결이 증가해도 δ_w는 감소합니다. 이는 네트워크 내부의 세 노드 사이의 구조적 특징에 대한 계산 부담이 상당 부분 경감될 수 있으며, 바로 이런 특징으로 인해 모형퇴행이나 근사퇴행의 가능성이 대폭 줄어들 수 있다는 것을 보여줍니다.

다음으로 GWDSP를 세 노드 i, j, k의 관계에 초점을 맞춰 계산해봅시다. 먼저 i와 j가 연결된 경우 양자관계단위 공유연결은 ①i를 공유하는 양자관계 (j, k), ②j를 공유하는 양자관계 (i, k), ③k를 공유하는 양자관계 (i, j), 총 3가지가 존재합니다. 반면 i와 j가 연결되지 않은 경우, 양자관계단위 공유연결은 k를 공유하는 양자관계 (i, j) 하나뿐입니다. 이 2가지를 활용하면, i와 j의 연결로 인한 GWDSP w의 변화량 δ_w을 쉽게 계산할 수 있습니다.

[그림 12-1]에 제시된 GWESP, GWDSP는 무방향 네트워크 상황에서 계산된 것입니다. 만약 유방향 네트워크를 대상으로 할 경우는 링크의 방향성을 추가로 고려한다는 점에서 계산이 다소 복잡할 수 있지만, 현재 `statnet` 패키지에서는 유방향(directed) GWESP와 GWDSP 계산을 위해 `dgwesp()`, `dgwdsp()`를 제공하고 있습니다. 아울러 이원네트워크의 경우 링크가 서로 상이한 유형의 두 노드를 연결하고 있다는 점에서[9] GWDSP만 계산 가능합니다(ERGM 추정항으로는 `gwb1dsp()`, `gwb2dsp()`가 제공되고 있습니다).

모형퇴행이나 근사퇴행의 문제에 대처하기 위한 두 번째 대처방안은 바로 '점감(漸減)-ERGM(Tapered ERGM)'입니다(Blackburn, 2021; Blackburn & Handcock, 2022; Fellows & Handcock, 2017). 이름에서 어느 정도 짐작할 수 있듯이 점감-ERGM의 핵심 아이디어는 '모수추정치의 변동량(deviation of the statistics from their mean)'을 점감하는(tapering) 방식으로 모형퇴행·근사퇴행 문제에 대처하는 방식입니다. 이를 위해 점감-ERGM에는 점감작업의 강도를 나타내는 추정항인 τ를 설정하고 있는데, τ가 큰 값을 가질수록 모수추정치의 변동량이 더 크게 점감됩니다.[10] 일반 이용자 입장에서 체감할 수 있는 점감-ERGM의 가장 큰 장점은 네트워크 데이터에 대한 모형 추정결과를 얻을 수 있다는 점일 것입니다. 이전에는 ERGM 추정이 불가능하거나 혹은 가능하더라도 과도하게 긴 시간이 소요되었던 반면, 점감-ERGM 방식을 사용하게 되면서 추정결과를 상대적으로 빠르게 얻을 수 있게 되었습니다. 물론 이용자의 PC 성능, 분석대상 네트워크의 규모와 복잡성에 따라 점감-ERGM을 사용해도 꽤 긴 시간이 소요될 수 있습니다. 그러나 확실한 것은 기존

---

9 예를 들어 행위자-사건의 2가지 유형으로 구성된 이원네트워크의 경우, '행위자'와 '사건'은 연결되지만 '행위자'와 '행위자'가 직접 연결되지는 않습니다.

10 핵심 아이디어 자체는 간단하지만 공식으로 표현하면 꽤 복잡해 보일 수 있습니다. 보다 구체적으로 점감-ERGM의 공식을 이해하고자 하는 독자들은 관련 문헌들을 참고하기 바랍니다(Blackburn, 2021; Blackburn & Handcock, 2022; Fellows & Handcock, 2017).

ERGM에 비해서는 모형 추정에 소요되는 시간이 확연히 짧다는 것입니다.

점감-ERGM 추정을 위한 R 패키지 이름은 ergm.tapered입니다. 아직은 개발 초기 단계이기 때문에 현재(2023년 4월 기준) CRAN에 등재되지 않았지만, statnet 패키지 개발팀이 관리하는 깃허브를 통해 인스톨이 가능합니다. 본서에서 소개할 ergm.tapered 패키지(version 1.1-0)는 다음과 같이 devtools 패키지의 install_github() 함수를 통해 인스톨할 수 있습니다.

```
> devtools::install_github("statnet/ergm.tapered")
```

ergm.tapered 패키지 설치까지 마쳤다면 이제 본격적으로 ERGM 추정을 실습해보겠습니다.

❸ 이진형-ERGM 추정 및 추정결과 해석

먼저 살펴볼 ERGM은 네트워크의 노드 간 링크가 '연결 여부', 즉 1과 0으로만 표현된 이진(binary) 네트워크인 경우에 사용하는 가장 기본적 형태의 ERGM입니다. 여기서는 앞서 살펴본 flo 오브젝트(혼인관계 네트워크)와 같은 무방향 일원네트워크, eies 오브젝트와 같은 유방향 일원네트워크, 2가지의 일원네트워크를 대상으로 이진형-ERGM을 추정해보겠습니다.

3-1 무방향 일원네트워크 대상 ERGM 추정

우선 가장 먼저 할 일은 분석대상 네트워크에 대한 기술통계 분석입니다. statnet 패키지의 summary() 함수를 이용하면, 분석대상 네트워크 대상 ERGM 추정항의 기술통계치를 쉽게 얻을 수 있습니다. flo 오브젝트가 무방향 네트워크라는 점에서, 여기서는 edges, $k = 2 \sim 7$의 kstar(), triangle, sp_i와 dp_i에서 $i = 2 \sim 5$인 esp(), dsp() 등의 네트워크 기술통계치들을 살펴보았습니다.

```
> library(statnet)
> library(tidyverse)
> library(intergraph)
> library(networkdata)
> library(patchwork)
> # Tapered ERGM
> # devtools::install_github("statnet/ergm.tapered")
> library(ergm.tapered)
> # 무방향 네트워크
> flo <- intergraph::asNetwork(flo_marriage)
> flo2 <- intergraph::asNetwork(flo_business)
> summary(flo~edges+kstar(2:7)+triangle+
+           esp(2:5)+dsp(2:5))
  edges   kstar2   kstar3   kstar4   kstar5   kstar6   kstar7   triangle   esp2
     20       47       34       17        6        1        0          3      1
   esp3     esp4     esp5     dsp2     dsp3     dsp4     dsp5
      0        0        0        4        0        0        0
```

출력결과를 토대로 ERGM에 투입할 추정항들을 다음과 같이 설정하였습니다. 첫째, edges, 즉 무방향링크를 투입하였습니다. edges는 GLM의 절편과 비슷하며, 일반적으로 특별한 이유가 없는 한 반드시 추정합니다. 둘째, $k = 2{\sim}4$인 k-스타항들, 즉 kstar(2:4)를 추정항으로 넣었습니다($k = 5$부터는 급격하게 그 수가 감소함). 셋째, esp(), dsp()의 결과를 기반으로 GWESP나 GWDSP를 추정하는 대신 삼각구조, 즉 triangle을 추정하였습니다.

네트워크의 구조적 특성 추정항들과 함께 투입할 노드속성, 양자관계-독립 공변량, 링크수준 공변량 등의 ERGM 추정항들을 정리하면 [표12-4]와 같습니다.

[표 12-4] flo 네트워크 대상 ERGM 추정항 정리

유형	추정항	투입 추정항
네트워크의 구조적 특성	링크	edges
	2-스타, 3-스타, 4-스타	kstar(2:4)
	삼각구조	triangle
노드속성	노드의 경제적 지위	nodecov("wealth")
양자관계-독립 공변량	두 노드 간 경제적 지위 격차	absdiff("wealth")
링크수준 공변량	혼인관계	edgecov(flo2)

네트워크의 구조적 특성의 내생적(endogenous) 효과와 외생적(exogenous) 효과, 즉 노드속성 및 양자관계–독립 공변량과 링크수준 공변량의 효과를 반영하는 추정항들을 통해 다음과 같은 총 3개의 ERGM을 구성하였습니다.

- ERGM0: edges만 투입
- ERGM1: ERGM0에 kstar(2:4)와 triangle 추가 투입
- ERGM2: ERGM1에 nodecov("wealth"), absdiff("wealth"), edgecov(flo2) 추가 투입

먼저 ERGM0를 추정해봅시다. ERGM은 statnet 패키지의 ergm() 함수로 추정 가능합니다. ERGM 추정방식과 추정결과를 확인하는 방법은 다음과 같습니다. 여기서는 set.seed() 함수를 사용하였는데, ERGM0의 경우는 사실 아무런 의미가 없습니다. 그러나 추정항들이 추가로 투입되는 복잡한 ERGM을 추정할 경우에는 set.seed() 함수를 사용하지 않으면 동일한 모형 추정결과를 얻을 수 없습니다. ERGM을 추정할 때는 가급적 set.seed() 함수를 같이 사용하기를 권한다는 의미에서 ERGM0를 추정할 때도 set.seed() 함수를 사용하였습니다.

```
> # ERGM0: 기저모형(baseline model)
> set.seed(20230401) # edges만 투입할 경우에는 필요 없음
> flo_ergm0 <- ergm(flo~edges)
Starting maximum pseudolikelihood estimation (MPLE):
Evaluating the predictor and response matrix.
Maximizing the pseudolikelihood.
Finished MPLE.
Stopping at the initial estimate.
Evaluating log-likelihood at the estimate.
> summary(flo_ergm0)
Call:
ergm(formula = flo ~ edges)

Maximum Likelihood Results:

      Estimate Std. Error MCMC % z value Pr(>|z|)
edges  -1.6094     0.2449      0  -6.571  <1e-04 ***
---
```

Signif. codes: 0 '***' 0.001 '**' 0.01 '*' 0.05 '.' 0.1 ' ' 1

     Null Deviance: 166.4 on 120 degrees of freedom
Residual Deviance: 108.1 on 119 degrees of freedom

AIC: 110.1 BIC: 112.9 (Smaller is better. MC Std. Err. = 0)

모형 추정결과 무방향링크(edges)를 투입하는 것이 flo 네트워크의 링크형성 가능성을 보다 잘 설명합니다. 결과 그 자체는 큰 의미가 없지만, 모수 추정결과는 나름 의미가 있습니다. 아래에서 확인할 수 있듯이 edges 추정결과는 flo 네트워크의 그래프 밀도를 나타냅니다.

```
> # 모수 추정치의 의미
> 1/(1+exp(1.6094)) # 다음과 동일: plogis(-1.6094)
[1] 0.1666719
> gden(flo)
[1] 0.1666667
```

앞서 이야기한 것처럼 edges는 GLM의 절편과 마찬가지로 ERGM 추정과정에서 필수적으로 투입되기 때문에 모형퇴행·근사퇴행 현상이 나타나지 않습니다. 따라서 굳이 점감-ERGM을 사용할 이유가 없습니다. 그러나 edges와 함께 아래와 같이 추가한 ERGM1의 경우에는 ergm() 함수로는 ERGM1의 추정결과를 얻지 못할 것입니다. 물론 별도로 ergm.control() 함수를 지정하는 방법도 고려할 수 있지만, 방법의 복잡성을 감안해 여기서는 시도하지 않았습니다.

```
> # ERGM1
> # ergm() 함수 추정실패
> set.seed(20230401)
> flo_ergm1_ergm <- ergm(flo~edges+kstar(2:4)+triangle)
Starting maximum pseudolikelihood estimation (MPLE):
Evaluating the predictor and response matrix.
Maximizing the pseudolikelihood.
Finished MPLE.
Starting Monte Carlo maximum likelihood estimation (MCMLE):
Iteration 1 of at most 60:
```

```
Error in ergm.MCMLE(init, nw, model, initialfit = (initialfit <- NULL), :
  Unconstrained MCMC sampling did not mix at all. Optimization cannot continue.
In addition: Warning message:
In ergm_MCMC_sample(s, control, theta = mcmc.init, verbose = max(verbose - :
  Unable to reach target effective size in iterations alotted.
```

반면 ergm.tapered() 함수를 이용하여 점감-ERGM을 실시하면 다음과 같이 ERGM 추정결과를 얻을 수 있습니다. 점감-ERGM 추정시간을 확인하기 위하여 필자는 모형을 추정하기 전의 시점과 추정이 완료된 후의 시점을 Sys.time() 함수로 추출한 후, 모형 추정에 소요된 시간을 계산해보았습니다. 아래 출력결과 맨 끝단에서 확인할 수 있듯 제가 사용하는 PC로는 약 2초가 소요되었습니다.

```
> # ergm.tapered() 함수를 추천함
> stime <- Sys.time() # 시작시간
> set.seed(20230401)
> flo_ergm1 <- ergm.tapered(flo~edges+kstar(2:4)+triangle)
Starting maximum pseudolikelihood estimation (MPLE):
Evaluating the predictor and response matrix.
Maximizing the pseudolikelihood.
Finished MPLE.
                [중간 부분의 출력결과는 분량을 줄이기 위하여 삭제함]
Precision adequate twice. Stopping.
Finished MCMLE.
Evaluating log-likelihood at the estimate. Fitting the dyad-independent submodel...
Bridging between the dyad-independent submodel and the full model...
Setting up bridge sampling...
Using 16 bridges: 1 2 3 4 5 6 7 8 9 10 11 12 13 14 15 16 .
Bridging finished.
This model was fit using MCMC. To examine model diagnostics and check for
degeneracy, use the mcmc.diagnostics() function.
> summary(flo_ergm1)
Results:
```

	Estimate	Std. Error	MCMC %	z value	Pr(>|z|)
edges	-2.6008	2.0858	0	-1.247	0.212
kstar2	0.7223	1.1728	0	0.616	0.538
kstar3	-0.9332	1.1274	0	-0.828	0.408
kstar4	0.6932	0.6808	0	1.018	0.309
triangle	0.3278	0.7518	0	0.436	0.663

The estimated tapering scaling factor is 2.

     Null Deviance: 166.4 on 120 degrees of freedom
 Residual Deviance: 107.0 on 115 degrees of freedom

AIC: 117 BIC: 130.9 (Smaller is better. MC Std. Err. = 0)
```
> etime <- Sys.time() # 종료시간
> (esttime_flo_ergm1 <- etime - stime)
Time difference of 2.260133 secs
```

출력결과를 보면 '2-스타', '3-스타', '4-스타'와 '삼각구조' 추정항들 모두 flo 네트워크의 연결관계를 설명하는 데 그렇게 크게 기여하는 바가 없는 것을 확인할 수 있습니다(적어도 통상적인 통계적 유의도 수준을 기반으로 할 때). 구체적으로 모형적합도 지수인 AIC와 BIC를 비교해보면 ERGM1에서 얻은 정보지수는 ERGM0에서 얻은 정보지수에 비해 더 큰 값, 즉 모형적합도가 더 악화된 것을 확인할 수 있습니다. 참고로 The estimated tapering scaling factor is 2 부분은 점감-ERGM의 τ값을 의미합니다. ergm.tapered() 함수의 경우 디폴트값으로 2가 지정되어 있습니다. 만약 이를 바꾸고 싶다면 tau 옵션에 원하는 τ값을 지정하면 됩니다.

추정결과와는 별도로 ergm.tapered() 함수 추정결과 맨 마지막 부분, 즉 This model was fit using MCMC. To examine model diagnostics and check for degeneracy, use the mcmc.diagnostics() function에 잠시 주목해봅시다. 앞에서도 잠시 언급했듯이 ERGM 추정에는 MCMC가 사용됩니다. 따라서 MCMC 진행과정 및 추정된 결과가 적절한지 여부를 체크할 필요가 있습니다. 출력결과 하단에 제시된 것처럼 mcmc.diagnostics() 함수를 활용하여 진단통계치를 살펴봅시다. 아래와 같이 매우 긴 출력결과를 확인할 수 있습니다. 아울러 [그림 12-2]의 a)와 b) 역시 자동적으로 생성된 것을 확인할 수 있습니다.

```
> # MCMC 진단통계치
> mcmc.diagnostics(flo_ergm1)
Sample statistics summary:

Iterations = 20480:393216
Thinning interval = 1024
```

Number of chains = 1
Sample size per chain = 365

1. Empirical mean and standard deviation for each variable,
   plus standard error of the mean:

	Mean	SD	Naive SE	Time-series SE
edges	0.131507	1.759	0.09205	0.09205
kstar2	0.465753	5.497	0.28775	0.28775
kstar3	0.610959	4.806	0.25155	0.30439
kstar4	0.394521	4.598	0.24066	0.24066
triangle	0.005479	1.191	0.06232	0.06232

2. Quantiles for each variable:

	2.5%	25%	50%	75%	97.5%
edges	-3	-1	0.000e+00	1	3.9
kstar2	-11	-3	1.000e+00	4	11.9
kstar3	-9	-2	0.000e+00	4	10.9
kstar4	-9	-1	-2.447e-13	3	9.8
triangle	-2	-1	0.000e+00	1	2.0

Are sample statistics significantly different from observed?

	edges	kstar2	kstar3	kstar4	triangle	Overall (Chi^2)
diff.	0.1315068	0.4657534	0.61095890	0.3945205	0.005479452	NA
test stat.	1.4286852	1.6186040	2.00712656	1.6392950	0.087925332	12.19671947
P-val.	0.1530947	0.1055325	0.04473619	0.1011518	0.929936023	0.03602594

Sample statistics cross-correlations:

	edges	kstar2	kstar3	kstar4	triangle
edges	1.0000000	0.87144868	0.3480439	-0.16714403	0.14398718
kstar2	0.8714487	1.00000000	0.6812239	0.05727063	0.31734257
kstar3	0.3480439	0.68122392	1.0000000	0.70955435	0.32398619
kstar4	-0.1671440	0.05727063	0.7095544	1.00000000	0.09144177
triangle	0.1439872	0.31734257	0.3239862	0.09144177	1.00000000

Sample statistics auto-correlation:
Chain 1

	edges	kstar2	kstar3	kstar4	triangle
Lag 0	1.00000000	1.000000000	1.00000000	1.000000000	1.000000000
Lag 1024	-0.02362346	0.008770409	0.08771997	0.006300392	0.071664414
Lag 2048	-0.04182679	0.054437189	0.10659545	0.024579448	0.001916671

Lag 3072	−0.03539009	0.043763222	0.04713439	0.024839418	−0.031008585
Lag 4096	0.04809906	0.077298904	0.10135195	−0.004187368	0.038760280
Lag 5120	0.01367186	0.032215304	0.09174512	0.113063328	−0.063955138

Sample statistics burn-in diagnostic (Geweke):
Chain 1

Fraction in 1st window = 0.1
Fraction in 2nd window = 0.5

edges	kstar2	kstar3	kstar4	triangle
1.36772	1.17133	−0.03052	−0.68494	0.36403

Individual P-values (lower = worse):

edges	kstar2	kstar3	kstar4	triangle
0.1713982	0.2414657	0.9756552	0.4933802	0.7158366

Joint P-value (lower = worse): 0.8869752 .

MCMC diagnostics shown here are from the last round of simulation, prior to computation of final parameter estimates. Because the final estimates are refinements of those used for this simulation run, these diagnostics may understate model performance. To directly assess the performance of the final model on in-model statistics, please use the GOF command: gof(ergmFitObject, GOF=~model).

출력결과에 대해서는 마지막 부분부터 역순으로 설명하겠습니다. 우선 출력결과 하단의 설명문에서 확인할 수 있듯이 제시된 결과는 MCMC 최종 단계의 추정과정을 나타낸 것입니다. 아울러 여기 제시된 결과는 MCMC 추정과정이 타당한지를 가늠하는 것이지, 실제 네트워크 데이터를 얼마나 잘 설명하는가를 보여주는 것이 아닙니다. 해당 설명문에서 권장하고 있는 함수, 즉 gof() 함수는 이번에 추정한 ERGM1이 아니라 ERGM2에 대해 사용하겠습니다.

다음으로 Individual P-values (lower = worse):와 Joint P-value (lower = worse):는 괄호 속 설명에서도 알 수 있듯이 1에 가까울수록 바람직합니다. 만약 MCMC 추정과정이 적절하지 않다면 0에 근접한 값이 나타납니다. 일단 ERGM1에서 얻은 추정결과의 경우, MCMC 추정과정에 큰 문제가 없다는 것을 알 수 있습니다.

그 위의 Sample statistics auto-correlation:는 MCMC 과정에서의 자기상관계수(즉 시계열에서 나타난 상관계수)를 나타냅니다. 무작위로 표집이 일어났다고 가정할 경우, 자기상관계수는 0에 가까워질 것입니다. 전체 연쇄들 중 총 6번 지점(Lag 뒤에 제시된 숫자들)을 선정하여 계산한 결과가 제시되었는데, 자기상관은 0에 가까운 값을 보이는 것이 바람직합니다. 일단 여기서는 5개 추정항 모두에서 그렇게 높다고 볼 수 있는 자기상관이 나타나지는 않아 큰 문제가 없다는 것을 확인할 수 있습니다.

그 위의 Sample statistics cross-correlations:는 각 통계치의 상관계수를 의미합니다. 전반적으로 edges와 kstar2, kstar2와 kstar3, kstar3와 kstar4의 상관관계가 상당히 높게 나타났습니다. 그러나 triangle의 경우 다른 통계치들과 낮은 상관관계를 보이고 있습니다. 이러한 결과를 통해 짐작해보면 edges를 추정할 경우에는 굳이 kstar()를 추가로 반영할 필요가 없을 것 같습니다.

그 위의 Are sample statistics significantly different from observed? 는 관측된 flo 네트워크의 통계치와 MCMC에 따라 시뮬레이션으로 얻은 통계치를 비교한 것입니다. 결과를 보면 edges와 triangle을 제외한 다른 통계치들(즉 k-스타 통계치들)의 경우, 관측된 네트워크에서 (크지는 않지만) 다소 벗어난 시뮬레이션 결과가 나타났습니다.

그 위의 1. Empirical mean and standard deviation for each variable과 2. Quantiles for each variable:은 시뮬레이션된 결과에 대한 기술통계치들을 보여주며, 맨 위의 Sample statistics summary:는 MCMC 마지막 단계가 어디에 해당되는지를 보여주는 통계치입니다.

[그림 12-2]는 MCMC 추정과정을 시각화한 것입니다. 왼쪽 그림은 연쇄과정에 따라 생성된 추출된 값의 변화를 보여주는 흔적도표(traceplot)이며, 오른쪽 그림은 MCMC 추정 값들의 분포를 보여줍니다. 흔적도표의 경우, 특별한 패턴이 보이지 않는 것이 바람직하며 (다시 말해 X축 변화에 따라 지속적으로 증가하거나 혹은 감소하는 등의 패턴을 보이지 않는 것), 추정값의 분포는 단봉분포(unimodal distribution)를 보이는 것이 적절합니다. [그림 12-2]에서 확인할 수 있듯이 MCMC 추정치에는 큰 문제가 없어 보입니다.

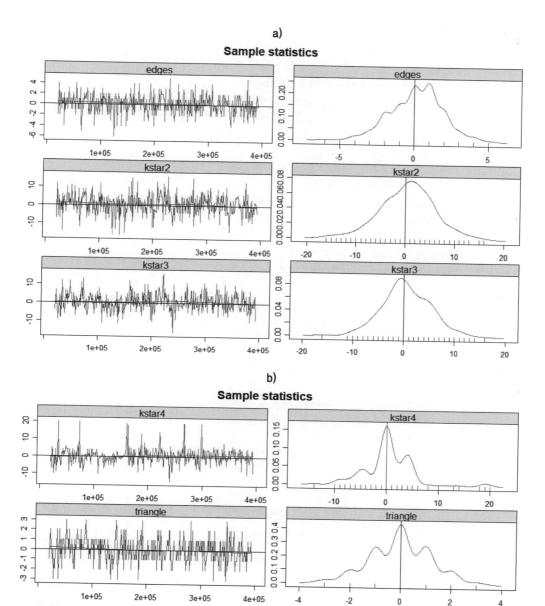

그림 12-2

edges 외에 네트워크 구조적 특성 추정항들을 투입하였을 때 AIC나 BIC가 악화된 점, 그리고 edges와 k-스타 추정항들의 상관관계가 높다는 점을 감안하여, 여기서는 k-스타 추정치들을 모두 삭제한 후 edges와 triangle 추정항들만을 포함하는 방식으로 ERGM1을 수정하였습니다.

```
> # ERGM1 수정
> stime <- Sys.time()  # 시작시간
> set.seed(20230401)
> flo_ergm1r <- ergm.tapered(flo~edges+triangle)
Starting maximum pseudolikelihood estimation (MPLE):
                    [분량 조절을 위하여 출력결과를 별도 제시하지 않았음]
> summary(flo_ergm1r)
Results:

          Estimate   Std. Error   MCMC %   z value   Pr(>|z|)
edges      -1.7442      0.3067        0     -5.687    <1e-04 ***
triangle    0.3960      0.5589        0      0.709     0.479
---
Signif. codes:  0 '***' 0.001 '**' 0.01 '*' 0.05 '.' 0.1 ' ' 1
The estimated tapering scaling factor is 2.


      Null Deviance: 166.4 on 120 degrees of freedom
  Residual Deviance: 107.9 on 118 degrees of freedom

AIC: 111.9  BIC: 117.5 (Smaller is better. MC Std. Err. = 0)
> etime <- Sys.time()  # 종료시간
> (esttime_flo_ergm1r <- etime - stime)
Time difference of 1.23893 secs
> mcmc.diagnostics(flo_ergm1r)
              [분량 조절을 위하여 출력결과를 별도 제시하지 않았음]
```


mcmc.diagnostics(flo_ergm1r) 결과는 분량이 너무 많아 별도 제시하지 않았습니다. 직접 확인해보길 권합니다. 전반적으로 MCMC 추정치에는 큰 문제가 없다는 것을 확인할 수 있습니다. 그러나 정보지수 관점에서 flo_ergm0와 flo_ergm1r을 비교해보면, flo_ergm1r보다는 flo_ergm0가 더 낫습니다. 이는 summary() 함수 추정결과에서도 쉽게 확인됩니다. 즉 triangle을 고려해도 네트워크의 링크생성을 잘 설명하지 못합니다. 그러나 본서에서는 edges 외의 다른 네트워크 특성 추정항을 추가 투입하는 방법을 보여주는 ERGM 모형이라는 점을 감안하여 flo_ergm0가 아닌 flo_ergm1r을 ERGM1으로 설정하였습니다.

다음으로 ERGM2를 추정해보겠습니다. 수정된 ERGM1에 nodecov("wealth"), absdiff("wealth"), edgecov(flo2)의 2가지 추정항을 새로 추가하면 됩니다. ergm.

tapered() 함수를 활용해 ERGM2를 추정하면 아래와 같습니다. 이번에는 summary() 함수를 활용해 추정결과를 확인하기 전에 mcmc.diagnostics() 함수를 사용하여 MCMC로 얻은 추정결과가 타당한지 살펴보았습니다(구체적인 출력결과는 제시하지 않았습니다).

```
> # ERGM2: 노드속성, 양자관계-독립 링크속성 공변량 효과 추가
> stime <- Sys.time()
> set.seed(20230401)
> # ergm.tapered() 함수를 추천함
> flo_ergm2 <- ergm.tapered(flo~edges+triangle+
+                           nodecov("wealth")+absdiff("wealth")+
+                           edgecov(flo2))
Starting maximum pseudolikelihood estimation (MPLE):
                    [분량 조절을 위하여 출력결과를 별도 제시하지 않았음]
> etime <- Sys.time()
> (esttime_flo_ergm2 <- etime - stime)
Time difference of 1.70822 secs
> mcmc.diagnostics(flo_ergm2)
                    [분량 조절을 위하여 출력결과를 별도 제시하지 않았음]
MCMC diagnostics shown here are from the last round of simulation, prior to computation
of final parameter estimates. Because the final estimates are refinements of those
used for this simulation run, these diagnostics may understate model performance. To
directly assess the performance of the final model on in-model statistics, please use
the GOF command: gof(ergmFitObject, GOF=~model).
```

MCMC 진단통계치를 통해 추정치를 얻는 과정에 대해서 각자 평가해보기 바랍니다. 제가 보기에는 별문제 없어 보입니다.

summary() 함수를 통해 ERGM2 추정결과를 확인하기 전에, mcmc.diagnostics() 함수 출력결과 마지막에 제시되었던 것처럼 gof() 함수를 통해 ERGM2의 모형적합도 (GOF, goodness-of-fit)를 살펴보겠습니다. gof() 함수의 목적은 관측된 네트워크의 주요 통계치들을 추정된 ERGM을 통해 시뮬레이션된 네트워크들에서 얻은 주요 통계치들과 비교하는 것입니다. 다시 말해 관측된 네트워크가 ERGM으로 생성가능한지 모형의 현실가능성을 살펴보는 것입니다. 따라서 만약 ERGM 추정결과가 타당하다면, 관측된 네트워크는 ERGM으로 생성될 수 있을 것으로 예상할 수 있습니다.

```
> # 모형적합도 점검
> gof_flo_ergm2 <- gof(flo_ergm2)
> gof_flo_ergm2
```

Goodness-of-fit for degree

	obs	min	mean	max	MC p-value
degree0	1	0	1.12	3	1.00
degree1	4	0	3.44	8	0.98
degree2	2	0	4.22	9	0.34
degree3	6	0	3.30	8	0.14
degree4	2	0	1.99	5	1.00
degree5	0	0	1.18	4	0.52
degree6	1	0	0.52	2	0.96
degree7	0	0	0.18	1	1.00
degree8	0	0	0.05	1	1.00

Goodness-of-fit for edgewise shared partner

	obs	min	mean	max	MC p-value
esp0	12	6	12.26	20	1.00
esp1	7	0	6.60	14	0.96
esp2	1	0	1.32	6	1.00
esp3	0	0	0.03	2	1.00

Goodness-of-fit for minimum geodesic distance

	obs	min	mean	max	MC p-value
1	20	16	20.21	24	1.00
2	35	23	35.45	50	1.00
3	32	16	28.52	41	0.54
4	15	2	12.61	25	0.78
5	3	0	3.36	16	0.94
6	0	0	0.76	12	1.00
7	0	0	0.20	6	1.00
8	0	0	0.03	2	1.00
Inf	15	0	18.86	42	1.00

Goodness-of-fit for model statistics

	obs	min	mean
Taper(0.0125)~edges	2.000000e+01	16.0000000	20.210000
Taper(0.08333333333333333)~triangle	3.000000e+00	0.0000000	3.110000

Taper(0.000115313653136531)~nodecov.wealth	2.168000e+03	1995.0000000	2176.820000
Taper(0.000218150087260035)~absdiff.wealth	1.146000e+03	1041.0000000	1146.240000
Taper(0.03125)~edgecov.flo2	8.000000e+00	3.0000000	7.860000
Taper_Penalty	-9.947598e-14	0.1304153	1.143788

	max MC	p-value
Taper(0.0125)~edges	24.000000	1.00
Taper(0.0833333333333333)~triangle	7.000000	1.00
Taper(0.000115313653136531)~nodecov.wealth	2372.000000	0.92
Taper(0.000218150087260035)~absdiff.wealth	1253.000000	1.00
Taper(0.03125)~edgecov.flo2	11.000000	1.00
Taper_Penalty	6.957368	0.00

위의 출력결과에서 Goodness-of-fit for 이후 다음 부분을 각각 살펴봅시다. ① 연결도(degree), ② 링크단위 공유연결, 즉 ESP(edgewise shared partner), ③ 최소 측지거리(minimum geodesic distance), ④ ERGM 추정에 사용된 모형통계치(model statistics), 이렇게 네 부분으로 구성되어 있습니다. 아울러 각 부분별 출력결과의 세로줄 이름에서 확인할 수 있듯이 관측된 네트워크에서 얻은 통계치(obs), 시뮬레이션된 네트워크에서 얻은 다양한 통계치들(최솟값은 min, 최댓값은 max, 평균은 mean, MC p-value는 시뮬레이션에 기반한 통계적 유의도)을 같이 제공해줍니다. 연결도, ESP, 최소 측지거리의 경우 이해하는 데 큰 어려움이 없으리라 생각합니다. 맨 마지막 모형통계치는 ERGM2에 포함된 추정항들에 대한 GOF입니다. Taper(...)로 시작한 부분은 현재 gof() 함수에 투입된 ERGM 추정결과가 '점감-ERGM'을 토대로 한 것임을 의미하며, 끝부분의 Taper_Penalty는 점감-ERGM을 추정하는 과정에서 모수추정치에서 너무 많이 벗어나는 것을 막기 위해 부여된 모수[11]로서 ERGM 모형 추정결과와는 직접적 관련은 없습니다. 즉 ~ 표시 다음에 제시된 ERGM 추정항들에 대해서는 GOF 측면에서 면밀하게 살펴보는 것이 좋습니다.

이제 출력결과를 직접 살펴봅시다. 결과를 보면 알 수 있지만, 관측된 네트워크

---

11 개발자의 말을 빌리자면 점감-ERGM에서는 '가우시안 페널티(Gaussian penalty)'를 사용합니다. 모형퇴행·근사퇴행에 대응하는 다른 방식 ERGM들에서는 다른 방식의 패널티 사용합니다. 본서의 목적에서는 조금 벗어나지만, 점감-ERGM은 '회복압박모형(restorative force model)'의 하나이며, 점감-ERGM 외에도 MAD ERGM, Sterio ERGM, LogCosh ERGM 등이 존재합니다(Blackburn, 2021, Chapter 5 참조).

와 `flo_ergm2` 오브젝트로 시뮬레이션된 네트워크는 크게 다르지 않습니다(Taper_
Penalty의 경우는 크게 다르지만, 앞서 이야기했듯이 이 모수는 ERGM 추정항이 아니라는 점
에서 문제라고 볼 수 없습니다). 다시 말해 여기서 추정한 ERGM2의 모형적합도(GOF)에는
큰 문제가 없다고 볼 수 있습니다.

끝으로 GOF 출력결과를 시각화하여 점검하고 싶다면 다음과 같이 `plot()` 함수를
사용하면 됩니다.

```
> png("P1_Ch12_Fig03.png",width=30,height=25,units="cm",res=300)
> par(mfrow=c(2,2)) # 4개의 결과가 출력되기 때문.
> plot(gof_flo_ergm2)
> dev.off()
```

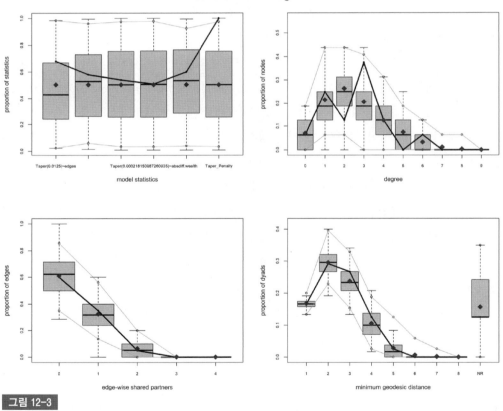

그림 12-3

MCMC 추정치 및 GOF 진단통계치를 살펴보면서 ERGM2의 결과를 해석하는 데별 무리가 없음을 확인했으니, 이제 summary() 함수를 통해 ERGM 추정항들을 살펴봅시다.

```
> # 결과확인
> summary(flo_ergm2)
 Results:
```

	Estimate	Std. Error	MCMC %	z value	Pr(>|z|)
edges	-2.948782	0.595018	0	-4.956	< 1e-04 ***
triangle	0.197808	0.579318	0	0.341	0.73277
nodecov.wealth	-0.001270	0.006695	1	-0.190	0.84955
absdiff.wealth	0.019573	0.007474	2	2.619	0.00882 **
edgecov.flo2	2.413374	0.602262	0	4.007	< 1e-04 ***

```
---
Signif. codes: 0 '***' 0.001 '**' 0.01 '*' 0.05 '.' 0.1 ' ' 1
The estimated tapering scaling factor is 2.


     Null Deviance: 166.36 on 120 degrees of freedom
 Residual Deviance: 91.75 on 115 degrees of freedom

AIC: 101.8  BIC: 115.7  (Smaller is better. MC Std. Err. = 0)
```

먼저 출력결과의 맨 하단부터 확인해봅시다. AIC와 BIC 값을 앞서 계산했던 ERGM0,수정된 ERGM1과 비교해봅시다. 원활한 비교를 위해 본서에서는 아래와 같은 이용자정의함수를 설정한 후 3가지 ERGM 추정결과의 AIC, BIC를 한눈에 비교했습니다. 출력결과를 통해 ERGM2가 가장 적합한 모형인 것을 알 수 있습니다.

```
> # 모형비교
> myaicbic <- function(obj_ergm,myname){
+ tibble(modelname=myname,
+       aic=AIC(obj_ergm),
+       bic=BIC(obj_ergm))
+ }
> bind_rows(myaicbic(flo_ergm0,"ermg0"),
+           myaicbic(flo_ergm1r,"ermg1r"),
+           myaicbic(flo_ergm2,"ermg2"))
```

```
#A tibble: 3 × 3
  modelname    aic   bic
  <chr>      <dbl> <dbl>
1 ermg0       110.  113.
2 ermg1r      112.  118.
3 ermg2       102.  116.
```

다음으로 본격적으로 ERGM2의 추정항들을 살펴봅시다. 첫째, nodecov.wealth의 추정결과는 개별 가문(즉 노드)의 경제적 지위 그 자체는 네트워크의 링크형성에 별다른 영향을 미치지 못한다는 것을 보여줍니다.

둘째, absdiff.wealth의 추정결과는 두 가문 간 경제력 격차가 크면 클수록 네트워크의 링크형성 가능성이 더 증가한다는 것을 의미합니다. 이 결과는 10장과 11장에서 소개했던 시뮬레이션 혹은 순열 기반 네트워크 분석기법으로 얻은 결과와 맥을 같이 합니다. 차이가 있다면 ERGM을 통해서 추정된 결과는 네트워크의 구조적 특성을 비롯한 다른 공변량들의 효과를 통제한 후에 얻은 결과라는 점입니다. 굳이 absdiff.wealth의 추정결과를 해석하자면, 다른 추정항들의 효과를 통제할 때, 두 가문 간 경제적 지위격차가 1단위만큼 증가할수록 혼인관계를 형성할 가능성이 약 2%가량 증가합니다($1.019766 = e^{0.019573}$).

그러나 이 해석은 가문의 경제적 지위격차를 계산할 때 가문의 경제적 지위를 고려하지 않았다는 점에서 네트워크의 특성을 타당하게 반영한 해석이라고 보기 어렵습니다.[12] 즉 연구문제나 네트워크의 특성을 고려하여 특정한 상황을 가정한 해석이 보다 더 타당하고 이해하기 쉬울 것으로 봅니다. 예를 들어 flo 네트워크에서 경제적 지위의 중위값인 39를 기준으로, '중위수인 39의 경제력을 가진 가문'이 '동일한 경제력을 가진 가문'과 혼인관계를 맺을 확률을 '75%분위에 해당되는 48의 경제력을 가진 가문'과 혼인관계를 맺을 확률과 비교하는 것입니다. 물론 해석의 편의를 위하여 가문의 경제력을 뺀 나머지 다른 조건들은 다 동일하다고 가정합니다. 여기서는 edges에 대해서는 1,[13] triangle과 edgecov.flo2에 대해서는 0을 부여하는 방식으로 통제하였습니다. 다음과 같은 방식으로 계산할 수 있습니다.

---

12 GLM에서 상호작용효과항의 회귀계수 그 자체만 해석하는 것이 적절하지 않은 것과 마찬가지입니다.

13 edges는 GLM에서의 절편과 동일한 역할을 하기 때문입니다.

```
> # 상황: edges(절편과 유사)=1, triangle=0, 사업관계가 없는 경우(0)
> # wealth=39 노드와 wealth=48 노드가 링크를 형성할 확률이
> # wealth=39 노드와 wealth=39 노드가 링크를 형성할 확률과 비교해 얼마나 더 높은가?
> # coef(flo_ergm2) 모수추정치
> wed_w39_w48 <- c(1,0,(39),(48-39),0) # wealth=39 노드 & wealth=48 노드
> wed_w48_w39 <- c(1,0,(48),(48-39),0) # wealth=48 노드 & wealth=39 노드
> wed_w39_w39 <- c(1,0,39,0,0)          # wealth=39 노드 & wealth=39 노드
> # 각 조건별 확률 계산
> plogis(sum(coef(flo_ergm2)*wed_w39_w48))
[1] 0.05613868
> plogis(sum(coef(flo_ergm2)*wed_w48_w39))
[1] 0.05553613
> plogis(sum(coef(flo_ergm2)*wed_w39_w39))
[1] 0.04750226
```

위의 결과를 보면 다른 조건들을 통제하였을 때 '39의 경제력을 가진 가문'이 동일한 수준의 경제력을 가진 가문과 혼인관계를 맺을 확률은 약 4.8%인 데 반해, '48의 경제력을 가진 가문'과 혼인관계를 맺을 확률은 약 5.6%로 더 높습니다(여기서는 '39의 경제력을 가진 가문'이 9만큼의 경제력 격차를 갖는 가문과 혼인관계를 맺을 확률과 '48의 경제력을 가진 가문'이 9만큼의 경제력 격차를 갖는 가문과 혼인관계를 형성할 확률을 평균하였습니다). 즉 flo 네트워크의 경우 가문의 경제력이라는 노드특성에 따른 이종선호(heterophily) 현상을 확인할 수 있습니다.

셋째, edgecov.flo2 추정결과를 통해 두 가문이 사업관계를 형성할 경우 혼인관계를 맺을 가능성이 확연히 더 높다는 것을 확인할 수 있습니다. 이 결과 역시도 10장과 11장에서 소개했던 시뮬레이션 혹은 순열 기반 네트워크 분석기법으로 얻은 결과와 맥을 같이 합니다(즉 혼인관계 네트워크는 사업관계 네트워크와 매우 강한 상관관계를 갖는다). 앞서 살펴본 absdiff.wealth와 달리 edgecov.flo2 추정결과에 대한 해석은 그리 어렵지 않습니다. 즉 사업관계를 맺지 않은 상황과 비교할 때, 사업관계를 맺은 가문들의 경우 혼인관계를 맺을 가능성이 약 11배 더 높습니다($11.17 = e^{2.413374}$).

3-2 유방향 일원네트워크 대상 ERGM 추정

유방향 일원네트워크의 경우도 가장 먼저 ERGM 추정항의 기술통계치를 살펴보는 것이 좋습니다. 앞에서 살펴본 유방향 일원네트워크 예시 데이터인 eies를 대상으로 ERGM을 추정해보겠습니다. ERGM을 추정하기 전에 먼저 자기순환링크를 제거하였습니다.

```
> # 유방향 네트워크
> eies <- intergraph::asNetwork(eies_messages)
> eies2 <- intergraph::asNetwork(eies_relations)
> # 자기순환링크 제거
> set.network.attribute(eies, "loops", F)
> set.network.attribute(eies2, "loops", F)
```

eies 네트워크를 대상으로 추정할 ERGM에 투입할 네트워크의 구조적 특성 및 노드 속성, 양자관계-독립 공변량, 링크수준 공변량 추정항들을 [표 12-5]에 정리하였습니다.

먼저 네트워크 구조적 특성 추정항들을 살펴보겠습니다. edges는 앞서 이야기한 바 있기에 따로 소개하지 않겠습니다. mutual은 두 노드가 서로에 대해 외향링크와 내향링크 모두를 갖고 있는 경우를 의미합니다. twopath의 경우 세 노드가 일방향으로 연결된 경우(이를테면, $i{\rightarrow}j{\rightarrow}k$)를 의미하며, ostar(2)와 istar(2)는 각각 외향-2-스타와 내향-2-스타를 의미합니다. 아울러 $k > 2$인 경우의 외향-k-스타와 내향-k-스타 추정항들을 고려할 경우 발생할 수 있는 모형퇴행·근사퇴행 문제에 대처하기 위하여 statnet 개발팀이 권장하는 GWESP와 GWDSP를 추정하였습니다(이때 감퇴모수는 $0.70{\approx}\log_e 2$로 설정하였습니다).

앞서 실습했던 flo 네트워크 사례와 비슷한 방식으로 여기서도 다음과 같은 총 3개의 ERGM을 구성하였습니다.

- ERGM0: edges만 투입
- ERGM1: ERGM0에 mutual, twopath, ostar(2), istar(2), gwdsp(0.7,fixed=TRUE), gwesp(0.7,fixed=TRUE) 추가 투입
- ERGM2: ERGM1에 nodeocov("Citations"), nodeicov("Citations"), absdiff ("Citations"), nodeofactor("Disc3",levels=c(1,2)), nodeifactor("Disc3",levels=c(1,2)), nodematch("Disc3",diff=FALSE), edgecov(eies2,'friend') 추가 투입

[표 12-5] eies 네트워크 대상 ERGM 추정항 정리

유형	추정항	투입 추정항
네트워크 구조적 특성	링크	edges
	상호관계	mutual
	2-패스	twopath
	외향-2-스타	ostar(2)
	내향-2-스타	istar(2)
	기하가중 링크단위 공유연결도 (geometrically weighted edgewise shared partnership)	gwesp(0.7,fixex=TRUE)
	기하가중 양자관계단위 공유연결도 (geometrically weighted dyadwise shared partnership)	gwdsp(0.7,fixex=TRUE)
노드속성	노드(연구자) 피인용횟수(연속형 변수)의 외향성	nodeocov("Citations")
	노드(연구자) 피인용횟수(연속형 변수)의 내향성	nodeicov("Citations")
	노드(연구자) 소속분과(범주형 변수) 차이의 외향성 (사회학, 인류학, 기타로 나눈 후 기타를 기준집단으로 설정)	nodeofactor("Disc3", levels=c(1,2))
	노드(연구자) 소속분과(범주형 변수) 차이의 내향성 (사회학, 인류학, 기타로 나눈 후 기타를 기준집단으로 설정)	nodeifactor("Disc3", levels=c(1,2))
양자관계-독립 공변량	두 노드 간 피인용횟수 격차	absdiff("Citations")
	두 노드 간 소속분과 일치 여부 (각 분과별 차이는 고려하지 않음)	nodematch("Disc3", diff=FALSE)
링크수준 공변량	연구 프로젝트 시작 전 친분관계 (4에 가까울수록 강한 친분관계)	edgecov(eies2, 'friend')

앞서와 마찬가지로 ERGM을 추정하기 전에 summary() 함수로 각 추정항들의 기술 통계치를 확인해보는 것이 좋습니다. 분량상 아래의 출력결과에 대한 구체적 설명은 제시하지 않겠습니다.

```
> summary(eies~edges+mutual+twopath+istar(2:7)+ostar(2:7))
    edges   mutual  twopath   istar2   istar3    istar4   istar5   istar6   istar7
      440      174     7185     3368    19207     89397   349369  1158601  3283309
   ostar2   ostar3   ostar4   ostar5   ostar6    ostar7
     4287    32323   192159   923206  3661075  12182443
```

먼저 '기저모형'이라고 할 수 있는 ERGM0를 추정해봅시다. 무방향 네트워크와 별로 다르지 않습니다. 또한 아래에서 확인할 수 있듯이 ERGM0 모형으로 얻은 edges 추정 항은 사실 그래프 밀도입니다.

```
> # ERGM0
> set.seed(20230401)  # 습관 형성을 위하여 지정함(실상은 불필요)
> eies_ergm0 <- ergm(eies~edges)
                        [분량 조절을 위하여 출력결과를 별도 제시하지 않았음]
> summary(eies_ergm0)
Call:
ergm(formula = eies ~ edges)

Maximum Likelihood Results:

      Estimate Std. Error MCMC % z value Pr(>|z|)
edges -0.22677    0.06391      0  -3.548 0.000388 ***
---
Signif. codes: 0 '***' 0.001 '**' 0.01 '*' 0.05 '.' 0.1 ' ' 1

     Null Deviance: 1375 on 992 degrees of freedom
Residual Deviance: 1363 on 991 degrees of freedom

AIC: 1365 BIC: 1369 (Smaller is better. MC Std. Err. = 0)
> gden(eies)
[1] 0.4435484
> plogis(coef(eies_ergm0))
   edges
0.4435484
```

이제 다른 네트워크 구조적 특성 추정항들을 투입한 ERGM1을 추정해봅시다. 앞에서와 마찬가지로 ergm.tapered() 함수의 τ값을 디폴트인 2로 하는 점감-ERGM을 추정합니다. 추정 자체는 어렵지 않습니다만, 규모가 상대적으로 더 작았던 flo 네트워크에 비해 추정시간이 길게 소요됩니다. 다음 출력결과를 보면 점감-ERGM을 적용하였을 때 약 1분 정도 소요된 것을 확인할 수 있습니다.

```
> # ERGM1
> stime <- Sys.time()
> set.seed(20230401)
> eies_ergm1 <- ergm.tapered(eies~edges+twopath+mutual+istar(2)+ostar(2)+
+                             gwdsp(0.7,fixed=TRUE)+
+                             gwesp(0.7,fixed=TRUE))
```
[분량 조절을 위하여 출력결과를 별도 제시하지 않았음]
```
> etime <- Sys.time()
> (esttime_eies_ergm1 <- etime-stime)
Time difference of 55.42713 secs
> # MCMC diagnostic
> mcmc.diagnostics(eies_ergm1)
Sample statistics summary:


Iterations = 78848:1556480
Thinning interval = 1024
Number of chains = 1
Sample size per chain = 1444
```
[분량 조절을 위하여 출력결과를 일부만 제시함]
```
Sample statistics cross-correlations:
                       edges        twopath        mutual         istar2         ostar2
edges             1.0000000    0.229681281    -0.11934174    0.34414911     0.584067044
twopath           0.2296813    1.000000000     0.71039803    0.49911366    -0.009221744
mutual           -0.1193417    0.710398027     1.00000000    0.30007041    -0.546286060
istar2            0.3441491    0.499113664     0.30007041    1.00000000    -0.094235483
ostar2            0.5840670   -0.009221744    -0.54628606   -0.09423548     1.000000000
gwdsp.fixed.0.7  -0.5881131    0.061006919     0.11842633    0.12473939    -0.284318809
gwesp.fixed.0.7   0.9560166    0.318384720    -0.07081225    0.44803016     0.577805157
                       gwdsp.fixed.0.7    gwesp.fixed.0.7
edges                    -0.58811307         0.95601655
twopath                   0.06100692         0.31838472
mutual                    0.11842633        -0.07081225
istar2                    0.12473939         0.44803016
ostar2                   -0.28431881         0.57780516
gwdsp.fixed.0.7           1.00000000        -0.37945120
gwesp.fixed.0.7          -0.37945120         1.00000000


Sample statistics auto-correlation:
Chain 1
             edges        twopath       mutual        istar2         ostar2      gwdsp.fixed.0.7
Lag 0     1.0000000    1.00000000    1.0000000    1.00000000    1.0000000        1.0000000
Lag 1024  0.6752839    0.19486534    0.4652753    0.20724505    0.4367820        0.7950713
Lag 2048  0.6012986    0.15352618    0.3000011    0.07728942    0.2718740        0.7151335
Lag 3072  0.5213286    0.13320026    0.2496664    0.08690748    0.2212782        0.6674323
```

Lag 4096	0.4721816	0.09612891	0.1843322	0.05063831	0.1773297	0.6196956
Lag 5120	0.4355754	0.12322828	0.1673795	0.02333923	0.1717124	0.5792809

	gwesp.fixed.0.7
Lag 0	1.0000000
Lag 1024	0.4991380
Lag 2048	0.4260409
Lag 3072	0.3626634
Lag 4096	0.3253393
Lag 5120	0.2846813

MCMC 진단통계치들을 살펴보면 몇 가지 문제점을 발견할 수 있습니다. 우선 Sample statistics cross-correlations: 부분에서 알 수 있듯이 시뮬레이션 표본에서 edges와 gwesp 사이의 상관관계가 매우 높습니다. 또한 Sample statistics auto-correlation: 부분을 보면, 자기상관 역시 연쇄가 진행되어도 여전히 그 값이 높게 유지되는 것을 발견할 수 있습니다. 아울러 아래의 summary() 추정결과에서 확인할 수 있듯이 GWDSP와 GWESP는 eies 네트워크를 잘 설명하는 네트워크 구조적 특성 추정항이 아닙니다. ERGM1에서 얻은 추정항의 추정결과에 대한 해석은 다음의 ERGM2 추정결과에서 제시하겠습니다.

```
> summary(eies_ergm1)
Results:
```

	Estimate	Std. Error	MCMC %	z value	Pr(>|z|)	
edges	-5.15711	0.91937	0	-5.609	<1e-04	***
twopath	-0.10598	0.01826	0	-5.804	<1e-04	***
mutual	3.78678	0.44757	0	8.461	<1e-04	***
istar2	0.25450	0.01958	0	12.999	<1e-04	***
ostar2	0.27775	0.01784	0	15.572	<1e-04	***
gwdsp.fixed.0.7	0.02604	0.04686	0	0.556	0.578	
gwesp.fixed.0.7	-0.56432	0.48415	0	-1.166	0.244	

```
---
Signif. codes:  0 '***' 0.001 '**' 0.01 '*' 0.05 '.' 0.1 ' ' 1
The estimated tapering scaling factor is 2.


     Null Deviance: 1375.2 on 992 degrees of freedom
 Residual Deviance: 797.9 on 985 degrees of freedom

AIC: 811.9  BIC: 846.2  (Smaller is better. MC Std. Err. = 0)
```

이러한 점들을 반영하여 여기서는 edges, mutual, twopath, ostar(2), istar(2)의 5가지 추정항만 추정하였습니다. 이후 수정된 ERGM1을 점감-ERGM으로 추정한 결과는 아래와 같습니다. 분량 문제로 구체적인 추정결과를 제시하지는 않았지만, MCMC 진단통계치들에서 큰 문제를 발견할 수 없었습니다.

```
> # ERGM1 수정
> stime <- Sys.time()
> set.seed(20230401)
> eies_ergm1r <- ergm.tapered(eies~edges+twopath+mutual+istar(2)+ostar(2))
                    [분량 조절을 위하여 출력결과를 별도 제시하지 않았음]
> etime <- Sys.time()
> (esttime_eies_ergm1r <- etime-stime)
Time difference of 13.33578 secs
> # MCMC diagnostic
> mcmc.diagnostics(eies_ergm1r)
                    [분량 조절을 위하여 출력결과를 별도 제시하지 않았음]
```

이제 노드속성, 양자관계-독립 및 링크수준 공변량 추정항들을 투입한 ERGM2를 추정해봅시다. 이를 위해 여기서는 먼저 노드(연구자)의 소속분과(Discipline)를 4개 집단에서 3개 집단으로 리코딩하였습니다('1'='사회학', '2'='인류학', '3'='수학/통계학/기타'). 아울러 eies_relations 오브젝트에서 링크수준 변수인 rank_1에서 결측값(NA)을 1로 리코딩하였습니다('4'='긴밀한 친구사이(close personal friend)', '3'='친구사이(friend)', '2'='지인(person I've met)', '1'='만난 적 없음(person I've heard of but not met)'). 이들 추정항을 ergm.tapered() 함수에 추정항으로 투입하는 방법은 [표 12-5]의 오른쪽 세로줄에 제시되어 있습니다. ERGM2 추정과정은 다음과 같습니다. 본문에는 구체적 결과를 제시하지 않았으나 MCMC 진단통계치에서도 큰 문제가 없었습니다.

```
> # ERGM2
> # 노드속성 변수(4번 집단의 수가 너무 작아 3과 통합)
> eies %v% "Disc3" <- ifelse((eies %v% "Discipline")==4,3,
+                             (eies %v% "Discipline"))
> eies2 %e% 'friend' <- ifelse(is.na(eies2 %e% 'rank_1'),1,(eies2 %e% 'rank_1'))
> stime <- Sys.time()
> set.seed(20230401)
> eies_ergm2 <- ergm.tapered(eies~edges+twopath+mutual+istar(2)+ostar(2)+
+                             nodeocov("Citations")+nodeicov("Citations")+
+                             nodeofactor("Disc3",levels=c(1,2))+
+                             nodeifactor("Disc3",levels=c(1,2))+
+                             absdiff("Citations")+
+                             nodematch("Disc3",diff=FALSE)+
+                             edgecov(eies2,'friend'))
                   [분량 조절을 위하여 출력결과를 별도 제시하지 않았음]
> etime <- Sys.time()
> (esttime_eies_ergm2 <- etime-stime)
Time difference of 14.67922 secs
> # MCMC diagnostic
> mcmc.diagnostics(eies_ergm2)
                   [분량 조절을 위하여 출력결과를 별도 제시하지 않았음]
```

다음으로 모형적합도(GOF)를 살펴보았습니다. 모형적합도 진단통계치 점검결과에 대한 구체적 출력결과는 제시하지 않았습니다. 여기서는 plot() 함수를 이용하여 GOF 진단통계치 점검결과를 시각화한 [그림 12-4]를 살펴보겠습니다. [그림 12-4]에서 잘 나타나듯이 eies 네트워크의 통계치는 ERGM2를 통해 시뮬레이션된 네트워크들에 대한 통계치들에서 크게 벗어나지 않습니다. 즉 [그림 12-4]는 ERGM2의 모형적합도에 큰 문제가 없다는 것을 잘 보여줍니다.

```
> # GOF
> gof_eies_ergm2 <- gof(eies_ergm2)
> gof_eies_ergm2
                   [분량 조절을 위하여 출력결과를 별도 제시하지 않았음]
> png("P1_Ch12_Fig04.png",width=35,height=20,units="cm",res=300)
> par(mfrow=c(2,3))
> plot(gof_eies_ergm2)
> dev.off()
```

```
> # 모형 추정결과 확인
> summary(eies_ergm2)
 Results:
```

	Estimate	Std. Error	MCMC %	z value	Pr(>|z|)	
edges	-6.157287	0.237461	0	-25.930	< 1e-04	***
twopath	-0.110857	0.018182	0	-6.097	< 1e-04	***
mutual	3.725203	0.458573	0	8.123	< 1e-04	***
istar2	0.248356	0.017798	0	13.954	< 1e-04	***
ostar2	0.268152	0.017055	0	15.723	< 1e-04	***
nodeocov.Citations	-0.006230	0.001632	1	-3.817	0.000135	***
nodeicov.Citations	0.002087	0.002666	1	0.783	0.433865	
nodeofactor.Disc3.1	-0.094369	0.089876	1	-1.050	0.293723	
nodeofactor.Disc3.2	-0.132208	0.094478	1	-1.399	0.161709	
nodeifactor.Disc3.1	-0.047900	0.132385	0	-0.362	0.717484	
nodeifactor.Disc3.2	0.097285	0.149513	0	0.651	0.515251	
absdiff.Citations	-0.001865	0.002213	1	-0.843	0.399385	
nodematch.Disc3	-0.020792	0.187483	0	-0.111	0.911693	
edgecov.friend	0.255868	0.065070	0	3.932	< 1e-04	***

```
---
Signif. codes:  0 '***' 0.001 '**' 0.01 '*' 0.05 '.' 0.1 ' ' 1
The estimated tapering scaling factor is 2.


     Null Deviance: 1375  on 992  degrees of freedom
 Residual Deviance: 835  on 978  degrees of freedom

AIC: 863  BIC: 931.6  (Smaller is better. MC Std. Err. = 0)
```

모형 추정결과를 하나하나 살펴봅시다. 우선 네트워크 구조적 특성 추정항에 대한 추정 결과는 eies 네트워크의 특징이 무엇인지 잘 보여줍니다. 즉 노드(연구자)들 사이의 메시지 교류관계는 일방향적 흐름이 아닌(twopath 추정모수가 통계적으로 유의미하게 0보다 작게 나타남) 상호관계지향적인 것을 알 수 있습니다(mutual 추정모수가 통계적으로 유의미하게 0보다 크게 나타남). 아울러 eies 네트워크에는 타인들로부터 메시지를 많이 받는, 다시 말해 인기가 높은 행위자들이 상당수 존재합니다(istar2 추정모수가 통계적으로 유의미하게 0보다 크게 나타남). 그리고 타인들에게 집중적으로 메시지를 발송하는, 다시 말해 확장성이 높은 행위자도 상당수 존재합니다(ostar2 추정모수가 통계적으로 유의미하게 0보다 크게 나타남).

다음으로 노드속성 변수들 중 노드(연구자)의 피인용수가 높을수록, 외향링크가 나

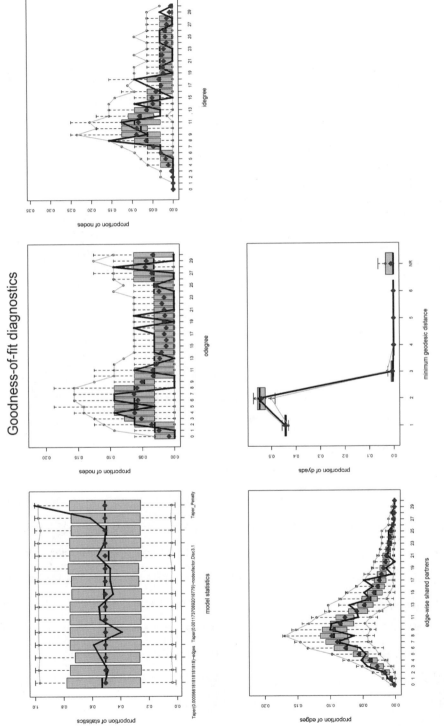

Goodness-of-fit diagnostics

그림 12-4

타날 가능성이 감소하는 것을 확인할 수 있습니다(nodeocov.Citations 추정모수가 통계적으로 유미하게 0보다 작음). 즉 다른 조건들을 통제할 때, 노드의 피인용수가 10단위 더 늘어난다면, 타인에게 메시지를 보낼 가능성은 약 5% 감소합니다($0.95 \approx e^{(10 \times -0.004698)}$). eies 네트워크에서 한 가지 흥미로운 점은 노드의 피인용수 속성 및 소속분과에 따른 동종선호(homophily) 현상은 전혀 나타나지 않았다는 사실입니다.

끝으로 노드들 사이의 예전 인간관계가 더 친근할수록 링크가 형성될 가능성이 증가하는 것을 확인할 수 있습니다. 추정결과에서 알 수 있듯이 노드 간 인간관계의 친밀도가 1단위 더 커질수록 두 노드 사이에 메시지 교류가 일어날 가능성은 약 29%씩 증가합니다($1.29 \approx e^{0.25796}$).

지금까지 링크가 '연결(1)/단절(0)'인 형태로 입력된 무방향 일원네트워크와 유방향 일원네트워크인 경우에 ERGM을 추정할 수 있는지 살펴보았습니다. 이진형 일원네트워크에 대한 ERGM 추정과정에서 유의할 점은 다음과 같이 정리할 수 있습니다.

첫째, 분석대상이 되는 네트워크에 대한 사전조사와 기술통계 분석이 필수적입니다. 동일한 현상이라고 하더라도 여러 가지 모형이 공존하는 다른 경우와 마찬가지로, 동일한 네트워크 데이터에 대해서도 관점에 따라 다르게 모형을 구성할 수 있습니다. 이를 위해서는 네트워크 데이터로 측정된 현상의 특성들이 무엇이며, 분석대상이 되는 네트워크 데이터는 어떠한지 면밀한 사전조사가 필요합니다. 여기서는 네트워크 분석 문헌들에서 널리 사용되고 있는 flo 네트워크와 eies 네트워크를 저의 관점에서 살펴보았습니다. 관점에 따라 저와 다른 방식으로 ERGM을 구성하고 추정할 수도 있습니다.

둘째, ERGM 추정과정에서 다양한 모형을 구성하고 시도한 후, MCMC 진단통계치와 GOF 진단통계치들을 통해 어떤 모형이 가장 적절한지 판단하기 바랍니다. 여기서 저는 예시 네트워크별로 3개의 ERGM을 구성한 후, MCMC 진단통계치와 GOF 진단통계치들을 통해 어떤 ERGM이 가장 적절한지를 제시하였습니다. MCMC를 기반으로 모수추정을 시도한다는 점에서, 동일한 데이터를 대상으로 할 경우라도 ERGM 추정결과는 상이할 수 있습니다(물론, 보통 아주 극심하게 다른 결과가 나오지는 않습니다). 아울러 ERGM 추정결과가 타당한지 여부에 대한 최종판단 역시 연구자에 따라, 혹은 학문분과의 이론적 관점에 따라 다를 수 있습니다.

그러나 MCMC 진단통계치와 ERGM의 모형적합도(GOF) 진단통계치에 대한 전반적 기준은 statnet 개발자들이 이미 제시한 바 있습니다. mcmc.diagnositic() 함수를 통해 얻은 MCMC 진단통계치 출력결과들 중 Sample statistics cross-correlations:, Sample statistics auto-correlation:, Sample statistics burn-in diagnostic (Geweke):에서 심각한 진단통계치가 나타날 경우 ERGM을 수정하거나 다른 경쟁 ERGM을 선택하는 것이 적절합니다. 아울러 출력결과와 함께 제시되는 시각화 결과물에도 주의를 기울여야 합니다. 또한 gof() 함수 추정결과를 통해 관측된 네트워크의 기준 네트워크 통계치[연결도, 링크단위 공유연결도(ESP), 최소 측지거리 등] 및 ERGM 추정항 통계치들이 추정된 ERGM을 통해 시뮬레이션된 네트워크들에서 얻은 네트워크 통계치와 추정항 통계치들의 허용범위에 위치하는지 확인하기 바랍니다. 이를 통해 ERGM 추정결과의 모형적합도에 대한 최종 판단을 내려야 합니다.

셋째, ERGM을 추정할 때, 모형퇴행(degeneracy) 혹은 근사퇴행(near-degeneracy) 현상이 종종 발생합니다. 특히 네트워크 내 국소구조를 ERGM에 반영하는 과정에서 퇴행·근사퇴행 가능성이 매우 자주 발생합니다. 일반적으로 triangle이나 kstar(), istar(), ostar() 등의 네트워크 구조적 특성의 효과를 추정할 때 매우 빈번하게 퇴행·근사퇴행 현상이 발생합니다. 이에 대처하기 위해 ERGM 연구자들은 GWESP, GWDSP 등을 활용할 것을 제안한 바 있으며, statnet 패키지 개발자들 역시 gwesp(), gwdsp() 등을 제공하고 있습니다. GWESP, GWDSP 등과 별개로 보다 효과적인 ERGM 추정을 위해 최근 statnet 패키지 개발자들은 ergm() 함수와 함께 점감-ERGM을 추정할 수 있는 ergm.tapered() 함수를 제공하고 있습니다. 아직은 개발 초기단계라 CRAN이 아닌 깃허브(github)를 통해 인스톨해야 하는 불편함이 있지만, 아마도 본서가 저술된 시점 이후에는 추가적 보완이나 수정작업을 통해 점감-ERGM 외에도 현재 논의되는 다양한 ERGM들을 사용할 수 있을 것으로 기대합니다.

④ 정가-ERGM 추정 및 추정결과 해석

일반적으로 가장 널리 쓰이는 ERGM은 이진형-네트워크를 대상으로 하는 ERGM이지만, 네트워크의 링크는 '연결/단절'의 값이 아닌 다른 성격의 변수 형태를 띨 수도 있습

니다. 앞서 살펴본 유방향 일원네트워크 사례인 eies 네트워크의 경우, 이진형-ERGM
은 두 노드 i가 j에게 메시지를 보내거나 받았는지 여부만을 고려합니다. 그러나 eies 네
트워크에서는 메시지 발송 여부를 넘어 얼마나 많은 메시지를 발송했는지에 대한 정보
도 담겨 있습니다(링크속성 변수인 weight). 다시 말해 네트워크 데이터의 링크속성은 이
진형 변수를 넘어 순위형 변수 혹은 이번에 살펴볼 횟수형 변수(count variable)의 형태를
띨 수도 있습니다. 이와 같이 네트워크의 링크가 이진형 변수가 아닌 값(value)이 정량적
으로 반영된 경우의 ERGM들을 통칭하여 정가(定價, valued)-ERGM이라고 부릅니다
(Krivitsky, 2012; Krivitsky et al., 2022). 본서에서는 살펴보지 않았지만, 네트워크의 링크
가 순위형 변수 형태를 띠는 경우 ergm.rank 패키지를 통해 ERGM 추정이 가능합니다.
관심 있는 분께서는 크리빗스키와 버트(Krivitsky & Butts, 2017)를 참조하기 바랍니다.

여기서는 eies 네트워크의 링크가중치인 weight를 링크에 반영한 정가-ERGM,
보다 구체적으로 '횟수형(count)-ERGM'을 추정해보겠습니다. weight 변수가 메시지
발송횟수라는 점에서 ergm.count 패키지를 사용하였으며, 준거분포, 즉 $h(y)$는 포아송
(Poisson) 분포를 지정하였습니다. 먼저 eies 네트워크의 링크가중치인 weight 변수를
살펴봅시다. 아래와 같이 링크목록 형태의 데이터로 전환한 후 기술통계분석을 실시한 결
과는 다음과 같습니다.

```
> eies_edges <- as.data.frame(eies,unit="edges")
> range(eies_edges$weight)
[1]  2 559
> length(unique(eies_edges$weight))
[1] 106
> eies_edges %>% filter(.tail != .head) %>% dim()
[1] 440  3
```

weight 변수의 범위는 2부터 559이며, 여기에 포함된 값은 총 106개입니다. 전체
네트워크가 32개 노드와 460개의 링크로 구성되어 있다는 것을 감안하여, 여기서는
weight 변수를 10으로 나눈 후 반올림하는 방식으로 단순화하였습니다. weight 변수
와 변환한 wgt 변수를 비교한 결과는 [그림 12-5]와 같습니다.

```
> # 10으로 나눈 후 반올림
> eies_edges$wgt <- round(eies_edges$weight/10)
> range(eies_edges$wgt)
[1] 0 56
> length(unique(eies_edges$wgt))
[1] 29
> # 분포비교
> eies_edges %>% pivot_longer(cols=c(wgt,weight)) %>%
+ ggplot(aes(x=value))+
+ geom_histogram(bins=50,fill="grey70")+
+ theme_bw()+
+ facet_grid(~name, scale="free")
```

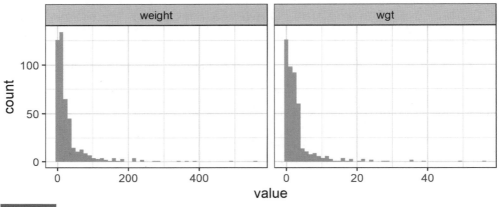

그림 12-5

이제 횟수형-ERGM을 추정해봅시다. ERGM 추정방법은 이진형-ERGM이든 횟수형-ERGM이든 본질적으로 크게 다르지 않습니다. 그러나 구조적 특성 추정항의 경우, 이진형-ERGM에서는 사용할 수 있지만 정가-ERGM에서 사용할 수 없는 것들이 꽤 많으며, 마찬가지로 정가-ERGM에서만 사용할 수 있는 추정항들도 존재합니다. 그러나 '노드속성', '양자관계-독립 공변량', '링크수준 공변량'의 경우, 이진형-ERGM의 투입방식을 거의 대부분 그대로 사용할 수 있습니다.

2023년 1월을 기준시점으로 ergm.count 패키지에서 제공하는 ERGM 추정항들 중 정가-ERGM에 적용할 수 있는 것은 총 49개이며, 그중 13개는 이진형-ERGM에는 적용할 수 없는 정가-ERGM의 고유한 추정항들입니다. 정가-ERGM에 관심 있는 독자들은 반드시 statnet 패키지에서 제공하는 ERGM 추정항 목록 도움말 파일을 살펴보

기 바랍니다.[14]

[표 12-6]은 앞서 소개한 방식으로 변환한 eies 네트워크의 wgt 변수를 반영한 횟수형-ERGM 추정항들을 정리한 것입니다.

먼저 노드속성, 양자관계−독립 공변량, 링크수준 공변량의 경우, 앞서 실시했던 이진형-ERGM에 투입한 추정항들과 동일합니다. 다음으로 네트워크 구조적 특성 추정항의 경우 '상호관계' 구조를 나타내는 mutual을 제외한 나머지 추정항들은 이진형-ERGM에 사용되지 않은 추정항입니다. 차례대로 간단하게 설명하면 다음과 같습니다.

첫째, sum은 링크값의 총합입니다. 횟수형-ERGM의 경우 연결된 링크라고 하더라도 '강도'가 다를 수 있습니다. 예를 들어 노드 i와 j에게 메시지를 약 10번 전송한 반면, k에게는 약 40번 전송했을 수 있습니다. 즉 네트워크 전체에서 발견되는 전체 링크들의 값을 총합한 추정항이 바로 sum입니다. 보통 횟수형-ERGM에서는 거의 언제나 sum을 투입합니다.

둘째, nonzero는 네트워크에서 링크값이 0인지 아니면 0보다 큰 값인지를 나타내는 추정항입니다. 곰곰이 생각해보면 알 수 있듯이 이 추정항은 이진형-ERGM에서 edges 추정항과 동일한 역할을 합니다. 즉 sum 추정항과 edges 추정항을 같이 투입해서 얻은 추정결과는 sum 추정항과 nonzero 추정항을 같이 투입하여 얻은 ERGM 추정결과와 동일합니다. 일반적으로 횟수형 변수의 경우 '0'의 값이 많이 발생합니다. 일반선형모형을 학습하였다면 포아송 회귀모형과 음이항 회귀모형(negative binomial regression model) 2가지를 비교함으로써 횟수형 변수에서 과대분포(overdispersion)가 발생하였는지 여부를 판단하는 과정을 익혔을 것입니다. 이를 떠올리면 쉽게 이해할 수 있습니다.

셋째, nodeocovar와 nodeicovar는 개념상 이진형-ERGM의 외향−2−스타와 내향−2−스타와 비슷합니다. 예를 들어 이진형-ERGM의 외향−2−스타의 경우, 특정 노드 i가 다른 두 노드 j와 k에 외향링크를 갖는 경우를 의미합니다. 그러나 횟수형-ERGM에서는 링크의 연결 여부가 아니라 연결강도를 고려합니다. 즉 횟수형-ERGM 상황에서는

---

14 statnet 패키지에서 제공하는 ERGM 추정항은 다음에서 살펴볼 수 있습니다. 검색엔진에서 "ERGM terms cross-reference & CRAN"이라고 입력하면 아마 첫 화면에 뜰 것입니다. https://cran.r-project.org/web/packages/ergm/vignettes/ergm-term-crossRef.html#mutual-ergmTerm-22863009
Terms definitions table이라는 이름의 섹션에서 Categories 항목 아래 valued라고 정의된 추정항은 정가-ERGM에 사용할 수 있습니다.

[표 12-6] eies 네트워크의 wgt 변수를 반영한 횟수형-ERGM 추정항 정리

유형	추정항	투입 추정항
네트워크 구조적 특성	링크값의 총합	`sum`
	양의정수(1이상의 값을 갖는 링크 개수). 이진ERGM의 edges와 유사한 역할 수행	`nonzero`
	상호관계	`mutual`
	두 노드와 인접한 노드에 대한 외향링크값의 공분산(covariance). 이진ERGM의 'ostar(2)'와 유사한 역할 수행	`nodeocovar`
	두 노드와 인접한 노드에 대한 내향링크값의 공분산(covariance). 이진ERGM의 'istar(2)'와 유사한 역할 수행	`nodeicovar`
노드속성	노드(연구자) 피인용횟수(연속형 변수)의 외향성	`nodeocov("Citations")`
	노드(연구자) 피인용횟수(연속형 변수)의 내향성	`nodeicov("Citations")`
	노드(연구자) 소속분과(범주형 변수) 차이의 외향성(사회학, 인류학, 기타로 나눈 후, 기타를 기준집단으로 설정)	`nodeofactor("Disc3", levels=c(1,2))`
	노드(연구자) 소속분과(범주형 변수) 차이의 내향성(사회학, 인류학, 기타로 나눈 후, 기타를 기준집단으로 설정)	`nodeifactor("Disc3", levels=c(1,2))`
양자관계-독립 공변량	두 노드 간 피인용횟수 격차	`absdiff("Citations")`
	두 노드 간 소속분과 일치 여부(각분과별 차이를 고려하지 않음)	`nodematch("Disc3", diff=FALSE)`
링크수준 공변량	연구 프로젝트 시작 전 친분관계(4에 가까울수록 강한 친분관계)	`edgecov(eies2, 'friend')`

링크 간 공분산을 보는 방식으로 특정 노드의 인기도와 확산도가 네트워크를 얼마나 잘 설명하는지를 살펴볼 수 있습니다.

[표 12-6]에 제시된 ERGM 추정항들을 기반으로 여기서는 다음과 같은 3가지 횟수형-ERGM을 추정하였습니다.

- **횟수형-ERGM0**: `sum` 추정항만 투입
- **횟수형-ERGM1**: 횟수형-ERGM0에 추가적으로 `nonzero`, `mutual`, `nodeocovar`, `nodeicovar` 추정항 투입

- 횟수형-ERGM2: 횟수형-ERGM1에 추가적으로 `nodeofactor("Disc3",levels=c(1,2))`, `nodeifactor("Disc3",levels=c(1,2))`, `nodematch("Disc3",diff=FALSE)`, `nodeocov("Citations")`, `nodeicov("Citations")`, `absdiff("Citations")`, `edgecov(eies2, "friend")` 추정항 투입

　　본격적으로 횟수형-ERGM을 추정하기 전, 2023년 4월 시점을 기준으로 몇 가지 아쉬운 점을 이야기하겠습니다(즉, 독자들이 본서를 볼 때는 아래 문제들이 해결되었을 가능성도 있다는 점을 유념하기 바랍니다). 첫째, 정가-ERGM의 네트워크 구조적 특성 모수에 대한 기술통계치 분석에 대해서는 summary() 함수를 사용할 수 없습니다. 둘째, 모형적합도(GOF) 진단통계치를 얻을 수 있는 gof() 함수가 작동하지 않습니다. 즉 추정항을 투입할 때 연구자의 이론적 판단이 매우 중요합니다.

　　자, 이제 횟수형-ERGM을 추정해봅시다. 이진형-ERGM과는 동일한 ergm() 혹은 ergm.tapered() 함수를 사용할 수 있습니다. 그러나 추정함수에는 반드시 response 옵션과 reference 옵션을 지정해야 합니다. 먼저 response 옵션에는 링크가중치 변수를 문자형으로 입력해야 합니다. 여기서는 wgt를 링크가중으로 반영하기 때문에 response="wgt"와 같이 지정했습니다. 다음으로 reference 옵션에는 '준거분포(reference distribution)'를 지정합니다. 링크가중 변수가 횟수형 변수 형태를 띤다는 점에서 reference=~Poisson으로 지정하였습니다. 가장 기본이 되는 횟수형-ERGM0를 추정하는 과정은 아래와 같습니다.

```
> # 횟수형-ERGM0 추정결과
> stime <- Sys.time()
> set.seed(20230405)
> v_ergm0 <- ergm(cnt_eies~sum,
+                 response="wgt",
+                 reference=~Poisson)
                [분량 조절을 위하여 출력결과를 별도 제시하지 않았음]
This model was fit using MCMC. To examine model diagnostics and check
for degeneracy, use the mcmc.diagnostics() function.
> etime <- Sys.time()
> (esttime_eies_ergm0_count <- etime-stime)
Time difference of 12.16396 secs
```

모형 추정결과의 맨 마지막 줄에서 알 수 있듯이 횟수형-ERGM의 경우 MCMC 방식으로 모수를 추정합니다. 즉 set.seed() 함수 설정 여부와 무관하게 '기저모형' 추정결과가 동일한 이진형-ERGM과 달리, 횟수형-ERGM의 경우에는 set.seed() 함수를 별도 설정하지 않으면 매번 결과가 조금씩 다르게 나옵니다. 여기서는 이 모형을 기준모형으로 설정하겠습니다. 기저모형인 횟수형-ERGM0에 대한 MCMC 진단통계치를 살펴보겠습니다. mcmc.diagnostic() 함수를 그대로 사용할 수 있습니다. 분량 문제로 출력결과는 전부 제시하지 않고, 시각화 결과만 [그림 12-6]으로 제시하겠습니다. [그림 12-6]을 통해 큰 문제는 없다는 걸 확인할 수 있습니다. 아쉽지만 횟수형-ERGM의 경우 gof() 함수를 사용할 수 없습니다. 물론 이는 2023년 4월 기준이며, 아마도 조만간 정가-ERGM에 대한 GOF 진단통계치들이 개발되어 gof() 함수를 사용할 수 있을 것으로 예상합니다.

> # MCMC 진단통계치
> mcmc.diagnostics(v_ergm0,which="plots")
MCMC diagnostics shown here are from the last round of simulation, prior to computation of final parameter estimates. Because the final estimates are refinements of those used for this simulation run, these diagnostics may understate model performance. To directly assess the performance of the final model on in-model statistics, please use the GOF command: gof(ergmFitObject, GOF=~model).

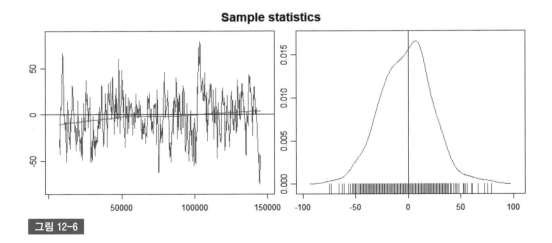

Sample statistics

그림 12-6

이제 네트워크 구조적 특성 추정항들을 추가한 횟수형–ERGM1을 추정해보겠습니다. 추정방법은 아래와 같습니다. MCMC 진단통계치의 경우, 출력결과 일부와 시각화 결과물만 [그림 12-7]과 같이 제시하였습니다.

```
> # 횟수형-ERGM1 추정결과
> stime <- Sys.time()
> set.seed(20230405)
> v_ergm1 <- ergm.tapered(cnt_eies~sum+nonzero+mutual+nodeocovar+nodeicovar,
+                          response="wgt",
+                          reference=~Poisson)
            [분량 조절을 위하여 출력결과를 별도 제시하지 않았음]
> etime <- Sys.time()
> (esttime_eies_ergm1_count <- etime-stime)
Time difference of 22.60174 secs
> mcmc.diagnostics(v_ergm1)
            [분량 조절을 위하여 출력결과를 별도 제시하지 않았음]
Sample statistics burn-in diagnostic (Geweke):
Chain 1


Fraction in 1st window = 0.1
Fraction in 2nd window = 0.5


    sum   nonzero  mutual.min  nodeocovar   nodeicovar
  0.6726   1.0538     0.3862      0.1654      -0.5061


Individual P-values (lower = worse):
      sum   nonzero mutual.min nodeocovar nodeicovar
 0.5011715 0.2919781  0.6993742  0.8686316  0.6128197
Joint P-value (lower = worse): 0.9412631 .
            [분량 조절을 위하여 출력결과를 별도 제시하지 않았음]
```

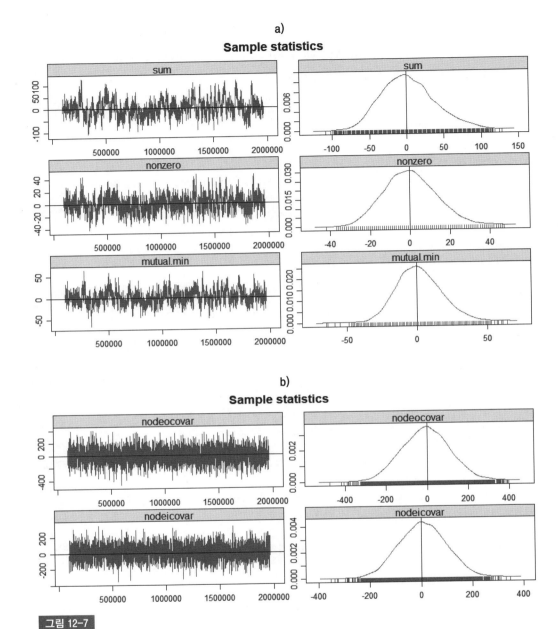

a)

Sample statistics

b)

Sample statistics

그림 12-7

[그림 12-7]의 b)에서 확인할 수 있듯이 nodeocovar, nodeicovar 2가지 추정치의 경우 흔적도표(왼쪽)는 물론 추정치의 분포(오른쪽)에서도 별문제가 없습니다. 반면 [그림 12-6]의 a)에서 알 수 있듯이 sum, nonzero, mutual.min의 경우 MCMC 추정치의 분

포에서는 큰 문제가 없지만, 흔적도표의 결과를 완전한 무작위라고 보기에는 다소 아쉬운 점이 있습니다. 그러나 Sample statistics burn-in diagnostic (Geweke): 결과를 통해서도 뚜렷하게 큰 문제가 있다고 판단하기 어렵습니다. 이에 따라 여기서는 횟수형-ERGM1의 MCMC 추정치에 큰 문제는 없다고 판단하였습니다.

끝으로 [표 12-6]에 제시된 노드속성, 양자관계-독립 공변량 및 링크수준 공변량들을 추가한 횟수형-ERGM2을 추정하였습니다. 추정결과는 아래와 같습니다. 여기서는 분량 조절을 위하여 MCMC 진단통계치에 대한 점검결과를 살펴보지 않았으나, 독자들은 직접 살펴보기를 강력히 권합니다. MCMC 진단통계치를 살펴본 후 추정과정에 문제가 없다고 생각되면 summary() 함수를 이용하여 횟수형-ERGM2 추정결과를 확인하면 됩니다.

```
> # 횟수형-ERGM2 추정결과
> stime <- Sys.time()
> set.seed(20230405)
> v_ergm2 <- ergm.tapered(cnt_eies~sum+nonzero+mutual+nodeocovar+nodeicovar+
+               nodeofactor("Disc3",levels=c(1,2))+
+               nodeifactor("Disc3",levels=c(1,2))+
+               nodematch("Disc3",diff=FALSE)+
+               nodeocov("Citations")+nodeicov("Citations")+
+               absdiff("Citations")+
+               edgecov(eies2,"friend"),
+            response="wgt",
+            reference=~Poisson)
                [분량 조절을 위하여 출력결과를 별도 제시하지 않았음]
> etime <- Sys.time()
> (esttime_eies_ergm0_count <- etime-stime)
Time difference of 47.85447 secs
> mcmc.diagnostics(v_ergm2)
                [분량 조절을 위하여 출력결과를 별도 제시하지 않았음]
> summary(v_ergm2)
Results:
```

	Estimate	Std. Error	MCMC %	z value	Pr(>|z|)	
sum	-0.256331	0.101851	0	-2.517	0.01185	*
nonzero	-2.592974	0.135716	0	-19.106	< 1e-04	***
mutual.min	1.054139	0.116338	0	9.061	< 1e-04	***
nodeocovar	0.087695	0.002757	1	31.803	< 1e-04	***
nodeicovar	0.058234	0.004928	1	11.818	< 1e-04	***

nodeofactor.sum.Disc3.1	0.238301	0.073888	0	3.225	0.00126	**
nodeofactor.sum.Disc3.2	0.154541	0.072999	0	2.117	0.03426	*
nodeifactor.sum.Disc3.1	-0.078286	0.073548	0	-1.064	0.28714	
nodeifactor.sum.Disc3.2	0.129077	0.075712	0	1.705	0.08823	.
nodematch.sum.Disc3	0.026521	0.046031	1	0.576	0.56451	
nodeocov.sum.Citations	-0.012941	0.001500	1	-8.625	< 1e-04	***
nodeicov.sum.Citations	-0.000789	0.001655	1	-0.477	0.63356	
absdiff.sum.Citations	-0.004472	0.001595	1	-2.804	0.00504	**
edgecov.sum.friend	0.204230	0.021442	0	9.525	< 1e-04	***

```
---
Signif. codes:  0 '***' 0.001 '**' 0.01 '*' 0.05 '.' 0.1 ' ' 1
The estimated tapering scaling factor is 2.


        Null Deviance:     0  on 992  degrees of freedom
 Residual Deviance: -1222  on 978  degrees of freedom

Note that the null model likelihood and deviance are defined to be 0.
This means that all likelihood-based inference (LRT, Analysis of
Deviance, AIC, BIC, etc.) is only valid between models with the same
reference distribution and constraints.

AIC: -1194  BIC: -1125  (Smaller is better. MC Std. Err. = 0)
```

이진형-ERGM 출력결과를 설명하는 과정에서도 언급했지만, 네트워크 데이터 고유의 특성, 즉 관계성 데이터라는 점에서 추정결과를 해석하는 것은 다소 까다롭습니다. 횟수형-ERGM의 경우는 이진형-ERGM에 비해 분석대상이 되는 네트워크의 링크속성이 더 복잡하기 때문에 해석이 훨씬 더 까다롭습니다. 여기서는 각각의 모수추정치를 통해서 나타난 전반적인 네트워크 패턴만을 설명하는 수준에서 멈추고자 합니다. 구체적인 해석을 원한다면 ergm.count 패키지 개발자가 제공하는 비그넷(vignette)을 참조하기 바랍니다.

네트워크 구조적 특성 추정항

네트워크 구조적 특성 추정항부터 살펴봅시다. 첫째, nonzero 추정항의 계수는 약 -2.59 이며, 통계적 유의도 수준은 0에 매우 가깝습니다. 이는 분석대상 네트워크에 '0'이 매우 많이 존재한다는 것, 다시 말해 '0-포화(zero-inflation)' 현상이 나타났다는 것을 의미합니다. 0이 존재한다는 것, 즉 두 노드 사이에 메시지 교류가 없었다는 것은, 뒤집어 보면 특정한 두 노드 사이에서만 메시지 교류가 주로 발생했음을 의미합니다. 둘째, `nonzero` 추정항에서 확인할 수 있듯이 `mutual.min` 추정항은 약 1.05이며 마찬가지로 통계적으로 유의미한 값입니다. 다시 말해 두 노드 상호 간 메시지 교류(.min은 최솟값을 취했다는 의미이며, `mutual` 추정항의 디폴트 설정값임)를 반영할 경우, 네트워크 데이터에 대한 설명력이 더 높아진다는 것을 의미합니다. 셋째, `nodeocovar`와 `nodeicovar`는 둘 다 통계적으로 유의미한 양의 추정값을 보이며, 이는 현재의 네트워크에서 특정 노드의 다른 노드들에 대한 확산도와 인기도를 고려할 때 네트워크 데이터가 더 잘 설명될 수 있다는 것을 말해줍니다. 전반적으로 '횟수형-ERGM2'에서 나타난 네트워크 구조적 특성 추정항 결과는 앞에서 얻은 '이진형-ERGM2'의 네트워크 구조적 특성 추정항 결과와 매우 유사합니다(물론 링크가중 반영 여부만 다를 뿐 동일한 데이터라는 점을 고려할 때 놀라운 사실은 아닙니다).

노드속성 변수 효과 추정항

노드속성 변수가 네트워크에서 나타나는 메시지 송수신 빈도를 얼마나 잘 설명하는가는 ERGM2에 투입한 `nodeofactor()`, `nodeifactor()`, `nodeocov()`, `nodeicov()` 추정항들을 통해 확인할 수 있습니다. 첫째, 범주형 변수인 연구자 소속분과, 즉 Disc3를 투입한 `nodeofactor()`, `nodeifactor()` 추정항의 결과를 살펴보겠습니다. `nodeofactor`로 시작하는 추정항의 계수들은 Disc3 변수에서 3의 값, 즉 '수학/통계학/기타' 분과 소속 연구자들을 기준으로 사회학 연구자(`nodeofactor.sum.Disc3.1`) 혹은 인류학 연구자(`nodeofactor.sum.Disc3.2`)에서의 외향링크발생 빈도를 추정한 결과입니다. 둘째, `nodeifactor`로 시작하는 추정항의 계수들은 '수학/통계학/기타' 분과 소속 연구자들을 기준으로 사회학 연구자(`nodeifactor.sum.Disc3.1`) 혹은 인류학 연구자(`nodeifactor.sum.Disc3.2`)에게서 내향링크발생 빈도를 추정한 결과입니다. 분석결과를 보면 다른 추정항들의 영향력을 통제할 때, 사회학 연구자 혹은 인류학 연구자는 기준집단이 된 '수학/통계학/기타' 연구자에 비해 메시지 송신이 활발한 것을 확인할 수 있습니다. 그러나 내향링크가 발생할 가능성은 연구자의 소속분과에 따라 별다른 차이가 나타나지 않습니다. 셋째, 연속형 변수인 피인용수, 즉 Citations를 투입한 `nodeocov()`, `nodeicov()` 추정항의 결과를 살펴보겠습니다. `nodeocov`로 시작하는 추정결과(`nodeocov.sum.`

Citations)에서는 연구자의 피인용수가 높을수록 외향링크의 발생빈도가 낮습니다. 반면 nodeicov로 시작하는 추정결과(nodeicov.sum.Citations)에서는 연구자의 피인용수와 해당 연구자에게서 나타나는 내향링크발생 빈도 사이에 특별한 관계가 나타나지 않습니다. 다시 말해 피인용수가 높을수록 다른 연구자에게 보내는 메시지 개수는 적은 반면, 다른 연구자에게서 받는 메시지 개수는 특별히 많지도 적지도 않은 것을 확인할 수 있습니다.

양자관계-독립 공변량 효과 추정항

양자관계-독립 공변량이 네트워크에서 나타나는 메시지 송수신 빈도를 얼마나 잘 설명하는지에 대한 결과는 nodematch.sum.Disc3 추정항과 absdiff.sum.Citations 추정항에서 확인할 수 있습니다. 첫째, nodematch.sum.Disc3 추정항을 보면, 연구자들은 소속분과가 같다고 해서 메시지 교류가 활발하지는 않다는 것을 확인할 수 있습니다. 둘째, absdiff.sum.Citations 추정항에서는 연구자들 사이의 피인용수 격차가 크게 나타날수록 메시지 교류빈도가 낮게 나타나는 것을 확인할 수 있습니다. 즉 연구자의 소속분과에 따른 동종선호 현상은 나타나지 않았으며, 피인용수에 따른 이종선호 현상이 나타났습니다.

양자관계-독립 공변량 효과 추정결과와 노드속성 수준 변수 효과 추정결과를 통합하여 살펴볼 때, 연구자의 소속분과와 피인용수에 따른 메시지 송수신 빈도 패턴은 다음과 같이 정리할 수 있습니다. 먼저 소속분과에 따른 동종선호 현상은 나타나지 않았지만, 전반적으로 사회학 혹은 인류학 연구자들은 '수학/통계학/기타' 분과 연구자에 비해 다른 연구자에게 활발하게 메시지를 보내는 경향이 강한 것으로 나타났습니다. 아울러 만약 피인용수를 연구자의 우수성을 나타내는 지표로 본다면 학문적 우수성에서는 이종선호 현상이 나타났으며, 전반적으로 학문적 우수성이 낮은 연구자가 다른 연구자에게 적극적으로 메시지를 보내는 현상을 확인할 수 있었습니다.

링크수준 변수 효과 추정항

링크수준 변수의 효과는 edgecov.sum.friend 추정항에서 확인할 수 있습니다. 추정결과를 보면, EIES 연구프로젝트가 시작되기 전에 연구자들 사이의 관계가 친밀할수록 메시지 송수신 빈도가 훨씬 더 높게 나타난 것을 확인할 수 있습니다.

앞에서도 이야기했지만, 2023년 4월 시점에서 횟수형–ERGM에 대한 모형적합도 (GOF) 진단통계치 계산을 위한 statnet 패키지 함수는 존재하지 않습니다. 그러나 아주 불가능하지는 않습니다. 완벽하지는 않지만, 적어도 개별 횟수형–ERGM 추정항들에 대한 모형적합도는 일정 부분 추정할 수 있습니다. 단 추정된 횟수형–ERGM으로 횟수형–네트워크 전반의 특성들(이진형–ERGM에서의 연결도, ESP, 최소측지거리 등)을 생성할 수 있는지는 확인할 수 없습니다. 즉 앞서 살펴본 [그림 12-3]의 첫 번째 시각화 결과에서 나타난 모형적합도 테스트는 실시할 수 있습니다.

여기서 제시하는 횟수형–ERGM에 대한 모형적합도 테스트 과정은 다음과 같습니다. 우선 simulate() 함수를 이용하여 앞서 추정한 ERGM, 즉 '횟수형–ERGM2'를 토대로 여러 개의 시뮬레이션 네트워크를 추정합니다. 본서에서는 시뮬레이션 횟수를 100으로 하였습니다. 사실 100번의 시뮬레이션은 너무 적지만, 컴퓨팅 자원과 계산시간의 제약 때문에 이렇게 하였습니다. 아래 결과에서 볼 수 있듯이 100번의 시뮬레이션을 실시하는 데도 1시간 30분 정도가 소요됩니다. 그러나 보다 신뢰도 높은 GOF 진단을 원한다면 시뮬레이션 횟수를 5,000 혹은 그 이상으로 늘려 수행해보기 바랍니다.

```
> # GOF는 아직 지원되지 않음
> # plot(gof(v_ergm2))
> # GOF 테스트
> stime <- Sys.time()
> set.seed(20230406)
> myresult <- as.list(rep(NA,100))
> sim_vergm <- tibble()
> for (i in 1:100){
+ myresult[[i]] <- simulate(v_ergm2)
+ } # Simulation 100
> for (i in 1:100){
+ sim_est_vergm <- ergm.tapered(myresult[[i]]~sum+nonzero+
+              mutual+nodeocovar+nodeicovar+
+              nodeofactor("Disc3",levels=c(1,2))+
+              nodeifactor("Disc3",levels=c(1,2))+
+              nodematch("Disc3",diff=FALSE)+
+              nodeocov("Citations")+nodeicov("Citations")+
+              absdiff("Citations")+
+              edgecov(eies2,"friend"),
+              response="wgt",
+              reference=~Poisson)
```

```
+ result_sim_est_vergm <- data.frame(est=coef(sim_est_vergm)) %>%
+   mutate(terms=rownames(.)) %>%
+   as_tibble() %>%
+   mutate(sim=i)
+ print(str_c("=============== ",i,"번 완료 ==============="))
+ sim_vergm <- bind_rows(sim_vergm,result_sim_est_vergm)
+ } # ERGM
```

[분량 조절을 위하여 출력결과를 별도 제시하지 않았음]

```
> etime <- Sys.time()
> (esttime_sim100 <- etime-stime)
Time difference of 1.671025 hours
```

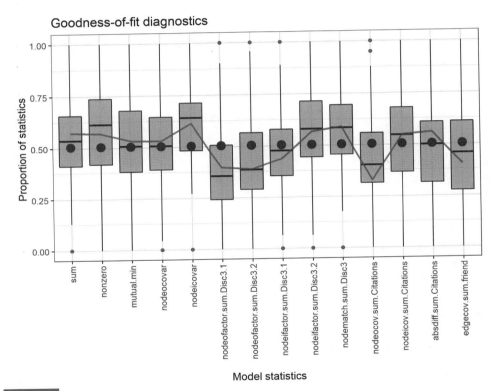

그림 12-8

[그림 12-8]은 앞에서 제시한 과정을 통해 살펴본 GOF 진단통계치를 시각화한 것입니다. [그림 12-8]을 보면 앞에서 추정된 '횟수형-ERGM2'의 모수 추정결과가 시뮬레이션된 네트워크들을 통해서 얻은 모수 추정결과들에서 크게 벗어나지 않는 것을 쉽게 확

인할 수 있습니다. 그러나 [그림 12-8]과 같은 방식으로는 횟수형-ERGM 추정항들이 아닌 횟수형-네트워크의 다른 네트워크 통계치들에 대해서는 어떠한 GOF 진단통계치도 알 수 없다는 점에서 아직은 적절한 방법이라고 보기 어렵습니다.

지금까지 링크가중된 네트워크를 대상으로 한 정가-ERGM들 중 링크가중치가 횟수형 변수일 때 포아송분포를 준거분포로 사용한 횟수형-ERGM을 어떻게 추정하는지 살펴보았습니다. 횟수형-ERGM 추정과정에서 주의할 사항을 정리하면 다음과 같습니다.

첫째, 이진형-ERGM 추정과정과 마찬가지로 분석대상이 되는 네트워크에 대한 사전조사 및 기술통계 분석이 필수적입니다. 특히 네트워크의 링크가중치의 특성이 무엇인지 잘 살펴본 후, 준거분포를 어떻게 설정할지, 그리고 네트워크 구조적 특성 추정항들 중 어떤 추정항을 투입하는 것이 적절할지 유심히 살펴보아야 합니다. 이 과정에서 statnet 패키지 개발자들이 제공하는 ergm 추정항들은 무엇인지, 이들 중 정가-ERGM에 투입할 수 있는 추정항은 무엇이며 어떤 의미인지 유심히 살펴보기 바랍니다.

둘째, 이진형-ERGM 추정과정에서도 이야기했듯이, 다양한 모형을 구성하고 시도해본 후 추정된 각 모형에 대해 MCMC 진단통계치들을 살펴보기 바랍니다. 반복하여 강조하지만, 이진형-ERGM과 달리 2023년 4월 현재 statnet 패키지에서는 정가-ERGM 추정결과에 대한 모형적합도(GOF)를 점검할 수 있는 함수를 제공하지 못하는 상황입니다. 어쩌면 독자들이 본서를 보는 시점에는 상황이 달라졌을 수도 있으니 꼭 점검해보기 바랍니다. 만약 정가-ERGM에 대한 모형적합도 추정 함수가 제공된다면, 반드시 추정된 정가-ERGM의 GOF를 살펴보기 바랍니다. 만약 제공되지 않는다면, 완벽하지 않으며 컴퓨팅 자원과 시간이 막대하게 소요되지만 본서에서 제시한 GOF 점검방식을 고려해보기 바랍니다.

셋째, 횟수형-ERGM을 추정할 때 역시 모형퇴행·근사퇴행 현상이 매우 자주 발생합니다. 네트워크 구조적 특성 추정항들을 투입할 때, 어떤 추정항들을 투입하는 것이 좋을지 주의 깊게 고민하기 바랍니다. 본서에서 소개한 점감-ERGM을 사용하지 않을 경우 모형 추정이 불가능할 수 있고, 가능하더라도 상상을 초월하는 수준의 모형 추정시간이 소요될 수 있습니다.

12장에서는 '지수족 랜덤그래프 모형(ERGM)'을 간략히 소개한 후 예시 네트워크 데이터를 대상으로 네트워크의 링크가 이진형 변수인 경우 적용할 수 있는 '(이진형-)

ERGM'과 정가(valued)-ERGM 중 횟수형 변수 형태의 네트워크 링크분포에 대해 포아송 분포를 적용한 '횟수형-ERGM' 2가지 추정방법을 살펴보았습니다. 물론 여기에 소개한 2가지 ERGM 외에 다른 방식의 ERGM도 존재합니다. 필자가 알기로는 12장에서 소개한 ERGM 외에도 네트워크의 링크가 순위형 변수 형태를 띠는 경우 적용 가능한 순위형-ERGM(Krivitsky & Butts, 2017)이 있습니다. 또 시계열로 반복측정한 일련의 네트워크들에 적용할 수 있는 시계열-ERGM(longitudinal ERGM)(Koskinen et al., 2015; Koskinen & Snijders, 2012a; Wasserman & Pattison, 1996)과 시간-ERGM(temporal ERGM)(Hanneke et al., 2010; Krivitsky & Handcock, 2014; Krivitsky et al., 2022a) 등을 언급할 수 있습니다. 그리고 이원네트워크(two-mode network)에 대한 ERGM도 가능하지만(Wang, 2012), 여기서는 별도 소개하지 않았습니다.

순위형-ERGM의 경우, 네트워크의 행위자가 평가한 우정의 깊이(예를 들어, A는 B보다 C와 더 친하다) 혹은 선호(preference)의 순위(이를테면 나는 Y보다는 Z가 좋지만, X보다는 Y가 좋다)와 같은 상황에 적용할 수 있습니다. 특히 사회적 네트워크 맥락에서 순위형-ERGM의 경우 다양한 행위자들 사이의 '서열구조(rank structure)'가 존재하는데, 네트워크 데이터를 반복측정할 수 있다면 서열구조가 생성되는 메커니즘을 이해할 수 있다는 점에서 매력적입니다. 그러나 순위형-ERGM을 구성하고 추정된 결과를 해석하는 것은 매우 까다로울 듯합니다(적어도 앞서 소개한 이진형-ERGM이나 횟수형-ERGM과 비교할 때 그리 만만한 일이 아닐 듯합니다).

다음으로 시계열 네트워크에 대해 적용할 수 있는 시계열-ERGM이나 시간-ERGM의 경우, 13장에서 소개할 '확률적 행위자중심 모형(SAOM, stochastic actor-oriented model)' 중 하나인 SIENA가 활용범위와 실행방법의 용이성 측면에서 보다 더 낫다고 생각하여 별도로 소개하지 않았습니다. 일단 시계열-ERGM(Koskinen et al., 2015; Koskinen & Snijders, 2012a; Wasserman & Pattison, 1996)의 경우, 일반 이용자가 쉽게 사용할 수 있는 프로그램이 없는 것으로 알고 있습니다. 시간-ERGM(Krivitsky & Handcock, 2014)은 tergm 패키지를 통해 활용 가능하지만, 13장에서 소개할 SIENA가 적용범위와 사용방식의 용이성 측면에서 훨씬 더 낫다고 생각하기에 12장에서 따로 소개하지 않았습니다. 만약 시간-ERGM 추정을 더 알아보고자 한다면 statnet 패키지 홈페이지나 tergm 패키지의 비그넷(vignette)을 참조하기 바랍니다.

이원네트워크에 대한 ERGM도 추정할 수 있지만, 여기서는 소개하지 않았습니다.

ERGM을 추정하는 방법은 이원네트워크와 일원네트워크가 본질적으로 다르지 않습니다. 그러나 이원네트워크 ERGM 추정항의 경우, 일원네트워크 ERGM 추정항과는 다를 수밖에 없습니다. 왜냐하면 노드의 유형이 같은 경우의 링크는 존재할 수 없기 때문입니다. 예를 들어, 행위자 노드는 사건 노드와 연결되며, 행위자 노드끼리는 사건 노드를 경유하여 연결될 뿐 직접 연결이 불가능합니다. 이원네트워크의 바로 이런 특성 때문에 이원네트워크 ERGM 추정항들은 동일 유형 노드들의 연결링크로 구성된 일원네트워크 ERGM 추정항들과 개념적으로 구분됩니다. 그러나 이원네트워크의 특성을 잘 파악하고, 이원네트워크 구조적 특성 추정항들을 적절히 선별하고, 연구자의 이론적 관심사에 맞도록 공변량을 투입한다면, 이원네트워크 ERGM을 어렵지 않게 추정할 수 있을 것입니다.

13장

시뮬레이션 기반
네트워크 분석(SIENA) 모형

13장에서 살펴볼 네트워크 데이터 모형 추정 기법은 '시뮬레이션 기반 네트워크 분석 (SIENA, simulation investigation for empirical network analysis) 모형', 일반적으로 SIENA 모형이라고 약칭되는 기법으로 '확률적 행위자중심 모형(SAOM, stochastic actor-oriented model)'의 일종입니다. 다시 말해 SIENA 모형은 개념상 SAOM에 속하는 하나의 기법일 뿐으로, 어쩌면 학문분과에 따라 SIENA 모형이 아닌 다른 SAOM 모형을 더 선호할 가능성도 있습니다. 그러나 다음과 같은 점에서 SIENA 모형이 SAOM 모형들 중 가장 널리 사용되는 모형이라는 것은 부정하기 어렵습니다. 첫째, R 이용자 입장에서 가장 손쉽게 활용할 수 있는 모형입니다. 둘째, ERGM 추정을 위한 statnet 패키지처럼 RSiena 패키지 역시 매우 잘 관리되고 있습니다.

❶ 확률적 행위자중심 모형(SAOM) 개요

SIENA가 속해 있는 SAOM에 대해 간략하게 살펴보겠습니다. SAOM의 핵심은 시간에 따른 네트워크의 변화를 모형화하는 것이며, 이런 점에서 '네트워크 동학(動學, network dynamics)' 모형으로 분류되는데 이는 SIENA 역시 마찬가지입니다. 즉 시간에 따른 네트워크의 변화를 추적한다는 점에서 SIENA를 포함 SAOM의 대상이 되는 네트워크 데이터는 최소 다음과 같은 조건들을 공유해야 합니다(Snijders, 2017; Ripley et al., 2023).

첫째, 네트워크 데이터는 최소 두 차례, 혹은 세 차례 이상 반복측정되어야(repeatedly measured) 합니다. 둘째, 반복측정된 네트워크 데이터는 반드시 비교 가능해야 합니다. 특별한 경우가 아니라면, 네트워크를 구성하는 노드들이 시간 변화에 따라 동일하게 유지되어야 합니다.[1] 셋째, 반복측정된 네트워크들이 어느 정도 이상은 닮아 있어야 합니다. SIENA 개발팀에서는 연이은 두 시점의 네트워크들 사이의 재커드 유사성 지수(Jaccard measures of similarity)가 0.30 혹은 그 이상일 것을 추천하며, 아무리 낮아도 0.20은 넘어야 한다고 요구합니다. 만약 반복측정 네트워크 데이터가 이들 조건을 충족한다면, SAOM 및 SIENA 모형을 추정할 수 있습니다.

이제 본격적으로 SAOM을 살펴봅시다. 먼저 SAOM의 중간 부분, 'AO(actor-oriented)'라는 용어의 의미는 행위자, 즉 그래프의 노드가 다른 노드에게로 나아가는 링크[외향링크(outgoing link)]를 새로 생성하거나 철회하거나 혹은 계속 유지한다는 것을 의미합니다. 즉 특정한 시점에서 관측되는 네트워크는 네트워크를 구성하는 행위자(노드)들의 행동에 따른 잠정적 결과라고 가정하며, 네트워크의 변화는 특정 시점에서의 네트워크와 해당 시점에서 행위자가 링크를 생성·철회·유지하여 나타난 그다음 시점의 네트워크의 차이를 의미합니다. SAOM의 'actor-oriented'라는 용어와 관련하여 SIENA 개발팀에서는 2가지 오해를 '강력히 경고'하고 있습니다(Ripley et al., 2023, pp.9-10).

첫째, SAOM에서 말하는 행위자의 외향링크 생성·철회·유지 활동은 행위자의 의지나 주관적인 신념을 반영하는 것이 '절대' 아니라는 점입니다. SAOM에서 말하는 'actor-oriented'라는 용어의 의미는 수리적 모형 구성을 설명하는 하나의 은유(metaphor)이며 모형화 과정에서의 수학적 가정일 뿐이지, 결코 네트워크의 작동방식이나 구조를 설명하는 이론적 입장을 보여주는 것이 아닙니다.

둘째, SAOM에서의 'actor-oriented'라는 용어는 네트워크가 결과(종속변수)이며 행위자(노드)가 원인(독립변수)이라는 것을 주장하는 것도 '절대' 아닙니다. 인과추론(causal inference) 관련 문헌에서 강조하듯이 인과관계를 확정짓는 것은 결코 쉬운 일이 아니며, 특정한 모형이나 기법에 의존해 손쉽게 해결할 수 있는 일도 아닙니다. SAOM 역시 넓은 의미에서 '하나의 모형일 뿐'이므로 이론적 관점의 인과추론을 단순히 SAOM을 적용했

---

1 물론 상황에 따라 네트워크에서 특정 노드가 탈퇴하고(이를테면 직장 내 네트워크에서 직원이 퇴사하거나 은퇴하는 경우), 새로운 노드가 진입하기도 합니다(예를 들어 신입직원이 입사하는 경우). 그러나 노드의 탈퇴나 신규진입이 네트워크 내부의 변화가 아닌 외부의 변화라면, 이를 SIENA 모형에 반영할 수 있습니다. 흔히 노드의 탈퇴나 신규진입으로 인한 네트워크의 구조 변동을 '조합 변경(composition change)'이라고 부릅니다. 이러한 상황에 대한 실제 분석 사례로는 휘스만과 스나이더스(Huisman & Snijders, 2003)를 참조하기 바랍니다.

다는 것으로 정당화하지 말아야 합니다.

다음으로 맨 첫 글자의 'S(stochastic)'라는 용어는 네트워크의 변화과정을 마르코프 과정(Markov process)을 통해 살펴본다는 것을 의미합니다. 보다 구체적으로 말하면, SAOM에서는 시간을 과거에서 미래로 '단선적으로 그리고 연속적으로(right-continuous)' 흐르는 마르코프 과정으로 개념화합니다. 비유하자면 SAOM은 연속적인 네트워크 변화를 몇 개의 시점에 걸쳐 사진으로 찍은 후, 각 시점별로 찍은 네트워크 사진을 비교하는 방식으로 연속적 네트워크 변화과정을 추정하는 모형이라고 볼 수 있습니다.

SAOM에 대해 대략적으로 파악했다면, 이제 조금 더 복잡하게 SAOM에서 어떤 모수들을 추정할 수 있는지 살펴봅시다. SAOM의 모수들은 '비율함수(rate function)'와 '평가함수(evaluation function)'[2] 2가지 함수를 기반으로 (12장 ERGM에서도 소개했던) MCMC(Markov chain Monte Carlo) 시뮬레이션을 통해 추정합니다(Ripley et al., 2023; Snijders, 2017). 먼저 비율함수는 특정 노드(행위자) i가 '변화기회(opportunities for change)'를 얼마나 빨리 얻을 수 있는지를 추정하는 함수이며, 목적함수는 변화기회가 주어졌을 때, 이전 측정시점 네트워크에서 다음 측정시점 네트워크로 옮겨갈 때 노드 i가 수행할 수 있는 '변화선택지(options for change)'에 따른 상대적 만족도[3]가 얼마나 개선될 수 있을지를 추정하는 함수입니다. 보다 쉬운 용어로 말하자면, 비율함수는 네트워크 혹은 네트워크를 구성하는 노드의 변화 속도와 관련된 모수들을 추정하는 함수이며, 평가함수는 연구자의 이론적 관점을 통해 투입된 모수들(네트워크의 구조적 특성들이나 노드수준 혹은 양자관계–독립 공변량 등)에 따라 나타날 수 있는 네트워크의 변화 가능성을 추정하는 함수입니다. 조금 후에 RSiena 패키지를 설명하면서 보다 구체적으로 살펴보겠습니다만, 비율함수에 포함된 추정모수들은 Rate parameters:라는 이름의 출력결과에서, 평가함수에 포함된 추정모수들은 Other parameters:라는 이름의 출력결과에서 eval

---

2 과거 문헌에서는 '목적함수(objective function)'라는 용어로 사용되기도 하였습니다(Snijders, 2017). 아울러 본서에서는 소개하지 않았지만, RSiena 패키지에서는 연구목적에 따라 '평가함수'에서 정의한 방식과는 다른 방식으로 정의된 '창조함수(creative function)' 혹은 '유지함수(maintenance function)'를 사용할 수 있습니다. 평가함수는 측정 시점 변화에 따라 어떤 방식이든 링크가 변하는 모든 경우를 다 고려하는 반면, 창조함수는 새로이 링크가 생성되는 경우만을(링크 부재하는 경우 대비 새로 생성되는 경우의 확률변화를 추정) 고려합니다. 그리고 유지함수는 기존의 링크가 소멸되는 경우만을 고려합니다(링크가 소멸되는 경우 대비 유지되는지 경우).

3 '만족도'라는 용어에 너무 큰 의미를 담지 않는 것이 좋습니다. 심리적 함의가 전혀 없는 단순하고 건조한 수학적 용어로 받아들이면 됩니다.

이라는 이름으로 시작하는 모수 추정결과들을 통해 확인할 수 있습니다. 여기서는 비율함수와 평가함수가 어떻게 구성되는지 구체적인 공식을 제시하지 않겠지만, 전반적인 형태는 '지수족 랜덤그래프 모형(ERGM)'과 크게 다르지 않으며, 마찬가지로 SIENA 추정항들 역시 ERGM 추정항들과 엇비슷합니다. 다시 말해 SIENA 추정항들 역시 ERGM의 추정항들과 유사한 방식으로 해석할 수 있습니다.

2023년 4월 시점을 기준으로 볼 때, SIENA 모형은 이진형-네트워크 데이터만을 추정할 수 있습니다. 즉 네트워크 데이터에 링크가중치가 부여된 경우에는 아쉽게도 SIENA 모형을 추정할 수 없으며, 부득이하게 적용해야 한다면 링크가중치 변수를 링크의 연결 여부라는 이진형 변수로 바꾼 후 SIENA 모형을 사용할 수 있습니다. 이 과정에서 연결 여부를 판가름하는 기준(threshold)을 어쩔 수 없이 자의적으로 분류할 수밖에 없다는 문제를 피할 수 없습니다. 다만, 독자들이 본서를 읽는 시점에는 정가(valued)-네트워크에 대한 SIENA 모형이 개발되었을 수도 있을 것입니다. 그러므로 시계열로 반복측정된 정가-네트워크 데이터에 대한 SIENA 모형을 추정하고 싶은 독자들은 반드시 RSiena 패키지 개발팀의 홈페이지를 통해 최근 상황을 살펴보기를 권합니다.

끝으로 SIENA 모형을 어떻게 추정하는지 살펴보기에 앞서 본서에서 RSiena 패키지로 추정할 수 있는 SIENA 모형들에 대해 간략하게 설명하겠습니다. SAOM 모형은 크게 3가지로 구분할 수 있습니다(Ripley et al., 2023). 첫째, '개인행동 진화(evolution of individual behaviors)' 모형은 시간에 따른 개별 행위자의 행동변화를 개별 행위자 속성변수들을 이용하여 예측하고 설명하는 모형입니다. 그러나 개인행동 진화 모형의 경우 굳이 SIENA 맥락에서 진행할 이유가 없습니다. 왜냐하면 개인행동 진화 모형은 '행위자 행동'이라는 벡터를 '행위자 수준에서 측정된 데이터'로 예측·설명하는 모형이며, 전통적인 데이터 분석기법들(이를테면 ARIMA나 랜덤효과 모형 등)을 활용하여 실행할 수 있기 때문입니다. RSiena 패키지에서는 개인행동 진화 모형 추정을 위한 함수를 제공하지 않고 있습니다.

둘째, '네트워크 진화(evolution of one-mode or two-mode networks)' 모형은 시간에 따라 네트워크가 어떻게 변화하며, 네트워크의 내생적 특성(즉 상호성, k-스타, 삼각구조 등과 같은 네트워크 구조적 특성)이나 외생적 특성(노드수준 변수, 양자관계-독립 공변량, 링크수준 공변량 등)에 따라 네트워크의 변화가 어떻게 달라지는지를 예측·설명하는 모형입니다. SIENA 모형의 거의 대부분은 '(일원)네트워크 진화' 모형입니다. 개념적으로는 지난 12장에서 소개했던 ERGM을 시계열 네트워크 데이터 맥락에서 구현했다고도 볼 수 있습니다. 12장 말미에 이야기했던 '시계열(longitudinal)-ERGM'이나 '시간(temporal)-ERGM'이 ERGM 맥락에서 시계열 네트워크 데이터를 분석하는 모형인 반면, SIENA는 SAOM 맥락에서 시계열 네트워크 데이터를 분석하는 모형입니다. 보통 일원네트워크를 대상으로 대부분의 네트워크 진화 모형을 추정하지만, 네트워크 데이터의 구성방식이 상이할 뿐 시계열 이원네트워크 데이터에 대해서도 네트워크 진화 모형을 추정할 수 있습니다. 13장에서는 일원네트워크 진화 모형을 어떻게 추정하는지만 살펴보았습니다.

셋째, '네트워크-개인행동 공진화(coevolution of networks and individual behaviors)' 모형은 네트워크 진화 모형과 개인행동 진화 모형을 동시에 추정한 모형입니다. 네트워크 진화 모형이 동일한 속성의 네트워크들을 반복측정하는 반면(이를테면, 매달 측정된 '공적교류' 네트워크), 네트워크-개인행동 공진화 모형에서는 반복측정된 속성이 다른 네트워크들을 동시에 추정하거나(이를테면, 매달 측정된 '공적교류' 네트워크와 '사적교류' 네트워크), 네트워크를 구성하는 행위자(노드)의 행동을 반복측정한 후 행위자의 행동변화가 행위자 속성 및 네트워크 특성에 따라 어떻게 변하는지를 동시에 추정합니다.

이번 13장에서는 네트워크의 변화를 예측·설명할 수 있는 네트워크 진화 SIENA 모형과 개인행동의 변화를 네트워크-개인행동 공진화 SIENA 모형으로 어떻게 추정할 수 있는지 살펴보겠습니다.

② 네트워크 진화 SIENA 모형

이제는 SIENA 모형, 보다 구체적으로 RSiena 패키지를 이용해 가장 널리 사용되는 네트워크 진화(evolution of network) SIENA 모형을 어떻게 추정할 수 있는지 살펴봅시다. SIENA 모형 추정 단계는 아래와 같이 총 5단계로 정리할 수 있습니다.

① SIENA 모형 투입 데이터 준비
② SIENA 추정항 확인 및 설정
③ SIENA 추정을 위한 알고리즘 설정

④ SIENA 모형 추정 및 재추정

⑤ 최종 확정된 모형 추정결과 해석

　SIENA 모형을 본격적으로 추정하기 전에 우선은 13장에서 사용할 예시 데이터에 대해 간단히 설명하겠습니다. SIENA 모형을 추정하기 위해서는 먼저 RSiena 패키지를 설치한 후(CRAN이나 깃허브를 통해 가능함), `library()` 함수를 통해 RSiena 패키지를 구동해야 합니다. 13장에서는 RSiena 패키지와 함께 tidyverse 패키지와 statnet 패키지 2가지를 같이 사용하였습니다. SIENA 모형 추정에 필요한 패키지들을 구동한 후에 simulate_eies.RData를 불러옵니다. 파일 이름에서 쉽게 짐작할 수 있듯이 본서에서 SINEA 모형에 투입할 예시 데이터는 EIES 데이터(eies_messages 오브젝트)를 세 차례에 걸쳐 시뮬레이션하는 방식으로 반복측정 네트워크 데이터를 가상생성하여 만든 것입니다.[4]

```
> # 13장 시뮬레이션 기반 네트워크 분석모형(SIENA), SAOM들 중 하나
> library(tidyverse)
> library(RSiena)
> library(statnet)
> mysim3 <- readRDS("simulate_eies.RData")
> summary(mysim3)
        Length  Class    Mode
Y1           5  network  list
Y2           5  network  list
Y3           5  network  list
node_df      6  tbl_df   list
```

---

4 보르가티 등(Borgatti et al., 2022)은 eies_friends 오브젝트를 대상으로 SIENA 모형을 추정하는 사례를 소개한 바 있습니다. 모형 추정과정에 대한 설명이 충분하지 않은 아쉬움이 있지만, 13장의 내용을 숙지했다면 충분히 따라할 수 있을 것입니다. 관심 있는 독자들은 해당 문헌의 15장(특히 15.5.2 섹션; pp.318-320)을 참조하기 바랍니다.

simulate_eies.RData를 불러와 저장한 mysim3 오브젝트에는 총 4개의 데이터가 존재합니다. Y1, Y2, Y3는 3번 반복측정된 네트워크 데이터를 의미합니다. 그리고 node_df는 반복측정된 네트워크 데이터의 노드수준 변수들로 구성된 데이터입니다. node_df에는 다음과 같이 총 6개의 변수가 포함되어 있습니다. vid 변수는 각 노드의 고유번호를, cite는 각 노드의 피인용수를 의미합니다. noss는 해당 노드의 소속 활동분과가 사회과학(사회학이나 인류학)인지 여부(사회과학인 경우 0, 수학이나 통계학과 같은 비사회과학인 경우 1)를 의미합니다. score로 시작되는 세 변수는 각 측정시점별 메시지 교류 시스템에 대한 만족도[5]를 나타냅니다(숫자가 100에 가까울수록 만족도가 높음).

```
> mysim3$node_df
# A tibble: 32 × 6
     vid   cite   noss   score1   score2   score3
   <int>  <dbl>  <dbl>    <dbl>    <dbl>    <dbl>
1      1     19      0     57.1     63.3     51.1
2      2      3      0     53.4     54.9     26.7
3      3    170      1     15.9     15.9     14.5
4      4     23      0     23.0     17.2     46.1
5      5     16      1     13.4     33.4     24.4
6      6      6      1     23.2     15.9     17.6
7      7      1      1     7.98     10.1     13.2
8      8      9      0     56.1     57.8     51.3
9      9      6      0     23.8     28.3     40.5
10    10     40      0     19.7     19.5     21.2
# i 22 more rows
# i Use `print(n = ...)` to see more rows
```

SIENA 모형을 추정하기에 앞서 각 시점별 네트워크 데이터를 시각화해보았습니다. 효과적인 시각화를 위해 다음과 같은 방식을 따랐습니다. 첫째, 노드의 전체 연결중심도 (total degree centrality) 점수를 계산하여 제곱근(square root)을 취한 후, 이 크기에 따라 각 노드의 크기를 다르게 표현하였습니다. 둘째, 노드(연구자)의 활동분과에 따라 노드색을 다르게 표기하였습니다. 구체적으로 사회과학 소속인 경우는 '적색'으로, 그렇지 않은

---

5 score로 시작되는 변수들은 제가 임의로 시뮬레이션한 변수입니다. EIES 데이터와 별다른 관계가 없음을 명확하게 밝힙니다.

경우는 '청색'으로 표기하였습니다. 셋째, 각 측정시점에 따른 네트워크 변화를 효과적으로 비교하기 위해 노드의 위치가 동일하도록 레이아웃을 별도 지정하였습니다. 이 과정에 따른 세 측정시점별 네트워크 데이터의 시각화 결과는 [그림 13-1]과 같습니다.

```
> # 시점별 네트워크 시각화 작업
> # 노드를 외향 연결성으로
> mysim3$Y1 %v% 'ttdgr' <- sqrt(degree(mysim3$Y1,cmode="outdegree"))
> mysim3$Y2 %v% 'ttdgr' <- sqrt(degree(mysim3$Y2,cmode="outdegree"))
> mysim3$Y3 %v% 'ttdgr' <- sqrt(degree(mysim3$Y3,cmode="outdegree"))
> # 사회과학전공자 여부에 따라: 사회과학전공자는 적색, 그렇지 않으면 청색
> mysim3$Y3 %v% 'nodecol' <- ifelse(mysim3$node_df$noss==0,"red","blue")
> mysim3$Y2 %v% 'nodecol' <- ifelse(mysim3$node_df$noss==0,"red","blue")
> mysim3$Y1 %v% 'nodecol' <-ifelse(mysim3$node_df$noss==0,"red","blue")
> # 각 노드 위치를 동일하게 하기 위하여 레이아웃 저장
> set.seed(20230430)
> mylayout <- plot(mysim3$Y1)
> dev.off()
> # 아래 과정으로 네트워크 시각화 반복
> network_vis <- function(obj_network,mytitle){
+   plot(obj_network,
+       label="vertex.names",
+       vertex.cex="ttdgr",
+       label.col=scales::alpha(obj_network %v% "nodecol",0.8),
+       vertex.col=scales::alpha(obj_network %v% "nodecol",0.3),
+       edge.col=scales::alpha("orange",0.9),
+       coord=mylayout,
+       main=mytitle)
+ }
> png("P1_Ch13_Fig01.png",width=35,height=18,units="cm",res=300)
> par(mfrow=c(3,1))
> network_vis(mysim3$Y1, "simulated network, time 1")
> network_vis(mysim3$Y2, "simulated network, time 2")
> network_vis(mysim3$Y3, "simulated network, time 3")
> dev.off()
```

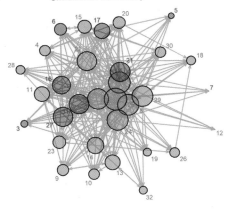

simulated network, time 1

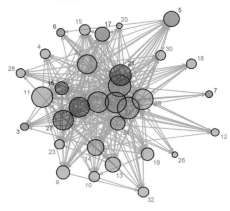

simulated network, time 2

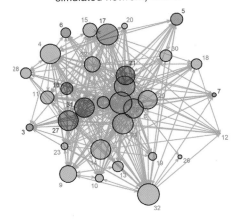

simulated network, time 3

그림 13-1

[그림 13-1]을 통해 각 시점별 네트워크가 조금씩 변화함을 알 수 있습니다. 예를 들어 오른쪽 하단의 32번 노드의 경우, 시간이 지나면 지날수록 전체 연결중심도가 점점 증가하는, 다시 말해 다른 노드들과의 연결관계가 더 많아지는 것을 알 수 있습니다. 시간 변화에 따라 이전 시점의 네트워크에 비해 현 시점의 네트워크가 어떻게 변했는지, 그리고 네트워크의 구조적 특징과 노드수준의 특징에 따라 네트워크 변화과정이 어떻게 달라지는지를 예측·설명하는 모형이 바로 SIENA 모형입니다.

이제 mysim3 오브젝트에 포함된 데이터들을 기반으로 SIENA 모형 추정과정을 실습해보겠습니다. 네트워크 진화 SIENA 모형을 앞에서 밝힌 5단계별로 어떻게 진행할 수 있는지 살펴봅시다.

2-1 데이터 준비 단계

RSiena 패키지에서는 SIENA 모형에 투입되는 데이터를 3가지 유형인 ①네트워크 데이터, ②행동 데이터, ③공변량 데이터로 분류합니다.

첫 번째 유형의 데이터는 (너무 당연한 것이지만) 네트워크 데이터(network data)입니다. 앞서 SAOM을 설명하며 언급한 바와 같이, SAOM의 일종인 SIENA 모형에서도 다음의 세 조건이 충족되어야 합니다. 첫째, 네트워크 데이터는 최소 2회 혹은 그 이상의 시점에 걸쳐 반복측정되어야 합니다. 둘째, 반복측정된 네트워크들은 비교 가능해야 합니다(즉, 네트워크를 구성하는 노드들이 일정하게 유지되어야 함). 셋째, 연이은 두 시점의 네트워크 데이터들은 일정 수준 이상의 유사도를 보여야 합니다. 그리고 RSiena 패키지에 투입 가능한 네트워크 데이터들은 다음과 같은 형태여야 합니다. 첫째, 투입되는 네트워크는 이진형(binary)-네트워크여야 합니다. 둘째, 각 시점별 네트워크 데이터는 인접행렬(adjacency matrix) 혹은 링크목록(edgelist) 형식이어야 합니다. 셋째, 시계열로 반복측정된 네트워크들은 어레이(array) 형태로 통합된 방식으로 투입되어야 합니다.

두 번째 유형의 데이터는 개별 행위자(노드)의 행동 데이터(behavior data)입니다. 행동 데이터는 개별 노드의 특성이 반복측정되어 저장된 데이터로, 반드시 좁은 의미에서 행위자의 행동일 필요는 없습니다. 즉 개별 노드의 지식, 태도, 인식, 감정 등과 같은 특성들도 RSiena 패키지에서 말하는 행동 데이터에 포함될 수 있습니다. 여기서 중요한 점은 행동 데이터는 반드시 반복측정된 개별 노드의 특성이어야 한다는 점입니다. 예를 들어 세

번에 걸쳐 네트워크가 반복측정되었다면, 개별 노드의 행동 역시 세 차례에 걸쳐 반복측정되어야 합니다. RSiena 패키지에서 행동 데이터는 반드시 '노드 개수만큼의 가로줄과 반복측정 횟수만큼의 세로줄로 구성된 행렬(matrix)' 형식으로 저장되어야 합니다. 행동 데이터의 경우, 연구자의 연구설계나 연구목적에 따라 SIENA 모형에 투입될 수도 투입되지 않을 수도 있습니다.

세 번째 유형의 데이터는 공변량(covariate) 데이터입니다. 공변량 데이터는 다시 3가지로 구분할 수 있습니다. 첫째는 행위자의 성별과 같이 측정시점에 걸쳐 측정값이 달라지지 않는 '시간불변 공변량(time-invariant covariate)' 데이터입니다. RSiena 패키지에서는 시간불변 공변량을 벡터(vector) 형식으로 저장해야 합니다. 둘째는 측정시점에 따라 측정값이 변하는 '시간변이 공변량(time-variant covariate)' 데이터입니다. 시간변이 공변량 데이터는 (적어도 데이터 측면에서) 앞에서 소개한 행동 데이터와 동일합니다. 유일하게 다른 점은 '연구자가 해당 데이터를 어떻게 파악하고 데이터에 반영했는가', 즉 연구자의 관점입니다. 다시 말해 노드들, 즉 행위자들의 행동의 진화과정과 네트워크 진화과정을 동시에 추정하는 것이 목적일 경우에는 '행동 데이터'이지만, 네트워크 진화과정을 추정할 때 노드수준의 특성이 어떤 역할을 하는지 설명하는 것이 목적인 경우에는 시간변이 공변량 데이터입니다. RSiena 패키지에서 시간변이 공변량 데이터는 (앞에서 언급한 행동 데이터와 마찬가지로) 반드시 '노드 개수만큼의 가로줄과 반복측정 횟수만큼의 세로줄로 구성된 행렬' 형식으로 저장되어야 합니다. 세 번째 공변량 데이터는 시간불변 공변량 데이터를 기반으로 얻은 양자관계-독립 공변량(dyadic covariate) 데이터입니다. ERGM 추정항을 설명할 때 언급한 것과 유사합니다. 예를 들어 동종선호 현상이 나타나는지 여부를 확인하는 것이 목적일 경우 사용 가능합니다. RSiena 패키지에서는 행렬 형식으로 양자관계-독립 공변량 데이터를 입력해야 하지만, includeEffects() 함수를 이용하면 굳이 별도의 공변량 데이터를 생성할 필요가 없습니다. 그러나 별도로 링크수준의 공변량 데이터를 입력해야 한다면, coDyadCovar() 함수의 입력값에 링크수준 공변량 데이터에 해당되는 행렬을 지정하는 방식으로 링크수준의 공변량 데이터를 입력할 수 있습니다. 13장에서는 coDyadCovar() 함수를 별도 소개하지 않았지만, 다음에 제시된 coCovar(), varCovar() 함수 사용방식을 학습하면 coDyadCovar() 함수를 어렵지 않게 사용할 수 있을 것입니다.

이제 네트워크 진화 SIENA 모형에 투입할 데이터들을 설정해봅시다. 네트워크 진화

SIENA 모형의 경우, 네트워크의 진화과정을 설명하는 것이 목적이기 때문에 '행동 데이터'를 정의할 필요는 없습니다. 행동 데이터는 네트워크-개인행동 공진화 SIENA 모형에서 지정하였으며, 여기서는 '네트워크 데이터', '시간불변 공변량 데이터', '시간변이 공변량 데이터' 3가지를 지정하겠습니다. 먼저 어떠한 SIENA 모형에서든 반드시 투입해야 하는 가장 중요한 네트워크 데이터는 다음과 같이 지정할 수 있습니다. 여기서는 각 시점별 네트워크 데이터를 인접행렬로 전환한 후 array() 함수를 활용하여 세 네트워크 데이터를 통합하였습니다.

```
> # R-SIENA: 2가지 모형 추정
> # Evolution of networks
> # 데이터 입력
> # networks, 3 points
> net3 <- array(c(as.matrix(mysim3$Y1,type="adjacency"),
+                 as.matrix(mysim3$Y2,type="adjacency"),
+                 as.matrix(mysim3$Y3,type="adjacency")),
+              dim=c(32,32,3))
```

이후 RSiena 패키지의 sienaDependent() 함수를 통해 세 차례 반복측정된 네트워크 데이터들을 SIENA 모형의 종속변수로 설정하였습니다. 아래에서 확인할 수 있듯이 siena_dep 오브젝트는 세 차례 측정되었으며, 각 네트워크는 32개의 행위자(노드)로 구성되어 있습니다.

```
> siena_dep <- sienaDependent(net3)
> siena_dep
Type           oneMode
Observations 3
Nodeset        Actors (32 elements)
```

다음으로 시간불변 공변량 데이터를 설정해보겠습니다. 앞에서 이야기했듯이 mysim3$node_df 오브젝트에는 행위자의 피인용수(cite)와 소속분과(noss) 변수들이 존재합니다. 시간불변 공변량 데이터에 해당되는 두 변수는 다음과 같이 각각 ti_cite, ti_noss라는 이름의 벡터형 오브젝트로 저장하였습니다. RSiena 패키지의 coCovar() 함수는 입력된 해당 벡터들이 '시간불변(coCovar의 co는 constant의 첫 두 글자임)'인 '공변량(coCovar의 Covar)'임을 지정하는 함수입니다.

```
> # time-invariant covariate
> ti_cite <- coCovar(mysim3$node_df$cite)
> ti_noss <- coCovar(mysim3$node_df$noss)
```

끝으로 시간변이 공변량 데이터를 설정해보겠습니다. 앞에서 이야기했듯이 mysim3$node_df 오브젝트에 score라는 이름으로 시작하는 변수들은 세 차례에 걸쳐 반복측정된 노드수준 특성변수이며, RSiena 패키지에서는 이들 변수를 행렬 데이터 형태로 입력해야 합니다. RSiena 패키지의 varCovar() 함수는 입력된 해당 벡터들이 '시간변이(varCovar의 var는 variant의 첫 세 글자임)'인 '공변량(varCovar의 Covar)'임을 지정하는 함수입니다.

```
> # time-variant covariate
> tv_score <- varCovar(as.matrix(cbind(mysim3$node_df[,c("score1","score2","score3")])))
```

이렇게 준비한 세 데이터를 sienaDataCreate() 함수를 이용해 하나의 데이터로 통합한 후, 향후 SIENA 모형에 투입하면 됩니다. 통합된 데이터 오브젝트 출력결과를 살펴보면, 아래와 같이 반복측정된 네트워크 데이터의 전반적인 면모를 알 수 있습니다.

```
> # 3가지 데이터 통합
> mydata <- sienaDataCreate(siena_dep,ti_cite,ti_noss,tv_score)
> mydata
Dependent variables: siena_dep
Number of observations: 3

Nodeset          Actors
Number of nodes      32

Dependent variable siena_dep
Type              oneMode
Observations      3
Nodeset           Actors
Densities         0.44 0.45 0.45

Constant covariates: ti_cite, ti_noss
Changing covariates: tv_score
```

2-2 추정항 설정 단계

SIENA 모형을 추정하는 두 번째 단계는 연구자가 추정하고자 하는 효과항들을 설정하는 것입니다. ERGM의 경우와 마찬가지로 연구자는 네트워크 구조적 특성, 노드수준, 양자관계-독립, 링크수준 공변량 등을 SIENA 모형 추정항들로 설정할 수 있습니다. 그러나 모형 추정항 개념의 유사성에도 불구하고, SIENA 모형 추정항들은 ERGM 추정항들과 용어가 다릅니다. ERGM을 설명했을 때와 마찬가지로 가능한 SIENA 모형 추정항을 전부 소개하는 것은 불가능하며, 적절하지도 않을 것입니다. 13장에서는 ERGM을 소개할 때 사용한 추정항과 개념적으로 동일한 SIENA 모형 추정항을 소개하겠습니다.

연구자가 활용할 수 있는 SIENA 모형의 추정항들을 확인하는 가장 효과적인 방법은 RSiena 패키지의 `effectsDocumentation()` 함수를 활용하는 것입니다. `effectsDocumentation()` 함수는 앞에서 설명한 `sienaDataCreate()` 함수로 출력된 SIENA 모형에 투입될 데이터에서 투입할 수 있는 추정항의 목록을 생성해주는 함수입니다. 사용방법은 다음과 같습니다.

먼저 `effectsDocumentation()` 함수를 사용하기 전에 '기저모형(baseline model)'을 설정합니다. GLM 모형에서 '절편'을 추정하지 않는 모형이 없듯, 그리고 ERGM에서 `edges` 추정항을 기본적으로 투입하듯, SIENA 모형에도 반드시 포함되어야 할 추정항들이 있습니다. SIENA 모형 추정과정에서 기저모형에 투입되는 추정항이 무엇인지 확인하고자 한다면 아래와 같이 `getEffects()` 함수를 사용하면 됩니다.

```
> # 모형0: 기저모형
> (myeff_ev_0 <- getEffects(mydata))
  effectName                         include   fix    test   initialValue  parm
1 constant siena_dep rate (period 1)   TRUE   FALSE  FALSE       15.66808     0
2 constant siena_dep rate (period 2)   TRUE   FALSE  FALSE       20.37301     0
3 outdegree (density)                  TRUE   FALSE  FALSE       -0.10641     0
4 reciprocity                          TRUE   FALSE  FALSE        0.00000     0
```

출력결과에서 확인할 수 있듯이 SIENA 모형에 투입되는 필수 추정항은 총 4개입니다. 출력결과의 첫 두 줄은 앞에서 설명한 '비율함수(rate function)'에서 추정하는 모수입니다. 즉 첫 번째 줄 `constant siena_dep rate (period 1)`은 '시점1'을 기준으로 '시점

2'로의 네트워크 변화비율을, 두 번째 줄 constant siena_dep rate (period 2)은 '시점2'를 기준으로 '시점3'으로의 네트워크 변화비율을 추정하는 모수입니다. 세 번째 줄의 outdegree (density)와 네 번째 줄의 reciprocity는 ERGM의 '외향링크'와 '상호성' 추정항에 해당됩니다.[6] SIENA 모형에서 '외향링크'를 고려하는 이유는 SAOM의 이론적 가정, 즉 네트워크는 네트워크를 구성하는 행위자의 링크 생성·철회·유지 결과이기 때문입니다. 아울러 '상호성'을 고려하는 이유 역시 행위자(이를테면 A)와 연결된 다른 행위자들(이를테면 B, C, D, …)의 링크 생성·철회·유지 결과를 반영하고자 하는 것입니다. 이 4가지가 바로 네트워크 진화 SIENA 기저모형 추정항입니다.

그렇다면 기저모형을 구성하는 추정항들 외에 어떤 추정항을 추가로 투입할 수 있을까요? effectsDocumentation() 함수는 추가로 추정할 수 있는 추정항들에는 어떤 것들이 있는지 확인하는 함수입니다. 아래의 R명령문을 실행하면 filename 옵션에서 정의된 파일명의 html 파일이 저장되고 [그림 13-2]와 같은 형식의 HTML 문서가 열리는 것을 확인할 수 있습니다(분량 문제로 일부만 제시하였습니다. 생성된 문서의 모든 내용을 읽어보면 SIENA 모형 추정항에 대해 더 잘 이해할 수 있습니다).

```
> # 사용 가능한 추정항 목록을 확인
> effectsDocumentation(myeff_ev_0,filename="effects_evolution_network")
```

HTML 문서에서 확인할 수 있듯이 기저모형에 투입되는 추정항들 외에도 매우 다양한 추정항들을 SIENA 모형에 투입할 수 있습니다. 모든 것을 소개하는 것은 불가능하니, 여기서는 effectsDocumentation() 함수 출력결과를 어떻게 활용할 수 있는지에 대해서만 설명한 후, 13장에서 예시로 사용하게 될 추정항들에 대해서만 조금 더 자세히 언급하겠습니다.

먼저 첫 번째 세로줄의 row는 RSiena 패키지 개발자들이 추정항에 대해 매겨놓은 번호에 불과하며 실질적 의미는 없습니다. 두 번째 세로줄의 name은 SIENA 모형의 종속변수에 해당됩니다. 네트워크 진화 SIENA 모형의 경우 네트워크 데이터의 이름이 포

---

6 각각 ergm 패키지의 ostar(1), mutual에 대응합니다.

row	name	effectName	shortName	type	inter1	inter2	parm	interactionType
1	siena_dep	constant siena_dep rate (period 1)	Rate	rate			0	
2	siena_dep	constant siena_dep rate (period 2)	Rate	rate			0	
3	siena_dep	outdegree effect on rate siena_dep	outRate	rate			0	
4	siena_dep	indegree effect on rate siena_dep	inRate	rate			0	
5	siena_dep	reciprocity effect on rate siena_dep	recipRate	rate			0	
6	siena_dep	effect 1/outdegree on rate siena_dep	outRateInv	rate			0	
7	siena_dep	effect ln(outdegree+1) on rate siena_dep	outRateLog	rate			1	
8	siena_dep	effect 1/indegree on rate siena_dep	inRateInv	rate			0	
9	siena_dep	effect ln(indegree+1) on rate siena_dep	inRateLog	rate			1	
10	siena_dep	effect 1/reciprocity on rate siena_dep	recipRateInv	rate			0	
11	siena_dep	effect ln(reciprocity+1) on rate siena_dep	recipRateLog	rate			1	
12	siena_dep	effect ti_cite on rate	RateX	rate	ti_cite		0	
13	siena_dep	effect ti_noss on rate	RateX	rate	ti_noss		0	
14	siena_dep	effect tv_score on rate	RateX	rate	tv_score		0	
15	siena_dep	outdegree (density)	density	eval			0	dyadic
16	siena_dep	outdegree (density)	density	endow			0	dyadic
17	siena_dep	outdegree (density)	density	creation			0	dyadic
18	siena_dep	reciprocity	recip	eval			0	dyadic
19	siena_dep	reciprocity	recip	endow			0	dyadic
20	siena_dep	reciprocity	recip	creation			0	dyadic

그림 13-2

함되며, 네트워크-개인행동 공진화 SIENA 모형의 경우 네트워크 데이터와 행동 데이터의 이름이 포함됩니다. 여기서는 네트워크 진화 SIENA 모형을 다루고 있기 때문에 제가 설정한 네트워크 데이터 이름인 siena_dep만 입력된 것을 확인할 수 있습니다.

연구자에게는 세 번째와 네 번째 세로줄이 가장 중요합니다. 먼저 shortName은 SIENA 모형에 투입되는 추정항이며, effectName은 shortName의 의미가 무엇인지를 설명한 것입니다. 기저모형에 투입된 4가지 추정항을 HTML 문서의 shortName으로 표현하면, myeff_ev_0에는 Rate가 2개, density, recip가 포함되어 있다는 의미입니다. 예를 들어 연구자가 추정항을 추가하고 싶다면, 자신이 원하는 개념에 해당되는 추정항을 effectName 목록에서 찾은 후 이에 해당되는 shortName을 SIENA 모형에 추가하면 됩니다. 추정항을 추가할 때는 includeEffects() 함수에 이전의 SIENA 모형 추정항 목록 오브젝트에 원하는 shortName의 추정항 이름들을 추가로 나열하면 됩니다. includeEffects() 함수를 이용해 SIENA 모형에 추정항을 추가하는 방법은 조금 후에 살펴보겠습니다.

다섯 번째 세로줄인 type은 추정항이 SIENA 모형의 어떤 함수에서 추정되는 것인지를 분류한 것입니다. 총 4가지의 값이 지정되어 있습니다. 먼저 rate라는 값은 해당 추정항이 '비율함수(rate function)'에서 추정되는 것임을 의미하며, eval이라는 값은 해당 추정항이 '평가함수(evaluation function)'에서 추정되는 것임을 뜻합니다. endow와 creation은 평가함수와 비슷하지만, 보다 특수화된 연구목적에 사용되는 '유지함수(endowment or maintenance function)'와 '창조함수(creative function)'인 경우를 의미합니다. 유지함수와 창조함수의 의미에 대해서는 SAOM을 구성하는 비율함수와 평가함수를 설명하는 부분의 각주를 참조하기 바랍니다. RSiena 패키지 개발자들의 경우 아주 특수한 경우가 아니라면 네트워크 변화를 설명하는 데 '평가함수'만으로 충분하다고 밝힌 바 있습니다(Ripley et al., 2023, p. 39).

여섯 번째(inter1)와 일곱 번째(inter2), 그리고 아홉 번째(interactionType) 세로줄은 상호작용 효과에 속하는 추정항일 경우 어떤 변수들이 상호작용하는지를 보여줍니다. [그림 13-2]에는 나타나지 않았지만, 나중에 살펴볼 shortName이 sameX라는 이름을 갖는 경우(row 452번인 경우), inter1에는 노드속성(즉, ti_noss)이 지정되어 있고, inter2는 공란이며, interactionType은 dyadic이라고 설정되어 있습니다. 노드속성이 동일한지 유사한지를 추정하기 위한 추정항입니다. inter2가 공란인 이유는 inter1에 부여된 노드속성과 동일하기 때문입니다(GLM 맥락에서 설명하면, 2차항과 개념적으로 유사합니다). 이는 12장에서 소개한 ergm 패키지의 추정항 nodematch()와 개념적으로 동일합니다.

여덟 번째(parm) 세로줄은 추정항의 모수를 의미하며, 여기에 제시된 값은 MCMC를 시작할 때의 초깃값(initial value)을 의미합니다. 보다 효율적인 추정을 원할 경우, 혹은 연구자의 연구목적상 특정한 초깃값을 지정할 필요가 있다면, 시작값을 별도 지정하는 것이 좋습니다. 그러나 일단 13장에서는 RSiena 패키지의 디폴트 시작값을 변경하지 않았습니다. 시작값을 직접 지정하고자 하는 분은 setEffect() 함수의 도움말을 확인하기 바랍니다.

RSiena 패키지에서 제공하는 모형 추정항에 대해 이해하셨다면 기저모형을 확장해 보겠습니다. 네트워크 진화 SIENA 모형에서는 다음과 같은 4가지 모형을 추정하겠습니다. 각 모형을 정의하는 방법은 SIENA 모형을 추정하는 4단계 시작 전에 각각 설명하겠습니다.

- SIENA0: 기저모형

- SIENA1: SIENA0 모형에 네트워크 구조적 특성 추정항들을 추가 투입함. 구체적으로 링크 방향으로 구분한 기하가중 링크단위 공유연결도(GWESP, geometrically weighted edgewise shared partnership) 추정항 3가지(gwespFF, gwespFB, gwespBF). 여기서 gwespFF는 $i{\rightarrow}k{\rightarrow}j$의 관계, gwespFB는 $i{\rightarrow}k{\rightarrow}j$의 관계, gwespBF는 $i{\rightarrow}k{\rightarrow}j$의 관계에 대한 기하가중 링크단위 공유연결 통계치를 의미함.

- SIENA2: SIENA1 모형에 시간불변 공변량 데이터 관련 추정항들을 추가 투입함. 구체적으로 노드수준 변수 ti_cite의 외향연결성(egoX), 내향연결성(altX), 피인용횟수 격차(absDiffX) 공변량 추정항과 함께 노드수준 변수 ti_oss의 외향연결성(egoX), 내향연결성(altX), ti_oss 변수의 수준 동일성 여부(sameX) 공변량 추정항을 추가 투입함.

- SIENA3: SIENA2 모형을 토대로 피인용수와 소속분과(시간불변 공변량) 수준에 따라 네트워크 변화비율이 달라지는지 여부, 즉 공변량과 비율 추정모수 사이의 상호작용 효과를 살펴볼 수 있는 추정항들을 투입함.

- SIENA4: SIENA3 모형에 시간변이 공변량 데이터 관련 추정항들을 추가 투입함. 구체적으로 score1, score2, score3 변수의 외향연결성(egoX), 내향연결성(altX), 유사도(simX) 추정항을 추가 투입함.

2-3 알고리즘 설정 단계

SIENA 모형을 추정하는 세 번째 단계는 SIENA 모형 추정에 적용할 알고리즘을 설정하는 단계입니다. 일반 이용자 입장에서 세 번째 단계는 어찌 보면 간단할 수 있지만, 복잡한 모형을 추정하거나 연구자가 원하는 알고리즘을 설정하고자 한다면 꽤나 복잡할 수도 있습니다. 일단 여기서는 RSiena 패키지의 sienaAlgorithmCreate() 함수의 디폴트를 그대로 사용할 것이며, RSiena 패키지의 디폴트 알고리즘은 다음의 출력결과와 같이 정의되어 있습니다. 만약 알고리즘 조건을 바꾸고 싶다면, sienaAlgorithmCreate() 함수의 도움말을 살펴보고 원하는 조건에 맞도록 옵션을 조정하면 됩니다. 한 가지 유념할 사항은 SIENA 모형은 시뮬레이션을 기반으로 추정된다는 점이며, 이에 가급적 set.seed() 함수를 사용하기 바랍니다.[7]

```
> # 알고리즘 설정
> set.seed(20230501)
> (myalgo_evolve <- sienaAlgorithmCreate())
If you use this algorithm object, siena07 will create/use an output file Siena.txt .
Siena Algorithm specification.
Project name: Siena
Use standard initial values: FALSE
Random seed: NULL
Number of subphases in phase 2: 4
Starting value of gain parameter: 0.2
Reduction factor for gain parameter: 0.5
Diagonalization parameter: 0.2
Double averaging after subphase: 0
Dolby noise reduction: TRUE
Method for calculation of derivatives: Scores
Number of subphases in phase 2: 4
Number of iterations in phase 3: 1000
Unconditional simulation if more than one dependent variable
```

2-4 모형 추정·재추정 및 결과해석

네 번째 단계는 SIENA 모형을 추정하는 실질적으로 가장 중요한 단계이며, 마지막 단계는 모형 추정결과를 해석하는 것입니다. 모형을 추정하는 것 자체는 크게 어렵지 않습니다. RSiena 패키지의 siena07() 함수에 알고리즘, 데이터, 추정하고자 하는 SIENA 모형의 추정항들을 지정하면 됩니다. 한 가지 유념할 점은 SIENA 모형은 시뮬레이션을 기반으로 추정되므로 (향후 동일한 결과를 원한다면) siena07() 함수를 실행하기 전에 가급적 set.seed() 함수를 사용하기 바랍니다.

이제 본격적으로 첫 번째 SIENA 모형인 기저모형을 추정해보겠습니다. siena07() 함수를 실행하면 [그림 13-3]과 같은 새로운 창이 하나 뜰 것입니다. 앞서 설명한 ERGM

---

7 sienaAlgorithmCreate() 함수에는 seed 옵션이 있습니다. 원한다면 seed 옵션을 지정해도 무방합니다.

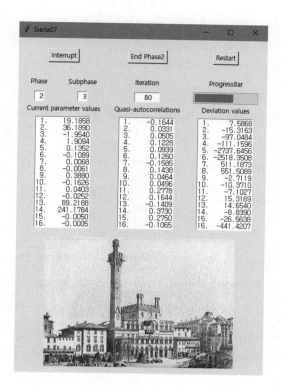

그림 13-3

과 마찬가지로 SIENA 모형 역시 MCMC를 통해 모수를 추정합니다. 특별히 신경 쓸 사항은 없으며, 만약 중도에 모형 추정을 중단하고자 한다면 왼쪽 윗줄에 놓인 Interrupt라는 버튼을 누르면 됩니다. 필자의 경우에는 기저모형을 추정하는 데 약 15초의 시간이 소요되었습니다.

```
> stime <- Sys.time()
> set.seed(20230501)
> saom_evolve0 <- siena07(myalgo_evolve,data=mydata,effects=myeff_ev_0)
> etime <- Sys.time()
> (esttime_evolve0 <- etime-stime)
Time difference of 15.44073 secs
> saom_evolve0
Estimates, standard errors and convergence t-ratios
```

	Estimate	Standard Error	Convergence t-ratio

```
Rate parameters:
  0.1    Rate parameter period 1        13.5627   ( 1.2687  )
  0.2    Rate parameter period 2        21.0306   ( 2.1118  )

Other parameters:
  1. eval outdegree (density)          −0.7967   ( 0.0535  )          0.009
  2. eval reciprocity                   1.4139   ( 0.0848  )          0.026

Overall maximum convergence ratio:    0.0380

Total of 1813 iteration steps.
```

    기저모형에서는 총 4개의 모수가 추정되었습니다. Rate parameters: 부분은 비율함수에 포함되는 모수의 추정결과를 의미하며, Other parameters: 부분은 평가함수(eval로 시작한다는 점에 주목하기 바랍니다)에 포함되는 모수의 추정결과를 의미합니다. 그 다음에 제시된 Estimate는 모수추정치를, Standard Error는 MCMC를 통해 추정된 모수의 표준오차를 의미합니다. 모수추정치와 표준오차는 GLM은 물론 앞서 살펴본 ERGM에서도 나왔던 부분이라 이해하는 데 큰 어려움이 없을 듯합니다. 예상할 수 있듯 Estimate와 Standard Error를 활용하면, 통계적 유의도를 계산할 수 있는 테스트 통계치를 얻을 수 있습니다. 수계산을 실시해도 되지만, RSiena 패키지 개발자들은 SIENA 모형을 확정한 후에 통계적 유의도 테스트 결과를 포함하는 깔끔한 표를 생성하는 siena.table() 함수를 제공하고 있습니다. 다시 말해 모수추정치에 대한 통계적 유의도 테스트 결과는 모형을 최종 확정한 후에 보다 구체적으로 살펴보겠습니다.

    모형 추정 및 재추정 단계에서 중요한 것은 가장 오른쪽에 제시된 Convergence t-ratio입니다. 이 수치는 SIENA 모형 추정결과가 타당한지 여부를 가늠하는 중요한 진단통계치입니다. '수렴 t비율(Convergence t-ratio)'은 '비율(ratio)'이라는 표현에서 잘 나타나듯이 2가지 통계치들의 비율, 보다 정확하게는 관측된 통계치 대비 관측된 통계치에서 시뮬레이션된 통계치의 이탈도(deviation) 비율을 의미합니다. 만약 이탈도가 전혀 존재하지 않는다면 이 값은 '0'이 되겠지만, 당연하게도 '0'이 되는 경우는 존재하지 않습니다. 아무튼 수렴 t비율은 0에 근접할수록 바람직한 결과입니다. 아울러 SIENA 모형 추정결과 맨 마지막에 나타나는 Overall maximum convergence ratio: 부분은 '통합 최대수렴비율' 추정항들에서 나타난 '수렴 t비율'을 통합하여 계산한 결과입니다.

일반 이용자 입장에서 궁금한 것은 '수렴 t비율'의 계산방식보다는, 이 값이 어느 정도 수준을 넘어서면 SIENA 모형 추정결과에 문제가 있다고 볼 수 있는지를 알 수 있는 기준(criterion)일 것입니다. 우선 RSiena 패키지 개발자들이 제시한 기준을 정리해 제시하면 다음과 같습니다(Ripley et al., 2023, pp. 67-68).[8]

> "첫째, 통합 최대수렴비율이 0.20보다 작은 값을 보이면 SIENA 모형 추정결과를 큰 문제없이 수용할 수 있다. 둘째, 만약 통합 최대수렴비율이 0.20보다는 크지만 0.30보다 작으며 모든 추정항의 수렴 t비율이 0.10보다 작다면, 이 경우에도 SIENA 모형 추정결과를 큰 문제없이 수용할 수 있다. 학술적 목적의 출간을 위해서라면 통합 최대수렴비율은 0.25를 넘지 말아야 한다."

위에서 추정한 SIENA0 모형(기저모형)의 경우, 수렴 t비율과 통합 최대수렴비율이 모두 0.10을 넘지 않는 것으로 나타났습니다. 즉 SIENA0 모형 추정결과에는 큰 문제가 없다고 볼 수 있습니다. 그러나 만약 추정된 SIENA 모형의 수렴 t비율과 통합 최대수렴비율이 통상적 기준을 넘는 것으로 나타난다면 어떻게 해야 할까요? RSiena 패키지 개발자들이 제안하는 방법은 3가지입니다. 첫째, MCMC 추정을 추가로 진행하는 것이 가장 좋은 방법이라고 합니다. 둘째, SIENA 모형 추정 세 번째 단계인 알고리즘 설정 단계에서 알고리즘의 옵션을 수정하는 것입니다. 셋째, 추정항들 중 일부를 제거하는 방식으로 SIENA 모형을 재정의하는 것입니다. 우선 13장에서는 두 번째 방법에 대해 설명하지 않겠습니다. 두 번째 방법은 일반 이용자 입장에서 볼 때 불필요한 전문적인 내용을 다루고 있어 이해하기가 쉽지 않기 때문입니다. 첫 번째와 세 번째의 SIENA 모형 재추정 방법의 경우, 다른 SIENA 모형을 추정할 때 구체적인 사례와 함께 다시 설명하겠습니다.

다음으로 SIENA1 모형을 추정해보겠습니다. 기존 SIENA 모형에 새로운 추정항을 덧

---

8 RSiena 패키지 개발자들의 추천내용을 문자 그대로 옮기면 다음과 같습니다(Ripley et al., 2023, pp. 67-68). "Convergence is excellent when the overall maximum convergence ratio is less than 0.2, and for all the individual parameters the t-ratios for convergence all are less than 0.1 in absolute value; convergence is reasonable when the former is less than 0.30. For published results, it is suggested that estimates presented come from runs in which the overall maximum convergence ratio is less than 0.25. (These bounds are indications only, and are not meant as severe limitations.)"

붙이려면 includeEffects() 함수를 사용하면 됩니다. 아래와 같은 방식으로 gwespFF, gwespFB, gwespBF의 3개 추정항을 추가하였습니다.

```
> # 모형1: 네트워크의 구조적 특성 모수들 추가
> (myeff_ev_1 <- includeEffects(myeff_ev_0,gwespFF,gwespFB,gwespBF))
  effectName              include   fix    test   initialValue  parm
1 GWESP I -> K -> J (#)      TRUE  FALSE  FALSE              0    69
2 GWESP I -> K <- J (#)      TRUE  FALSE  FALSE              0    69
3 GWESP I <- K -> J (#)      TRUE  FALSE  FALSE              0    69
  effectName                     include    fix    test   initialValue  parm
1 constant siena_dep rate (period 1)  TRUE  FALSE  FALSE      15.66808     0
2 constant siena_dep rate (period 2)  TRUE  FALSE  FALSE      20.37301     0
3 outdegree (density)                 TRUE  FALSE  FALSE      -0.10641     0
4 reciprocity                         TRUE  FALSE  FALSE       0.00000     0
5 GWESP I -> K -> J (#)               TRUE  FALSE  FALSE       0.00000    69
6 GWESP I -> K <- J (#)               TRUE  FALSE  FALSE       0.00000    69
7 GWESP I <- K -> J (#)               TRUE  FALSE  FALSE       0.00000    69
```

위의 출력결과를 통해 gwespFF 추정항은 개념적으로 ERGM의 '2-패스(twopath)'에, gwespFB 추정항은 개념적으로 ERGM의 '내향-2-스타(istar(2))'에, gwespBF 추정항은 개념적으로 ERGM의 '외향-2-스타(ostar(2))'에 대응하는 것을 쉽게 확인할 수 있습니다. 'SIENA1' 모형에서는 총 7개의 모수를 추정할 예정입니다. 'SIENA1' 모형은 다음과 같이 추정하면 됩니다. siena07() 함수에 설정된 알고리즘, 데이터, 추정항 목록들을 투입한 후 SIENA 모형 추정결과를 확인하면 아래와 같습니다.

```
> stime <- Sys.time()
> set.seed(20230501)
> saom_evolve1 <- siena07(myalgo_evolve,data=mydata,effects=myeff_ev_1)
> etime <- Sys.time()
> (esttime_evolve1 <- etime-stime)
Time difference of 1.112526 mins
> saom_evolve1
Estimates, standard errors and convergence t-ratios
```

	Estimate	Standard Error	Convergence t-ratio

```
Rate parameters:
  0.1   Rate parameter period 1      11.3290   ( 1.0501 )
  0.2   Rate parameter period 2      18.6779   ( 2.3213 )

Other parameters:
  1. eval outdegree (density)        -4.7639   ( 10.1318 )        0.0181
  2. eval reciprocity                 1.6420   ( 1.0326 )        -0.0674
  3. eval GWESP I -> K -> J (69)      3.0776   ( 13.6758 )       -0.1654
  4. eval GWESP I -> K <- J (69)     -8.3535   ( 6.1851 )         0.4934
  5. eval GWESP I <- K -> J (69)      7.2090   ( 16.2785 )       -0.4647

Overall maximum convergence ratio:   8.1112

Total of 2620 iteration steps.
```

출력결과 하단의 '통합 최대수렴비율' 값이 8을 넘은 것에서 확인할 수 있듯이 SIENA1, 즉 saom_evolve1에서의 추정결과는 매우 적절하지 않습니다. 아울러 새로 투입한 세 추정항의 수렴 t비율 역시도 부적절합니다. 여기서 필자는 RSiena 패키지 개발자들의 권유에 따라 saom_evolve1의 모형 추정과정을 추가로 연장하였습니다. 방법은 다음과 같습니다. seina07() 함수에는 prevAns라는 옵션이 있는데, 이 옵션은 이전 추정결과를 연이어 한 번 더 추정할 때 사용합니다. 즉 아래와 같이 saom_evolve1을 한 번 더 진행한 saom_evolve1a를 얻었습니다.

```
> # convergence ratio가 매우 좋지 않음. 다시 한 번 실시
> set.seed(20230501)
> stime <- Sys.time()
> saom_evolve1a <- siena07(myalgo_evolve,data=mydata,
+               effects=myeff_ev_1,prevAns=saom_evolve1)
> etime <- Sys.time()
> (esttime_evolve1a <- etime-stime)
Time difference of 1.029377 mins
> saom_evolve1a
Estimates, standard errors and convergence t-ratios

                            Estimate    Standard    Convergence
                                          Error       t-ratio

Rate parameters:
```

0.1	Rate parameter period 1	10.6820	(0.9969)	
0.2	Rate parameter period 2	17.5660	(2.2532)	

Other parameters:

1.	eval outdegree (density)	−6.3009	(26.4641)	−0.0260
2.	eval reciprocity	1.9183	(1.1489)	−0.0506
3.	eval GWESP I -> K -> J (69)	4.9634	(14.2810	−0.0900
4.	eval GWESP I -> K <- J (69)	−22.5124	(29.6029)	0.6019
5.	eval GWESP I <- K -> J (69)	20.2203	(9.7870)	−0.6151

Overall maximum convergence ratio: 9.2131

Total of 2570 iteration steps.

이전 추정결과를 한 번 더 진행하였음에도 불구하고 상황이 전혀 나아지지 않았습니다. 상황이 개선될 것 같다면 추정과정을 다시 한 번 연장하는 것도 고려할 만하지만, 적어도 현재 단계에서는 그럴 필요가 없을 것 같습니다. 사실 필자가 한 번 더 추정해보았지만(결과는 제시하지 않았음), 수렴도 지표들은 여전히 좋지 않았습니다. 이런 경우는 모형을 재지정하는 것이 가장 적절합니다. 추가된 3가지 추정항의 수렴 t비율에서 잘 나타나듯이 추정결과가 불안합니다. 아울러 saom_evolve1과 saom_evolve1a에서 나타난 이들 추정항의 모수추정치와 표준오차 역시 통계적으로 유의미하다고 보기는 어렵습니다. 이에 필자는 적어도 현재의 데이터에서 gwespFF, gwespFB, gwespBF의 세 추정항은 설명력이 없다고 보고 고려대상에서 제외하기로 결정하였습니다.

이제 SIENA2 모형을 추정해봅시다. 다음과 같이 시간불변 공변량 2개와 관련된 6개의 추정항을 추가하였습니다. 앞서 gwespFF, gwespFB, gwespBF의 세 추정항은 설명력이 없다고 가정하였기 때문에, includeEffects() 함수에는 SIENA0 모형을 기준으로 시간불변 공변량 관련 추정항들을 추가하였습니다. 여기서 egoX는 노드수준 공변량의 발신효과, altX는 노드수준 공변량의 수신효과를 의미합니다. absDiffX는 연속형 변수로 입력된 양자관계 공변량으로, 두 노드 간 공변량 차이의 절댓값의 효과를 추정할 때 ergm 패키지의 absdiff()와 동일합니다. sameX는 범주형 변수로 입력된 양자관계 공변량으로, 두 노드 간 수준(level)이 동등한지 여부에 따른 효과를 측정할 때 사용합니다.

```
> # 모형2: 시간고정 공변량 투입, 발신노드 특성, 송신노드 특성, 상호유사성 측정 양자관계 특성
> # ti_cite 관련
> myeff_ev_2 <- includeEffects(myeff_ev_0,egoX,altX,absDiffX,interaction1="ti_cite")
  effectName                     include    fix     test    initialValue  parm
1 ti_cite alter                    TRUE    FALSE   FALSE              0   0
2 ti_cite ego                      TRUE    FALSE   FALSE              0   0
3 ti_cite abs. difference          TRUE    FALSE   FALSE              0   0
> # ti_noss 관련
> (myeff_ev_2 <- includeEffects(myeff_ev_2,egoX,altX,sameX,interaction1="ti_noss"))
  effectName                     include    fix     test    initialValue  parm
1 ti_noss alter TRUE               FALSE   FALSE       0              0
2 ti_noss ego                      TRUE    FALSE   FALSE              0   0
3 same ti_noss                     TRUE    FALSE   FALSE              0   0
   effectName                            include    fix     test    initialValue   parm
1  constant siena_dep rate (period 1)      TRUE    FALSE   FALSE        15.66808     0
2  constant siena_dep rate (period 2)      TRUE    FALSE   FALSE        20.37301     0
3  outdegree (density)                     TRUE    FALSE   FALSE        -0.10641     0
4  reciprocity                             TRUE    FALSE   FALSE         0.00000     0
5  ti_cite alter                           TRUE    FALSE   FALSE         0.00000     0
6  ti_cite ego                             TRUE    FALSE   FALSE         0.00000     0
7  ti_cite abs. difference                 TRUE    FALSE   FALSE         0.00000     0
8  ti_noss alter                           TRUE    FALSE   FALSE         0.00000     0
9  ti_noss ego                             TRUE    FALSE   FALSE         0.00000     0
10 same ti_noss                            TRUE    FALSE   FALSE         0.00000     0
```

이제 시간불변 공변량 데이터를 활용한 SIENA2 모형을 추정해봅시다. 추정결과는 아래와 같습니다.

```
> stime <- Sys.time()
> set.seed(20230501)
> saom_evolve2 <- siena07(myalgo_evolve,data=mydata,effects=myeff_ev_2)
> etime <- Sys.time()
> (esttime_evolve1a <- etime-stime)
Time difference of 1.029377 mins
> saom_evolve2
Estimates, standard errors and convergence t-ratios
```

		Estimate	Standard Error	Convergence t-ratio
Rate parameters:				
0.1	Rate parameter period 1	14.3204	(1.4467)	
0.2	Rate parameter period 2	23.2170	(2.5577)	

```
Other parameters:
  1. eval outdegree (density)          -0.7310    ( 0.1003 )          0.0205
  2. eval reciprocity                   1.5210      0.0979 )          0.0176
  3. eval ti_cite alter                 0.0053    ( 0.0020 )         -0.0118
  4. eval ti_cite ego                  -0.0103    ( 0.0022 )          0.0908
  5. eval ti_cite abs. difference      -0.0035    ( 0.0022 )          0.0532
  6. eval ti_noss alter                -0.1431    ( 0.0945 )         -0.0044
  7. eval ti_noss ego                   0.1427    ( 0.1011 )         -0.0133
  8. eval same ti_noss                 -0.0667    ( 0.0848 )          0.0077

Overall maximum convergence ratio:   0.1356

Total of 2744 iteration steps.
```

추정된 SIENA2 모형의 경우 수렴 t비율이 모두 0.10을 넘지 않았고, 통합 최대수렴비율 역시 0.20을 넘지 않았습니다. 즉 SIENA2 모형 추정결과에 별문제가 없다고 볼 수 있습니다. 모형 추정결과에 큰 문제가 없으니, 이제 추정결과를 보다 깔끔하게 확인해봅시다. siena.table() 함수를 활용하면, SIENA 모형 추정결과를 HTML 형식 혹은 Latex 형식으로 저장할 수 있습니다. SIENA2 모형 추정결과를 HTML 형식으로 저장하고, 모수 추정결과에 대한 통계적 유의도 테스트 결과를 확인하기 위해 sig 옵션을 TRUE로 설정하였습니다. [그림 13-4]와 같은 형식의 HTML 파일로 저장된 것을 확인해보기 바랍니다.

```
> siena.table(saom_evolve2,type="html",sig=TRUE)
Results for saom_evolve2 written to saom_evolve2.html .
```

Effect	par.	(s.e.)
Rate 1	14.320	(1.447)
Rate 2	23.217	(2.558)
outdegree (density)	-0.731***	(0.100)
reciprocity	1.521***	(0.098)
ti-cite alter	0.005**	(0.002)
ti-cite ego	-0.010***	(0.002)
ti-cite abs. difference	-0.004	(0.002)
ti-noss alter	-0.143	(0.094)
ti-noss ego	0.143	(0.101)
same ti-noss	-0.067	(0.085)

† p < 0.1; * p < 0.05; ** p < 0.01; *** p < 0.001;
all convergence t ratios < 0.1.
Overall maximum convergence ratio 0.14.

그림 13-4

추정결과에 대한 해석은 ERGM에 대한 해석과 본질적으로 동일합니다. 즉 상대 행위자(alter)의 피인용수가 높을수록 행위자는 외향링크를 적극적으로 생성하지만($b = 0.005$, $p < .01$), 행위자 자신의 피인용수가 높을수록 외향링크를 적극적으로 생성하지 않는 경향을 확인할 수 있습니다($b = -0.010$, $p < .001$).

아울러 만약 개별 추정항의 효과가 아니라 여러 추정항의 효과를 통합하여 살펴보고자 한다면, `Multipar.RSiena()` 함수가 매우 유용합니다. 예를 들어 피인용수 공변량과 관련된 3개 추정항의 효과에 대한 통계적 유의도 테스트는 다음과 같습니다. 아래와 같이 SIENA 모형 출력결과의 추정항 번호를 범위 형태로 지정하면 됩니다.

```
> Multipar.RSiena(saom_evolve2,3:5) # 피인용수 공변량 관련 추정항 3개
Tested effects:
 ti_cite alter
 ti_cite ego
 ti_cite abs. difference
chi-squared = 52.85, d.f. = 3; p < 0.001.
```

당연한 이야기이지만, 연구목적에 맞도록 범위를 다르게 지정할 수도 있습니다.

```
> Multipar.RSiena(saom_evolve2,6:8) # 소속분과가 사회과학 분야인지 여부 공변량 관련 추정항 3개
Tested effects:
 ti_noss alter
 ti_noss ego
 same ti_noss
chi-squared = 5.09, d.f. = 3; p = 0.165.
> Multipar.RSiena(saom_evolve2,3:8) # 3가지 공변량 관련 추정항 6개
Tested effects:
 ti_cite alter
 ti_cite ego
 ti_cite abs. difference
 ti_noss alter
 ti_noss ego
 same ti_noss
chi-squared = 58.49, d.f. = 6; p < 0.001.
```

다음으로 시간불변 공변량에 따라 측정시점 간 네트워크 변화 비율이 달라지는지를 살펴본 SIENA3 모형을 테스트해보겠습니다. 공변량과 비율함수의 모수 추정항 사이의

상호작용효과항은 아래와 같이 includeEffects() 함수의 type 옵션에 **"rate"**를 지정하고 RateX를 설정한 후, 상호작용 효과항에 포함되는 공변량의 이름을 지정하는 방식으로 생성할 수 있습니다.

```
> # 모형3: 공변량 수준에 따른 변화 모수의 변화 테스트
> myeff_ev_3 <- includeEffects(myeff_ev_2,type="rate",RateX,interaction1="ti_cite")
  effectName              include   fix    test   initialValue   parm
1 effect ti_cite on rate   TRUE    FALSE  FALSE              0      0
> (myeff_ev_3 <- includeEffects(myeff_ev_3,type="rate",RateX,interaction1="ti_noss"))
  effectName              include   fix    test   initialValue   parm
1 effect ti_noss on rate   TRUE    FALSE  FALSE              0      0
```

	effectName	include	fix	test	initialValue	parm
1	constant siena_dep rate (period 1)	TRUE	FALSE	FALSE	15.66808	0
2	constant siena_dep rate (period 2)	TRUE	FALSE	FALSE	20.37301	0
3	effect ti_cite on rate	TRUE	FALSE	FALSE	0.00000	0
4	effect ti_noss on rate	TRUE	FALSE	FALSE	0.00000	0
5	outdegree (density)	TRUE	FALSE	FALSE	-0.10641	0
6	reciprocity	TRUE	FALSE	FALSE	0.00000	0
7	ti_cite alter	TRUE	FALSE	FALSE	0.00000	0
8	ti_cite ego	TRUE	FALSE	FALSE	0.00000	0
9	ti_cite abs. difference	TRUE	FALSE	FALSE	0.00000	0
10	ti_noss alter	TRUE	FALSE	FALSE	0.00000	0
11	ti_noss ego	TRUE	FALSE	FALSE	0.00000	0
12	same ti_noss	TRUE	FALSE	FALSE	0.00000	0

이제 SIENA3 모형을 추정해봅시다. 추정하는 방법 자체는 앞에서 몇 차례 반복한 만큼 어렵지 않게 이해할 수 있을 것입니다. 추정결과는 아래와 같습니다.

```
> stime <- Sys.time()
> set.seed(20230501)
> saom_evolve3 <- siena07(myalgo_evolve,data=mydata,effects=myeff_ev_3)
> etime <- Sys.time()
> (esttime_evolve3 <- etime-stime)
Time difference of 4.111865 mins
> saom_evolve3
Estimates, standard errors and convergence t-ratios
```

	Estimate	Standard Error	Convergence t-ratio

Rate parameters:
  0.1   Rate parameter period 1   15.6551 (1.6158)
  0.2   Rate parameter period 2   25.5306 (2.8059)

Other parameters:

	Estimate	(Std. Error)	Convergence
1. rate effect ti_cite on rate	0.0128	(0.0140)	0.1229
2. rate effect ti_noss on rate	0.1409	(0.2462)	-0.0195
3. eval outdegree (density)	-0.7606	(0.0904)	-0.1042
4. eval reciprocity	1.5310	(0.1150)	-0.0899
5. eval ti_cite alter	0.0048	(0.0020)	0.0373
6. eval ti_cite ego	-0.0113	(0.0021)	0.0643
7. eval ti_cite abs. difference	-0.0029	(0.0023)	-0.0385
8. eval ti_noss alter	-0.1325	(0.0982)	0.0131
9. eval ti_noss ego	0.1451	(0.1137)	-0.0107
10. eval same ti_noss	-0.0639	(0.1032)	-0.0712

Overall maximum convergence ratio: 0.1789

Total of 2926 iteration steps.

추정된 SIENA3 모형의 경우, 통합 최대수렴비율은 0.20을 넘지 않았지만 수렴 t비율은 rate effect ti_cite on rate에서 0.10을 약간 넘는 결과가 나타났습니다. 전반적으로 큰 문제는 없다고 볼 수 있지만, 여기서는 보다 좋은 모형 추정 수렴결과를 얻기 위해 아래와 같이 한 번 더 추정과정을 밟았습니다.


```
> stime <- Sys.time()
> set.seed(20230501)
> saom_evolve3a <- siena07(myalgo_evolve,data=mydata,
+                effects=myeff_ev_3,prevAns=saom_evolve3)
> etime <- Sys.time()
> (esttime_evolve3a <- etime-stime)
Time difference of 4.142395 mins
> saom_evolve3a
Estimates, standard errors and convergence t-ratios
```

	Estimate	Standard Error	Convergence t-ratio

Rate parameters:
  0.1   Rate parameter period 1   15.6003 (1.5055)

```
  0.2    Rate parameter period 2         25.5979    ( 2.8265 )

Other parameters:
  1. rate effect ti_cite on rate         0.0119    ( 0.0097 )          0.0166
  2. rate effect ti_noss on rate         0.1298    ( 0.2297 )          0.0232
  3. eval outdegree (density)           -0.7550    ( 0.0992 )          0.0343
  4. eval reciprocity                    1.5294    ( 0.1330 )          0.0502
  5. eval ti_cite alter                  0.0050    ( 0.0022 )          0.0028
  6. eval ti_cite ego                   -0.0113    ( 0.0020 )         -0.0223
  7. eval ti_cite abs. difference       -0.0030    ( 0.0022 )         -0.0085
  8. eval ti_noss alter                 -0.1308    ( 0.0948 )          0.0117
  9. eval ti_noss ego                    0.1412    ( 0.1308 )         -0.0215
 10. eval same ti_noss                  -0.0637    ( 0.0842 )          0.0260

Overall maximum convergence ratio:    0.1109

Total of 2876 iteration steps.
```

재추정된 SIENA3 모형의 경우 수렴결과에 별문제가 없다는 것을 발견하였습니다. 그러나 시간불변 공변량과 시점에 따른 변화비율 모수 사이에는 통계적으로 뚜렷한 상호작용효과가 발견되지 않았습니다. 다시 말해 네트워크 변화과정은 행위자의 피인용지수 혹은 소속분과 수준에 따라 별다른 차이를 보이지 않는다고 해석할 수 있습니다.

끝으로, 시간변이 공변량 관련 추정항들을 추가로 투입한 SIENA4 모형을 설정한 후 추정해보겠습니다. includeEffects() 함수의 simX는 양자관계인 두 노드의 유사도를 의미합니다. 시간변이 공변량의 경우, 출력결과에서 확인할 수 있듯이 모형 추정에 소요된 시간이 약 21분으로 꽤 깁니다.

```
> # 모형4: 시간변이 공변량 투입
> (myeff_ev_4 <- includeEffects(myeff_ev_2,egoX,altX,simX,interaction1="tv_score"))
  effectName             include    fix    test    initialValue    parm
1 tv_score alter           TRUE    FALSE   FALSE              0       0
2 tv_score ego             TRUE    FALSE   FALSE              0       0
3 tv_score similarity      TRUE    FALSE   FALSE              0       0
  effectName                          include    fix    test    initialValue    parm
1 constant siena_dep rate (period 1)     TRUE   FALSE   FALSE       15.66808       0
2 constant siena_dep rate (period 2)     TRUE   FALSE   FALSE       20.37301       0
3 outdegree (density)                    TRUE   FALSE   FALSE       -0.10641       0
```

4 reciprocity	TRUE	FALSE	FALSE	0.00000	0
5 ti_cite alter	TRUE	FALSE	FALSE	0.00000	0
6 ti_cite ego	TRUE	FALSE	FALSE	0.00000	0
7 ti_cite abs. difference	TRUE	FALSE	FALSE	0.00000	0
8 ti_noss alter	TRUE	FALSE	FALSE	0.00000	0
9 ti_noss ego	TRUE	FALSE	FALSE	0.00000	0
10 same ti_noss	TRUE	FALSE	FALSE	0.00000	0
11 tv_score alter	TRUE	FALSE	FALSE	0.00000	0
12 tv_score ego	TRUE	FALSE	FALSE	0.00000	0
13 tv_score similarity	TRUE	FALSE	FALSE	0.00000	0

```
> stime <- Sys.time()
> set.seed(20230501)
> saom_evolve4 <- siena07(myalgo_evolve,data=mydata,effects=myeff_ev_4)
> etime <- Sys.time()
> (esttime_evolve4 <- etime-stime)
Time difference of 20.8229 mins
> saom_evolve4
```

Estimates, standard errors and convergence t-ratios

	Estimate	Standard Error	Convergence t-ratio
Rate parameters:			
0.1 Rate parameter period 1	25.3955	(4.1253)	
0.2 Rate parameter period 2	102.3291	(48.7414)	
Other parameters:			
1. eval outdegree (density)	−0.7547	(0.0875)	0.0138
2. eval reciprocity	1.4849	(0.1120)	0.0055
3. eval ti_cite alter	0.0044	(0.0017)	0.0097
4. eval ti_cite ego	−0.0054	(0.0019)	−0.1049
5. eval ti_cite abs. difference	−0.0024	(0.0018)	0.0190
6. eval ti_noss alter	−0.1451	(0.0806)	0.0783
7. eval ti_noss ego	0.0654	(0.0813)	−0.0360
8. eval same ti_noss	−0.0525	(0.0629)	0.0258
9. eval tv_score alter	0.0053	(0.0029)	0.0286
10. eval tv_score ego	0.0368	(0.0030)	−0.0098
11. eval tv_score similarity	−0.0693	(0.1313)	−0.0326

Overall maximum convergence ratio: 0.1866

Total of 2885 iteration steps.

추정된 SIENA4 모형의 경우, 통합 최대수렴비율은 0.20을 넘지 않았으며 수렴 t비율은 eval ti_cite ego에서 0.10을 미미하게 넘는 결과가 나타났습니다. 일단 필자가 보았을 때는 SIENA4 모형 추정결과에 별문제가 없는 듯합니다. 여기서 필자는 연습 삼아 siena07() 함수에서 prevAns 옵션을 활용하는 방식으로 다시 한 번 추정을 해보았습니다. 그 결과 아래와 같이 통합 최대수렴비율과 수렴 t비율들이 더할 나위 없이 좋은 것을 확인하였습니다.

```
> stime <- Sys.time()
> set.seed(20230501)
> saom_evolve4a <- siena07(myalgo_evolve,data=mydata,
+               effects=myeff_ev_3,prevAns=saom_evolve4)
> etime <- Sys.time()
> (esttime_evolve4a <- etime-stime)
Time difference of 26.07648 mins
> saom_evolve4a
Estimates, standard errors and convergence t-ratios
```

	Estimate	Standard Error	Convergence t-ratio
Rate parameters:			
0.1 Rate parameter period 1	25.4053	(4.4130)	
0.2 Rate parameter period 2	100.0872	(47.6760)	
Other parameters:			
1. eval outdegree (density)	−0.7525	(0.0946)	0.0356
2. eval reciprocity	1.4900	(0.1233)	−0.0051
3. eval ti_cite alter	0.0044	(0.0018)	−0.0237
4. eval ti_cite ego	−0.0053	(0.0018)	−0.0063
5. eval ti_cite abs. difference	−0.0025	(0.0017)	0.0020
6. eval ti_noss alter	−0.1499	(0.0828)	0.0157
7. eval ti_noss ego	0.0642	(0.0821)	−0.0595
8. eval same ti_noss	−0.0575	(0.0723)	0.0164
9. eval tv_score alter	0.0050	(0.0033)	−0.0113
10. eval tv_score ego	0.0369	(0.0028)	−0.0023
11. eval tv_score similarity	−0.0712	(0.1262)	−0.0206

```
Overall maximum convergence ratio:  0.1486

Total of 2957 iteration steps.
```

SIENA4 모형 추정결과에 문제가 없다고 생각되면, 앞에서와 마찬가지로 siena.table() 함수를 통해 추정모수에 대한 통계적 유의도 테스트결과를 확인해보기 바랍니다(여기서는 분량 조절을 위해 별도 제시하지 않았습니다). 여기서는 'tv_score ego' 추정항만이 통계적으로 유의미한 것을 발견할 수 있습니다($b = .037$, $p < .001$). 즉 현재 시뮬레이션된 시계열 네트워크 데이터의 경우, 각 측정시점에서의 만족도가 높았던 행위자일수록 링크를 새로이 형성할 가능성이 더 높다고 해석할 수 있습니다. 아울러 Multipar.RSiena() 함수를 통해 시간변이 공변량과 관련된 3개 추정항의 효과를 다음과 같이 추정할 수도 있습니다.

```
> siena.table(saom_evolve3a,type="html",sig=TRUE)
Results for saom_evolve3a written to saom_evolve3a.html .
> Multipar.RSiena(saom_evolve3a,9:11)
Tested effects:
tv_score alter
tv_score ego
tv_score similarity
chi-squared = 236.17, d.f. = 3; p < 0.001.
```

추정된 SIENA 모형들을 정리하여 제시하면 [표 13-1]과 같습니다.[9] [표 13-1]의 결과를 살펴보면 반복측정된 네트워크 변화모형에 대해 다음과 같은 내용들을 추정할 수 있습니다. 첫째, 전반적으로 네트워크를 구성하는 행위자는 상대가 링크를 생성하면 자신도 링크를 생성할 확률이 높은 것을 발견할 수 있습니다(SIENA0 모형부터 SIENA4 모형까지 모두). 둘째, 세 차례 측정된 네트워크들의 변화는 행위자(노드)의 특성과는 무관하게 변하는 것을 확인할 수 있습니다(SIENA3 모형 추정결과). 셋째, 전반적으로 네트워크를 구성하는 행위자의 피인용수가 높을수록 링크를 생성하는 데 적극적이지는 않지만, 상대 행위자의 피인용수가 높으면 링크를 생성하는 데 적극적인 것을 알 수 있습니다(SIENA0 모형부터 SIENA4 모형까지 모두). 넷째, 측정시점별 네트워크 구성 행위자의 만족도가 높은 행위자일수록 링크를 생성하는 데 적극적인 모습을 보이고 있습니다(SIENA4 모형까지 모두).

SIENA 모형의 추정결과를 구체적으로 해석하는 것은 생각보다 어렵습니다. 그 이유는 ERGM에서와 동일합니다. GLM과 같은 통상적인 데이터 분석의 경우에는 특정 모수

추정치를 해석할 때 다른 모수추정치를 비교적 손쉽게 통제할 수 있지만, '관계성'을 특징으로 하는 네트워크 데이터의 경우에는 개별 모수추정치에 대하여 구체적으로 해석하기가 매우 어렵기 때문입니다. 만약 최종 추정된 SIENA 모형에서 얻은 모수추정치에 대한 구체적 해석을 원한다면, 매우 구체적인 상황 2가지를 가정한 뒤 그 2가지 상황에서 나타나는 확률값의 변화를 제시하는 방식을 택할 수도 있습니다. 하지만 그렇다고 해도 해석의 과정이 여전히 번거롭다는 것은 변하지 않습니다(12장 ERGM 추정결과에서 이와 관련된 사례를 제시한 바 있으니 참조하기 바랍니다).

---

9 HTML 형식의 표를 rvest 패키지 함수들을 통해 R에서 읽어내고 정리한 후, 추정결과들을 비교하는 방법을 택하였습니다. 아래를 참조하기 바랍니다.

```
> #비교표 생성
> mysaom_wrapper <- function(mysaom){
+ str_c(mysaom,".html")
+ mytab <- rvest::read_html(str_c(mysaom,".html")) %>%
+   rvest::html_table(header=TRUE)
+ mytab <- mytab[[1]][,1:4]
+ names(mytab) <- c("source",str_c("estse",1:3))
+ mytab <- mytab %>%
+   mutate(
+     estse2=ifelse(estse2=="\u0086","",estse2),
+     estse=str_c(estse1,estse2,"\n",estse3)
+   ) %>% select(source,estse) %>%
+   filter(estse!="\n")
+ return(mytab)
+ }
>
> bind_rows(
+ mysaom_wrapper("saom_evolve0") %>% mutate(mdlname=0),
+ mysaom_wrapper("saom_evolve2") %>% mutate(mdlname=2),
+ mysaom_wrapper("saom_evolve3a") %>% mutate(mdlname=3),
+ mysaom_wrapper("saom_evolve4a") %>% mutate(mdlname=4)
+ ) %>%
+ mutate(
+ mdlname=str_c("SIENA",mdlname)
+ ) %>%
+ pivot_wider(names_from="mdlname",values_from="estse")
```

[표 13-1] 네트워크 진화 SIENA 모형들 추정결과 비교

	SIENA0	SIENA2	SIENA3	SIENA4
전환비율				
Rate 1	13.563 (1.269)	14.320 (1.447)	15.600 (1.506)	25.405 (4.413)
Rate 2	21.031 (2.112)	23.217 (2.558)	25.598 (2.826)	100.087 (47.676)
네트워크 구조적 특성				
outdegree (density)	−0.797*** (0.053)	−0.731*** (0.100)	−0.755*** (0.099)	−0.752*** (0.095)
reciprocity	1.414*** (0.085)	1.521*** (0.098)	1.529*** (0.133)	1.490*** (0.123)
시간불변 공변량				
ti-cite alter		0.005** (0.002)	0.005* (0.002)	0.004* (0.002)
ti-cite ego		−0.010*** (0.002)	−0.011*** (0.002)	−0.005** (0.002)
ti-cite abs. difference		−0.004 (0.002)	−0.003 (0.002)	−0.003 (0.002)
ti-noss alter		−0.143 (0.094)	−0.131 (0.095)	−0.150 (0.083)
ti-noss ego		0.143 (0.101)	0.141 (0.131)	0.064 (0.082)
same ti-noss		−0.067 (0.085)	−0.064 (0.084)	−0.057 (0.072)
시간불변 공변량이 전환비율에 미치는 효과				
effect ti-cite on rate			0.012 (0.010)	0.012 (0.010)
effect ti-noss on rate			0.130 (0.230)	0.130 (0.230)
시간변이 공변량				
tv-score alter				0.005 (0.003)
tv-score ego				0.037*** (0.003)
tv-score similarity				−0.071 (0.126)
모형 수렴 진단치				
통합 최대수렴비율 (Overall maximum convergence ratio)	0.380	0.136	0.111	0.149
추정치의 수렴 t비율 (Convergence t-ratio) 최댓값(절댓값)	0.026	0.091	0.050	0.060

알림. $^*p < .05$, $^{**}p < .01$, $^{***}p < .001$.

③ 네트워크-개인행동 공진화 SIENA 모형

다음으로 네트워크-개인행동 공진화 SIENA 모형을 추정해보겠습니다. 네트워크-개인 행동 공진화 SIENA 모형의 추정과정은 앞서 살펴본 네트워크 진화 SIENA 모형에 비해 조금 더 복잡하지만 본질적으로는 동일합니다. 즉 데이터를 준비하고, 모형을 구성하며, 알고리즘을 설정하고, 모형을 추정(모형수렴 결과에 따라 재추정)한 후, 결과를 해석하는 5단계는 동일합니다. 네트워크 진화 SIENA 모형과 마찬가지로, 네트워크-개인행동 공진 화 SIENA 모형 역시 이 과정에 따라 소개하겠습니다.

3-1 데이터 준비 단계

앞에서 네트워크 진화 SIENA 모형에 투입되는 '네트워크 데이터'를 반드시 지정하여야 하 며, '(시간불변 및 시간변이) 공변량 데이터'는 연구설계와 목적에 따라 추가할 수 있다고 하 였습니다. 그러나 네트워크-개인행동 공진화 SIENA 모형에서는 '네트워크 데이터'뿐만 아 니라 '행동 데이터' 역시 반드시 지정하여야 합니다. 필자는 앞서 네트워크 진화 SIENA 모 형에서 세 차례 반복측정된 score1, score2, score3 변수를 시간변이 공변량으로 지정 하였습니다. 그러나 네트워크-개인행동 공진화 SIENA 모형에서는 반복측정된 score1, score2, score3 변수를 '행동 데이터'로 설정하였습니다. 끝으로 ti_cite와 ti_noss의 두 변수는 시간불변 공변량 데이터로 설정하였습니다.

먼저 네트워크-개인행동 공진화 SIENA 모형에 투입될 '행동 데이터'와 '네트워크 데 이터' 2가지를 종속변수로 지정하는 방법은 아래와 같습니다. sienaDependent() 함 수에서 allowOnly 옵션을 FALSE로 적용한 것은 앞서 지정한 SIENA 모형 종속변수인 net에 beh를 추가한다는 의미입니다.

```
> # Coevolution of network-individual behavior
> # 네트워크 데이터 정의
> net <- sienaDependent(net3)
> # 행동 데이터 정의
> beh <- sienaDependent(tv_score,type="behavior",allowOnly=FALSE)
```

여기에 시간불변 공변량 데이터를 더하여 네트워크-개인행동 공진화 SIENA 모형에 투입할 데이터를 통합하면 아래와 같습니다. 출력결과를 통해 net와 beh, 총 2개의 종속 변수가 설정된 것을 확인할 수 있습니다.

```
> #네트워크 데이터와 행동 데이터, 공변량 데이터
> mydata <- sienaDataCreate(net,beh,ti_cite,ti_noss)
> mydata
Dependent variables: net, beh
Number of observations: 3

Nodeset                Actors
Number of nodes          32

Dependent variable net
Type                   oneMode
Observations           3
Nodeset                Actors
Densities              0.44 0.45 0.45

Dependent variable beh
Type                   behavior
Observations           3
Nodeset                Actors
Range                  6.999 - 63.34

Constant covariates: ti_cite, ti_noss
```

3-2 추정항 설정 단계

두 번째 단계는 네트워크-개인행동 공진화 SIENA 모형에 투입할 추정항들이 무엇인지 확인하고, 추정항들을 설정하는 단계입니다. 앞서 살펴본 네트워크 진화 SIENA 모형과 본질적으로는 동일하지만, 네트워크-개인행동 공진화 SIENA 모형의 경우 시간에 따른 네트워크 변화와 함께 개인행동의 변화도 같이 다룬다는 점이 다릅니다. 즉 종속변수가 2개이며, 그에 따라 '비율함수(rate function)'와 '평가함수(evaluation function)'를 각각 추정합니다. 다시 말해 네트워크-개인행동 공진화 SIENA 모형에 투입하는 추정항의 개수는 앞서 다룬 네트워크 진화 SIENA 모형에 비해 훨씬 더 많습니다.

예시 데이터에 대해 추정할 수 있는 SIENA 모형 추정항의 개수를 effects Documentation() 함수를 통해 살펴봅시다. HTML 파일을 보면 추정항 개수가 너무 많아 결과를 모두 제시하기 어렵다는 것을 알 수 있습니다. [그림 13-5]는 effects Documentation() 함수 출력결과의 일부를 제시한 것입니다.

```
> # 모형0: 기저모형
> (myeff_beh_0 <- getEffects(mydata))
  name effectName                    include   fix    test    initialValue  parm
1 net  constant net rate (period 1)  TRUE    FALSE  FALSE       15.66808      0
2 net  constant net rate (period 2)  TRUE    FALSE  FALSE       20.37301      0
3 net  outdegree (density)           TRUE    FALSE  FALSE       -0.10641      0
4 net  reciprocity                   TRUE    FALSE  FALSE        0.00000      0
5 beh  rate beh (period 1)           TRUE    FALSE  FALSE       61.53125      0
6 beh  rate beh (period 2)           TRUE    FALSE  FALSE      163.70565      0
7 beh  beh linear shape              TRUE    FALSE  FALSE       -0.00183      0
8 beh  beh quadratic shape           TRUE    FALSE  FALSE        0.00000      0
> effectsDocumentation(myeff_beh_0,filename="effects_evolution_behavior")
```

row	name	effectName	shortName	type	inter1	inter2	parm	interactionType
1	net	constant net rate (period 1)	Rate	rate			0	
2	net	constant net rate (period 2)	Rate	rate			0	
3	net	outdegree effect on rate net	outRate	rate			0	
4	net	indegree effect on rate net	inRate	rate			0	
5	net	reciprocity effect on rate net	recipRate	rate			0	
6	net	effect 1/outdegree on rate net	outRateInv	rate			0	
7	net	effect ln(outdegree+1) on rate net	outRateLog	rate			1	
8	net	effect 1/indegree on rate net	inRateInv	rate			0	
9	net	effect ln(indegree+1) on rate net	inRateLog	rate			1	
10	net	effect 1/reciprocity on rate net	recipRateInv	rate			0	
11	net	effect ln(reciprocity+1) on rate net	recipRateLog	rate			1	
12	net	effect ti_cite on rate	RateX	rate	ti_cite		0	
13	net	effect ti_noss on rate	RateX	rate	ti_noss		0	
14	net	effect beh on rate	RateX	rate	beh		0	
15	net	outdegree (density)	density	eval			0	dyadic

분량문제로 중간 부분 결과를 제시하지 않았음

738	net	from net agr. weighted by net ind	from.w.ind	creation	net	net	1	dyadic
739	beh	rate beh (period 1)	Rate	rate			0	
740	beh	rate beh (period 2)	Rate	rate			0	
741	beh	outdegree effect on rate beh	outRate	rate	net		0	
742	beh	indegree effect on rate beh	inRate	rate	net		0	
743	beh	reciprocated effect on rate beh	recipRate	rate	net		0	

그림 13-5

현재 예시 데이터를 대상으로 네트워크-개인행동 공진화 SIENA 모형을 추정할 때 약 1,000개에 달하는 추정항들을 고려할 수 있습니다.[10] 따라서 여기서는 몇몇 추정항만을 소개하겠습니다.

출력결과를 보다 자세하게 살펴봅시다. effectsDocumentation() 함수 출력결과에서 확인할 수 있듯이 네트워크-개인행동 공진화 SIENA 모형이 네트워크 진화 SIENA 모형과 다른 점은 name의 값이 net, beh 2가지라는 점입니다(참고로 네트워크 진화 모형의 경우 name이 아예 제시되지 않았습니다). 즉 나중에 추정항을 투입할 때 원하는 모수가 어떤 유형의 종속변수와 관련된 것인가 알고 있어야 하며, includeEffects() 함수를 활용할 때 name을 별도 지정해줄 필요가 있습니다. 먼저 net으로 시작되는 추정항들은 네트워크 진화 기저모형에서 살펴본 4개의 추정항과 동일합니다. 다음으로 beh로 시작되는 추정항들 역시 4개입니다. rate beh (period 1)과 rate beh (period 2)는 각각 첫 번째 시점에서 두 번째 시점으로 변할 때의 행동변화 비율, 두 번째 시점에서 세 번째 시점으로 변할 때의 행동변화 비율을 의미합니다. 7번 8번 추정항은 행위자 행동의 일차항과 이차항을 의미합니다(현재의 mydata는 세 차례 반복측정되었기 때문에 이차항까지만 고려하며, 측정시점이 늘어날 경우 고차항을 고려해야 할 수 있습니다).

네트워크-개인행동 공진화 SIENA 기저모형을 토대로 3개의 모형을 추가하였습니다.

- **공진화-SIENA0**: 기저모형
- **공진화-SIENA1**: 공진화-SIENA0 모형에 시간불변 공변량의 효과를 추가 추정함. 구체적으로 노드수준 변수 ti_cite의 외향연결성(egoX), 내향연결성(altX), 피인용횟수 격차(absDiffX) 공변량 추정항과 함께 노드수준 변수 ti_oss의 외향연결성(egoX), 내향연결성(altX), ti_oss 변수의 수준 동일성 여부(sameX) 공변량 추정항을 추가 투입함.
- **공진화-SIENA2**: 공진화-SIENA1 모형에 네트워크의 노드 주변 다른 노드의 내향연결도(indeg), 외향연결도(outdeg)가 개인행동 변화에 미치는 효과를 추가 투입함.

---

10 여기에 보고된 추정항 개수는 비율함수나 평가함수가 아닌 다른 함수들의 추정항 역시 포함한 것입니다. 구체적으로 추정항 개수를 밝히면 다음과 같습니다. 앞에서 살펴본 네트워크 진화 SIENA 모형의 경우 비율함수의 추정항 개수가 14개, 평가함수의 추정항 개수가 248개였습니다. 반면 네트워크-개인행동 공진화 SIENA 모형의 경우 네트워크 데이터의 비율함수의 추정항 개수는 14개, 평가함수의 추정항 개수는 247개였으며, 개인행동 데이터이 비율함수 추정항 개수는 17개, 평가함수의 추정항 개수는 107개였습니다.

3-3 알고리즘 설정 단계

네트워크-개인행동 공진화 모형의 세 번째 단계 역시 알고리즘을 설정하는 단계입니다. 네트워크 진화 SIENA 모형과 마찬가지로 RSiena 패키지의 sienaAlgorithmCreate() 함수를 그대로 사용하였으며, set.seed() 함수를 활용해 알고리즘 설정결과를 반복할 수 있도록 하였습니다.

```
> # 알고리즘 설정
> set.seed(20230502)
> (myalgo_beh <- sienaAlgorithmCreate())
If you use this algorithm object, siena07 will create/use an output file Siena.txt.
Siena Algorithm specification.
Project name: Siena
Use standard initial values: FALSE
Random seed: NULL
Number of subphases in phase 2: 4
Starting value of gain parameter: 0.2
Reduction factor for gain parameter: 0.5
Diagonalization parameter: 0.2
Double averaging after subphase: 0
Dolby noise reduction: TRUE
Method for calculation of derivatives: Scores
Number of subphases in phase 2: 4
Number of iterations in phase 3: 1000
Unconditional simulation if more than one dependent variable
```

3-4 모형 추정·재추정 및 결과해석

제일 먼저 공진화-SIENA0 모형을 추정해보겠습니다. 앞서 소개했던 네트워크 진화 SIENA 모형을 추정하는 것과 동일한 방식으로, siena07() 함수에 설정된 알고리즘, 통합된 데이터, 추정항들을 입력한 후 코드를 실행하면 됩니다. 네트워크 진화 SIENA 기저모형의 경우 15초 정도 소요된 반면, 네트워크-개인행동 공진화 SIENA 기저모형의 경우 약 100초로 훨씬 더 긴 시간이 소요된 것을 확인할 수 있습니다.

```
> stime <- Sys.time()
> set.seed(20230502)
> saom_beh0 <- siena07(myalgo_beh,data=mydata,effects=myeff_beh_0)
> etime <- Sys.time()
> (esttime_beh0 <- etime-stime)
Time difference of 1.669905 mins
> saom_beh0
Estimates, standard errors and convergence t-ratios
```

	Estimate	Standard Error	Convergence t-ratio
Network Dynamics			
1. rate constant siena_dep rate (period 1)	13.9813	(1.3932)	0.0634
2. rate constant siena_dep rate (period 2)	37.5250	(5.0749)	4.8538
3. eval outdegree (density)	-0.9009	(0.0524)	-1.8179
4. eval reciprocity	1.5286	(0.0904)	-0.9573
Behavior Dynamics			
5. rate rate beh (period 1)	83.1736	(17.1147)	-0.1264
6. rate rate beh (period 2)	232.0471	(38.6435)	-0.4657
7. eval beh linear shape	-0.0279	(0.0131)	-1.6755
8. eval beh quadratic shape	-0.0003	(0.0005)	0.5266

```
Overall maximum convergence ratio:   5.8658

Total of 2903 iteration steps.
```

아울러 출력결과를 보면, 모형 수렴도 성공적이지 않습니다. '통합 최대수렴비율'의 경우 5를 넘는 매우 큰 수치가 나타났으며, '수렴 t비율'은 가장 큰 값이 4.8538일 정도로 매우 큰 수치를 얻었습니다. 이에 saom_beh0 오브젝트의 추정결과를 토대로 다시 한 번 공진화–SIENA0 모형을 추정하였습니다.

```
> stime <- Sys.time()
> set.seed(20230502)
> saom_beh0a <- siena07(myalgo_beh,data=mydata,
+            effects=myeff_beh_0,prevAns=saom_beh0)
> saom_beh0a
Estimates, standard errors and convergence t-ratios
```

	Estimate	Standard Error	Convergence t-ratio
Network Dynamics			
1. rate constant siena_dep rate (period 1)	13.6409	(1.3115)	0.0283
2. rate constant siena_dep rate (period 2)	21.0922	(2.3825)	-0.0324
3. eval outdegree (density)	-0.7948	(0.0666)	0.0133
4. eval reciprocity	1.4090	(0.0999)	-0.0012
Behavior Dynamics			
5. rate rate beh (period 1)	88.4390	(21.9904)	-0.0309
6. rate rate beh (period 2)	268.3070	(30.6309)	-0.1586
7. eval beh linear shape	-0.0053	(0.0123)	-0.0027
8. eval beh quadratic shape	-0.0005	(0.0005)	0.0484

Overall maximum convergence ratio: 0.1779

Total of 2674 iteration steps.

한 번 더 추정과정을 밟아도 공진화–SIENA0 모형의 수렴 진단통계치는 여전히 좋지 않습니다. 모형 수렴 진단통계치가 적절한 값이 나타날 때까지 모형 추정과정을 추가로 진행한 결과는 다음과 같습니다. 필자의 경우 두 차례 더 시도하니 통합 최대수렴비율의 값은 약 0.13, 수렴 t비율의 최댓값은 0.08로 나타났습니다.


```
> set.seed(20230502)
> saom_beh0b <- siena07(myalgo_beh,data=mydata,effects=myeff_beh_0,prevAns=saom_
beh0a)
> saom_beh0b
```
                    [분량 조절을 위해 출력결과를 제시하지 않음]
```
> set.seed(20230502)
> saom_beh0c <- siena07(myalgo_beh,data=mydata,effects=myeff_beh_0,prevAns=saom_
beh0b)
> saom_beh0c
```
Estimates, standard errors and convergence t-ratios

	Estimate	Standard Error	Convergence t-ratio
Network Dynamics			
1. rate constant net rate (period 1)	13.4989	(1.2261)	-0.0516
2. rate constant net rate (period 2)	21.0297	(2.2024)	-0.0416

3. eval outdegree (density)	-0.7942	(0.0779)	0.0248
4. eval reciprocity	1.4073	(0.1287)	0.0140

Behavior Dynamics

5. rate rate beh (period 1)	86.9662	(31.8959)	-0.0761
6. rate rate beh (period 2)	278.7184	(64.5662)	-0.0628
7. eval beh linear shape	-0.0053	(0.0163)	0.0019
8. eval beh quadratic shape	-0.0005	(0.0009)	0.0234

Overall maximum convergence ratio: 0.1264

Total of 2753 iteration steps.

총 4번의 모형 추정과정을 통해 얻은 최종 결과를 살펴봅시다. 출력결과는 Network Dynamics와 Behavior Dynamics의 두 부분으로 구분합니다. 즉 네트워크-개인행동 공진화 SIENA 모형은 네트워크 동학(dynamics)과 행위자 동학을 동시에 추정하는 모형 인 것을 추정결과에서도 확인할 수 있습니다. 먼저 Network Dynamics에 제시된 부분 은 앞서 살펴본 네트워크 진화 SIENA 모형 추정결과와 개념적으로 다르지 않습니다. 그 리고 Behavior Dynamics에 제시된 부분은 개인행동의 진화 모형 추정결과입니다. 두 부분 모두 추정항이 rate로 시작할 경우는 비율함수의 추정모수임을, eval로 시작할 경우는 평가함수의 추정모수임을 의미합니다.

다음으로 여기서는 Behavior Dynamics에 제시된 추정결과들 중 일차항(eval beh linear shape)과 이차항(eval beh quadratic shape)을 제거하기로 결정하였습니다. 왜 냐하면 다른 추정모수들은 모두 통계적으로 유의미한 데 반해[11] 두 추정모수는 통계적으 로 유의미하지 않으며, 모수추정치의 값이 0에 매우 가까워 굳이 모형을 번거롭게 할 필 요가 없다고 생각하기 때문입니다. 공진화-SIENA0 모형에서 7번과 8번 모수를 제거하 는 방법은 다음과 같습니다. 앞서 effectsDocumentation() 함수의 출력결과를 살펴 보면, 행동 데이터의 일차항과 이차항의 shortName은 각각 linear, quad인 것을 확인 할 수 있습니다. 이를 활용하여 include를 TRUE에서 FALSE로 바꾸는 방법으로 2가지

---

11 본문에는 제시하지 않았습니다만, 아래의 결과를 직접 확인해보세요.

> siena.table(saom_beh0c,type="html",sig=TRUE)

추정항을 제거한 수정된 공진화–SIENA0 모형을 설정하고 추정한 결과는 아래와 같습니다.

```
> # 행동 데이터에서 일차항과 이차항은 제거하는 것이 더 나아 보임
> myeff_beh_0A <- myeff_beh_0
> myeff_beh_0A$include[myeff_beh_0A$shortName=="linear"] <- FALSE
> myeff_beh_0A$include[myeff_beh_0A$shortName=="quad"] <- FALSE
> myeff_beh_0A
  name effectName              include    fix    test  initialValue  parm
1 net  constant net rate (period 1)  TRUE  FALSE  FALSE     15.66808     0
2 net  constant net rate (period 2)  TRUE  FALSE  FALSE     20.37301     0
3 net  outdegree (density)           TRUE  FALSE  FALSE     -0.10641     0
4 net  reciprocity                   TRUE  FALSE  FALSE      0.00000     0
5 beh  rate beh (period 1)           TRUE  FALSE  FALSE     61.53125     0
6 beh  rate beh (period 2)           TRUE  FALSE  FALSE    163.70565     0
> stime <- Sys.time()
> set.seed(20230502)
> saom_beh0A <- siena07(myalgo_beh,data=mydata,effects=myeff_beh_0A)
> etime <- Sys.time()
> (esttime_beh0A <- etime-stime)
Time difference of 53.38042 secs
> saom_beh0A
Estimates, standard errors and convergence t-ratios
```

	Estimate	Standard Error	Convergence t-ratio
Network Dynamics			
1. rate constant net rate (period 1)	13.4930	(1.2697)	-0.0571
2. rate constant net rate (period 2)	21.6297	(3.2722)	0.3046
3. eval outdegree (density)	-0.7880	(0.1111)	0.0107
4. eval reciprocity	1.3943	(0.1487)	-0.0777
Behavior Dynamics			
5. rate rate beh (period 1)	88.7654	(48.8969)	0.0194
6. rate rate beh (period 2)	262.6138	(73.2825)	-0.2155

```
Overall maximum convergence ratio:  0.4141

Total of 2669 iteration steps.
```

모형이 수렴되었다고 보기 어렵습니다. '통합 최대수렴비율'의 경우 약 0.41이며, '수렴 t비율'의 경우도 가장 큰 값은 약 −0.22로 무시하기 어렵습니다. 이에 추가로 모형 추정과 정을 실시해보았습니다. 두 차례를 더 실시하니 통합 최대수렴비율의 값은 약 0.07, 수렴 t비율의 최댓값은 0.05로 나타났습니다.

```
> set.seed(20230502)
> saom_beh0Aa <- siena07(myalgo_beh,data=mydata,
+               effects=myeff_beh_0A,prevAns=saom_beh0A)
> saom_beh0Aa
                  [분량 조절을 위해 출력결과를 제시하지 않음]
> set.seed(20230502)
> saom_beh0Ab <- siena07(myalgo_beh,data=mydata,
+               effects=myeff_beh_0A,prevAns=saom_beh0Aa)
> saom_beh0Ab
Estimates, standard errors and convergence t-ratios
```

	Estimate	Standard Error	Convergence t-ratio
Network Dynamics			
1. rate constant net rate (period 1)	13.5891	(1.2763)	0.0131
2. rate constant net rate (period 2)	21.0856	(2.1527)	0.0281
3. eval outdegree (density)	-0.7975	(0.0576)	-0.0080
4. eval reciprocity	1.4112	(0.0932)	-0.0062
Behavior Dynamics			
5. rate rate beh (period 1)	89.1505	(15.6970)	-0.0392
6. rate rate beh (period 2)	283.2556	(41.1796)	0.0530

```
Overall maximum convergence ratio:  0.0727

Total of 2619 iteration steps.
```

이제 공진화–SIENA1 모형을 추정해봅시다. 여기서 투입한 변수는 네트워크 진화 모형(보다 구체적으로는 SIENA2 모형)에서 추가로 투입했던 시간불변 공변량 관련 추정항 6개입니다. 즉 행위자 피인용수의 발신효과(egoX) 및 수신효과(altX), 두 행위자 노드 사이의 피인용수 차이의 절댓값의 효과(absDiffX), 행위자 소속분과의 발신효과 및 수신효과, 그리고 두 행위자가 동일한 분과에 속하는지 여부(sameX)의 효과입니다.

```
> # 모형1: 시간고정 공변량 투입, 발신노드 특성, 송신노드 특성, 상호유사성 측정 양자관계 특성
> myeff_beh_1 <- includeEffects(myeff_beh_0A,egoX,altX,absDiffX,interaction1="ti_cite")
  effectName                  include    fix    test   initialValue   parm
1 ti_cite alter                 TRUE    FALSE   FALSE             0      0
2 ti_cite ego                   TRUE    FALSE   FALSE             0      0
3 ti_cite abs. difference       TRUE    FALSE   FALSE             0      0
> myeff_beh_1 <- includeEffects(myeff_beh_1,egoX,altX,sameX,interaction1="ti_noss")
  effectName      include    fix     test    initialValue   parm
1 ti_noss alter     TRUE    FALSE   FALSE              0      0
2 ti_noss ego       TRUE    FALSE   FALSE              0      0
3 same ti_noss      TRUE    FALSE   FALSE              0      0
```

공진화–SIENA1 모형을 설정한 후 siena07() 함수로 추정한 결과는 아래와 같습니다. 구체적인 추정결과를 제시하지는 않았지만, '통합 최대수렴비율'은 약 0.78이며 '수렴 *t*비율'의 가장 큰 값은 약 0.57로 모형이 타당하게 수렴되었다고 보기 어렵습니다. 이에 모형 추정과정을 한 번 더 실시했습니다.

```
> stime <- Sys.time()
> set.seed(20230502)
> saom_beh1 <- siena07(myalgo_beh,data=mydata,effects=myeff_beh_1)
> etime <- Sys.time()
> (esttime_beh1 <- etime-stime)
Time difference of 3.592359 mins
> saom_beh1
                    [분량 조절을 위해 출력결과를 제시하지 않음]
> set.seed(20230502)
> saom_beh1a <- siena07(myalgo_beh,data=mydata,
+          effects=myeff_beh_1,prevAns=saom_beh1)
> saom_beh1a
Estimates, standard errors and convergence t-ratios
```

	Estimate	Standard Error	Convergence t-ratio
Network Dynamics			
1. rate constant net rate (period 1)	.3715	(1.7090)	0.0125
2. rate constant net rate (period 2)	23.4158	(3.1950)	0.0142
3. eval outdegree (density)	-0.7267	(0.1225)	0.0249
4. eval reciprocity	1.5128	(0.1956)	0.0423
5. eval ti_cite alter	0.0053	(0.0021)	-0.0933

6. eval ti_cite ego	−0.0102	(	0.0031	)	0.0084
7. eval ti_cite abs. difference	−0.0035	(	0.0028	)	−0.0198
8. eval ti_noss alter	−0.1406	(	0.1047	)	−0.0655
9. eval ti_noss ego	0.1426	(	0.1420	)	−0.0377
10. eval same ti_noss	−0.0685	(	0.1648	)	0.0396

Behavior Dynamics

11. rate rate beh (period 1)	89.5692	(	80.4046	)	0.0173
12. rate rate beh (period 2)	284.4802	(	107.0941	)	−0.0531

Overall maximum convergence ratio: 0.1396

Total of 3010 iteration steps.

추정과정을 한 차례 더 진행한 결과, 모형 수렴 진단통계치에 별다른 문제가 발생하지 않은 것을 확인할 수 있었습니다. 공진화–SIENA2 모형 추정결과에서 ti_noss 변수와 관련된 8, 9, 10번의 세 추정항의 통계적 유의도를 테스트한 결과 ti_noss 변수는 네트워크 변동에 별다른 영향을 미치지 못한다는 것을 확인할 수 있었습니다.

```
> Multipar.RSiena(saom_beh1a,8:10)  # 소속분과가 사회과학 분야인지 여부 공변량 관련 추정항 3개
Tested effects:
net: ti_noss alter eval
net: ti_noss ego eval
net: same ti_noss eval
chi-squared = 5.62, d.f. = 3;  p = 0.132.
```

반면 ti_cite 변수와 관련된 6, 7, 8번 세 추정항의 경우는 네트워크 변동을 통계적으로 유의미하게 설명하는 것을 확인할 수 있습니다. 즉 다른 모수들의 효과를 통제할 때, 피인용수가 높은 행위자일수록 세 차례의 시점 전반에 걸쳐 외향링크를 적게 생성하며, 상대 행위자의 피인용수가 높을수록 해당 행위자는 외향링크를 적극적으로 생성합니다. 반면 행위자와 상대 행위자의 피인용수 격차의 절댓값 변화는 외향링크의 생성과는 별 관계가 없는 것으로 나타났습니다.

```
> Multipar.RSiena(saom_beh1a,5:7)  # 피인용수 공변량 관련 추정항 3개
Tested effects:
net: ti_cite alter eval
```

```
net: ti_cite ego eval
net: ti_cite abs. difference eval
chi-squared = 25.86, d.f. = 3;  p < 0.001.
```

이제 공진화–SIENA2 모형에 대해 살펴봅시다. 공진화–SIENA2 모형에서는 네트워크 통계치에 따라 행위자의 행동이 어떻게 변하는지를 살펴보았습니다. 즉 네트워크의 어떤 행위자의 내향연결성 혹은 외향연결성 수준이 행위자의 행동과 어떤 관련을 맺는지를 살펴보았습니다. 공진화–SIENA1 모형에 추정항을 추가하는 방법은 아래와 같습니다. includeEffects() 함수의 옵션에 name을 "beh"로 지정한 것에 주목하기 바랍니다.

```
> # 모형2: 네트워크 구조적 특성에 따른 개인행동 변화
> (myeff_beh_2 <- includeEffects(myeff_beh_1,name="beh",indeg,outdeg,interaction1="net"))
  effectName        include   fix    test   initialValue  parm
1 beh indegree      TRUE    FALSE  FALSE            0      0
2 beh outdegree     TRUE    FALSE  FALSE            0      0
   name effectName               include    fix    test   initialValue  parm
1  net constant net rate (period 1)  TRUE   FALSE  FALSE     15.66808     0
2  net constant net rate (period 2)  TRUE   FALSE  FALSE     20.37301     0
3  net outdegree (density)           TRUE   FALSE  FALSE     -0.10641     0
4  net reciprocity                   TRUE   FALSE  FALSE      0.00000     0
5  net ti_cite alter                 TRUE   FALSE  FALSE      0.00000     0
6  net ti_cite ego                   TRUE   FALSE  FALSE      0.00000     0
7  net ti_cite abs. difference       TRUE   FALSE  FALSE      0.00000     0
8  net ti_noss alter                 TRUE   FALSE  FALSE      0.00000     0
9  net ti_noss ego                   TRUE   FALSE  FALSE      0.00000     0
10 net same ti_noss                  TRUE   FALSE  FALSE      0.00000     0
11 beh rate beh (period 1)           TRUE   FALSE  FALSE     61.53125     0
12 beh rate beh (period 2)           TRUE   FALSE  FALSE    163.70565     0
13 beh beh indegree                  TRUE   FALSE  FALSE      0.00000     0
14 beh beh outdegree                 TRUE   FALSE  FALSE      0.00000     0
```

공진화–SIENA2 모형 추정결과는 다음과 같습니다. 최초 추정과정을 거쳐 도출된 모형 추정결과의 경우, 수렴 진단통계치가 그리 좋지 않아 구체적인 추정결과를 제시하지 않았습니다. '통합 최대수렴비율'이 약 0.34이며, '수렴비율'의 경우도 가장 큰 값이 약 0.23으로 RSiena 패키지 개발팀의 제안기준을 넘는 진단통계치가 나타나 모형이 타당하게 수렴되었다고 보기 어렵습니다. 이에 모형 추정과정을 한 번 더 밟았습니다.

```
> stime <- Sys.time()
> set.seed(20230502)
> saom_beh2 <- siena07(myalgo_beh,data=mydata,effects=myeff_beh_2)
> etime <- Sys.time()
> (esttime_beh2 <- etime-stime)
Time difference of 22.81939 mins
> saom_beh2
```

[분량 조절을 위해 출력결과를 제시하지 않음]

```
> set.seed(20230502)
> saom_beh2a <- siena07(myalgo_beh,data=mydata,
+          effects=myeff_beh_2,prevAns=saom_beh2)

> saom_beh2a
```
Estimates, standard errors and convergence t-ratios

	Estimate	Standard Error	Convergence t-ratio
Network Dynamics			
1. rate constant net rate (period 1)	14.4178	(4.2130)	0.0650
2. rate constant net rate (period 2)	23.2595	(4.7617)	-0.0117
3. eval outdegree (density)	-0.7177	(0.3227)	-0.0074
4. eval reciprocity	1.5057	(0.3097)	-0.0492
5. eval ti_cite alter	0.0054	(0.0032)	-0.0505
6. eval ti_cite ego	-0.0102	(0.0047)	-0.0381
7. eval ti_cite abs. difference	-0.0037	(0.0023)	-0.0889
8. eval ti_noss alter	-0.1394	(0.1658)	0.0411
9. eval ti_noss ego	0.1335	(0.1353)	-0.0320
10. eval same ti_noss	-0.0707	(0.1961)	0.0086
Behavior Dynamics			
11. rate rate beh (period 1)	86.9840	(78.6831)	0.0186
12. rate rate beh (period 2)	261.7184	(232.7447)	-0.0299
13. eval beh indegree	0.0006	(0.0062)	-0.0316
14. eval beh outdegree	-0.0015	(0.0067)	-0.0197

Overall maximum convergence ratio: 0.2076

Total of 3144 iteration steps.

두 번째로 얻은 추정결과는 '통합 최대수렴비율'이 약 0.21이며, '수렴 t비율'의 경우
도 가장 큰 값이 약 0.09에 머무른다는 점에서 적합한 수렴도를 보였습니다. 그러나 출력

결과에서 확인할 수 있듯이 네트워크의 내향연결도(eval beh indegree)나 외향연결도(eval beh outdegree)는 행위자의 행동변화에 별다른 영향을 미치지 못하는 것으로 나타났습니다. 2가지 추정효과에 대한 통계적 유의도 테스트 결과는 아래와 같으며, 마찬가지로 별다른 효과를 미치지 못하는 것을 알 수 있습니다.

```
> Multipar.RSiena(saom_beh2a,13:14) #네트워크 통계치가 행동에 미치는 효과
Tested effects:
 beh: beh indegree eval
 beh: beh outdegree eval
chi-squared = 0.38, d.f. = 2;  p = 0.826.
```

지금까지 추정한 네트워크-개인행동 공진화 SIENA 모형들의 추정결과를 비교하면, 다음의 [표 13-2]와 같습니다. [표 13-2]의 결과를 보면 네트워크의 변화와 행위자의 개인행동 변화의 관계에서 다음과 같은 결론을 내릴 수 있습니다. 첫째, 행위자의 개별 특성에 따라 네트워크가 다르게 나타납니다. 보다 구체적으로 행위자의 피인용수에 따라 네트워크가 상이하게 나타납니다. 둘째, 그러나 네트워크에서 나타난 행위자의 내향연결도와 외향연결도는 행위자의 개인행동에 별다른 영향을 미치지 못합니다. 다시 말해 (적어도 연결도 측면에서) 네트워크 특성은 개인행동 변화를 설명하지 못합니다. 정리하자면, 전반적으로 행위자 개인의 특성은 네트워크에 영향을 미치는 반면, 네트워크의 특성은 개인행동에 별 영향을 미치지 못합니다.

13장에서는 '확률적 행위자중심 모형(SAOM)' 중 가장 널리 사용되는 '시뮬레이션 기반 네트워크 분석모형(SIENA)'을 소개하였습니다. 구체적으로 여기서는 세 번 반복측정되었다고 가정하여 시뮬레이션된 유방향 일원네트워크들을 대상으로 '네트워크 진화 SIENA 모형'과 '네트워크와 개인행동 공진화(co-evolution) SIENA 모형' 2가지를 간략하게 소개하였습니다.

3가지 아쉬운 점을 이야기하고 싶습니다. 첫째, effectsDocumentation() 함수의 출력결과에서 아주 일부만을 다루었다는 점입니다. 독자들은 활동분과의 연구문제에 맞는, 그리고 분석대상 네트워크의 특성에 맞는 SIENA 모형 추정항이 무엇일지 곰곰이 생각한 후 분석을 진행하길 권합니다. 13장에서 다룬 추정항은 정말 일부에 불과하다는 점

[표 13-2] 네트워크-개인행동 공진화 SIENA 모형들 추정결과 비교

	공진화-SIENA0	공진화-SIENA0 (수정)	공진화-SIENA1	공진화-SIENA2
네트워크 변화 (Network Dynamics) 변화비율				
constant net rate (period 1)	13.499 (1.226)	13.589 (1.276)	14.371 (1.709)	14.418 (4.213)
constant net rate (period 2)	21.030 (2.202)	21.086 (2.153)	23.416 (3.195)	23.259 (4.762)
네트워크 구조적 특성				
outdegree (density)	−0.794*** (0.078)	−0.797*** (0.058)	−0.727*** (0.123)	−0.718* (0.323)
reciprocity	1.407*** (0.129)	1.411*** (0.093)	1.513*** (0.196)	1.506*** (0.310)
시간불변 공변량				
ti-cite alter			0.005* (0.002)	0.005 (0.003)
ti-cite ego			−0.010** (0.003)	−0.010* (0.005)
ti-cite abs. difference			−0.004 (0.003)	−0.004 (0.002)
ti-noss alter			−0.141 (0.105)	−0.139 (0.166)
ti-noss ego			0.143 (0.142)	0.133 (0.135)
same ti-noss			−0.068 (0.165)	−0.071 (0.196)
개인행동 변화 (Behavior Dynamics) 변화비율				
rate beh (period 1)	86.966 (31.896)	89.151 (15.697)	89.569 (80.405)	86.984 (78.683)
rate beh (period 2)	278.718 (64.566)	283.256 (41.180)	284.480 (107.094)	261.718 (232.745)
행동변화 일차항 및 이차항				
beh linear shape	−0.005 (0.016)			
beh quadratic shape	−0.001 (0.001)			
네트워크 통계치 효과				
beh indegree				0.001 (0.006)
beh outdegree				−0.001 (0.007)
모형 수렴 진단치 통합 최대수렴비율 (Overall maximum convergence ratio)	0.126	0.073	0.140	0.208
추정치의 수렴 t비율 (Convergence t-ratio) 최댓값(절댓값)	0.076	0.053	0.093	0.089

알림. $^*p < .05$, $^{**}p < .01$, $^{***}p < .001$.

을 다시금 환기하고 싶습니다.

둘째, 네트워크 진화 SIENA 모형에서 공변량 변화에 따른 비율함수 추정항의 변화를 살펴보는 상호작용효과는 매우 간략하게 살펴보았지만, 네트워크-개인행동 공진화 SIENA 모형에서 '공변량 변화와 네트워크 변화가 개인행동 변화에 미치는 상호작용효과' 혹은 '공변량 변화와 개인행동 변화가 네트워크 변화에 미치는 상호작용효과'에 대한 부분은 다루지 않았습니다. 언뜻 들어봐도 상당히 복잡해 보이는 이러한 상호작용은 개념적으로 '3원 상호작용효과(three-way interaction effect)'에 해당되며, 해석이 불필요하게 복잡하다고 생각하여 여기서는 소개하지 않았습니다. 그러나 활동분과의 연구문제 혹은 분석대상 네트워크의 특성에 따라 복잡하더라도 이러한 추정항들을 네트워크-개인행동 공진화 SIENA 모형에 투입할 필요가 있을 수 있습니다. 그러한 독자들은 effectsDocumentation() 함수의 출력결과와 약 300쪽가량의 RSiena 패키지 매뉴얼(Ripley et al., 2023)을 세심히 살펴보길 권합니다.

셋째, 본서에서는 '이원네트워크 진화(evolution of a two-mode network) SIENA 모형'(Koskinen & Edling, 2012), '복합 네트워크 공진화 SIENA 모형'(Snijders et al., 2013)은 소개하지 않았습니다. 여기에 제시한 2가지 SIENA 모형을 이해했다면, RSiena 패키지 매뉴얼(Ripley et al., 2023)과 SIENA 홈페이지(https://www.stats.ox.ac.uk/~snijders/siena/)에 업로드된 다양한 참고자료 및 함께 인용된 선행연구를 살펴보기 바랍니다. 이를 통해 13장에서 다루지 못한 다른 유형의 SIENA 모형들도 연구목적에 맞게 활용할 수 있을 것입니다.

지금까지 R의 여러 패키지를 활용하여 네트워크 분석을 어떻게 진행할 수 있을지 간단하게 살펴보았습니다. 본서에서는 2부 4장부터 9장까지 네트워크 기술통계분석을 실시하고, 10장 부터 13장까지는 네트워크 추리통계분석을 실시하였습니다. 그러나 관측사례의 독립성 가정 (independence assumption)을 확보하기 어려운 관계성 데이터(relational data)라는 네트워크 데이터 고유의 특성으로 인하여, 추리통계분석 기법의 경우 CUG 테스트와 QAP 테스트를 중심으로 한 전통적인 분석방법을 3부 10장과 11장에서 소개하였습니다. 그리고 최근 주목받고 있는 ERGM과 SIENA 모형을 4부 12장과 13장에서 각각 소개하였습니다.

14장에서는 본서에서 다루지 못했던 영역을 간단히 설명하고 기법들을 소개한 후, 몇 가지 당부 사항을 전하는 것으로 마무리하겠습니다.

5부

마무리

14장

네트워크 분석 시 고려사항

본서에서는 공개된 네트워크 데이터를 중심으로 네트워크 데이터에 대해 어떻게 기술통계 분석과 추리통계분석을 실시할 수 있는지 살펴보았습니다. 네트워크 분석과 관련된 다양한 영역을 포괄적으로 다루려고 했지만, 필자의 능력의 한계와 현실적 제약들로 인해 다루지 못한 영역과 기법들을 간략하게 소개하고자 합니다.

❶ 다루지 못한 영역

1-1 네트워크 연구설계

네트워크 연구설계와 데이터 수집에 관한 내용들을 다루지 않았습니다. 본서는 R을 이용하여 네트워크 데이터를 어떻게 분석할 수 있는지 실습하는 것을 목적으로 하였기 때문입니다. 그러나 실제로 연구를 진행하는 연구자의 경우, 네트워크 데이터 분석을 실시하기 전에 '네트워크 연구를 설계하는 과정'을 먼저 끝마쳐야 합니다. 특히 네트워크 데이터를 직접 수집하고자 하는 연구자에게 '네트워크 연구설계'는 네트워크 데이터 분석의 전반적 방향을 결정짓는 매우 중요한 과정입니다. 여기서는 네트워크 데이터에 대한 분석 (analyses) 관점에서 중요한 이슈들로 네트워크 데이터의 ①표집(sampling), ②타당도와 신뢰도(reliability) 등에 대해 간략하게 소개하겠습니다.

네트워크 표집

네트워크 표집(sampling)은 정말 쉽지 않은 이슈입니다. 네트워크 데이터의 특성은 노드와 노드의 연결관계, 즉 '링크'의 존재로 인해 '독립성 가정(independence assumption)'이 성립하지 않는다는 것입니다. 이런 점 때문에 확률표집 기법을 사용하여 모집단의 일부 노드집합을 표집할 경우, 네트워크의 링크집합이 크게 훼손되면서 네트워크의 대표성을 확보할 수 없다는 문제가 발생합니다. 이런 이유로 네트워크 구조를 훼손하지 않기 위해 '눈덩이 표집(snow-ball sampling)'[1]을 활용하기도 하지만, 눈덩이 표집 기법 역시 문제점이 아주 없다고 볼 수 없습니다. 왜냐하면 눈덩이 표집으로 얻은 네트워크 데이터는 네트워크의 구조를 훼손하지 않을지는 몰라도, 네트워크의 노드집합이 모집단의 노드집합을 대표하기는 어렵습니다. 눈덩이 표집이 시작되는 노드들을 무작위로 추출했다고 해도 완전하게 극복되지 않기 때문입니다. 예를 들어 여러 유형의 네트워크에서 '동종선호(homophily)' 현상이 매우 빈번하게 발견되며, 상황에 따라 이는 심각한 자기선택 편향(self-selection bias)을 야기할 수도 있습니다(Magnani et al., 2005). 다시 말해 모집단 네트워크 전체를 표집한다면 아무 문제가 없을지 모르지만, 전체 모집단 네트워크를 모두 표집하는 것은 현실적으로 불가능에 가깝습니다. 모집단 노드집합의 일부를 확률표집기법으로 표집하는 것은 적절하지 않고, 몇몇 노드를 중심으로 눈덩이 표집하는 것은 대표성을 저해할 우려가 매우 큽니다.

표집기법 관련 문제를 차치하더라도, 표집의 범위(scope, 혹은 boundary)를 어디까지로 해야 하는지에 대한 문제도 신중하게 고려해야 합니다. 네트워크는 노드들이 링크로 연결되어 구성된 하나의 구조(structure), 즉 시스템(system)입니다. 실질적으로 연구를 진행하는 연구자 입장에서 자주 봉착하는 문제는 연구자가 정의하는 네트워크의 범위와 연구자가 수집 가능한 네트워크의 범위가 언제나 일치하지 않는다는 점입니다. 예를 들어 '교우관계 네트워크'를 수집한다고 가정해보죠. 이 경우 쉽게 생각해볼 수 있는 표집

---

1 여기서 언급된 '눈덩이 표집'은 거의 대부분의 사회과학 연구방법론 교과서에서 '비확률 표집기법'의 하나로 소개됩니다. 연구자에 따라 눈덩이 표집을 '링크추적 연구설계(link-tracing design)'를 실행하는 하나의 표집기법으로 간주하기도 합니다(이와 관련 Perry et al., 2018, Chapter 3 참조; 아울러 Borgatti et al., 2022). 예를 들어 매그나니 등(Magnani et al., 2005)은 링크추적 연구설계에 속하는 다양한 표집기법들(snow-balling sampling, facility-based sampling, targeted sampling, respondent-driven sampling)이 어떻게 서로 구분되며, 각각의 장단점은 무엇인지를 에이즈(AIDS) 환자 표집을 사례로 소개하고 있습니다.

방법은 어떤 학급(class) 혹은 어떤 학교(school)를 선정하여 여기에 소속된 학생들끼리 어떠한 관계를 맺는지를 파악하는 것입니다. 그러나 이 방법은 상황에 따라 적절하지 않은 경우가 자주 발생합니다. 예를 들어, 학생 A는 학교에서는 혼자 조용하게 지내지만, 외부의 게임동호회에서는 다른 구성원들과 적극적으로 교류할 수도 있습니다. 즉 학교를 경계로 설정할 경우, 학생 A의 네트워크를 제대로 파악하지 못할 수 있습니다. 또 다른 예로, 특정 학급 I에 속한 모든 학생들을 표집하는데, 학생 Z는 I학급의 리더와 다른 II학급의 리더를 모두 알고 있었다고 가정해봅시다. 학생 Z의 경우 '사이중심성(betweenness centrality)'이 높은 노드이지만, 학급을 표집의 범위로 한정하게 되면 학생 Z는 네트워크 외곽에 위치한 노드로 간주될 것입니다. 다시 말해 네트워크의 표집범위를 어떻게 설정하는가에 따라 네트워크 분석결과가 다르게 나타날 수 있습니다.

네트워크 데이터의 타당도와 신뢰도

네트워크 표집과 함께 살펴볼 문제는 타당도(validity)와 신뢰도(reliability)입니다. 사실 타당도와 신뢰도 문제는 네트워크 데이터에만 한정되는 문제는 아니며, 거의 모든 데이터에서 공통적으로 나타나는 문제입니다. 여기서는 네트워크 데이터의 특수성과 관련한 이슈들만 정리하여 제시하겠습니다. 네트워크 데이터의 타당도와 신뢰도 문제는 크게 2가지 유형으로 구분할 수 있습니다. 첫 번째 유형은 앞서 소개한 네트워크 표집방법이나 표집범위와 관련된 이슈들이며, 두 번째 유형은 통상적 데이터에서도 나타나는 문제점들 중 네트워크 데이터에서 특히 더 고려해야 할 이슈들입니다.

    먼저 첫 번째 유형에 속하는 네트워크 데이터의 타당도와 신뢰도 이슈들은 보르가티 등(Borgatti et al., 2022)에 따라 [표 14-1]과 같이 4가지로 나누어 살펴보겠습니다.

[표 14-1] 네트워크 표집방법 및 표집범위와 관련된 네트워크 데이터 타당도와 신뢰도 문제 구분

	누락	포함
노드	노드 누락 (omission of nodes)	허위노드 포함 (inclusion of fake nodes)
링크	링크 누락 (omission of links)	불필요한 링크 포함 (inclusion of fake links)

[표 14-1]에서 '노드 누락'은 앞에서도 간략하게 설명한 바 있습니다. 즉 네트워크의 노드집합에 대해 '확률 표집'을 실시할 경우, 네트워크 구조가 파괴될 가능성이 높습니다. 예를 들어 모집단 네트워크에서 연결중심성이 높은 노드가 표집에서 누락될 경우, 이 노드와 연결된 다른 노드들의 네트워크 통계치에 대한 타당도와 신뢰도는 확보되기 어렵습니다.

'링크 누락'의 경우 네트워크에서 중요한 역할을 하는 링크를 관측하지 못할 때, 네트워크 통계치의 타당도와 신뢰도 확보에 실패하는 현상입니다. 우선 링크 누락은 앞서 설명했던 노드 누락의 결과일 수 있습니다. 다시 말해 연결중심성이 높은 노드가 표집되지 못할 경우, 해당 노드와의 링크들이 누락되는 현상이 발생합니다. 그러나 네트워크의 노드집합 표집에 문제가 없었다고 하더라도, 링크 누락 현상이 나타날 수 있습니다. 이를테면 응답자의 기억을 토대로 네트워크 표집을 실시할 때, 존재하는 것이 당연하다고 응답자들이 생각하는 링크의 경우, 응답과정에서 회상(recall)되지 못하면서 네트워크 구성과정에서 누락되는 경우가 발생할 수 있습니다.

'허위노드' 혹은 '허위링크'는 연구자의 네트워크 개념화에 포함되는 노드 혹은 링크가 아닌데 네트워크 표본에 포함된 노드 혹은 링크를 의미합니다. 예를 들어 온라인 게임에서 게임플레이어들 사이의 상호작용 네트워크를 구성한다고 가정해보죠. 온라인 게임에는 흔히 NPC(non-player character)가 포함되어 있습니다. NPC는 게임 환경 속의 기계적 기능일 뿐 게임플레이어가 아니라고 보는 것이 타당합니다. 만약 네트워크 표본에 NPC가 포함되어 있는 상황에서 네트워크 통계치를 계산한다면, 타당성과 신뢰성에 문제가 발생할 수 있다고 짐작할 수 있습니다.

네트워크 표본을 구축하다 보면 허위링크가 포함되는 일도 매우 빈번하게 발생합니다. 허위링크 포함에 따른 타당도 및 신뢰도 문제가 가장 빈번하게 발생하는 영역은 아마도 '이원네트워크'를 '일원네트워크'로 변환(projection)하는 과정일 것입니다. 이원네트워크 맥락에서 2명의 행위자(i, j)가 어떤 사건에 동시에 참여한 상황을 가정해봅시다. 이원네트워크를 일원네트워크로 변환할 경우, 2명의 행위자(i, j) 사이에는 특정 사건을 공유했기 때문에 링크가 형성됩니다. 그러나 이렇게 형성된 링크가 정말로 두 행위자 사이의 링크를 의미하는지는 불분명합니다. 구체적으로 예를 들어보죠. 매우 규모가 큰 학술행사에 연구자 i와 j가 모두 참여했다고 해서, 과연 두 연구자가 어떤 실질적인 교류를 했다고 (즉 링크를 형성했다고) 가정하는 것이 타당할까요? 학회의 규모가 큰 만큼 두 연구자는 서로 이름도 모르고 지나쳤고, 실질적인 교류도 없었다고 보는 것이 더 타당할 수도 있습니다. 즉 이와 같은 상황에서 이원네트워크를 일원네트워크로 변환할 경우, 허위링크 형성 문제가 발생할 가능성을 배제하기 어렵습니다.

1-2 네트워크 데이터 수집기법

본서에서는 다른 연구자들이 수집한 네트워크 데이터를 활용하였습니다. 그러나 대부분의 연구자들은 일반적으로 네트워크 데이터를 자신의 목적에 맞게 설계하고 수집합니다. 네트워크 데이터를 수집하는 방법은 여러 가지가 존재하겠지만, 일반적으로 크게 2가지로 묶을 수 있습니다.

첫째, 인간의 기억을 토대로 데이터를 수집한 후, 수집된 데이터를 가공하여 네트워크를 구성하는 방법입니다. 사회과학 분야에서는 전통적으로 설문조사가 활발하게 사용되었으며, 네트워크 데이터를 수집할 때도 예외가 아닙니다. 설문조사를 통해 네트워크 데이터를 수집하는 방법에는 흔히 '이름생성(name generator)', '이름평가(name interpreter)', '짝짓기(matrix task)' 등이 사용됩니다. 이름생성 방법은 응답자에게 응답자와 링크된 인물이 누구인지를 지명하라고 요청하는 방식으로(예를 들어, "금전적 문제가 발생했을 때, 귀하께서 마음 편하게 도움을 요청할 수 있는 분의 성함을 최대 3명까지 밝혀주세요."와 같은) 누가 누구와 연결되어 있는지를 조사합니다. 이름평가 방법은 응답자에게 지정된 목록의 사람들을 보여주고 응답자와 어떤 관계인지를 평가하도록 요청하는 방식으로(이를테면, "아래에 제시된 분은 여러분과 어떤 관계인지 밝혀 주세요. ① 친구, ② 지인, ③ 모름") 누가 누구와 어떻게 연결되어 있는지를 조사합니다. 끝으로 짝짓기 방식은 소규모 집단을 잘 알고 있을 것으로 생각하는 사람에게 해당 집단의 사람들을 제시한 후, 어떤 인물들이 서로 링크를 형성하고 있는지를 직접 그리거나 적어 내도록 조사를 실시합니다(이를테면. 학급 담당 교사에게 학급의 학생들의 교우관계가 어떤지에 대해서 조사하는 경우). 이처럼 인간의 기억을 토대로 데이터를 수집할 경우, 회상(recall)이나 평가(judge) 단계에서 왜곡이 매우 자주 발생할 수 있습니다. 그러나 이러한 데이터 수집방법이 비교적 용이하고 저렴하며, 무엇보다 '주관성(subjectivity)' 자체를 연구대상으로 삼는 사회과학 연구라면 인간 기억을 토대로 네트워크 데이터를 수집하는 것이 필수적이기도 합니다. 설문조사를 통한 네트워크 데이터 수집방법에 대해서는 관련 문헌(Frank, 2011; Perry et al., 2018; Scott, 2017)을 참조하기 바랍니다.

둘째, 기록이나 흔적을 기계적으로 수집한 후, 이를 토대로 네트워크를 구성하는 방법입니다. 디지털 기기가 보편화되고, 자료가 축적된 분야일수록 두 번째 네트워크 구성 방식이 더욱 보편적으로 활용되고 있습니다. 특히 사회과학 분야에서는 최근 소셜미디어 사용이 보편화되면서 매우 활발하게 활용되고 있습니다. 본서에서 예시 데이터로 활용했던 EIES 데이터의 경우가 대표적인 사례입니다. 즉 어떤 연구자(노드 i)가 다른 연구자(j)에게 메시지를 보낸 사실은 서버에 기록되어 있으며, 이를 통해 두 노드의 링크 데이터를 어렵지 않게 추출할 수 있습니다. 이렇게 저장된 디지털 흔적(digital trace)을 잘 활용하면, 대규모의 네트워크 데이터를 손쉽게 구축할 수 있습니다. 그러나 서버에 누구나 접근할 수 있는 것이 아니라는 점, 프라이버시 문제에서 완전히 자유롭기 어렵다는 점과 같은 현실적 제약들이 존재합니다. 그리고 무엇보다 대규모의 데이터를 체계적으로 수집할 수 있는 뛰어난 코딩능력과 함께 대용량 데이터들을 저장·관리·분석할 수 있는 풍요로운 컴퓨팅 자원을 확보하지 못했다면, 다른 누군가로부터 혹은 다른 조직으로부터 협조를 받을 필요가 있습니다.

② 다루지 못한 기법들

자아-네트워크 분석기법

본서에서는 특정 노드를 중심으로 구성된 자아-네트워크(ego-network)를 분석하는 방법(보다 구체적으로 특정 노드와 직접 연결된 다른 대상 노드들의 연결관계 및 대상 노드들 사이의 연결관계를 분석하는 방법)을 소개하지 못했습니다. 흔히 '사회자본(social capital)'이라고 하는 사회과학 개념을 다루는 연구들에서는 설문조사를 토대로 설문응답자의 자아-네트워크를 분석에 포함하는 경우가 빈번합니다. 설문조사를 통해 측정된 사회자본 개념은 '신뢰(trust)'와 '네트워크(network)'로 구성되는데, 일반적으로 네트워크 규모(얼마나 많은 사람들을 알고 있는가?)와 네트워크의 유형[감정적 연결강도에 따라 '강한 연결(strong tie)'과 '약한 연결(weak tie)'로 구분] 등을 구분합니다.

이러한 방식으로 자아-네트워크를 측정하는 사회과학 연구들과 별개로, 자아-네트워크 분석에서는 자아와 연관을 갖는 다른 대상 노드들의 관계를 자아가 어떻게 인식하는지를 파악함으로써 자아의 인식된 자아–네트워크 방식이 자아의 행동에 어떤 영향을 미치는지 연구하기도 합니다. 예를 들어 다음과 같은 가상의 두 응답자 A와 D를 떠올려 봅시다. 응답자 A는 자신이 B와 C와 연결되어 있다고 응답했지만, A의 생각에 B와 C는 서로 모르고 있다고 인식하고 있습니다. 반면 응답자 D는 자신이 E와 F와 연결되어 있으며, 동시에 E와 F는 서로 잘 알고 있는 관계라고 인식하고 있습니다. A와 D 두 사람의 네트워크 규모는 동일하지만(둘 다 3), 예상할 수 있듯 D는 A에 비해 타자의 영향력을 더 크게 느낄 가능성이 높습니다. 이런 관점에서 자아–네트워크 연구에서는 자아가 인식하는 연결된 타자들의 네트워크 형태가 자아의 태도나 행동에 어떤 영향을 미치는지 연구하기도 합니다.

일반적으로 대부분의 자아–네트워크 데이터 분석에서는 개별응답자의 자아–네트워크 데이터에 대한 기술통계분석 통계치를 계산한 후, 이를 응답자의 개인속성 변수로 투입하고, 통상적인 데이터 분석기법(이를테면 회귀모형)을 적용합니다. 자아–네트워크의 의미와 특성, 수집방법과 분석방법에 대한 보다 포괄적이고 전문적인 설명을 원하는 독자들은 관련 문헌(McCarty et al., 2019; Perry et al., 2018; Vacca, 2022)을 참고하기 바랍니다.

최근에는 ERGM 관점에서 자아–네트워크 데이터를 대상으로 ERGM을 추정하는 기법들도 개발된 바 있습니다(Krivitsky & Morris, 2017). 관심 있는 독자들은 `statnet` 패키지 개발팀에서 최근 개발한 `ergm.ego` 패키지(version 1.0.1)를 살펴보기 바랍니다(Krivitsky et al., 2022b). 아울러 `tidyverse` 접근(`dplyr` 패키지와 `purrr` 패키지 지원함수들)을 기반으로 `igraph` 오브젝트 형식으로 저장된 자아–네트워크 데이터에 특화된 `egor` 패키지(version 1.23.3) 역시 크게 도움이 될 것입니다.

의미네트워크 분석기법

본서에서는 소개하지 못하였으나, 네트워크 분석기법이 널리 활용되는 영역으로 '자동화 텍스트 분석(automated text analysis)'을 꼽을 수 있습니다. 예를 들어 소설에서는 인물과 인물의 연관관계가 문장으로 서술됩니다. 즉 어떤 텍스트(이를테면 소설)의 어떤 문장에 동시에 등장한 인물들(즉 노드들)은 연결되었다고(즉, 링크를 형성하고 있다고) 가정할 수 있습니다. 텍스트를 하나의 네트워크 맥락으로, 등장인물을 노드로, 등장인물들 사이의 상호작용을 링크로 파악하는 이러한 분석방법을 흔히 '의미네트워크(semantic network)'라고 부릅니다(Carley, 1994; Danowski, 1993; Doerfel, 1998; Segev, 2022). 아쉽게도 의미네트워크분석에 대해 설명하지 못했지만, 분석영역이 광대하며 다양하게 활용할 수 있다는 점에서 발전가능성이 높은 분야라고 생각합니다.

의미네트워크분석을 위해서는 다양한 텍스트 분석기법들을 숙지해야 하며, 이러한 지식과 기술들을 본서에서 소개한 네트워크 분석기법들과 창의적으로 융합할 수 있어야 합니다. 아울러 텍스트와 관련된 배경지식에 대해서도 충분한 지식을 갖고 있어야 하며, 질적 연구방법들[특히 근거이론(grounded theory; Glaser & Strauss, 2017)]에 대해서도 익숙할 필요가 있습니다. 텍스트에 대한 배경지식, 자동화 텍스트 분석기법들과 함께 네트워크 분석기법들에 익숙하다면 관련 문헌들을 통해 의미네트워크분석을 직접 실행할 수도 있을 것입니다.

잠재네트워크 분석기법

본서 9장에서는 네트워크 내부의 하위네트워크를 확인하고 분류하는 몇몇 기법을 소개한 바 있습니다. 본서를 집필하면서 잠재네트워크(latent network) 분석기법을 9장에 포함할까 몇 차례 고민하였지만, 결국 포함하지 않았습니다. 잠재네트워크 분석기법은 개념적으로는 '블록모델링(blockmodeling)' 기법과 데이터 기반 노드집단 탐색 알고리즘을 활용한 하위네트워크 분류 기법들과 유사합니다. 잠재네트워크 분석은 statnet 패키지와 연동되는 latentnet 패키지(version 2.10.6)의 함수들을 통해 진행할 수 있습니다.

잠재네트워크 분석기법이 무엇이며, 어떻게 활용할 수 있는가에 대한 latentnet 패키지 개발자들의 주장을 정리하면 다음과 같습니다(Krivitsky & Hancock, 2008; Krivitsky et al., 2009). "첫째, 네트워크의 링크가 발생할 가능성을 노드들 사이의 거리와 관련 관측치들의 함수로 가정하는 모형을 확정짓는다. 둘째, 이 모형을 통해 유클리드 공간에서 노드가 차지하는 잠재공간(latent space)을 추정한다. 셋째, 잠재공간 분석을 통해 노드들이 어떻게 군집화되는지를 도출한다. 넷째, 연구목적에 따라 같은 행위자들 사이의 '동질성-이질성 수준(inhomogeneity)'을 가늠한다."[2]

본서를 한 번 훑어본 독자들은 동의하겠지만, 첫 번째 항목은 ERGM과 본질적으로

---

[2] 제가 4가지로 정리한 부분은 크리빗스키 등(Krivitsky et al., 2009)의 설명을 의역한 것입니다. 원어 설명이 필요하다면 크리빗스키 등(Krivitsky et al., 2009)의 논문 1장을 참조하기 바랍니다.

동일합니다. 즉 잠재네트워크 분석 역시 관측된 네트워크를 예측할 수 있는 네트워크 모형을 추정하고, 실제로 latentnet 패키지의 핵심함수는 ergmm() 함수이며, ergm 패키지의 ergm()과 유사한 방식으로 사용됩니다. 아울러 블록모델링이나 노드집단 탐색(community detection) 알고리즘 활용 하위네트워크 분류 기법들과 유사한 방식으로 노드들의 군집을 추정하고 분류합니다. 이때 노드들의 군집은 전체네트워크의 공간을 d개 차원(이를테면 $d = 2$인 경우라면 이차원 공간)의 G개 군집(이는 블록모델링의 k와 비슷한 역할)으로 분류합니다. 아마도 본서 9장과 12장의 내용이 익숙한 분이라면 latentnet 패키지를 활용한 잠재네트워크 분석을 어렵지 않게 진행할 수 있을 것입니다(특히 Krivitsky & Hancock, 2008 참조).

다층네트워크 분석기법

본서에서 다루지 못했던 가장 아쉬운 기법은 다층네트워크(multi-level network) 분석기법입니다. 어떤 네트워크, 특히 사회네트워크의 경우, 노드와 노드가 맺는 관계는 결코 단일하지 않습니다. 예를 들어 같은 회사에서 일하는 행위자(노드)들의 경우, 어떤 관계는 공식적인 업무관계일 수 있지만, 어떤 관계는 비공식적인 친구관계일 수도 있습니다. 즉 네트워크를 구성하는 동일한 노드집합이라고 하더라도 노드들의 관계맺음, 즉 링크특성에 따라 질적으로 구분되는 형태의 네트워크들이 공존하는 경우가 빈번하며, 이러한 네트워크를 흔히 다층(multi-level)네트워크, 다층위(multi-layer)네트워크, 혹은 다변량(multivariate)네트워크 등으로 다양하게 지칭합니다.

　다층네트워크 분석은 링크의 속성이 단일한 네트워크에 대한 분석기법과 비교하면 더 복잡합니다. 예를 들어 어떤 조직 네트워크를 공식적 네트워크와 비공식적 네트워크로 구분한 후 다층네트워크 분석을 실시할 때, 어떤 요인(예를 들어 노드의 외향적 성격)은 두 네트워크 모두에서 링크(link) 형성 가능성을 높이는 반면, 어떤 요인(이를테면 두 노드의 연령격차)은 비공식적 네트워크에서의 링크형성 가능성은 낮추고(입사동기들끼리의 만남이나 정보교환 등) 공식적 네트워크에서의 링크형성 가능성은 높일 수 있습니다(업무상 상급자-하급자의 연령격차는 흔히 나타나기 때문). 다층네트워크 분석은 흥미로운 연구문제들에 대한 실증적 분석결과를 얻을 수 있는 가능성이 높지만, 분석방법이 상당히 복잡하고, 무엇보다 네트워크 구조적 특성모수들의 추정과 해석이 쉽지 않습니다. 관심 있는 독자들은 관련 문헌들(Boorman & White, 1976; Caimo & Gollini, 2020; Jeub et al., 2017;

Krivitsky et al., 2020; Lazega et al., 2008; Lazega & Snijders, 2016; Slaughter & Koehly, 2016)을 찾아본 후 관련된 R 패키지들을 살펴보길 권합니다. 2023년 4월을 기준으로 볼 때, 여러 R 패키지 중에서 statnet 패키지와 연동되는 ermg.multi 패키지(version 0.1.2)가 가장 잘 관리되고 있는 듯합니다.

네트워크 결측데이터

현실 속에서 데이터를 수집·관리하는 과정에서 결측데이터는 매우 빈번하게 발생합니다. 네트워크 데이터의 경우도 마찬가지이지만, 통상적인 데이터에 비해 네트워크 데이터의 결측데이터 문제는 훨씬 더 다루기 까다롭습니다. 왜냐하면 통상적 데이터와 달리 네트워크 데이터에서는 노드수준과 링크수준 모두에서 결측데이터가 발생할 수 있기 때문입니다. 일단 2023년 4월을 기준으로 네트워크의 노드집합에서의 결측데이터에 대한 대처방안은 알려진 바가 없습니다. 그러나 링크수준에서의 결측데이터의 경우 statnet 패키지의 옵션조정을 통해 대처할 수 있습니다(이 점은 network 오브젝트의 출력결과에서 missing edges라는 이름의 출력결과물을 통해서도 쉽게 확인할 수 있습니다).

statnet 패키지의 경우 링크수준의 결측데이터에 대해서는 '최대우도 추정(MLE, maximum likelihood estimation)'을 통해 결측데이터 분석을 실시할 수 있습니다(Statnet Development Team, 2022). 즉 링크수준 결측데이터 발생 시 이에 대처하는 방식 자체는 어렵지 않습니다. 다만 문제는 MLE를 적용하여 결측데이터에 대처하는 과정에서의 가정, 즉 결측된 링크가 연구자가 지정한 모형의 정보를 활용할 때 충분히 추정 가능하며, 따라서 '무시될 수 있다는 가정(ignorability assumption)'이 정당한지 판단하는 것은 매우 까다롭습니다.[3] MLE 방식이 아닌 '다중투입(multiple imputation)'을 기반으로 한 링크수준 결측데이터 대처방안도 언급되고 있지만(Handcock & Gile, 2010), 일반 이용자 입장에서 쉽게 적용할 수 있는 패키지는 아직 개발되지 않은 것으로 알고 있습니다.

---

3 결측데이터 발생에 대한 여러 가정들과 통상적 데이터 분석에 적용할 수 있는 결측데이터 대처방안들에 대해서는 백영민·박인서(2021)를 참조하기 바랍니다.

네트워크 데이터 기반 매개효과와 조절효과

사회과학 연구논문들 중 상당수는 매개효과(mediation effect)와 조절효과(moderation effect)를 다루고 있습니다. 최근 네트워크 데이터를 대상으로 매개효과와 조절효과를 테스트하는 기법들이 등장하고 있습니다. 아직은 시도하는 단계에 머무르고 있지만, 네트워크들 사이의 인과관계를 확장하고 정교화하는 데 관심이 있다면 관련 문헌(Duxbury, 2023)과 ergMargins 패키지(version 0.1.3.1)를 참조하기 바랍니다.

③ 네트워크 분석 시 고려사항

여느 데이터 분석과 마찬가지로 네트워크 분석에서도 가장 중요한 것은 데이터가 나타내고자 하는 개념들은 무엇이며, 해당 개념들이 어떻게 연결되어 모형을 구성하는지, 그리고 해당 개념과 모형은 어떤 이론적 근거를 갖는지를 명확하게 이해하는 것입니다. 특히 '분석단위(unit-of-analysis)'가 단일한 통상적 데이터와 달리, 네트워크 데이터는 '노드수준', '링크수준', '그래프수준'의 다양한 분석단위들을 언제나 같이 고려해야 합니다.

네트워크 데이터와 관련된 개념과 연구모형에 대한 이해가 끝났다면, 기술통계분석과 네트워크 시각화 기법들을 통해 분석 대상 네트워크의 특성을 살펴보고, 독자나 청중이 알기 쉽게 정리하여 제시하는 것이 좋습니다. 먼저 기술통계분석 결과의 경우, 분석하고자 하는 네트워크를 효과적으로 이해하기 위해서는 3가지 수준별로 어떤 통계치를 제시하는 것이 좋을지 먼저 판단해야 합니다. 물론 네트워크 분석 관련 문헌에서 보편적으로 사용되는 통계치들이 존재하기는 합니다. 예를 들어 노드수준 통계치의 경우에는 '연결중심성(degree centrality)', '근접중심성(closeness centrality)', '사이중심성(betweenness centrality)' 3가지가 매우 널리 사용됩니다. 그러나 5장에서 살펴보았듯이 각각의 중심성 통계치를 계산할 때 주의해야 할 점들이 적지 않습니다. 이를테면 유방향 네트워크에서 '연결중심성'의 경우, '외향(outdegree) 연결중심성', '내향(indegree) 연결중심성', '전체(total) 연결중심성'으로 나뉘며 각각의 의미는 서로 구분됩니다.

아울러 링크가중된 정가(valued)-네트워크의 경우, 연구자의 이론적 관점에서 링크가중치를 반영할 것인지에 대해서도 고려할 필요가 있습니다. 그러나 무엇보다 R을 이용하여 네트워크 데이터 분석을 실시할 때, statnet 패키지를 사용할지 igraph 패키지를 사용할지에 따라 적용되는 함수의 이름이 동일하고, 동일한 통계치를 계산하는 경우라도 함수의 디폴트값이 상이하게 설정되어 있다는 점을 주의해야 합니다. 또한 패키지에 따라 계산되지 않는 통계치가 존재한다는 점 역시 유념해야 합니다(예를 들어 페이지랭크 중심성의 경우 igraph 패키지에서만 계산이 가능하며, statnet 패키지에서는 함수가 지원되지 않습니다).

네트워크 시각화의 경우, 레이아웃(layout)을 어떻게 설정할 것인가에 대해서 고민할 필요가 있습니다. 일반적으로 프룻처먼-라인골드(Fruchterman & Reingold) 레이아웃이 널리 사용됩니다만, 7장에서 살펴보았듯 랜덤시드넘버를 어떻게 지정하는가에 따라 네트워크 시각화 결과물이 다르게 나타납니다. 따라서 네트워크 시각화를 실시할 때는 랜덤시드넘버를 계속 바꾸면서 여러 차례 시각화해보는 것이 좋습니다. 아울러 연구목적상 프룻처먼-라인골드 레이아웃이 아닌 다른 방식의 레이아웃을 사용할 필요가 있다면, 목적에 맞는 레이아웃으로 변경하여 사용하기 바랍니다.

네트워크 내부에 존재하는 하위네트워크를 확인하고 추출하는 것이 연구목적인 경우, 어떤 기준으로 하위네트워크를 추출할지를 명확하게 결정해야 합니다. 본서 9장에서는 연구자가 사전에 지정한 방식으로 하위네트워크를 추출하는 방법(지정된 하위 노드집합 혹은 하위 링크집합에 해당되는 하위네트워크를 추출하는 방법), 응집력이 강한 소집단 하위네트워크를 확인·추출하는 방법, 네트워크에서 동일한 위상(position)을 차지하는 노드들로 구성된 하위네트워크를 확인·추출하는 기법들로 CONCOR 알고리즘, 위계적 군집분석, 블록모델링 등과 같은 위상분석 방법, 노드집단 탐색 알고리즘(community detection algorithm)을 활용하는 방법 등을 소개하였습니다. 9장에서도 간략하게 소개하였듯이, 본인이 활동하는 학문분야의 관례와 연구문제에 따라 적절한 방식을 선택하기 바랍니다. 일반적으로 네트워크에서 응집성이 강한 소집단을 확인하는 것이 목적이라면 파벌이나 k-핵심집단 분석을 실시하는 것이 적절하고, 연구모형을 기반으로 하위네트워크들 사이의 관계와 구조에 대한 분석을 실시하는 것이 목적이라면 위상분석과 관련된 기법들을 사용하는 것이 적절할 것 같습니다. 그리고 대규모 네트워크를 몇 개의 하위네트워크로 나누는 것이 목적이라면, 노드집단 탐색 알고리즘을 활용하는 것이 적절할 것 같습니다.

네트워크 데이터에 대한 기술통계분석을 넘어 추리통계분석을 실시하는 경우에는 분석목적을 분명하게 설정할 필요가 있습니다. 만약 분석의 목적이 복잡하지 않다면 순열

(permutation)과 시뮬레이션을 기반으로 하는 'CUG 테스트'나 'QAP 테스트'로도 충분할 것입니다. 그러나 단일 네트워크 구조에 대한 보다 복잡하고 섬세한 분석목적을 위해서라면, ERGM 사용을 고려할 필요가 있습니다. 아울러 시간변화에 따라 동일한 네트워크를 반복측정한 상황이라면, 네트워크 변화를 모형화할 수 있는 SIENA 모형을 검토할 필요가 있습니다.

아쉽지만 본서에서는 ERGM과 SIENA 모형을 개략적으로만 설명했습니다. ERGM을 활용한 연구의 경우, 단일시점으로 측정된 이진형-네트워크에 대해 적용하는 것이 보통입니다. 그러나 최근 들어 링크가중된 네트워크에 대한 ERGM이 활발하게 활용되고 있습니다. 본서에서는 링크가중치가 '횟수형 변수(count variable)'인 경우의 ERGM의 사례를 소개하였습니다. 다른 유형의 링크가중치에 대해서는 소개하지 못했으며, 다른 유형(이를테면 순위형 변수 혹은 명목형 변수 형태)의 링크가중치가 반영된 네트워크에 대한 ERGM의 경우 본서에서 다루지 않은 다른 ERGM을 시도하여야 합니다. ERGM에 대한 대략적 내용을 이해하셨다면, 본서에서 다루지 않은 ERGM 관련 R 패키지(이를테면 ergm.rank, tergm 등)를 어렵지 않게 사용할 수 있을 것입니다.

끝으로 ERGM과 SIENA 모형의 경우, 모형을 적용하기 전에 패키지 개발자들이 정리한 매뉴얼을 꼭 살펴보기 바랍니다. 본서에서는 자주 사용되는 추정항들을 위주로 간략하게 소개하였지만, 독자들이 분석하고자 하는 네트워크의 특성을 전부 충분히 반영하지는 못했을 것입니다. 패키지 개발자들이 제시하는 추정항들은 그 수가 굉장히 많고 다양하며, 여러 학문분과의 연구주제와 관심사를 반영하고 있습니다. 본서에서 예시한 추정항이 아닌 다른 추정항을 사용하고자 한다면 ergm, RSiena 패키지 개발자들이 제시하는 추정항들을 살펴보기 바랍니다. 본서를 통해 ERGM과 SIENA 모형의 대략적인 작동방식을 이해하였다면, 개발자들이 제시하는 모든 추정항들을 훑어볼 것을 권합니다. 추정항들을 살펴보며 연구목적에 부합하는 추정항을 찾는 것은 물론, 추정항이 정의된 방식을 통해 연구자가 놓치고 있을지도 모를 네트워크의 특성이 무엇인지 깨달을 수도 있기 때문입니다.

본서를 통해 R을 이용하여 어떻게 네트워크 분석을 실시할 수 있는지에 대해 대략적으로 이해했기를 바랍니다. 여기서 다룬 내용들을 토대로 독자들이 탐구하고자 하는 네트워크 현상을 적극적으로 탐구할 수 있는 계기가 되길 기원하며 본서를 마치겠습니다.

참고문헌

곽기영 (2017).《소셜네트워크분석 (제2판)》. 청람.

김용학 (2007).《사회연결망이론》. 박영사.

김용학 (2011).《사회연결망분석》. 박영사.

김재희 (2023).《R을 이용한 통계적 네트워크 분석》. 자유아카데미.

백영민 (2016).《R을 이용한 사회과학데이터 분석: 응용편》. 커뮤니케이션북스.

백영민 (2018).《R 기반 데이터과학: tidyverse 접근》. 한나래.

백영민 (2019).《R 기반 제한적 종속변수 대상 회귀모형》. 한나래.

백영민·박인서 (2021).《R을 이용한 결측데이터 분석: 최대우도 및 다중투입 기법을 중심으로》. 한나래.

손동원 (2002).《사회네트워크 분석》. 경문사.

이수상 (2012).《네트워크 분석 방법론》. 논형.

Anderson, C. J., Wasserman, S., & Crouch, B. (1999). A *p** primer: Logit models for social networks. *Social Networks*, 21, 37–66.

Barabási, A.-L. (2002). *Linked: The new science of networks*. Perseus Pub. 강병남·김기훈 역 (2002).《링크: 21세기를 지배하는 네트워크 과학》. 동아시아.

Barabási, A. L. (2009). Scale-free networks: a decade and beyond. *Science*, 325(5939), 412–413.

Blackburn, T. (2021), *Novel approaches to degeneracy in network models*. Ph.D. dissertation. UCLA.

Blackburn, B., & Handcock, M. S. (2022). Practical network modeling via tapered exponential-family random graph models. *Journal of Computational and Graphical Statistics*, 1–14. [Online Advance]

Blondel, V. D., Guillaume, J. L., Lambiotte, R., & Lefebvre, E. (2008). Fast unfolding of communities in large networks. *Journal of Statistical Mechanics: Theory and Experiment*, 2008(10), P10008.

Bonacich, P. (1987). Power and centrality: A family of measures. *American Journal of Sociology*, 92(5), 1170–1182.

Boorman, S. A., & White, H. C. (1976). Social structure from multiple networks. II. Role structures. *American Journal of Sociology*, 81(6), 1384–1446.

Borgatti, S. P., Everett, M. G., & Freeman, L. C. (2002). *UCINET for Windows: Software for social network analysis*. Analytic Technologies.

Borgatti, S. P., Everett, M. G., & Johnson, J. C. (2018). *Analyzing social networks (2nd Edition)*. Sage.

Borgatti, S. P., Everett, M. G., & Johnson, J. C. (2022). *Analyzing social networks using R*. Sage.

Brin, S. & Page, L. (1998). The anatomy of a large–scale hypertextual web search engine. *Computer Networks and ISDN Systems*, 30(1–7), 107–117.

Burt, R. (1992). *Structural holes: The social structure of competition*. Havard University Press.

Butts, C. T. (2008a). network: a Package for Managing Relational Data in R. *Journal of Statistical Software*, 24(2).

Butts, C. T. (2008b). Social network analysis with sna. *Journal of Statistical Software*, 24(6).

Caimo, A., & Gollini, I. (2020). A multilayer exponential random graph modelling approach for weighted networks. *Computational Statistics & Data Analysis*, 142, 106825.

Carley, K. (1994). Extracting culture through textual analysis. *Poetics*, 22(4), 291–312.

Cartwright, D., & Harary, F. (1956). Structural balance: a generalization of Heider's theory. *Psychological Review*, 63(5), 277–293.

Chang, W. (2018). *R graphics cookbook (2nd Ed.)*. O'Reilly Media.

Christakis, N. A., & Fowler, J. H. (2007). The spread of obesity in a large social network over 32 years. *New England Journal of Medicine*, 357(4), 370–379.

Christakis, N. A., & Fowler, J. H. (2008). The collective dynamics of smoking in a large social network. *New England Journal of Medicine*, 358(21), 2249–2258.

Clemente, G. P., & Grassi, R. (2018). Directed clustering in weighted networks: A new perspective. *Chaos, Solitons, and Fractals*, 107, 26–38.

Danowski, J. A. (1993). Network analysis of message content. In Richards, W. D. & Barnett, G. A. (Eds.), *Progress in Communication Sciences*, Vol. 12 (pp. 198–221). Ablex Publishing Corp.

Davis, A., Gardner, B. R., & Gardner, M. R. (1941/2022). *Deep south: A social anthropological study of caste and class*. University of Chicago Press.

Dekker, D., Krackhardt, D., & Snijders, T. A. (2007). Sensitivity of MRQAP tests to collinearity and autocorrelation conditions. *Psychometrika*, 72, 563–581.

Dickson, W. J. & Roethlisberger, F. J. (1939/2003). *Management and the worker*. Routledge.

Doerfel, M. L. (1998). What constitutes semantic network analysis? A comparison of research and methodologies. *Connections*, 21(2), 16–26.

Doreian, P., Batagelj, V., & Ferligoj, A. (2005). *Generalized blockmodeling*. Cambridge University Press.

Duxbury, S. W. (2023). The problem of scaling in exponential random graph models. *Sociological Methods & Research*. 52(2), 764–802.

Erdős, P., & Rényi, A. (1960). On the evolution of random graphs. *Mathematical Institute of the Hungarian Academy of Sciences*, 5, 17–61.

Fellows, I., & Handcock, M. (2017, April). Removing phase transitions from Gibbs measures. *Proceedings of the 20th International Conference on Artificial Intelligence and Statistics* (pp. 289–297).

Festinger, L. (1949). The analysis of sociograms using matrix algebra. *Human relations*, 2(2), 153–158.

Fowler, J. H., & Christakis, N. A. (2008). Dynamic spread of happiness in a large social network: longitudinal analysis over 20 years in the Framingham Heart Study. *BMJ*, 337. https://doi.org/10.1136/bmj.a2338

Fowler, J. H., & Christakis, N. A. (2010). Cooperative behavior cascades in human social networks. *Proceedings of the National Academy of Sciences*, 107(12), 5334–5338.

Frank, O. (2011) Survey sampling in networks. In Scott, J. & Carrington, P. (Eds.) *The Sage Handbook of Social Network Analysis* (pp. 389–403). Sage.

Frank, O. & Strauss, D. (1986). Markov graphs. *Journal of the American Statistical Association*, 81(395), 832–842.

Freeman, L. C. (1984). The impact of computer based communication on the social structure of an emerging scientific speciality. *Social Networks*, 6, 201–221.

Freeman, L. C. (2004). *The development of social network analysis: A study in the sociology of science*. Empirical Press.

Garfield, E. (1955). Citation indexes for science: A new dimension in documentation through association of ideas. *Science*, 122, 108–111.

Gansner, E. R., Koren, Y., & North, S. (2005). Graph drawing by stress majorization. *In Graph Drawing: 12th International Symposium, GD 2004, New York, NY, USA, September 29-October 2, 2004, Revised Selected Papers 12* (pp. 239–250). Springer Berlin Heidelberg.

Glaser, B. G., & Strauss, A. L. (2017). *Discovery of grounded theory: Strategies for qualitative Research*. Routledge.

Granovetter, M. S. (1973). The strength of weak ties. *American Journal of Sociology*, 78(6), 1360–1380.

Granovetter, M. S. (1974/1995). *Getting a job: A study of contacts and careers*. University of Chicago press.

Handcock, M. S., & Gile, K. J. (2010). Modeling social networks from sampled data. *The Annals of Applied Statistics*, 4(1), 5–25.

Handcock, M. S., Hunter, D. R., Butts, C. T., Goodreau, S. M., & Morris, M. (2008). statnet: Software tools for the representation, visualization, analysis and simulation of network data. *Journal of Statistical Software*, 24(1).

Hanneke, S., Fu, W., & Xing, E. P. (2010). Discrete temporal models of social networks. *Electronic Journal of Statistics*, 4, 585–605.

Hanneman, R. A. & Riddle, M. (2005). *Introduction to social network methods*. University of California, Riverside. http://faculty.ucr.edu/~hanneman/nettext/Introduction_to_Social_Network_Methods.pdf. 오명열 역 (2020). 《UCINET의 활용과 이해》. PUBPLE.

Heider, F. (1958). *The psychology of interpersonal relations*. John Wiley & Sons.

Holland, P. W., & Leinhardt, S. (1981). An exponential family of probability distributions for directed graphs. *Journal of the American Statistical Association*, 76(373), 33–50.

Homans, G. C. (1951/2017). *The human group*. Transaction Publishers.

Hubert, L. J. (1987). *Assignment methods in combinatorial data analysis*. Marcel Dekker.

Huisman, M., & Snijders, T. A. (2003). Statistical analysis of longitudinal network data with changing composition. *Sociological Methods & Research*, 32(2), 253–287.

Hunter, D. R., Handcock, M. S., Butts, C. T., Goodreau, S. M., & Morris, M. (2008). ergm: A package to fit, simulate and diagnose exponential-family models for networks. *Journal of Statistical Software*, 24(3).

Hunter, D. R., Goodreau, S. M., & Handcock, M. S. (2008). Goodness of fit of social network models. *Journal of the American Statistical Association*, 103(481), 248–258.

Jeffreys, H. (1961). *Theory of probability*. Oxford University Press.

Jeub, L. G., Mahoney, M. W., Mucha, P. J., & Porter, M. A. (2017). A local perspective on community structure in multilayer networks. *Network Science*, 5(2), 144–163.

Kabacoff, R. (2020). *Data visualization with R*. Quantitative Analysis Center for Wesleyan University. https://rkabacoff.github.io/datavis/index.html

Katz, E. & Lazarsfeld, P. F. (1955). *Personal Influence: The part played by people in the flow of mass communications*. Routledge. 백영민·김현석 역 (2020). 《퍼스널 인플루언스 매스 커뮤니케이션 흐름에서 인간의 역할》. 한나래.

Kleinberg, J. M. (1999). Authoritative sources in a hyperlinked environment. *Journal of the ACM (JACM)*, 46(5), 604–632.

Kolaczyk, E. D., & Csardi, G. (2014). *Statistical analysis of network data with R*. Springer.

Koskinen, J., Caimo, A., & Lomi, A. (2015). Simultaneous modeling of initial conditions and time heterogeneity in dynamic networks: An application to foreign direct investments. *Network Science*, 3(1), 58–77.

Koskinen, J. & Daraganova, G. (2013). Exponental random graph model fundamentals. In Lusher, D., Koskinen, J., & Robins, G. (Eds.), *Exponential random graph models for social networks* (pp. 49–76). Cambridge University Press.

Koskinen, J., & Edling, C. (2012). Modelling the evolution of a bipartite network—Peer referral in interlocking directorates. *Social Networks*, 34(3), 309–322.

Koskinen, J. & Snijders, T. A. (2012a). Longitudinal models. In Lusher, D., Koskinen, J., & Robins, G. (Eds.), *Exponential random graph models for social networks* (pp. 130–140). Cambridge University Press.

Koskinen, J. & Snijders, T. A. (2012b). Simulation, estimation, and goodness of fit. In Lusher, D., Koskinen, J., & Robins, G. (Eds.), *Exponential random graph models for social networks* (pp. 141–166). Cambridge University Press.

Krackhardt, D. (1988). Predicting with networks: Nonparametric multiple regression analysis of dyadic data. *Social Networks*, 10(4), 359–381.

Krackhardt, D. (1994). Graph theoretical dimensions of informal organizations. In Carley, K. M. & Prietula, M. J. (Eds.), *Computational organization theory* (pp. 89–111). Lawrence Erlbaum and Associates.

Krackhardt, D. (1999). The ties that torture: Simmelian tie analysis in organizations. *Research in the Sociology of Organizations*, 16(1), 183–210.

Krivitsky, P. N. (2012). Exponential–family random graph models for valued networks. *Electronic Journal of Statistics*, 6, 1100.

Krivitsky, P. N., & Butts, C. T. (2017). Exponential–family random graph models for rank-order relational data. *Sociological Methodology*, 47(1), 68–112.

Krivitsky, P. N., & Handcock, M. S. (2008). Fitting position latent cluster models for social networks with latentnet. *Journal of Statistical Software*, 24(5).

Krivitsky, P. N., & Handcock, M. S. (2014). A separable model for dynamic networks. *Journal of the Royal Statistical Society. Series B, Statistical Methodology*, 76(1), 29.

Krivitsky, P. N., Handcock, M. S., Raftery, A. E., & Hoff, P. D. (2009). Representing degree distributions, clustering, and homophily in social networks with latent cluster random effects models. *Social Networks*, 31(3), 204–213.

Krivitsky, P. N., Koehly, L. M., & Marcum, C. S. (2020). Exponential–family random graph models for multi–layer networks. *Psychometrika*, 85(3), 630–659.

Krivitsky, P. N., Morris, M., Handcock, M. S., Butts, C. T., Hunter, D. R., Goodreau, S. M., Klumb, C. de–Moll, S. B., & Bojanowski, M. (2022). Modeling valued networks with statnet. https://statnet.org/workshop–valued/valued.html

Krivitsky, P. N., Morris, M., Handcock, M. S., Butts, C. T., Hunter, D. R., Goodreau, S. M., Klumb, C., & de–Moll, S. B. (2022a). Temporal exponential random graph models (TERGMs) for dynamic network modeling in statnet. https://statnet.org/workshop–tergm/tergm_tutorial.html

Krivitsky, P. N., Morris, M., Handcock, M. S., Butts, C. T., Hunter, D. R., Goodreau, S. M., Klumb, C., & de–Moll, S. B. (2022b). Egocentric network data analysis with ERGMs. https://statnet.org/workshop–ergm–ego/ergm.ego_tutorial.html

Krivitsky, P. N., & Morris, M. (2017). Inference for social network models from egocentrically sampled data, with application to understanding persistent racial disparities in HIV prevalence in the US. *Annals of Applied Statistics*, 11(1), 427–455.

Lazega, E., Jourda, M. T., Mounier, L., & Stofer, R. (2008). Catching up with big fish in the big pond? Multi-level network analysis through linked design. *Social Networks*, 30(2), 159–176.

Lazega, E., & Snijders, T. A. (2016). *Multilevel network analysis for the social sciences*. Springer.

Leenders, R. T. A. (2002). Modeling social influence through network autocorrelation: constructing the weight matrix. *Social Networks*, 24(1), 21–47.

Magnani, R., Sabin, K., Saidel, T., & Heckathorn, D. (2005). Review of sampling hard-to-reach and hidden populations for HIV surveillance. *Aids*, 19, S67–S72.

McCarty, C., Lubbers, M. J., Vacca, R., & Molina, J. L. (2019). *Conducting personal network research: A practical guide*. Guilford Publications.

McNulty, K. (2022). *Handbook of graphs and networks in people analytics: With examples in R and Python*. CRC Press.

Milgram, S. (1967). The small world problem. *Psychology Today*, 2(1), 60–67.

Monge, P. R. & Contractor, N. S. (2003). *Theories of communication networks*. Oxford University Press.

Moreno, J. L. (1934). *Who shall survive?: A new approach to the problem of human interrelations*. Nervous and Mental Disease Publishing Co.

Newman, M. E. (2002). Assortative mixing in networks. *Physical Review Letters*, 89(20), 208701.

Newman, M. E. (2003). Mixing patterns in networks. *Physical Review E*, 67(2), 026126.

Newman, M. E. (2010). *Networks: An introduction*. Oxford University Press.

Newman, M. E., & Girvan, M. (2004). Finding and evaluating community structure in networks. *Physical Review E*, 69(2), 026113.

Pattison, P., & Wasserman, S. (1999). Logit models and logistic regressions for social networks: II. Multivariate relations. *British Journal of Mathematical and Statistical Psychology*, 52(2), 169–193.

Perry, B. L., Pescosolido, B. A., & Gorgatti, S. P. (2018). *Egocentric network analysis: Foundations, methods, and models.* Cambridge University Press.

de Sola Pool, I., & Kochen, M. (1978–1979). Contacts and influence. *Social networks*, 1(1), 5–51.

Reichardt, J., & Bornholdt, S. (2006). Statistical mechanics of community detection. *Physical Review E*, 74(1), 016110.

Rogers, E. M. (2003). *Diffusion of innovations (5th Ed.).* Free Press.

Rohe, K. (2023). *The difference between the transitivity ratio and the clustering coefficient.* https://pages.stat.wisc.edu/~karlrohe/netsci/MeasuringTrianglesInGraphs.pdf

Ripley, R. M., Snijders, T. A. B., Boda, Z., Voros, A., & Preciado, P. (2023). *Manual for RSiena* (version February 6, 2023). University of Oxford, Department of Statistics; Nuffield College.

Robins, G. & Lusher, D. (2012). What are exponential random graph models? In Lusher, D., Koskinen, J., & Robins, G. (Eds.), *Exponential random graph models for social networks* (pp. 9–15). Cambridge University Press.

Robins, G., Pattison, P., & Wasserman, S. (1999). Logit models and logistic regressions for social networks: III. Valued relations. *Psychometrika*, 64(3), 371–394.

Rosenquist, J. N., Fowler, J. H., & Christakis, N. A. (2011). Social network determinants of depression. *Molecular Psychiatry*, 16(3), 273–281.

Rosenquist, J. N., Murabito, J., Fowler, J. H., & Christakis, N. A. (2010). The spread of alcohol consumption behavior in a large social network. *Annals of Internal Medicine*, 152(7), 426–433.

Scott, J. (2017). *Social network analysis (4th Ed.).* Sage.

Segev, E. (2022). *Semantic network analysis in social sciences.* Routledge.

Slaughter, A. J., & Koehly, L. M. (2016). Multilevel models for social networks: Hierarchical Bayesian approaches to exponential random graph modeling. *Social Networks*, 44, 334–345.

Snijders, T. A. (2017). Stochastic actor–oriented models for network dynamics. *Annual Review of Statistics and its Application*, 4, 343–363.

Snijders, T. A., Lomi, A., & Torló, V. J. (2013). A model for the multiplex dynamics of two-mode and one-mode networks, with an application to employment preference, friendship, and advice. *Social Networks*, 35(2), 265-276.

Snijders, T. A., Pattison, P. E., Robins, G. L., & Handcock, M. S. (2006). New specifications for exponential random graph models. *Sociological Methodology*, 36(1), 99-153.

Statnet Development Team (2022). *Advanced features of the ergm package for modeling networks*. https://statnet.org/workshop-advanced-ergm/advanced_ergm_tutorial.pdf

Tyner, S., Briatte, F., & Hofmann, H. (2017). Network visualization with ggplot2. *The R Journal*, 9(1), 27-59.

Vacca, R. (2022). *Egocentric network analysis with R.* https://raffaelevacca.github.io/egocentric-r-book/

Wang, P. (2012). Exponential random graph model extensions: Models for multiple networks and bipartite networks. In D. Lusher, J. Koskinen, & G. Robins (Eds.). *Exponential random graph models for social networks: Theory, methods, and applications* (pp. 115-129). Cambridge University Press.

Wasserman, S., & Faust, K. (1994). *Social network analysis: Methods and applications.* Cambridge University Press.

Wasserman, S., & Pattison, P. (1996). Logit models and logistic regressions for social networks: I. An introduction to Markov graphs and p^*. *Psychometrika*, 61(3), 401-425.

Watts, D. J., & Strogatz, S. H. (1998). Collective dynamics of 'small-world' networks. *Nature*, 393(6684), 440-442.

Wickham, H. (2016). *ggplot2: Elegant graphics for data analysis (2nd Ed.).* Springer.

Wickham, H. & Grolemund, G. (2017). *R for data science.* O'Reilly.

Whyte, W. F. (1943/1993). *Street corner society: The social structure of an Italian slum.* University of Chicago Press.

Žiberna, A. (2007). Generalized blockmodeling of valued networks. *Social Networks*, 29(1), 105-126.

주제어 찾아보기

※알림 : 네트워크 분석 및 모델링의 핵심 개념어인 그래프(graph), 노드(node, vertice, point 등), 링크(link, edge, arc, line, tie 등)의 경우 주제어 목록에서 제외하였습니다.

512

R 함수 찾아보기

※알림: 제시된 패키지들과 함수들은 네트워크 분석 및 모델링과 관련된 패키지와 함수들입니다. 통상적 데이터 분석에 사용되는 R 베이스 함수들과 타이디버스 함수들의 경우, 별도 제시하지 않았습니다.